PCSWMM 雨洪管理模型理论与应用

[加]加拿大计算水力研究所 著
（Computational Hydraulics International）

于 磊 龙玉桥 等 译著

中国环境出版集团·北京

图书在版编目（CIP）数据

PCSWMM 雨洪管理模型理论与应用/加拿大计算水力研究所著；于磊等译著. —北京：中国环境出版集团，2019.10

ISBN 978-7-5111-4129-3

Ⅰ. ①P… Ⅱ. ①加…②于… Ⅲ. ①城市—暴雨洪水—雨水资源—水资源管理—水文模型—研究 Ⅳ. ①TV213.4

中国版本图书馆 CIP 数据核字（2019）第 231035 号

出 版 人　武德凯
责任编辑　周　煜　宋慧敏
责任校对　任　丽
封面设计　宋　瑞

出版发行　**中国环境出版集团**
　　　　　（100062　北京市东城区广渠门内大街 16 号）
　　　　　网　　址：http://www.cesp.com.cn
　　　　　电子邮箱：bjgl@cesp.com.cn
　　　　　联系电话：010-67112765（编辑管理部）
　　　　　　　　　　010-67138929（第六分社）
　　　　　发行热线：010-67125803，010-67113405（传真）
印　　刷　北京中科印刷有限公司
经　　销　各地新华书店
版　　次　2019 年 10 月第 1 版
印　　次　2019 年 10 月第 1 次印刷
开　　本　787×1092　1/16
印　　张　37.75
字　　数　804 千字
定　　价　150.00 元

中国环境出版集团郑重承诺：
中国环境出版集团合作的印刷单位、材料单位均具有中国环境标志产品认证；
中国环境出版集团所有图书"禁塑"。

序

在全球气候变化和城镇化快速发展的共同影响下，城市极端暴雨和洪涝事件近年来呈现增多趋强的趋势。根据水利部应对气候变化研究中心的分析成果，1981—2010年与1961—1980年两时段暴雨序列相比，上海、南京、苏州、宁波等长三角地区主要城市的主城区暴雨天数增幅明显高于郊区。在城镇化进程快速推进的过程中，由于城市不透水面积增加，下渗率减少和流域汇流加快，以及城市排水除涝系统建设不够完善或遭破坏等因素，导致我国城市洪涝问题愈加突出。同时，随着经济社会的发展，城市生活污水和工业废水排放量大幅度增加，引起了城市水体水质恶化、水生态退化等诸多环境和生态问题。城市洪涝和生态环境恶化是当今世界最突出、最急需解决的环境问题，世界各地都进行了探索和实践，如我国的海绵城市建设和水生态文明建设、美国的低影响开发（Low Impact Development，LID）、澳大利亚的水敏感城市建设（Water Sensitive Urban Design，WSUD）、英国的可持续城市排水系统（Sustainable Urban Drainage System，SUDS）等。海绵城市建设是一项城市水综合治理的系统工程，基于城市水文发展规律，以城市规划建设和管理为载体，综合采用和有机结合绿色、灰色基础设施，充分发挥植被、土壤、河湖水系等对城市雨水径流的积存、渗透、净化和缓释作用，使得城市如同海绵一样具有良好的弹性和可恢复性，从而有效减缓自然灾害和环境恶化的影响，实现城市防洪治涝、水资源利用、水环境保护与水生态修复的综合效益。

PCSWMM（城市暴雨污水及流域雨洪管理建模软件）是加拿大计算水力研究所（Computational Hydraulics International，简称CHI）基于美国国家环境保护局（United States Environmental Protection Agency，简称USEPA）雨洪管理模型（Storm Water Management Model，SWMM）和EPANET开发的商业化软件，是一个全面、专业的城市和流域排水系统、供水系统建模工具。自1984年上市以来，其用户已遍布全球 85 个国家及地区，为不同国家及地区海绵城市建设的规划—设计—建设—管理提供全过程的技术支持。PCSWMM 于 2016 年入围我国《海绵城市建设先进适用技术与产品目录（第一批）》（建科评〔2016〕6 号）。PCSWMM 主要应用于低影响开发评估、滞洪蓄水设施设计、排水管网设计与评估、洪水风险分析、一维管道与二维洪泛区耦合模拟、集水区和流域管理建模、动态双排水系统设计、水质评估及污染负荷控制、卫生系统设计、雷达降雨校准等多领域，已取得大量的项目应用成果。该软件具有强大的水文、水力、水质模拟模块，能够计算降雨地表产流、地表汇流、管网水动力传输和水质变化，可模拟完整的降雨径流和污染物运移过程，对单场暴雨或连续暴雨所产生的降雨径流进行动态模拟，并解决与暴雨径流相关的水量与水质问题。

本书译著团队通过对大量中英文文献资料的搜集整理，从基本原理、操作界面、功能实现、典型案例四个方面对 PCSWMM 软件进行了详细介绍。在基本原理方面，详细介绍了 PCSWMM 的模块组成、基本原理、模型对象及相应的计算方法；在操作界面与功能实现方面，详细介绍了软件的各类操作界面、主要功能的实现方法和多种模型的操作过程；在典型案例方面，详细介绍了一维-二维耦合城市洪水模拟、LID 模拟、水质模拟、双排水系统模拟等案例；附录部分详细说明了 PCSWMM 的术语、文件类型、常用参数取值等内容。

目前，尽管 PCSWMM 软件已经在国内外得到了较广泛的应用，然而有关技术资料绝大多数仍为外文，本书是国内第一本系统介绍 PCSWMM 软件的中文图书。本书理论基础扎实、逻辑结构清晰、内容丰富、深入浅出，可作为 PCSWMM 软件应用的辅助工具书，特向各位从事城市雨洪资源利用、管理和研究的科研人员和工程技术人员推荐。衷心希望本书的出版，能够对相关研究人员开展城市降雨径流和水质模拟工作有所帮助，以提升对城市水问题的认识，为我国城市洪涝灾害防治、水环境提升和雨洪资源综合利用提供技术支撑。

中国工程院院士
南京水利科学研究院院长

张建云

2018 年 9 月 6 日

前　言

当前,我国正处于城镇化高速发展阶段。1981 年全国城镇化率仅为 20.2%,而 2017 年达到了 58.52%,城市建成区面积也由 1981 年的 0.74 万 km² 增长至 2016 年年底的 5.43 万 km²。我国城镇化已由单个城市的快速发展转变为多个城市组团发展的格局。加快城市群建设发展是我国"十三五"期间的重要任务。《中华人民共和国国民经济和社会发展第十三个五年规划纲要》明确提出京津冀、长三角、珠三角等 19 个城市群建设发展布局。

城镇化对于推动我国经济社会现代化起到了至关重要的作用,然而在快速城镇化进程中也产生了一系列资源环境问题,其中城市水问题尤为突出,已成为影响城市公共安全和人居环境的突出问题,严重制约了城市可持续发展。城市水问题主要表现在水资源、水环境和水生态、洪涝灾害三个方面,且在我国诸多城市中同时存在并相互交织。

随着我国城市水问题的凸显,"建设自然存积、自然渗透、自然净化的海绵城市"已迫在眉睫。自 2013 年习近平总书记提出建设海绵城市以来,中央政府投入巨资先后资助了两批共 30 个海绵城市建设试点,许多非试点城市也积极将海绵城市理念与模式应用于城市水问题治理。海绵城市的建设需在自然地理、经济背景、区域水问题的基础上,制订顶层设计方案,从流域、区域、城市、社区等不同尺度上制定建设方案。

PCSWMM(城市暴雨污水及流域雨洪管理建模软件)是加拿大计算水力研究所(Computational Hydraulics International,CHI)基于美国国家环境保护局(USEPA)SWMM(Storm Water Management Model)和 EPANET 开发的商业化软件,是一个成熟的、综合的城市暴雨水量、水质预测和管理模型,能通过模拟分析预报城市雨洪、内涝积水、管网排水、污染迁移等情况,为海绵城市建设的规划—设计—建设—管理提供全过程的技术支持。

本书的译著者是在学习和使用 PCSWMM 的过程中汇聚在一起的。随着交流的不断加深，大家共同意识到急需一本全面、系统地介绍 PCSWMM 的中文书籍，这便有了译著此书的初衷。本书是 PCSWMM 英文教学资料的中文译著版，系统地介绍了 PCSWMM 的基本原理、操作界面和典型实例，其主要内容来源于 CHI 的技术支持网站。

本书主要面向水利、市政、环保等有关专业的科研和工程技术人员，科研院校相关专业的教师、学生、培训师也可以将其作为参考资料使用。考虑到本书读者可能具有不同的专业背景，对本书所述内容的熟悉程度不尽一致，因此本书从基础知识开始，逐步引导读者进入专业级别的主题。

基础部分（第 1 章和第 2 章）介绍了 PCSWMM 的基本原理和操作界面，专业部分（第 3 章和第 4 章）介绍了如何实现专业功能和典型实例。本书将涉及的重要术语和常用参数列在附录中，方便读者快捷查阅。读者可以按章节顺序阅读使用本书，通过了解原理等基础知识，理解和掌握软件的功能和操作，最终应用于典型实例。有一定基础的读者也可以将本书当作工具书，直接查阅感兴趣的章节内容。

参加本书译著的人员有于磊、龙玉桥、崔婷婷、刘海娇、杨丽慧、薛丽娟、王姝、程琳琳、李伟、李海杰、吴春勇、周美娜等。全书由于磊和龙玉桥统稿。在译著伊始，译著者们并未预计到本书的译著是一项十分艰巨的任务。两年来，译著者在肩负繁忙工作的同时，保持着密切的联系，多次集体磋商、研究，重复着翻译、校对、统稿的工作。在翻译和定稿的过程中，我们重新编排了外文原著章节的次序，补充了原文中省略的词句，增添了注释，以便读者更好地理解有关内容。我们与 CHI 的相关专家反复讨论确定书稿的内容，力求准确地表达原文的含义。为了正确地阐述相关基本原理，并使译文符合中文习惯，我们参阅了有关著作与文献的原文，并参考了《水文学手册》《水文学原理》等基础文献以及国内介绍 SWMM 的相关书籍。本书受到水利部技术示范项目（SF-201706）资助。

尽管译著者们付出了辛劳与努力，但跨文化的专业著作翻译极具挑战。原文中有些术语尚新，含义晦涩，译文欠缺"信达雅"之处，恳请读者不吝指正。

译著者

2019 年 9 月 5 日

目　录

1 PCSWMM 基本原理

PCSWMM（城市暴雨污水及流域雨洪管理建模软件）是加拿大计算水力研究所（Computational Hydraulics International，CHI）基于美国国家环境保护局（USEPA）SWMM（Storm Water Management Model）和 EPANET 开发的商业化软件，是一个全面、专业的城市和流域排水系统、供水系统建模工具。该软件于 2016 年入选《海绵城市建设先进适用技术与产品目录（第一批）》（建科评〔2016〕6 号），于 2017 年入选"第十四届国际水利先进技术（产品）推介会名录"。自 1984 年上市以来，其用户已遍布全球 85 个国家及地区，广泛应用于防洪排水系统设计、滞洪蓄水设施设计、洪水风险分析、海绵城市 LID 规划设计、水质分析、污染控制、污水管路、城市暴雨管理和供水管理等方面。

PCSWMM 具有霍顿（Horton）、格林-安普特（Green-Ampt）等 5 种入渗模型可供选择；支持水文学及水动力学 2 种计算方法；可通过 8 种误差测量方式对反应函数、目标函数进行多重验证；支持单机多核并行计算和局域网内多台电脑并行计算 2 种并行计算方式；内置 60 余类设计暴雨模型；支持 50 余种 GIS/CAD 格式数据的直接导入；可模拟水泵、管道、堰等 10 余种工程设施过水情况；支持入渗沟槽、透水路面、集雨桶等 8 种常用 LID 设施模拟；不限制模型规模大小，可为 250 000 条以上的管道、渠道提供优化支持；具有丰富的快捷工具，能有效节约项目建模时间，提高工作效率；具有强大的后处理功能，拥有绘图、动画和数百万数据点的分析绘制、报告、打印以及全面的导入、导出工具；提供 SRTC（基于灵敏度的无线电调谐校准）模型校准工具，能够快速准确地实现模型校核。

PCSWMM 是基于 EPA SWMM 和 EPANET 开发的商业化软件，其地表产汇流计算、管网水力计算、水质计算原理与 SWMM 相同，但 PCSWMM 并不拘泥于 SWMM，它在 SWMM 的基础上开发了衍生时间序列、数学表达式和一维-二维耦合模型等功能。本书将在接下来的内容中介绍 SWMM 以及 PCSWMM 自有的基本原理。

1.1　计算模块与模型对象

1.1.1　计算模块

SWMM 将排水系统概化为在几个主要环境模块间交换的一系列水流和物质流，并利用计算模块和 SWMM 对象实现水量和水质的模拟。SWMM 的计算模块包括大气模块、地表模块、地下水模块和运移模块。

降水和污染物从大气模块降落到地表模块上。SWMM 使用雨量计对象描述进入排水系统的降水量。

地表模块接收来自大气模块中雨或雪形式的降水，并将接收的降水以入渗的形式出流至地下水模块中，或是以地表径流和污染物负荷的形式输送到运移模块中。SWMM 使用一个或多个汇水区对象刻画地表模块。

地下水模块接收地表模块的入渗量，并将部分入渗量输送到运移模块。SWMM 采用含水层对象刻画地下水模块。

运移模块将水流输送至排水口或水处理设施，它由一系列输水单元（渠道、管道、泵和阀门）、存储单元或水处理单元组成。此模块的入流项包括地表径流、地下水、壤中流、下水道系统生活用水（旱季入流）或用户自定义的流量过程。SWMM 采用节点对象和链路对象刻画运移模块的各组成部分。

一个 SWMM 模型中并不需要包括所有的计算模块。例如，可以将预定义的流量过程作为模型输入项，仅模拟运移模块代表的水流运动和污染迁移过程。

1.1.2　可见对象

1.1.2.1　雨量计

雨量计为研究区域内的一个或多个汇水区提供降雨量数据。雨量数据可以是自定义的时间序列，或来自外部文件。SWMM 支持多种常用雨量数据文件格式，以及一种标准的自定义格式。

雨量计的主要输入参数包括：

- 雨量数据类型（如强度、体积或累计降水量）；
- 记录时间间隔（如每小时、每 15 分钟等）；
- 降雨量数据来源（输入时间序列或外部文件）；
- 降雨量数据源名称。

1.1.2.2 汇水区

汇水区是陆地的一个水文要素，在地形和排水系统的作用下，汇水区中的地表径流都汇集到一个排泄出口。根据需要将研究区域划分为一系列汇水区，并确定各汇水区出口节点。排水口可以是排水系统的节点，也可以是其他汇水区的节点。

汇水区被划分为透水区域和不透水区域。地表径流能渗入透水区域的上部土层，但是不能渗入不透水区域。不透水区域被划分为两部分：一部分是具有洼地蓄水功能的区域，另一部分是不具备蓄水功能的区域。同一个汇水区中，径流可以从一个区域流向另一个区域，不同区域中的径流也可直接流向汇水区的排泄出口。

SWMM 有 5 种入渗模型描述降水渗入汇水区上部不饱和土壤层的过程，分别是霍顿模型、改进的霍顿模型、格林-安普特模型、改进的格林-安普特模型和曲线数法。

当降水以降雪的形式发生时，为了模拟汇水区内降雪的堆积、再分配和融化过程，必须为其设置一个积雪对象。为了模拟汇水区下部含水层和排水系统节点之间的水量交换，必须为该汇水区分配一组地下水参数。汇水区的污染物积累和冲刷与该汇水区的土地利用情况有关。在汇水区中设置 LID 控制对象后，SWMM 就可以模拟 LID 设施收集和储存降水和径流的情况。SWMM 可模拟的 LID 设施包括生物滞留单元、渗渠、透水铺装、植草沟和雨水桶。

汇水区的主要输入参数包括：

- 雨量计；
- 出流节点或汇水区；
- 土地利用类型；
- 汇水区面积；
- 不透水性；
- 坡度；
- 坡面汇流特征宽度；
- 透水区域和不透水区域表面的曼宁系数 n；
- 透水区域和不透水区域的洼地蓄水量；
- 无洼地蓄水的不透水区域面积百分比。

1）汇水区划分工具

PCSWMM 中的子流域划分工具（Watershed Delineation Tool，WDT）是根据数字高程模型（Digital Elevation Model，DEM）划分汇水区的多功能工具。它具有一个"烙印河流"（burn-in a stream）的选项，可根据河流曲线图层创建一个修正的 DEM。与现有的汇水区划分软件相比，PCSWMM 工具不仅能划分汇水区，还能产生一个完全与之匹配的 SWMM

模型。模型中的汇水区、汇流点和河流管渠是正确相连的，各模型实体也被赋予了与 DEM 相关的参数。如果存在已有模型，PCSWMM 将沿用该模型水力学设置，只在上游区域生成汇水区和新增的水力学计算部分（例如，如果在该区域有一个 HEC-RAS 模型）。

PCSWMM 中的汇水区划分工具通过流向计算、流量累积计算、基于阈值的河流界定计算和汇水区划分等一系列计算步骤将汇水区划分出来（Jenson and Domingue，1988；Maidment，2002）。如果在模型中定义了排水口，则将排水口视为出流点，并根据出流点划分汇水区。如果没有定义排水口，子流域划分将在整个 DEM 范围内进行。

可从地图面板中访问子流域划定工具：工具→汇水区→汇水区划分（如图 1-1 所示）。

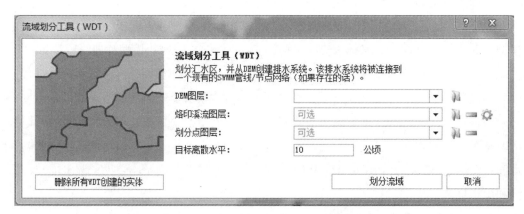

图 1-1　汇水区划分 WDT 工具设置窗口

汇水区划分所涉及的步骤包括：

- 烙印河流（burn-in a stream）（可选）

烙印河流选项会在原来的 DEM 上沿着指定的线状图层刻画或烙印出一条沟渠。PCSWMM 使用 AGREE DEM 方法（Hellweger，1997）完成烙印河流运算。它可使高程沿着河流线急剧下降 100 m，也可使高程在指定的河流宽度范围内平稳下降。这使得它能消除由交叉道路和真实水坝引起的 DEM 高程的突变。

- 填洼（Filling Pits）

DEM 中的局部凹陷会影响 DEM 单元上的连续水流。填洼确保了 DEM 的水文正确性。PCSWMM 使用 Planchon 和 Darboux（2001）的方法来消除所有的凹坑或洼地。在去除洼地的过程中，如果存在排水口，这些排水口将被当作蒙版，以保持其高程不变（这是为了防止烙印的河流被再次填充）。PCSWMM 会保存一个名为"WDT FillPits"的新 DEM 图层。

- 计算流向（Flow Direction）

水流出计算单元的方向即为流向。计算单元与相邻的 8 个单元间最大的坡度决定了水流的方向。因此，这种方法被称为 D8 法（Jenson and Domingue，1988；Tarboton，1997）。

在地势平坦的区域确定水流方向是很困难的，PCSWMM 采用 Barnes 等（2014）的研究成果分析地势平坦区域的水流方向，其分析成果与 Garbrecht 和 Martz（1997）的成果类似，但效率更高。PCSWMM 会将分析成果保存成一个名为"WDT 流向"的新 DEM 图层。

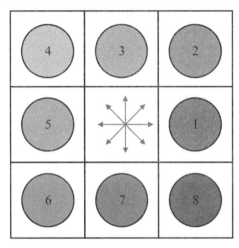

图 1-2　D8 法的计算单元与相邻 8 个单元

PCSWMM 创建网格，并且为每一个 3×3 的网格找到最低点网格，然后保存为一个新的栅格网格图层。

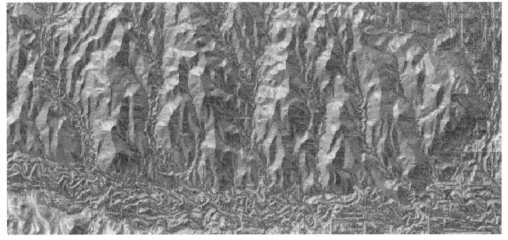

图 1-3　流向土层示意图

● 汇集贡献区域（Contributing Area）

基于水流通过的栅格网格数量，建立一个"贡献区域（或流量累积）"DEM 图层。PCSWMM 会保存一个名为"WDT 贡献区域"的新 DEM 图层。

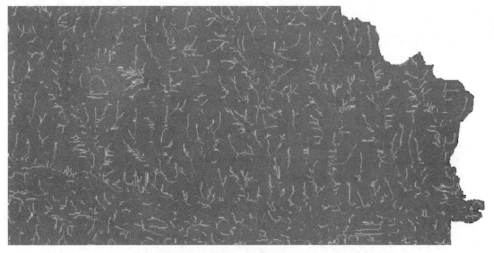

图 1-4 贡献区域

- 定义河流（Stream Definition）

用户通过设定的河流阈值（若使用公制单位，贡献区域面积以 hm^2 表示，若使用美制单位，则以 acre[①]表示）定义河网。每个像素被分配一个 0 值（以绿色显示）和 1 值（以红色显示），如果一个像素被分配了 1 值，则意味着该像素的面积足够大，足以将其视为河网的一部分。PCSWMM 会保存一个名为"WDT 河流阈值"的新 DEM 图层。

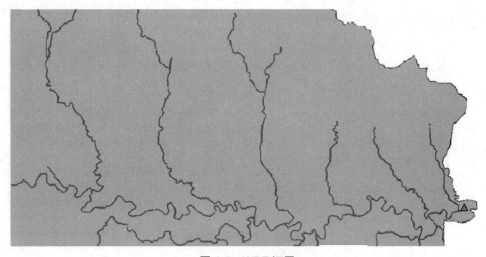

图 1-5 WDT 河网

---

① 1acre = 0.404 856 hm^2。

● 汇水区划分（Watershed Delineation）

借助河流栅格和汇集区域即可划定汇水区。每个单独的子流域是在每个河流线汇交点处进行划定的。如果待划分区域内有排水口，则在汇水区划定前，所有排水口都要归入最近的河流中。

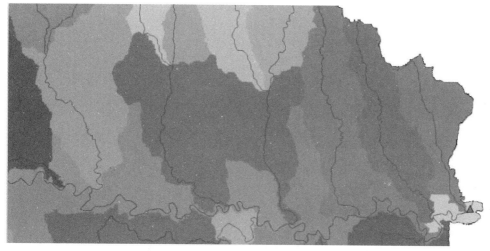

图 1-6　汇水区划分

如果选择了"优化汇水区大小"选项，PCSWMM 会合并相邻的小汇水区，从而减少小汇水区的数量，并在较大的汇水区中使用较小的阈值将过大的汇水区离散成较小的汇水区（基于内部参数）。

如果选择了"使汇水区平滑"选项，划定的汇水区将被平滑化，以移除锯齿状的线条。此操作可能会产生重叠或小缺口。一般情况下，新管渠需要平滑的汇水区。

所有创建的 DEM 图层将以 ArcInfo 二进制栅格格式（FLT）保存到与被分析的 DEM 图层相同的文件夹中。

● 创建水文/水力学模型

创建的汇水区将在水文模型中起到集水的作用。在划定汇水区之前，已有的汇水区将被移动到名为"旧汇水区"的背景图层中，并用红色线条表示，而新划定的汇水区则以蓝色线条表示。

划分之后，软件将根据 DEM 更新汇水区参数。将根据坡度图层生成划定汇水区的平均坡度，并采用 Guo 和 Urbonas（2009）的方法计算汇水区的宽度。

在汇水区划定后，新生成的水力网络（汇流点和管道）将被合并到已有的网络中。原有管渠将表示为黄色实线，而新生成的 DEM 管渠将以红色虚线表示。一些原有的管渠可能会被分解，以便连接至新的支流中，并根据 DEM 图层确定新汇流点的底部高程。

如果汇流点的前缀是空的（默认对话框），则将它设置为"J"，以避免与原有的汇流点和汇水区名称相同。所有新生成的汇流点、管渠和汇水区将标记上"WDT",以示区别。

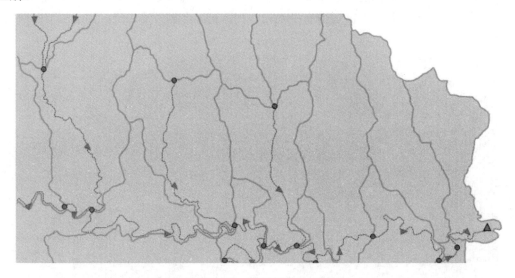

图 1-7 WDT 执行后的结果

2) WDT 实体属性

WDT 计算的属性将用于所有新创建的实体。所有其他属性值均采用系统的默认设置。如果需要加载来自 WDT 网络的侧向入流,就需调整此时已有的 SWMM5 实体。如果 WDT 创建的实体不影响原有水力模型实体,则不需改变原 SWMM 模型属性值。

表 1-1 WDT 创建的实体属性

图层	属性	WDT 工具改动
汇水区	标签	"WDT"
	出水口	基于汇水区内最低底部高程的检查井分配出水口
	面积	基于地图坐标系统计算汇水区面积
	宽度	使用 Guo 和 Urbonas(2009)方法计算
	流长	汇水区面积与宽度之比
	坡度	根据 WDT 坡度图层划定汇水区的平均坡度值
检查井	名称	以前缀"J"命名
	标签	"WDT"
	底部高程	使用 DEM 高程计算
	深度	假设为 0

图层	属性	WDT 工具改动
管道	名称	以前缀 "C" 命名
	入口节点	上游连接的检查井
	出口节点	下游连接的检查井
	标签	"WDT"
	入口偏移	上游检查井的底部高程
	出口偏移	下游检查井的底部高程
	横断面	默认分配圆形断面
	几何值（直径）	默认为 3 ft[①]或 1 m（根据单位不同而不同）

1.1.2.3 汇流节点

汇流节点（PCSWMM 模型中称作检查井）是在排水系统中管线交汇相连的点。在物理上它们代表自然河道的汇流点、下水道系统中的检修孔以及管道连接配件。外部径流能通过它进入系统，当连接管道中的水量超负荷时，该节点上超负荷的水变成有压流，这部分水要么直接损失掉，要么在节点以上储存起来，待该节点水回落时再重新回到节点中。

汇流节点的主要输入参数为：

- 底部（管渠或检修孔底部）标高；
- 到地表的高度；
- 淹水时的积水表面积（可选）；
- 外部入流数据（可选）。

1.1.2.4 排水口节点

排水口是排水系统的终端节点，用于在动力波流量演算中定义下游边界。在其他类型的流量演算中，可作为汇流点使用。每个排水口仅能与一条链接相连。

排水口处的边界条件可以通过下列水位关系进行描述：

- 相连管道中的临界或正常水深；
- 固定水位高程；
- 以小时为计量单位的潮位时间过程；
- 用户自定义的水位时间序列。

---

① 1 ft = 0.304 8 m。

排水口的主要输入参数包括：

- 排水口底部标高；
- 边界条件类型和状态说明；
- 是否有止逆闸门来防止排水口处的逆流。

1.1.2.5 分流器节点

分流器是排水系统中的一种节点，该节点将入流水量按照一定的调度规则分流到指定的管渠中。分流器在其分流端最多可与两个管渠相连接。仅在进行运动波演算时，分流器模块才被激活，而在动力波演算时，分流器仅相当于一个简单的汇流节点。

根据分流的形式，分流器可分为四种类型。

- 截止分流器（Cutoff Divider）：将超过设定分流阈值的入流全部分流。
- 溢流分流器（Overflow Divider）：将超过无分流管渠输水能力的入流全部分流。
- 表格分流器（Tabular Divider）：使用一个表格将分流流量表示为全部入流的函数。
- 堰分流器（Weir Divider）：使用一个堰流公式计算分流流量。

通过一个堰分流器的分流流量可由以下公式计算：

$$Q_{\text{div}} = C_{\text{w}} \left(f H_{\text{w}} \right)^{1.5} \tag{1-1}$$

式中：Q_{div} ——分流流量；

$\quad\quad C_{\text{w}}$ ——堰系数；

$\quad\quad H_{\text{w}}$ ——堰高度。

f 可由式（1-2）计算：

$$f = \frac{Q_{\text{in}} - Q_{\text{min}}}{Q_{\text{max}} - Q_{\text{min}}} \tag{1-2}$$

式中：Q_{in} ——分流器的入流量；

$\quad\quad Q_{\text{min}}$ ——开始分流时的流量。

Q_{max} 可由式（1-3）计算：

$$Q_{\text{max}} = C_{\text{w}} H_{\text{w}}^{1.5} \tag{1-3}$$

用户为堰分流器指定的参数为 Q_{min}、C_{w} 和 H_{w}。

一个分流器的主要输入参数为：

- 汇流节点的参数（参见上文）；
- 接收分流水量的管渠链接的名称；
- 分流水量的计算方法。

分流器基于节点的入流进行分流，而不是基于节点的实际水头进行分流。而动力波演算中的水流是由水头或水力梯度驱动的，所以分流器的分流方法与动力波演算是相矛盾的。这就是分流器在动力波演算下被视为简单汇流节点的原因。

1.1.2.6 储水单元

储水单元是排水系统的节点，它可提供储水空间。实际上它可表示小到集水池、大到湖泊的储水设施。储水单元的储水容量属性是由其表面积与高度的函数或关系表描述的。

储水单元的主要输入参数包括：

- 内底高程；
- 最大深度；
- 深度-表面积关系数据；
- 蒸发潜力；
- 淹水时的积水表面积（可选）；
- 外部入流数据（可选）。

1.1.2.7 管渠

管渠是在运移系统中将水从一个节点输送至另一个节点的管道或渠道。管渠的横截面形状可以是各种标准的开放或闭合几何形状。

大多数明渠可以表示为矩形、梯形或用户自定义的不规则横截面形状。对于后者，可用横截面对象来定义横截面上渠道深度的变化情况。对于新的排水和污水管道，最常见的横截面形状为圆形、椭圆形和拱形。它们符合由美国钢铁协会在《现代下水道设计》和由美国混凝土管协会在《混凝土管设计手册》中公布的标准尺寸。圆形管道的底部可被淤积物填充，这限制了其过流能力。利用自定义封闭形状的功能，通过为横截面提供一个形状曲线，用户可将横截面自定义为任何关于中心线对称且闭合的几何形状。

SWMM 使用曼宁公式描述管道的流量（Q）、横截面积（A）、水力半径（R）和坡度（S）之间的关系。采用标准美制单位的曼宁公式为：

$$Q = \frac{1.49}{n} A R^{2/3} S^{1/2} \tag{1-4}$$

式中：n——曼宁粗糙系数。

根据不同的流量演算方法，坡度 S 可选用管道坡度或摩擦坡度（即单位长度的水头损失）。

对于圆形压力干管，使用 Hazen-Williams 方程或 Darcy-Weisbach 方程替代曼宁公式描述有压流。采用美制单位的 Hazen-Williams 方程为：

$$Q = 1.318CAR^{0.63}S^{0.54} \qquad (1-5)$$

式中：C——Hazen-Williams C 因子，与表面粗糙系数成反比，是横截面参数之一。

Darcy-Weisbach 方程为：

$$Q = \sqrt{\frac{8g}{f}}AR^{1/2}S^{1/2} \qquad (1-6)$$

式中：g——重力加速度；

$\quad f$——Darcy-Weisbach 摩擦系数。对于紊流，后者由管壁粗糙部分的高度（为输入参数）和流体的雷诺数确定。雷诺数是由 Colebrook-White 公式确定的。用户可根据需要选择合适的公式进行计算。

注：并非必须使用压力干管形状才能定义承压管道，封闭的断面形状有承受压力的可能性，因此其计算公式与压力干管一样，也使用曼宁公式计算摩擦损失。

如果给管道设定了涵洞进水口的几何形状编码，就可以将管道设定为涵洞。在动力波流量演算期间，SWMM 将持续检查涵洞管道计算情况，以查看它们是否按照美国联邦公路局出版物《公路涵洞水力设计》（出版号 FHWA-NHI-01-020，2005 年 5 月）中定义的进水口控制要求运行。按照进水口控制要求，涵洞遵循一个特定流量-进水口深度曲线，曲线的形状取决于涵洞的形状、尺寸、坡度和进水口几何特性。

管渠的主要输入参数包括：

- 进水口和出口节点的名称；
- 进水口和出口节点底部的偏移高度或标高；
- 管渠长度；
- 曼宁粗糙系数；
- 横截面几何形状；
- 进水口/出口损失（可选）；
- 是否存在一个止逆闸门以防止逆流（可选）。

1.1.2.8　水泵

水泵是将水提升到更高位置的设施，在模型中概化为线状链接线。水泵曲线描绘了链接线的入流节点和出流节点处水泵流量与其所处条件之间的关系。SWMM 支持 4 种不同类型的水泵曲线。

类型 1

具有集水井的离线水泵，其流量随着可用的集水井水量逐步递增。

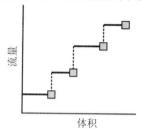

图 1-8　类型 1 水泵的体积-流量曲线

类型 2

在线水泵，其流量随着入流节点水深逐步增加。

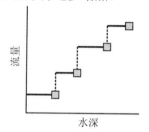

图 1-9　类型 2 水泵的水深-流量曲线

类型 3

在线水泵，其流量随着入流节点和出流节点之间的水头差不断变化。

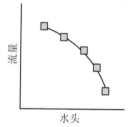

图 1-10　类型 3 水泵的水头-流量曲线

类型 4

变速在线水泵，其流量随着入流节点水深不断变化。

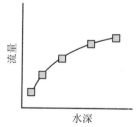

图 1-11　类型 4 水泵的水深-流量曲线

在初步设计阶段，可以使用理想水泵。理想水泵的抽水流量等于径流在入流节点的入流量，这种情况下不需要水泵曲线。这时水泵必须作为其入流节点的唯一出流链接。

根据入流节点的启停水深或用户自定义控制规则，SWMM 可动态控制水泵的开启与关闭。利用控制规则也可模拟用于调节泵流量及水位。

水泵的主要输入参数包括：

- 入流和出流节点的名称；
- 水泵曲线的名称；
- 初始的启/停状态；
- 启/停水深。

1.1.2.9 流量调节器

流量调节器是在一个输水系统内进行控制和分配水流的结构或设备。SWMM 可以模拟的流量调节器包括孔口、堰和出水口。

它们通常用于：

- 控制从存储设施中释放的水量；
- 防止管渠内出现无法容纳的超载水量；
- 将水流分流至水处理设施和截流设施。

1）堰

堰类似于孔口，用于模拟排水系统中的出水口和分流结构。堰通常位于沿渠道一侧的检修孔中，或者储水单元内部。它们在 SWMM 内部概化为连接两个节点的链接线，而堰自身位于上游节点。堰可以配备止逆闸门来防止逆流。

SWMM 可使用 4 种不同的堰，每种堰都有各自计算过堰流量的公式。表 1-2 列出了4 种类型的堰和相关的流量公式。

表 1-2　SWMM 中堰的类型及流量公式

堰类型	断面形状	流量公式
横截堰	矩形	$C_w L h^{3/2}$
侧流堰	矩形	$C_w L h^{5/3}$
V 形槽	三角形	$C_w S h^{5/2}$
梯形堰	梯形	$C_w L h^{3/2} + C_{ws} S h^{5/2}$

式中：C_w——堰的流量系数；

L——堰的长度；

S——V 形槽或梯形堰的侧边坡坡度；

h——堰两侧的水头差；

C_{ws}——通过梯形堰两侧的流量系数。

在任何流量演算类型中，堰都可被作为储水设施的出水口。若没有连接到储水装置，则只能在使用动力波流量演算分析的排水管网中使用堰。

可通过用户自定义的控制规则来动态控制入流节点内底上面的堰顶高度。这个功能可以用于模拟橡胶坝。

堰的主要输入参数包括：

- 入流节点和出流节点的名称；
- 形状和几何结构；
- 入水口节点内底之上的堰顶高度或标高；
- 流量系数。

2）孔口

孔口用于模拟排水系统中的出水口和分流装置，通常为墙上的检修孔、储水设施或控制闸门。在 SWMM 中，孔口被概化为连接 2 个节点的链接。孔口可为圆形或矩形，位于上游节点的底部或沿其侧面布置，并带有一个止逆闸门，以防止逆流。

在各流量演算类型中，孔口都可当作储水单元的出口。如果孔口不与储水单元相连，它仅能被用来分析排水管网中动力波条件下的流量演算。

当一个孔口被完全淹没时，通过孔口的流量可由式（1-7）计算：

$$Q = CA\sqrt{2gh} \tag{1-7}$$

式中：Q——流量；

$\quad\quad C$——流量系数；

$\quad\quad A$——孔口面积；

$\quad\quad g$——重力加速度；

$\quad\quad h$——通过孔口的水头差。通过用户自定义的控制规则，可动态地控制孔口开口的高度。这个功能可用于模拟闸门的开启和关闭。

孔口主要的输入参数包括：

- 入流节点和出流节点的名称；
- 结构（底部或侧面）；
- 形状（圆形或矩形）；
- 入流节点底部高度或高程；
- 流量系数；
- 开启或关闭时间。

3）出水口

出水口是流量控制设施，通常用于控制储水设施的出流量。有些特殊的水头-流量关系，无法用水泵、孔口或堰进行刻画，这时可用出水口来模拟这些水头-流量关系。在 SWMM

中，出水口被概化为连接 2 个节点的链接。也可在出水口设定止逆闸门防止逆流。

在任何类型的流量演算中，连接到储水设施的出水口都是可以参与计算的。若没有连接到储水设施，出水口只能用于排水管网中的动力波流量演算分析。

用户自定义的水位-流量关系曲线将出水口的排泄流量作为出水设施开口以上离地水深的函数，或作为出水口两端的水头差的函数。在某些条件下，可以用控制规则来动态调整排泄流量。

出水口主要的输入参数包括：

- 入流节点和出流节点的名称；
- 入流节点底部的高度或高程；
- 水头（或水深）-流量关系函数或数据表。

1.1.3 不可见对象

1.1.3.1 气象

1）气温

在径流计算中，当需模拟降雪和融雪过程时，需要用到气温数据。气温数据也被用于计算日蒸发率。如果不需模拟这些过程，那么就不需要使用气温数据。SWMM 气温数据来源包括：

- 用户自定义的时间序列（各时刻间的数据可由插值得到）；
- 包含每日极值气温的气象文件（SWMM 可利用气温数值拟合出日气温正弦曲线）。

对于用户自定义的时间序列，温度单位为℉[①]（美制单位）或℃（公制单位）。外部气象文件也可以用于直接提供蒸发和风速数据。

2）蒸发

汇水区表面的积水、地下含水层的表层水以及蓄水设施蓄存的水都常会有蒸发损失。蒸发速率可以表述为：

- 一个常量；
- 一系列月平均值；
- 用户自定义的日蒸发时间序列；
- 由外部气象文件中日气温计算得来的值；
- 直接读取的日蒸发数据。

如果直接从外部气象数据读取蒸发速率系列，就需要一系列月蒸发皿折算系数，以便将蒸发皿蒸发量数据转化为自由水面蒸发速率。在 SWMM 中，可以设定蒸发仅发生在无降水时期。

---

① 华氏度（℉）=摄氏度（℃）×1.8+32。

3）风速

风速是一个可选气象变量，仅用于融雪计算。SWMM 可以使用任意一组月均风速或使用计算气温日极值的气象文件中含有的风速数据。

1.1.3.2　积雪

积雪对象包含的参数可以表征以下汇水区内三种类型子区域上雪的积聚、移除和融化。

- 用户自定义清雪区占整个不透水区的比例，可用于表示街道、停车场等可发生扫雪和除雪事件的区域；
- 不透水积雪区域涵盖汇水区的剩余不透水区域；
- 透水积雪区域包含子流域的整个透水区域。

以上三个区域的特征由以下参数表征：

- 最小融雪系数和最大融雪系数；
- 融雪发生的最低气温；
- 出现 100%积雪覆盖率时的积雪深度；
- 初始雪深度；
- 积雪的初始自由水含量和最大自由水含量。

此外，可以对清雪区赋一组除雪参数。这些参数包括开始除雪的深度和需转移到其他区域的雪的比例。

通过设定汇水区的积雪属性，可为汇水区设置一个积雪对象。单个积雪对象可应用到多个汇水区上。给一个汇水区设置积雪对象，只是设定了此汇水区的融化参数和初始条件。根据其积雪参数、透水区和不透水区的数量以及前期降水历史，SWMM 实质上为各个汇水区创建了一个具有物理属性的积雪对象来描述各汇水区中雪的积聚和融化。

1）融雪

融雪参数是在模拟降雪和融雪时应用到整个研究区域的气象变量。融雪参数包括：

- 降雪时的气温；
- 雪表面的热交换特性参数；
- 研究区域高程、纬度和经度的校正值。

2）表面损失

表面损失与一个汇水区中地表积雪的融化趋势不一致的现象有关。当融雪发生时，地表覆盖雪减少。这个过程可以用表面损失曲线描述，该曲线表明了积雪深度比值与雪盖面积比值间的关系。积雪深度比值是实际积雪深度与雪盖面积为 100%时对应的积雪深度的比值。SWMM 有两种表面损失曲线，分别适用于不透水区域和透水区域。图 1-12 展示了一个典型的表面损失曲线：

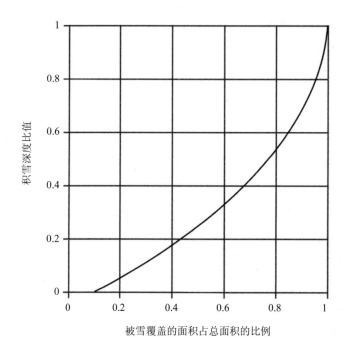

图 1-12　表面损失曲线

1.1.3.3　含水层

含水层是模拟研究区域中上方汇水区和地下土层间水流垂直下渗运动的地下水区域。根据水力梯度的变化，含水层允许地下水渗入排水系统中或从排水系统渗出到地表水中。不同的汇水区可以共享同一含水层对象。当需要明确地下水和排水系统交换量或建立天然河道和非城市系统的基流和退水曲线时，SWMM 模型需要用到含水层对象。

含水层由不饱和带和饱和带构成。描述含水层特性的参数包括土壤孔隙度、渗透系数、蒸发蒸腾极限深度、含水层底部标高和下渗到深层地下水的损失率。此外，初始水位和不饱和带的初始含水量也是必要的参数。

按照汇水区地下水水流属性的定义，含水层与汇水区和排水系统节点相连接。此属性还包括控制含水层饱和带和排水系统节点之间的地下水渗流速度的参数。

1.1.3.4　水量图

水量图（Unit Hydrographs，UHs）用于估算 RDII[①]。一个水量图组最多包含三个水文过程曲线，分别用于短期、中期和长期历时响应。一年中一个水量图组最多有 12 个水量

---

① RDII：Rainfall-dependent inflow/infilltration，指来自降雨的入流或入渗。

图数据集，即每个月一个水量图数据集。SWMM 将每个水量图组视为一个单独的对象，并根据相应的雨量计的名称，为这个水量图组指定唯一的名称。每个水量图由三个参数定义：

- R——进入下水道系统的降雨量比例；
- T——从降雨开始到水量图峰值的时间（以小时表示）；
- K——从退水开始到退水结束的时间与到峰值时刻的时间的比例（峰后时间与峰前时间的比例）。

T、K 的参数意义如图 1-13 所示。

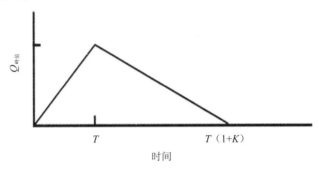

图 1-13 水量图参数意义

每个水量图也可以具有一组与之相关的初始损失（Initial Abstraction，IA）参数。这些参数决定了由植被截留和洼地蓄水而损失的降雨量，超过损失量的降雨量由水文过程线转化成为 RDII 水量。IA 参数包括：

- IA 的最大可能深度（in[①]或 mm）；
- 恢复速率（in/d 或 mm/d），存储的 IA 将以此速率在干旱时期减少；
- 存储 IA（in 或 mm）的初始深度。

为了在排水系统的节点上生成 RDII，必须通过节点的入流属性明确该节点的水量图组和节点周围贡献 RDII 水量的下水道系统集水区的面积。

使用水量图确定 RDII 流量的另一种方法是创建一个包含 RDII 时间序列数据的外部 RDII 接口文件。

1.1.3.5 横断面

横断面是描述天然河道或形状不规则管渠横截面上底部高程随水平距离变化的几何数据。图 1-14 是一个天然河道横断面的例子。

---

① 1 in = 2.54 cm。

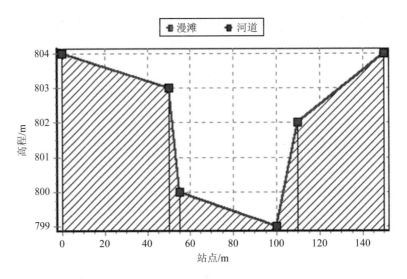

图 1-14　天然河道横断面示意图

每个横断面的名称是唯一的，软件根据该名称设置管渠形状。我们可使用横断面编辑器来编辑相应的站点-高程数据。SWMM 内部将这些数据转换为与渠道深度对应的面积、顶宽和水力半径。此外，如图 1-14 所示，各横断面可能有漫滩，其曼宁粗糙度可能与主河道不同，此功能可以在大流量条件下更为真实地估算河道中的水流运动。

1.1.3.6　外部入流

除汇水区径流和地下水产生的入流之外，排水系统节点可以接收三种其他类型的外部入流：

- 直接入流是用户自定义的直接添加在节点上的入流时间序列。在缺少径流计算时（如在一个未定义汇水区的研究区域），直接入流时间序列可以用于对流量和水质进行演算。
- 旱季入流是连续入流，通常反映排水管道系统的生活污水或管道和河流渠道的基流作用。旱季入流由一个平均入流量表示，利用时间模式中的乘因子和平均入流量，可将该旱季入流量进行以月、天和小时为单位的周期性调整。
- RDII 入流——暴雨径流通过连接在一起的落水管、池底水泵和排水沟等设施直接流入生活污水管或合流污水管；此外，入渗水量还来自地下水管破裂、节点渗漏和人工检修孔连接处等部位渗漏的水。RDII 可以根据三角形单位线和给定的降水数据计算出来，这种三角形单位线决定了短期、中期和长期入流对不同时段降水的响应。用户可以对不同的排水区域和一年中不同的月份设定任意数量的水量图，也可以在一个外部的 RDII 交换文件中设定 RDII 流量。

直接入流、旱季入流以及 RDII 入流与排水系统节点（交叉口、排水口、分水器和储水单元）类型的属性有关，在编辑节点时可设定直接入流、旱季入流以及 RDII 入流属性。通过交换文件，可使来自上游排水系统的出流成为下游排水系统的入流。

1.1.3.7 控制规则

控制规则决定模拟过程中排水系统中的泵和调节器的运行方式。以下给出这些规则的一些实例。

1）基于时间的水泵控制

简单的基于时间的水泵控制规则实例如下：

RULE R1

IF SIMULATION TIME ＞ 8

THEN PUMP 12 STATUS = ON

ELSE PUMP 12 STATUS = OFF

2）多条件孔口闸门控制

多条件孔口闸门控制规则实例如下：

RULE R2A

IF NODE 23 DEPTH ＞ 12

AND LINK 165 FLOW ＞ 100

THEN ORIFICE R55 SETTING = 0.5

RULE R2B

IF NODE 23 DEPTH ＞ 12

AND LINK 165 FLOW ＞ 200

THEN ORIFICE R55 SETTING = 1.0

RULE R2C

IF NODE 23 DEPTH ＜= 12

OR LINK 165 FLOW ＜= 100

THEN ORIFICE R55 SETTING = 0

3）泵站运行

泵站运行规则实例如下：

RULE R3A

IF NODE N1 DEPTH ＞ 5

THEN PUMP N1A STATUS = ON

RULE R3B

```
IF NODE N1 DEPTH  >  7
THEN PUMP N1B STATUS = ON
RULE R3C
IF NODE N1 DEPTH  <= 3
THEN PUMP N1A STATUS = OFF
AND PUMP N1B STATUS = OFF
```

4）堰高度调控

调节堰高度控制实例如下：

```
RULE R4
IF NODE N2 DEPTH  >= 0
THEN WEIR W25 SETTING = CURVE C25
```

1.1.3.8　污染物

SWMM 可以模拟污染物的产生、入流和迁移，这些污染物可自定义，且污染物数量不受限制。污染物对象所需要的信息包括：

- 污染物名称；
- 浓度单位（即 mg/L、μg/L 或个/L）；
- 降水中污染物浓度、地下水中污染物浓度；
- 直接入渗或入流中污染物浓度；
- 旱季入流中污染物浓度；
- 一阶衰减系数。

SWMM 中也能定义混合污染物。例如，污染物 X 中可能含有污染物 Y，这就意味着 X 的径流浓度中有一部分固定比例是来自于 Y 的径流浓度。汇水区域中污染物积累和冲刷由该区域的土地利用类型决定。排水系统中的污染物可能来自外部的时间序列入流，也可能来自旱季入流。

1.1.3.9　土地利用

土地利用类型可根据土地开发活动或汇水区地表特征进行分类。土地开发活动包括住宅开发、商业开发、工业开发等。土地表面特征包括屋顶、草坪、人行道和未利用的土壤等。土地利用类型仅用于计算汇水区内部污染物的积累和冲刷速率的空间变化情况。

SWMM 可通过多种选项定义土地利用类型并将其设置在汇水区中。其中一种方法是给每个汇水区都指定统一的混合土地利用类型，这样做的结果是在汇水区内的所有土地利用类型都具有了相同的透水特性和不透水特性。另外一种方法是分别创建汇水区并根据透水特性和不透水特性清楚地给汇水区赋予各自唯一的土地利用类型。

可对每个土地利用类型定义以下几个过程：

- 污染物积累；
- 污染物冲刷；
- 街道清扫。

1）污染物积累

土地利用类型中污染物的积累量通常是由单位面积或单位路缘石长度[1]上污染物的质量来描述的，质量通常由美制单位 lb[2] 和公制单位 kg 表示。污染物积累量是先前干旱天气天数的函数，其计算函数有以下几种形式：

- 幂函数

污染物的积累量（B）是时间参数的幂函数，随着时间的增加而增加，直到达到一个最大极值。

$$B = \min\left(C_1, C_2 t^{C_3}\right) \tag{1-8}$$

式中：C_1——可能的最大积累量（单位面积或单位路缘石长度上的质量）；

C_2——积累速率常数（1/天数）；

C_3——时间的幂指数。

- 指数函数

积累量以指数函数形式增长至最大极值。

$$B = C_1\left(1 - e^{-C_2 t}\right) \tag{1-9}$$

式中：C_1——可能的最大积累量（单位面积或单位路缘石长度上的质量）；

C_2——积累速率常数（1/天数）。

- 饱和函数

积累速率随时间减小，直到达到某个饱和值。

$$B = \frac{C_1 t}{C_2 + t} \tag{1-10}$$

式中：C_1——可能的最大积累量（单位面积或单位路缘石长度上的质量）；

C_2——半饱和常数（达到最大积累量的一半时所用的天数）。

---

①路缘石长度：汇水区中路缘石的总长度。见 User's guide to SWMM5，第 230 页。

② 1 lb=0.453 592 kg。

● 外部时间序列

用一个时间序列描述污染物的每日积累速率与时间的函数关系。时间序列中积累量是每天单位面积（或单位路缘石长度）上污染物的质量。也可以用最大可能堆积量（每单位面积或单位路缘石长度上污染物的质量）以及一个比例因子与时间序列数值相乘，得到污染物堆积的变化情况。

2）污染物冲刷

降水时期土地利用类型中的污染物冲刷情况，可以由以下几种方法来描述：

● 指数冲刷

冲刷量（W）的单位是 mg/h，W 正比于径流的 C_2 次幂和污染物剩余积累量的乘积。

$$W = C_1 q^{C_2} B \qquad (1\text{-}11)$$

式中：C_1——冲刷系数；

C_2——冲刷指数；

q——单位面积上的径流量，in/h 或 mm/h；

B——污染物积累量，单位为质量单位。此处的积累量为总质量（不是单位面积或单位路缘石长度上的质量），且积累和冲刷两者的质量单位与用于表示污染物浓度的单位相同。

● 冲刷流量特征曲线

冲刷量 W（mg/s）正比于径流量，并随其幂呈上升趋势。

$$W = C_1 Q^{C_2} \qquad (1\text{-}12)$$

式中：C_1——冲刷系数；

C_2——冲刷指数；

Q——径流量（用户自定义的流量单位）。

● 事件平均浓度

事件平均浓度是冲刷流量特征曲线中的一种特殊情况，其中指数为 1.0，系数 C_1 表示冲刷污染物浓度，单位为 mg/L（SWMM 内部将用户自定义的流量单位换算为 L）。

注：积累量随着冲刷过程持续衰减，当积累经冲刷消耗殆尽后，冲刷作用停止。

通过指定一个 BMP（最佳管理措施）去除率，可反映与土地利用相关的 BMP 控制的效率。在设定 BMP 去除率后，对于一个给定的污染物和土地利用类型，其冲刷量可按一个固定的百分比减少。如果使用事件平均浓度选项计算冲刷量，其自身已包括污染物堆积量，无需模拟任何污染物积的堆积。

3）街道清扫

街道清扫可以用于各种土地利用类型，以定期减少特定污染物的积累。描述街道清扫的参数包括：

- 两次清扫之间的间隔天数；
- 模拟开始前最后一次清扫至模拟开始时的天数；
- 可通过清扫移除的所有污染物积累量的比例；
- 可通过清扫移除各污染物积累量的比例。

注：对于不同的土地利用类型，这些参数可以不同，最后一个参数可以随污染物不同而取不同值。

1.1.3.10 处理

污染物处理是通过向排水系统的一个节点设定一组处理函数，来模拟从该排水系统节点进入的污染物的去除量。处理函数可包括以下规则的数学表达式：

- 进入该节点的混合水流中污染物的浓度（使用污染物名称来表示浓度）；
- 其他污染物的去除量（在污染物名称中使用 R_ 前缀来代表去除污染物）；
- 以下过程变量：

  FLOW——流入节点的流量，使用用户自定义的流量单位；

  DEPTH——从节点底部起的水深，ft 或 m；

  AREA——节点表面积，ft^2 或 m^2；

  DT——演算时间步长，s；

  HRT（Hydraulic Residence Time）——水力停留时间，h。

处理函数的结果可以是某个浓度（用 C 表示）或消减量百分比（用 R 表示）。例如，从某个储水节点流出的水流中 BOD 的一阶衰减表达式为：

$$C = BOD \cdot \exp(-0.05 \cdot HRT) \tag{1-13}$$

或一些痕量污染物和总悬浮固体（TSS）的去除率成正比，其表达式如下：

$$R = 0.75 \cdot R\_TSS \tag{1-14}$$

1.1.3.11 曲线

曲线对象用于描述两个变量之间的函数关系。每个曲线的名称是唯一的，并可赋予任意数量的数据组。

SWMM 中使用的曲线类型如下：

- 蓄水曲线——描述储水单元节点的表面积随水深变化的情况；
- 横截面形状曲线——描述自定义的管渠横截面的宽度随高度变化的情况；

- 分流转换曲线——将一个分流器节点的出流转为总入流；
- 潮汐曲线——描述一个排水口节点每天各小时水位的变化情况；
- 泵曲线——描述水流通过泵（在模型中为线状链接线）到上游节点的水深变化、体积变化、入口节点与出口节点的水头差变化的过程；
- 等级曲线——描述水流通过出口（在模型中为线状链接线）输送到出水口另一侧时出流流量随水头变化的过程；
- 控制曲线——描述如何根据控制变量（如一个特殊节点的水位）的变化控制水泵和水流调节阀。水泵和水流调节阀的控制规则是这些控制变量的函数，控制规则中详细定义了控制变量。

1.1.3.12　时间序列

时间序列对象用于描述特定的对象特征随时间变化的情况。时间序列可以用来描述以下对象：

- 温度数据；
- 蒸发数据；
- 排水口节点处的水位；
- 排水系统节点处的外部入流水量水位曲线；
- 排水系统节点处的外部入流污染过程线；
- 水泵和流量调节器的控制规则。

每个时间序列必须有唯一的名称，其数据量不受限制。时间可以是以小时为单位的相对模拟时间，也可以是从模拟开始到结束的绝对时间（日期）。时间序列数据可以在模型中直接输入，也可以把外部时间序列文件导入模型中。

注：

- 对于降水量时间序列，仅需要输入降水量非零时期的数据。在雨量计直接利用时间序列数据时，SWMM 通常认为在降水记录的时间间隔内，降水量是一个常数。对于其他类型的时间序列，SWMM 采用插值法估算两个时间节点之间的缺失值。
- 对于时间序列范围之外的时间节点，SWMM 将降水量和外部入流时间序列的值赋为 0，将温度、蒸发和水位过程时间序列的第一个或最后一个值赋为 0。

1.1.3.13　衍生时间序列

PCSWMM 提供了使用模型输出的时间序列来创建新时间序列的功能。可通过图形面板中的"衍生时间序列"选项卡来启用此功能。这个功能可以进行诸如求几个时间序列和的简单运算，也可以在计算过程中使用各种数学表达式。除了输出时间序列，数学表达式可以包括模型实体的参数值。PCSWMM 可在每次模拟计算后自动创建衍生出的时间序列。

对于来自当前实体的时间序列，需在方程中明确其时间序列函数名[TS_FunctionName]；对于来自其他实体的时间序列，需在方程中明确其时间序列函数名[ID: TS_FunctionName]。同样，来自当前实体的图层属性可表示为[FieldName]；来自其他实体的图层属性可表示为[ID: FieldName]。

目前可用的衍生表达式包括污染负荷（如等于污染物浓度×流量）、侵蚀指数、剪切应力。

示例如下。

若干排水口位置的总流量：

[OF1: TS_Total Inflow]+[OF2: TS_Total Inflow]+[OF3: TS_Total Inflow]

总降雨量：

[TS_Rainfall]·[Area]

河流流量：

9 810·[TS_Flow]·[Slope]

1.1.3.14 时间模式

时间模式允许外部旱季流量（Dry Weather Flow，DWF）呈周期性变化。时间模式包含一组调整因子，可作为基准 DWF 径流量或污染物浓度的乘因子。不同类型的时间模式包括：

- 月均模式——一年中每个月有一个乘因子；
- 日均模式——一周中每天有一个乘因子；
- 小时模式——从午夜 0 时到晚上 23 时，每小时有一个乘因子；
- 周末模式——周末中每小时有一个乘因子。

每种时间模式必须有唯一的名称，且不限制可创建模式的数量。每个旱季入流量（水量或水质）最多可有上述 4 种相关模式。

1.1.3.15 LID 控制

LID 控制是模拟低影响开发实践的模块，它可模拟地表径流收集、滞留、下渗和蒸发蒸腾作用的组合。LID 控制模块被视为给定汇水区的属性，类似于含水层和积雪模块的处理方式。SWMM 能模拟 5 种普通类型的 LID 设施：

- 生物滞留单元是长有植被的洼地。植被生长在人工混合土壤中，这些土壤覆盖在砂砾石排水层上。生物滞留单元可收集降雨及生物滞留单元周边的径流，它们可以存储、渗透和蒸发雨水以及从周围区域吸收水量。雨水花园、道路绿化植物、绿色屋顶均是不同形式的生物滞留单元。

- 雨水花园与生物滞留单元相似，具有植被层、储水层和人工混合土壤，但没有下卧的排水层。
- 绿色屋顶是生物滞留单元的一种变体，它具有较薄的土壤层和排水垫层，能收集雨水，并将过多的入渗水量排入屋顶排水系统。
- 渗渠是填充有砂砾石的窄沟，能截留来自上游不透水区域的径流。它们提供了储水空间，同时延长了截获的径流水量渗入其下方土壤的时间。
- 透水铺装是由砂砾石作为开挖区域的下覆层，由混凝土或沥青混合物作为上覆层的透水设施。通常所有的降水将很快通过上覆层直接进入下部砂砾层，然后以自然的入渗速率渗入下部天然土壤。块状铺面系统（路面层）将不透水材料组成的铺装层置于砂或细砾石层之上，在砂或细砾石层之下为砾石储水层。降落在不透水材料间的降水被收集并渗入存储区和其下方的天然土壤中。
- 雨水桶/蓄水箱可在暴雨天气时收集屋顶雨水，收集的雨水可排放掉或在干旱天气时再利用。
- 屋顶断路将雨水排入可渗透的土地或草坪中，而不是直接排入雨水管道中。对于直接与雨水管相接的屋顶，它也可用于表示当降雨超过排水能力时，将雨水排入渗透区域的过程。
- 植草沟是指坡面上被草和其他植被覆盖的沟渠和低洼区域。植被减慢了地表径流的流动速度，增加了水流渗入植被下方天然土壤的入渗时间。

通过"地下（暗）排水系统"选项，生物滞留单元、渗渠以及透水铺装可将其截留的水量输送到储水砂石层中的地下（暗）排水系统中，而不使之全部下渗，也可设置不透水底板或衬垫阻止水流渗入土壤。由于孔隙的堵塞效应，渗渠和透水铺装的水力传导度（渗透系数）随着时间的推移而变小。尽管一些 LID 设施可显著减少水中的污染物，但 SWMM 仅模拟它们对水文过程的影响。

1）LID 对象的结构

LID 对象是由多个垂向 LID 层组成的，并以单位面积为量纲定义了各层的属性。这样便于在同一个研究区的不同汇水区中设置设计方案相同但面积不同的 LID 对象。在模拟过程中，SWMM 利用水量平衡方程计算 LID 层的水量交换和储水情况。我们以生物滞留单元作为 LID 设施的通用实例，介绍如何模拟 LID 层及其间的水流路径。生物滞留单元可能存在的 LID 层包括：

- 表面层对应于地表（或铺装）的表面，它直接接收雨水和来自上游地区的径流，以及超过洼地蓄水量的雨水入流量，并产生流入排水系统或下游地区的地表出流。
- 铺装层是透水铺装中的透水混凝土或沥青层，或是模块化系统中使用的铺装砌块和填充材料。

- 土壤层是在生物滞留单元中支持植被生长的人工土壤混合物。
- 储水层是由碎石或卵石构成的 LID 层，它在生物滞留单元、透水铺装和渗渠系统中提供储水功能。对于雨水桶而言，雨水桶自身就是储水层。
- 生物滞留单元、透水铺装和渗渠系统（通常为花管）中砂砾储水层的水经地下暗管排水系统输送到公共出流管道或箱涵中。对于雨水桶而言，储存水量的出口即是桶底部的排水阀。

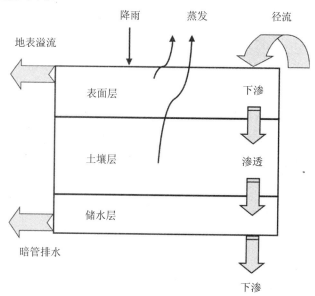

图 1-15　LID 各层水流路径示意图

表 1-3 显示了各 LID 对象对应的 LID 层的组合（x 表示必要的 LID 层，o 表示可选的 LID 层）。

表 1-3　不同 LID 对象对应的各垂直层

LID 类型	表面层	路面层	土壤层	储水层	暗管层	排水垫层
生物滞留单元	x		x	x	o	
雨水花园	x		x	o		
绿色屋顶	x		x			x
渗渠	x			x	o	
透水铺装	x	x		x	o	
雨水桶				x	x	
屋顶断路	x				x	
植草沟	x					

所有的 LID 控制对象都能储存一定量的降雨或径流并描述储存水量的蒸发过程（雨水桶除外）。如果在 LID 对象设置时不选择不透水底衬，植草沟、生物滞留单元、透水铺装和渗渠中的水会渗入天然土壤中。渗渠和透水铺装会受到堵塞的影响，随着时间的推移，其渗透系数会随累计水力载荷的增加而减小。

汇水区整体的径流、入渗、蒸发速率计算结果反映了设置 LID 对象后的 LID 开发效果。SWMM 在计算完成后会向用户报告相关结果。在 SWMM 的状态报告中包含一节题为"LID 效果摘要（LID Performance Summary）"的内容，以展示各个汇水区中 LID 对象的整体水量平衡情况。水量平衡项包括总的入流、入渗、蒸发、地表径流、地下排水以及初始储水量和最终储水量，这些量均以 LID 区域上的水深表示，单位为 in（或 mm）。此外，可在某个汇水区中将选定的 LID 对象的流量和水位时间序列写入一个文本文件（详情报告文件）中，可方便地在 PCSWMM 图形面板或电子表格（如 Microsoft Excel）中查看。如果总的入流、地表径流、排水外流、底部入渗量和总蒸发量低于某个阈值（在 SWMM5 内部设定为 0.01 in/h），则不生成详细报告文件。

2）LID 的布设

在汇水区内，有 2 种不同的设置 LID 控制模块的方法：

- 在一个已有的汇水区中设置一个或多个 LID 对象，以代替该汇水区中等量的非 LID 区域。
- 建立一个新的汇水区，并在整个汇水区上设置单一的 LID 对象。

第一种方法允许将多个 LID 对象混合设置于一个汇水区内，各 LID 对象分别处理来自汇水区内部非 LID 区域的部分径流。在这种情况下，流域内的 LID 对象是并联运行的，不能串联运行（例如，来自一个 LID 对象的出流不可以作为另一个 LID 对象的入流）。此外，在设置好 LID 对象之后，为补偿原汇水区中被 LID 对象所替代的面积，需要调整流域不透水率和宽度属性（如图 1-16 所示）。例如，假设一个汇水区的面积为 100，其不透水面积百分比为 40%，其中 75% 的不透水面积由透水铺装 LID 代替。在增设 LID 对象后，该汇水区的不透水面积百分比应为剩余不透水面积除以剩余非 LID 面积的商，即（1−0.75）×40/（100−0.75×40）=14.3%。

1.1.3.16 数学表达式

数学表达式提高了建模的灵活性。PCSWMM 允许在替换工具、自动表达式或衍生时间序列中输入数学表达式。自动表达式可根据 SWMM5 参数或用户自定义属性定义新的参数。

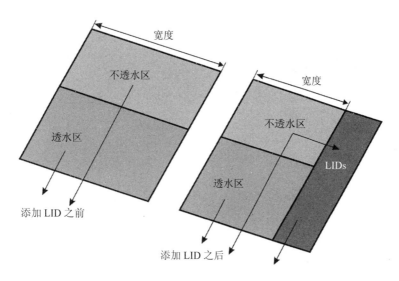

图 1-16   添加 LID 前后宽度和不透水率的变化对比

可在修订后的替换工具中输入多种数学和字符串表达式，并可保存经常使用的表达式。PCSWMM 中可用的表达式包括：

- 数学运算符

+，−，*，/，COS，SIN，TAN，COT，ABS，SIGN，SQRT，LN，EXP，ASIN，ACOS，ATAN，ACOT，SINH，COSH，TANH，COTH，LOG10，^，ROUND。

- 条件表达式

（1）IF（条件，第一个表达式，第二个表达式）。

（2）STEP（x<=0 ？ 0∶1）。

（3）LLOOKUP（源层，源属性，匹配属性，源匹配属性，取值类型）。

取值类型：0——第一个值（默认）；1——求和；2——平均值；3——最大值；4——最小值（可选）。

（4）CONDITION（[Attribute]

= 值 1：表达式 1

= 值 2：表达式 2

……

默认：值 n）。

- 字符串运算符

（1）REPLACE（文本，旧值，新值）。

（2）LEFT（文本，字符数）。

（3）RIGHT（文本，字符数）。

（4）SUBSTRING（文本，从零开始的起始字符位置，字符数）。

（5）+ 或&（用于合并字符串），这个选项可以用来分解 SWMM 或用户自定义的污染处理对象或地下水流方程的数学表达式。

此外，当某个相关属性发生改变时，PCSWMM 能借助自动表达式功能自行变更属性值。

自动表达式的主要优点在于它能根据 SWMM 参数和用户自定义属性修改 SWMM5 参数。尤其在农村或农业应用中，PCSWMM 可以根据各种农业 BMP（最佳管理措施）的实施情况来修改水文参数。不同 BMP 条件下可能改变的属性值包括入渗参数、汇水区坡度和糙率、透水区域洼地蓄水和 MUSLE 参数[①]。PCSWMM 中的自动表达式能灵活表示任何类型的数学关系，并能基于包括任何基准值在内的其他可用的属性值来计算模型参数。基准水文属性值是可选项，在计算衍生出的水文属性值时，可作为基准值的部分影响因子。这些基准水文属性可以移用于其他背景图层（如土壤图层或土地覆盖图层）中，用来描述没有 BMP 条件下的水文条件。

此外，自动表达式可以用于其他 SWMM5 参数，例如管道糙率可根据材料和老化时间发生变化。

1.2 计算方法

PCSWMM 产汇流计算及管网水力计算的模拟原理和计算方法与 SWMM 基本相同。SWMM 通过模拟地表径流、入渗、地下水、融雪等物理过程，并将这些物理过程联系起来，实现模拟水量、水质预测和管理的目的。本节简要介绍 SWMM 模拟这些物理过程所采用的计算方法。

1.2.1 地表径流

根据地表排水走向和土地利用状况，SWMM 将研究区域划分为若干汇水区，并为每个汇水区赋予参数。这些参数既可被人工调整，也可由自动计算得到。每个汇水区被视为一个非线性水库（如图 1-17 所示），它们的入流量包括降水量和上游汇水区的来水量，其出流量包括入渗量、蒸发量和流向下游的地表径流。非线性水库库容等于最大洼蓄量，即洼蓄量、表层润湿水量和植被截留水量组成的最大地表蓄水量。

[①] 修正通用土壤流失方程（Modified Universal Soil Loss Equation，MUSLE）。

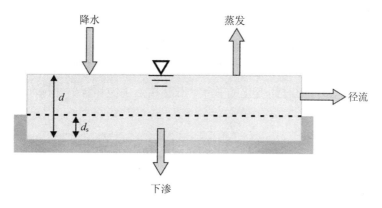

图 1-17　地表汇水区产生径流示意图

在 SWMM 中，只有水库蓄水深 d 超过最大洼地蓄水深 d_s 时，地表才产生径流 Q，Q 由曼宁方程计算得到 [式（1-15）]。单位面积上的径流量 q 可由径流 Q 除以汇水区面积 A 计算得出 [式（1-16）]。通过数值求解汇水区的水量平衡方程，可得到该汇水区的蓄水深随时间的变化过程。

$$Q = \frac{1.49}{n} W (d - d_s)^{5/3} S^{1/2} \tag{1-15}$$

$$q = \frac{Q}{A} = \frac{1.49}{An} W (d - d_s)^{5/3} S^{1/2} \tag{1-16}$$

式中：Q——径流流量，ft^3；

$\quad\quad n$——汇水区曼宁系数；

$\quad\quad W$——汇水区宽度，ft；

$\quad\quad d$——蓄水深，ft；

$\quad\quad d_s$——最大洼地蓄水深，ft；

$\quad\quad S$——汇水区坡度；

$\quad\quad A$——汇水区面积，ft^2。

1.2.2　入渗

入渗指降水从汇水区的地表透水区渗入非饱和土壤带的过程。SWMM 提供了 5 种入渗模型以供选择，分别为霍顿模型和改进的霍顿模型、格林-安普特模型及其改进模型、SCS 曲线数法（SCS Curve Number）。

1.2.2.1　霍顿模型

霍顿模型是根据长期观测数据得到的经验性方程。它表明在一个较长的降水过程中，入渗速率会从初始最大入渗率成指数衰减至近似一个常数的最小入渗率。

霍顿模型是从大量试验数据的基础上总结提出的经验公式，该模型中的参数本身没有具体的物理意义，主要参数有最大入渗率、最小入渗率、衰减常数、晾干时间、最大体积等，主要描述下渗率随降雨时间变化的关系，不反映土壤饱和区与非饱和区的含水量情况。霍顿下渗曲线方程为：

$$f_{\mathrm{p}} = f_{\infty} + (f_0 - f_{\infty}) \mathrm{e}^{-k_{\mathrm{d}} t} \tag{1-17}$$

式中：f_{p}——t 时刻对应的入渗率，mm/s；

$\quad\quad f_0$——初始时刻入渗率，mm/s；

$\quad\quad f_{\infty}$——稳定入渗率，mm/s；

$\quad\quad k_{\mathrm{d}}$——与土壤物理特征有关的衰减系数，$\mathrm{s}^{-1}$；

$\quad\quad t$——时间，s。

霍顿模型在实际使用上存在不足，它只考虑了入渗率随时间发生的变化，而没有考虑土壤滞蓄水量对入渗率的影响。

1.2.2.2 改进的霍顿模型

改进的霍顿模型是在霍顿模型的基础上修正得来的，当降水强度较小时，此方法可以提高入渗量的计算精度。它采用累积入渗量作为过程变量，替代霍顿模型 [式（1-18）]。改进的霍顿模型的输入参数与霍顿模型相同。

$$f_{\mathrm{p}} = f_0 - k_{\mathrm{d}} \int_0^t (f_t - f_{\infty}) \mathrm{d}t = f_0 - k_{\mathrm{d}} \sum_i (f_i - f_{\infty}) \Delta t_i \tag{1-18}$$

1.2.2.3 格林-安普特模型

格林-安普特模型是常用的入渗模型之一，它假定土壤柱中存在明显的湿润锋面，锋面以下的土壤是饱和的，而锋面以上的土壤是非饱和的（具有初始含水率），水流垂直入渗并充满土壤的有效孔隙空间（如图 1-18 所示）。在实际情况中，这些假设并不合理，入渗水流的空间差异是非常大的。该模型考虑了在充分的降雨入渗时下垫面由不饱和到饱和的变化过程，并能在 SWMM 模型中体现饱和带和非饱和带的地下水的出流和标高。此方法所需的输入参数包括土壤的初始水分亏缺量、土壤的水力传导度（渗透系数）和湿润锋面处的吸力水头。从经验上来讲，土壤水分亏缺量在干旱时期的恢复速率与水力传导度（渗透系数）有关。

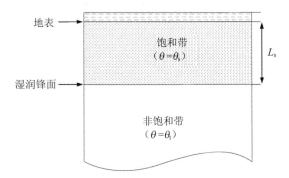

图 1-18　格林-安普特模型示意图

θ ——土壤含水率；

θ_s ——饱和带的土壤含水率；

θ_t ——非饱和带的土壤含水率。

格林-安普特下渗曲线方程为：

$$f_p = K_s \left[\frac{d + L_s + \psi_s}{L_s} \right] \qquad (1\text{-}19)$$

式中：　f_p——入渗率，mm/s；

　　　　K_s——饱和水力传导度，mm/s；

　　　　L_s——饱和层厚度，mm；

　　　　ψ_s——湿润锋面的毛细吸力水头，mm；

　　　　d——地面滞蓄水深，mm。

格林-安普特模型是在土壤初始含水量分布均匀、含水率和导水率饱和、湿润锋比较明显等假设的基础上建立的。未考虑分层土壤中的入渗过程，以及水中含沙量对入渗的影响。经过发展与完善，该模型已可用于研究初始含水率分布不均匀条件下的降雨入渗等问题。

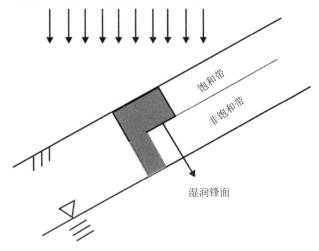

图 1-19　降雨条件下格林-安普特模型中假设的孔隙水压力分布

1.2.2.4 改进的格林-安普特模型

与格林-安普特模型不同，改进的格林-安普特模型假设小强度降雨期间湿润锋面的表层土壤处于不饱和状态，因此在降雨初期表层土壤的水分亏缺量不会减小。在暴雨初期历时较长时，初期雨强小于土壤饱和水力传导度（渗透系数）的条件下，该方法能更为真实地描述此种情形下的降水入渗过程。

1.2.2.5 曲线数法

美国农业部土壤保持局（SCS）的曲线数法（Curve Number，CN）[1]是一种估算径流的方法。SWMM 中估算入渗量的曲线数法是由该法演化而来的。

SCS 曲线数法假设地面径流量与潜在径流量之比等于流域实际入渗量和最大入渗量之比。该方法不反映降雨过程，仅限于小流域的范围，不太适用于大中尺度径流的估算。SCS 曲线数法的公式为：

$$\frac{Q}{P - I_a} = \frac{F_a}{S} \tag{1-20}$$

式中：Q——地面径流量，mm；

P——降雨量，mm；

I_a——受土地利用类型、截留、填洼、下渗等因素影响的初始损失量，mm[2]；

F_a——流域实际入渗量，mm；

S——流域最大可能入渗量，mm。

为了估算流域土壤的 S，SCS 曲线数法使用与流域土地利用类型、土壤特征和前期湿度条件等有关的曲线数（Curve Number，CN）作为综合指标，反映降雨前流域特征，根据降雨量与径流量的实测资料经验确定，关系式为：

$$S = \frac{25\,400}{CN} - 254 \quad \text{公制单位} \tag{1-21}$$

$$S = \frac{1\,000}{CN} - 10 \quad \text{美制单位} \tag{1-22}$$

SWMM 使用曲线数法估算入渗量时，是通过查取土壤曲线数表格确定土壤的总入渗能力。在一次降水过程中，土壤的总入渗能力是关于累积降水量和剩余入渗能力的减函数。因此，SWMM 中曲线数法的输入参数包括曲线数和土壤从饱和到完全干燥所需的时间（用于计算干旱时期的入渗速率恢复状况）。

---

[1]曲线数法在美国农业部土壤保持局《国家工程手册》的第四章有详细介绍。
[2]基于大量实验分析，美国农业部建议 $I_a=0.2S^n$。

受蒸发速率和地下水水位等因素的影响，入渗恢复速率会出现季节性的变化。SWMM 可对入渗恢复速率进行逐月定量调整，以反映这些变化。在 SWMM 中，每月土壤恢复模式被设置为项目蒸发数据的一部分。

SWMM 中曲线数法仅可应用于汇水区的透水区域，如果对整个汇水区设置一个综合 CN 值以兼顾不透水区域，那么需将不透水区的比例设置为 0。假如在使用综合性 CN 值后，汇水区中仍存在不透水区域，那么计算的径流的误差将变大。

1.2.3 地下水

SWMM 采用双层地下水模型计算地表与地下水的交换量（如图 1-20 所示）。模型将土壤分成上、下两个部分，上层区域是不饱和的，其土壤含水量 θ 是一个变量，下层区域是完全饱和的，其土壤含水量 θ 是对应于孔隙度 φ 的常量。图 1-20 中的水量均为在单位时间通过单位面积的水的体积，其中 f_I 为来自地表的入渗量；f_{EU} 为上层区域蒸散发量，占剩余表面蒸发量的比例是固定的；f_U 为从上层区域到下层区域的渗流量，取决于上层区域的含水量 θ 及上层区域的深度 d_U；f_{EL} 为下层区域的蒸散发量，是上层区域深度 d_U 的函数；f_L 为从下层区域到深层地下水的渗流量，取决于下层区域深度 d_L；f_G 为地下水排向相邻排水系统的壤中流，取决于下层区域深度 d_L 以及接收渠道或节点的深度。

模型在给定的时段内计算出流量后，会根据水量平衡重新计算并记录各区域内的水量变化，以便在下个时段内计算新的地下水埋深和非饱和区域的含水量。

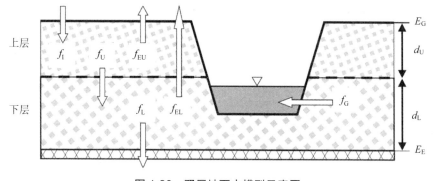

图 1-20 双层地下水模型示意图

1.2.4 融雪

在 SWMM 中，融雪过程是径流模拟过程的一部分。每个流域的积雪状态取决于积雪累积量、积雪的再分配和融雪量。积雪的再分配取决于表面损失量和移除量，融雪量根据热量平衡计算得出。积雪融水被视为新增的降水量进入汇水区。

在径流计算每个时段内，融雪计算步骤如下：

（1）根据日历日期更新气温和融化系数。

（2）降雪形式的降水将增加到雪盖上。

（3）根据移除系数重新分配超过清雪区清雪深度要求的积雪。

（4）根据研究区的表面损失曲线计算透水区和不透水区的积雪减少量。

（5）使用以下方法来计算积雪中融化为液态水的雪量。

①降雨时采用热量平衡方程进行融雪计算，此时融雪速率随着气温、风速和降雨强度的增大而增大。

②无降雨时采用度-日方程进行融雪计算，此时融雪速率等于融雪系数与气温和积雪表面温度之差的乘积。

（6）如果没有融雪发生，积雪温度将根据当前和过去的气温差与融雪系数的乘积向上或向下调整。如果有融雪发生，积雪温度将随积雪融化的等效热焓值增加，直至达到基本融化温度。超过这个温度的积雪将转化为径流。

（7）受雪盖的自由水持有能力的影响，融化的雪水一部分留在雪盖中，另一部分作为额外的降水量进入汇水区。

1.2.5　流量演算

SWMM 模型通过演算管网入流过程线和管道断面几何方程推导的入流水位过程线，得到该管段出口断面流量过程线和水位过程线。管道的流量演算通过连续性方程和动量方程（圣维南方程）来确定，并提供了 3 种求解方法：恒定流法、运动波法以及动力波法。

$$\frac{\partial A}{\partial t} + \frac{\partial Q}{\partial x} = 0 \quad 连续性方程 \tag{1-23}$$

$$\frac{\partial Q}{\partial t} + \frac{\partial \left(Q^2/A\right)}{\partial x} + gA\frac{\partial H}{\partial x} + gAS_{\mathrm{f}} = 0 \quad 动量方程 \tag{1-24}$$

式中：　x——沿水流方向的距离，m；

t——时间，s；

A——过水断面面积，m^2；

Q——出流量，m^3/s；

H——管内水深，m；

S_{f}——阻力坡度（单位长度上的水头损失），量纲一；

g——重力加速度，m^3/s。

1.2.5.1　恒定流法

恒定流法是最简单的演算方法。它假定在每个计算时段内的水流运动都是均匀和恒定的，因此它仅是将水渠上游端点的入流水文过程线转换到了水渠下游端点，水文过程线在转换之后既没有延迟也没有发生形态变化。这种常规水流方程将流量和过水断面面积（或深度）关联在一起。

这种演算方法不能计算渠道蓄水、回水效应、进出口损失、逆流或有压流。它仅适用于枝状输送管网，即管网中每个节点仅连接一条出流管线（除非该节点代表了一个有两条出流管线的分水闸）。该方法对时间步长不敏感，仅适用于对长期连续模拟进行初步分析。

恒定流演算是管网汇流计算最简单的方法。假设每一个计算时段内，管道的流量是一致和连续的，是一种较为理想的状态。该方法对汇水流域面积线性增长等的假设有时并不符合实际情况。

1.2.5.2　运动波法

运动波法通过简化各管渠的动量方程求解连续性方程。动量方程的简化要求水面的坡度与管渠的坡度相同。

通过管渠的最大流量是满管常规流量（无压）。在入口节点超出这个流量的水量要么从系统中损失掉，要么蓄积在入口节点上，并在管渠容量允许时重新进入管渠。

在运动波法中，同一个管渠内的流量和过水断面面积可随着空间和时间发生变化，因此进入管渠的水流经演算后，其出流的水文过程线可出现削弱和延迟现象。如果对前述回水等影响要求不高，运动波法可以作为一种精确和高效的演算方法，尤其适于长历时的模拟计算。

运动波演算方法采用连续方程和动量方程模拟各个管段的水流运动，动量方程假设水流的坡度和管道的坡度一致，不考虑惯性项、压力项，不能计算管渠的滞水、回水、逆流和有压流等，且仅限于枝状管网的设计计算。但管道超过满流的雨水可以存储在节点上，待下游水位回落后排出。管道可输送的最大流量由满管的曼宁公式计算，该方法计算经过管道输送后出水的流量过程线会稍有削弱和延迟。该方法适用于长期模拟。运动波法比较适用于枝状管网。对时间步长较大（5～15 min）的演算，该方法可以取得比较稳定的模拟结果。

1.2.5.3　动力波法

动力波演算采取完整的一维圣维南流量方程，综合考虑了管渠可利用空间的调节、回水、逆流、有压流和进出口能量损失等的影响，能够解决节点的积水和有压流等问题。理论上，结果最精确。这些方程包括连续性方程和动量方程，节点只有入流和出流，可采用水量平衡方程，以及检查井的流量连续性方程。该方法可以描述有压流，有压管道采用 Hazen-Williams 方程或 Darcy Weisbach 方程计算溢流。也适用于受管道下游出水堰或出水孔调控而导致水流受限的回水情况及顶托情况，采用较小计算步长。因此该方法可以用于管道下游包含环状管网、出水堰、转向器和出水孔调控系统的演算，使用范围更广。当检查井的水深超过检查井的深度时，就产生洪水。根据用户自己设定，多余水量或者从系统中消失，或存储于高于节点处形成虚拟的柱状蓄水池，而后重新进入排水系统。为了得到更精确的结果，应该缩短时间步长，通常取小于或等于 30 s。

1.2.6 地面积水

在流量演算中，当流入节点的水量超过该系统向下游的输水能力时，溢出的水量通常流出系统并损失掉。此时可以选择地面积水模式代替上述将溢出水量蓄积在节点的做法，并在输水能力允许时将溢出的水量输入系统中。在恒定流法和运动波法中，地面积水仅是简单地作为溢出的水量蓄存起来。而在动力波法中，由于节点处的水深会影响动力波法的计算，故假定溢出的水量蓄存在节点上方一个面积为常数的积水塘中。积水塘的面积也是相应节点的一个输入参数。

此外，用户可能希望详细地描绘地面溢流系统。在明渠系统中，这可能包括桥梁或涵洞交叉处的道路溢流，以及洪泛区储水区域。在封闭管道系统中，地面溢流可沿着街道、小巷或其他地表路径流入下一个可用的雨水进水口或明渠中。地面溢流也可能蓄存在洼地中，例如停车场、庭院或其他区域中。

1.2.7 水质模拟

SWMM 将管渠概化为一个连续搅拌槽式反应器（Continuous Stirred-Tank Reactor，CSTR）以模拟管渠中的水质变化过程。虽然若采用活塞式反应器（Plug Flow Reactor）进行概化可能更为贴切，但当溶质在管道内的运移时间与演算时间步长处于相同数量级时，两种概化方法的计算结果差异很小。在一个计算时段末刻，通过对质量守恒方程进行积分计算得到管渠出流的溶质浓度。积分过程中涉及的在同一时段内可能变化的量（如流量和管渠容积），均取其平均值参与积分计算。

蓄水单元节点内的水质模拟方法与管渠相同。对于没有蓄水容量的其他类型节点，流出该节点的溶质浓度简单地由所有流入该节点的溶质混合浓度表示。

SWMM 根据不同的功能区土地利用类型（如屋面、道路、绿地、庭院等）和功能类型（如住宅区、商业区、工业区等），将同一排水小区划分为不同的水文单元，并据此定义各不同土地利用类型下不同地表污染物的累积模型和冲刷模型，以模拟地表径流中污染物的旱季累积、雨水冲刷、污染物运输和处理过程。

1.2.7.1 污染物累积

SWMM 提供了 3 种污染物累积函数——幂函数、指数函数和饱和函数，用于描述旱季污染物在土地表面增长的速率。

1）幂函数

$$B = \min\left(C_1, C_2 t^{C_3}\right) \tag{1-25}$$

式中：B ——污染物累积量，单位面积或单位路缘石长度上的质量；

C_1 ——最大污染物累积量，单位面积或单位路缘石长度上的质量；

C_2 ——累积率常数；

C_3 ——时间指数（特例：$C_3 = 1$ 时呈线性关系）；

t ——累积时间，d。

2）指数函数

$$B = C_1 \left(1 - e^{-C_2 t}\right) \tag{1-26}$$

式中：B ——污染物累积量，单位面积或单位路缘石长度上的质量；

C_1 ——最大污染物累积量，单位面积或单位路缘石长度上的质量；

C_2 ——累积率常数，1/d；

t ——累积时间，d。

3）饱和函数

$$B = \frac{C_1 t}{C_2 + t} \tag{1-27}$$

式中：B ——污染物累积量，单位面积或单位路缘石长度上的质量；

C_1 ——最大污染物累积量，单位面积或单位路缘石长度上的质量；

C_2 ——半饱和常数（达到最大污染物累积量一半时需要的时间），d；

t ——累积时间，d。

1.2.7.2 污染物冲刷

SWMM 对污染物的冲刷变化分布指定了指数冲刷函数、流量特性曲线冲刷函数、平均浓度函数三种类型。径流传输过程中，污染物形态和浓度等时刻发生变化，若污染物累积量小于消耗量，则连续的消耗被视为冲刷过程。

1）指数冲刷函数

$$W = C_1 q^{C_2} B \tag{1-28}$$

式中：W ——污染物冲刷量，单位时间内的质量；

$\quad$ C_1 ——冲刷系数；

$\quad$ C_2 ——冲刷指数；

$\quad$ q ——径流速率，mm/h；

$\quad$ B ——污染物累积总质量，与 W 质量单位一致。

上述方程综合考虑了污染物的冲刷和累积两个变化过程。

$\quad$ 2）流量特性曲线冲刷函数

$$W = C_1 Q^{C_2} \tag{1-29}$$

式中：W ——污染物冲刷量，单位时间内的质量；

$\quad$ C_1 ——冲刷系数；

$\quad$ C_2 ——冲刷指数；

$\quad$ Q ——流量，m³/s。

$\quad$ 3）平均浓度函数

$$\text{EMC} = \frac{M}{V} \tag{1-30}$$

式中：EMC ——事件平均浓度（Event Mean Concentration），mg/L；

$\quad$ M ——径流过程污染物总量，mg；

$\quad$ V ——相应径流总体积，L。

该函数也仅考虑降雨径流对冲刷过程的影响。

1.2.8 LID 设施

SWMM 使用 LID 对象模拟 LID 设施的水量交换和储水情况。1.1.3.15 节详细介绍了 LID 对象的结构与基本原理，此处将介绍 LID 对象的数学模型。

1.2.8.1 生物滞留单元

在 1.1.3.15 节中，我们以生物滞留单元作为 LID 设施的通用实例，介绍如何模拟 LID 层及其间的水流路径。生物滞留单元由表面层、土壤层和储水层组成，其结构如图 1-15 所示。生物滞留单元的表面层接收降水和相关区域的地表径流，表面层的水量损失包括渗入土壤层的水量、地表积水的蒸发蒸腾量和产生的地表径流。土壤层由工程土壤构成，接收由表面层渗入的水量，其水量损失包括蒸发蒸腾量和渗入下方储水层的水量。储水层由砾石构成，接收上部土壤层的下渗量，其水量损失包括进入储水层中排水管的水量和渗入下方天然土壤的水量。

模拟生物滞留单元所遵循的假设包括：

（1）滞留单元沿深度方向的剖面是连续的。

（2）生物滞留单元中水流在垂向上呈一维运动。

（3）生物滞留单元的入流是均匀分布在表面层的。

（4）生物滞留单元中土壤层的含水量是均匀分布的。

（5）生物滞留单元忽略了储水层的基质力，储水层可视为一个简单的水库，由储水层底部开始计算其蓄水量。

基于上述假设，生物滞留单元可由以下 3 个连续性方程表示，公式中符号含义见表 1-4。

$$\phi_1 \frac{\partial d_1}{\partial t} = i + q_0 - e_1 - f_1 - q_1 \quad \text{表面层} \tag{1-31}$$

$$D_2 \frac{\partial \theta_2}{\partial t} = f_1 - e_2 - f_2 \quad \text{土壤层} \tag{1-32}$$

$$\phi_3 \frac{\partial d_3}{\partial t} = f_2 - e_3 - f_3 - q_3 \quad \text{储水层} \tag{1-33}$$

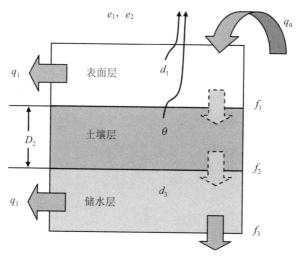

图 1-21 生物滞留单元数学模型示意图

表 1-4 LID 数学模型的常用符号及其含义

符号	含义	单位
d_1	表面层上的蓄水深	ft
d_3	储水层中的水深	ft
t	时间	s
i	水渗入表面层的入渗速度	ft/s
θ_2	土壤含水量（水的体积与土壤总体积之比）	量纲一
θ_4	透水铺装层的含水量	量纲一

符号	含义	单位
q_0	来自其他区域的径流量对表面层的入流量	ft/s
q_1	表面层的径流量或溢流量，屋顶的溢流量	ft/s
q_3	储水层的排水量，每单位屋顶产生的排水量	ft/s
e_1	表面层蒸发蒸腾速率	ft/s
e_2	土壤层蒸发蒸腾速率	ft/s
e_3	储水层蒸发蒸腾速率	ft/s
f_1	水从表面层渗入土壤层的入渗速率	ft/s
f_2	水从土壤层渗入储水层的入渗速率	ft/s
f_3	水从储水层排入天然土壤的排水速率	ft/s
ϕ_1	表面层的空隙比例（空隙的体积与总体积之比）	量纲一
ϕ_3	储水层的空隙比例（空隙的体积与总体积之比）	量纲一
D_2	土壤层的厚度	ft
D_4	透水铺装层厚度	ft
F_4	不透水铺装块和铺装块接缝所占的比例，连续铺装 F_4 取 0	量纲一
A	用户提供的表面积，该面积由洼地所占据，对应于植草沟深度 D_1	ft^2
A_1	水深 d_1 对应的表面面积	ft^2

1.2.8.2　雨水花园

在 SWMM 中，雨水花园由表面层和土壤层组成，其控制方程如下，公式中符号含义见表 1-4。

$$\phi_1 \frac{\partial d_1}{\partial t} = i + q_0 - e_1 - f_1 - q_1 \quad \text{表面层} \tag{1-34}$$

$$D_2 \frac{\partial \theta_2}{\partial t} = f_1 - e_1 - f_2 \quad \text{土壤层} \tag{1-35}$$

1.2.8.3　绿色屋顶

在 SWMM 中，绿色屋顶的结构近似于生物滞留单元，它由表面层、土壤层和排水垫层组成。排水垫层是用于排水的带有棱纹的复合织物薄垫。这种方式的储水及排水量有限，因此多用于倾斜屋顶。水平屋顶多在砾石层中埋设开孔管道作为排水层，此时绿色屋顶与具有不透水底板和排水系统的生物滞留单元相同。绿色屋顶的控制方程如下，公式中符号含义见表 1-4。

$$\phi_1 \frac{\partial d_1}{\partial t} = i - e_1 - f_1 - q_1 \quad \text{表面层} \tag{1-36}$$

$$D_2 \frac{\partial \theta_2}{\partial t} = f_1 - e_1 - f_2 \quad \text{土壤层} \tag{1-37}$$

$$\phi_3 \frac{\partial d_3}{\partial t} = f_2 - e_3 - q_3 \quad \text{排水垫层} \tag{1-38}$$

1.2.8.4　渗渠

在 SWMM 中，渗渠由表面层和储水层组成，其控制方程如下，公式中符号含义见表 1-4。

$$\phi_1 \frac{\partial d_1}{\partial t} = i + q_0 - e_1 - f_1 - q_1 \quad \text{表面层} \tag{1-39}$$

$$\phi_3 \frac{\partial d_3}{\partial t} = f_1 - e_3 - f_3 - q_3 \quad \text{储水层} \tag{1-40}$$

1.2.8.5　透水铺装

透水铺装表面层常由透水混凝土或沥青组成，其下铺有砂层（可选），砂层之下铺砾石储水层，砾石层下方布设开孔管道作为排水系统。透水铺装的控制方程如下，公式中符号含义见表 1-4。

$$\phi_1 \frac{\partial d_1}{\partial t} = i + q_0 - e_1 - f_1 - q_1 \quad \text{表面层} \tag{1-41}$$

$$D_4 \left(1 - F_4\right) \frac{\partial \theta_4}{\partial t} = f_1 - e_4 - f_4 \quad \text{铺装层} \tag{1-42}$$

$$D_2 \frac{\partial \theta_2}{\partial t} = f_4 - e_2 - f_2 \quad \text{砂层} \tag{1-43}$$

$$\phi_3 \frac{\partial d_3}{\partial t} = f_2 - e_3 - f_3 - q_3 \quad \text{储水层} \tag{1-44}$$

1.2.8.6　雨水桶

雨水桶是一个完全中空的储水层，该储水层具有不透水底板和排水阀门。描述雨水桶的连续性方程如下，公式中符号含义见表 1-4。

$$\frac{\partial d_3}{\partial t} = f_1 - q_1 - q_3 \quad \text{储水层} \tag{1-45}$$

1.2.8.7 屋顶断路

SWMM 常将汇水区中的屋顶区域作为不透水表面，其上产生的径流将直接进入汇水区的暴雨排泄出口。SWMM 也可以断开屋顶与排水系统的连接，将屋顶的径流引入汇水区的透水区域，以便增加渗入土壤的量。使用屋顶断路 LID 后，超过屋顶排水能力的径流将作为溢流量进入汇水区的透水区域，屋顶排水系统排出的水量可直接进入雨水管道，也可进入透水区域。当存在双排水系统时（路面排水系统和管道排水系统），溢流将进入路面排水系统（主要排水系统），屋顶排水将进入管道排水系统（次要排水系统）。描述屋顶断路的控制方程如下，公式中符号含义见表 1-4。

$$\frac{\partial d_1}{\partial t} = i - e_1 - q_1 - q_3 \quad \text{表面层} \tag{1-46}$$

1.2.8.8 植草沟

SWMM 的植草沟是生长有植被的天然梯形渠道，它能将收集的径流输送到指定的位置，并在输送过程中使部分径流渗入其下的土壤中。描述植草沟的控制方程如下，公式中符号含义见表 1-4。

$$A_1 \frac{\partial d_1}{\partial t} = (i + q_0) A - (e_1 + f_1) A_1 - q_1 A \quad \text{表面层} \tag{1-47}$$

1.2.8.9 堵塞

细小的颗粒会随入渗的水流进入透水介质中并沉淀下来，这些沉淀物会堵塞介质中的渗流通道，最终降低介质的渗透性能。SWMM 使用 Siriwardene 等（2007）和 Lee 等（2015）的方法模拟堵塞现象。他们假设透水介质的渗透系数随时间减小，是通过介质的沉淀物累积质量负荷的连续函数。由于堵塞是个长期现象，如假定入流中的沉淀物浓度是一个常数，则可由累积入流体积替代沉淀物累积质量负荷。因为入流受到有关 LID 层空隙的影响，渗透系数的减小量可作为 LID 设施中空隙体积的函数。堵塞的控制方程如下：

$$K(t) = K(0)\left(1 - \frac{Q(t)V_{\text{void}}}{\text{CF}}\right) \tag{1-48}$$

式中：$K(t)$——渗透系数；

$\quad$ $K(0)$——初始渗透系数；

$\quad$ $Q(t)$——时间 t 内每单位面积上的累积入流体积；

$\quad$ V_{void}——LID 层中每单位面积上的空隙体积；

$\quad$ CF——堵塞因子。

1.2.9　土壤侵蚀

PCSWMM 采用改进的通用土壤流失方程（Modified Universal Soil Loss Equation，MUSLE）进行土壤侵蚀计算。MUSLE 根据汇水区的径流计算结果，计算相应汇水区的每日土壤流失情况。SWMM5 进行径流计算时，模型使用的时间步长通常很小，因此，模型根据雨季时间步长对应的径流量分配给每日土壤侵蚀量，即径流量的数据时间步长也很小。土壤侵蚀负荷以固体悬浮物总量（TSS）入流的形式加载到汇水区出口节点上，这样侵蚀负荷便进入模型的水力系统中。

用于计算日侵蚀量的方程为（PCSWMM 中 MUSLE 模型的各参数均应使用国际单位制）：

$$Sediment\ Yield = 11.8\left(Q_{surf} \cdot q_{peak} \cdot Area\right)^{0.56} \cdot K \cdot C \cdot P \cdot LS \cdot CFRG \qquad (1\text{-}49)$$

式中参数含义见表 1-5。

表 1-5　土壤侵蚀模型的参数及其含义

参数	PCSWMM 变量	单位	说明
$Sediment\ Yield$		Mg/d	每日输沙量
Q_{surf}		mm	每日径流深
q_{peak}		m³/s	30 min 径流峰值
Area		hm²	汇水区面积
K	KUSLE		土壤可蚀性因子，该参数由土壤特性决定
C	CUSLE		植被和作物管理因子，该参数由土壤上的作物冠层和残留部分决定
P	PUSLE		水土保持因子，受等高耕作（利用地形进行山地耕作的一种方式，常形成梯田）、等高条带种植的影响
LS	LSUSLE		地形因子
CFRG	CFAG		粗碎屑因子

K、C、P 和 LS 因子与通用土壤流失方程（MUSLE）中的参数相同。

径流峰值由 SWMM5 计算出的 30 min 最大平均径流计算结果确定。其他模型（如 SWAT）也使用这个方法来估算径流峰值。

植被与作物管理因子（C）取决于作物的生长周期和其他作物管理措施，因此随时间变化。在连续模拟计算时，可将 C 因子设定为时间序列，或在单次计算分析中将其作为常量。

各个汇水区的地形因子（LS）可由用户自定义设定，也可使用 PCSWMM 内置公式，通过汇水区流线长度和坡度进行计算：

$$\mathrm{LS} = \left(\frac{L_{\mathrm{flow}}}{22.1}\right)^{m} \left(65.41\sin^2\theta + 4.56\sin\theta + 0.065\right) \tag{1-50}$$

式中：L_{flow}——该汇水区的流线长度，m；

   θ——以角度表示的汇水区坡度，°；

   m——指数项：

$$m = 0.6[1 - \exp(-35.835\tan\theta)] \tag{1-51}$$

粗碎屑因子计算方法如下：

$$\mathrm{CFRG} = \exp(-0.053\mathrm{Rock}) \tag{1-52}$$

式中：Rock——上层土壤中碎石含量的百分比。

侵蚀计算以日为时间单位，并以汇水区中透水区域的径流计算结果为依据。通过在侵蚀设置对话框（在文件＞＞侵蚀目录下）中启用侵蚀功能来激活侵蚀模拟功能。将需进行侵蚀计算的汇水区的侵蚀属性设为激活状态后，即可进行侵蚀计算。PCSWMM 首先通过 SWMM5 计算透水区的径流流量，然后根据日径流量计算结果，采用 MUSLE 方程计算日侵蚀值。侵蚀模拟及其结果单独保存在名为 projectname_MUSLE 的子文件夹中。

在计算完成各汇水区的日侵蚀值之后，则基于以下关系按径流雨季时间步长分配全天的负荷：

$$sediment\ loading_t \propto q_t^n \tag{1-53}$$

式中：t——时段长；

   n——一个由用户设定的指数。

通过指数 n，用户可以灵活地模拟大径流情形下的高浓度 TSS。用户可以自行设定此指数以控制 TSS 负荷的分配。

这些选项在 PCSWMM 侵蚀设置对话框（在文件→侵蚀目录下）中输入：

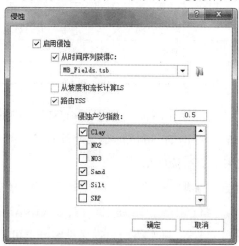

图 1-22　侵蚀设置窗口

各汇水区的 TSS 负荷时间序列也保存在名为 projectname_MUSLE 的子文件夹中。

TSS 负荷时间序列以污染物入流的形式加载到汇水区的出水口节点上。用户可以设定总 TSS 中各 TSS 成分的比例（可基于 TSS 组分的粒径，将 TSS 分为若干组分，例如 0～20 μm、20～50 μm、50～100 μm 等），以便更好地估算 TSS 的沉淀情况。此外，用户可以基于 TSS 负荷设定附带污染物（例如可以将磷作为 TSS 负荷的一部分）。这些参数设置在汇水区属性对话框中设定。在参数设置时，可根据土壤特性灵活调整 TSS 中各组分的比例（例如针对某一土壤图层，使用 PCSWMM 提供的面积加权工具）。

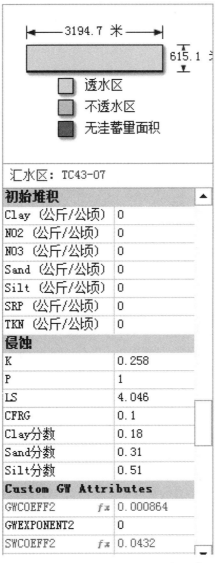

图 1-23 汇水区属性表 TSS 组分比例分数设置

PCSWMM 在入流编辑器中借助比例系数确定各侵蚀时间序列的 TSS 成分比例。根据各个节点的 TSS 组分负荷，PCSWMM 可使用节点处理函数来模拟各类附带污染物（例如磷）的变化情况。

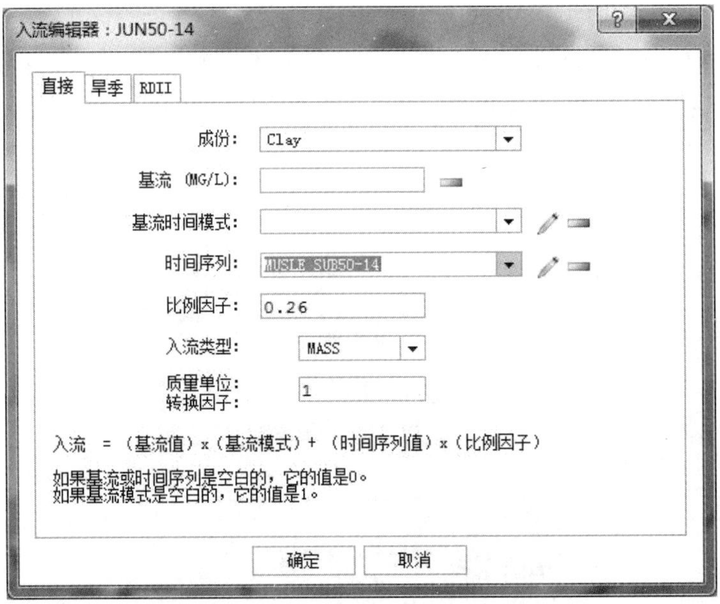

图 1-24　TSS 成分直接入流设置

1.2.10　季节性建模

在实际情况中，入渗等许多水文过程具有季节性变化特征。然而 EPA SWMM5 计算引擎（版本 5.1.006）还无法体现模型参数的季节性变化。为了克服这一缺陷，CHI 发布了 SWMM 计算引擎的一个新版本（SWMM5.1.901），增加了模拟季节变化的功能。

修改后的 SWMM5.1.901 引擎允许汇水区的部分水文参数逐月变化取值。这些水文参数包括：

（1）透水区域曼宁系数 n。

（2）透水区域洼地蓄水量。

（3）格林-安普特入渗模型中的初始水分亏缺量。

（4）格林-安普特入渗模型中的水力传导度（渗透系数）。

（5）格林-安普特入渗模型中的湿润锋吸力水头。

用户可以采用逐月赋值的方式体现这些参数的变化特征。每个月的参数值由一个乘因子和原参数之积确定。

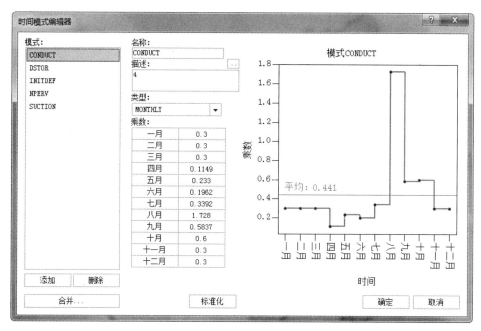

图 1-25　参数的时间模式乘因子分布

对于各汇水区，用户可以在季节变化模块中通过自定义方式选择性设定汇水区的一个或多个参数的月均值。各月乘因子与原参数值共同决定了参数的月均值，即最终参数值 = 原参数输入值·各月乘因子。这样就可以兼顾到这些参数值的时空变化特征。在 SWMM5 的所有时间属性中，这些乘因子被作为阶跃函数，在每月的第 1 天发生变化。

1.3　二维模型基本原理

1.3.1　二维模型求解方程

PCSWMM 一维模型(以下简称 1D)原理为 SWMM 管网水力学模型原理。而 PCSWMM 二维模型（以下简称 2D）是将 EPA SWMM5 中的全动态一维方法扩展到二维自由表面流。其计算理论基础为均匀流体的一维平均深度动量方程和连续性方程（圣维南方程）。对于均匀流体的一维深度平均深度动量和连续性方程的典型公式是沿着计算网格的每个组分求解的，以网格上的节点和开放无侧墙管道代表水文、地形、地貌。PCSWMM 2D 不考虑科里奥利力（对于非常大的研究区域可能是一个影响因素）、风切变力或湍流涡流黏度。PCSWMM 2D 二维假定相邻计算网格之间的流动为一维流动，并且流动长度明显大于水深（即应用浅水方程）。通过 SWMM5 引擎的动力波路由选项求解方程。

$$\frac{\partial A}{\partial t} + \frac{\partial Q}{\partial x} = 0 \quad 连续性方程 \tag{1-54}$$

$$\frac{\partial Q}{\partial t} + \frac{\partial \left(Q^2/A\right)}{\partial x} + gA\frac{\partial H}{\partial x} + gAS_f + gAh_L = 0 \quad 动量方程 \tag{1-55}$$

式中：x——管道沿程距离，m；

t——时间，s；

A——横断面面积，m^2；

Q——流量，m^3/s；

H——水头，m；

S_f——坡降，m/m；

h_L——单位长度局部水头损失，m/m；

g——重力加速度，m/s^2。

这些方程使用有限差分方法求解，采用逐次近似和松弛法。关于 SWMM5 动态波路由的更多信息可在美国国家环境保护局的暴雨雨水管理模型质量验证报告中获得（Rossman，2006）。

PCSWMM 2D 用六边形或正方形网格离散二维区域，并通过二维节点表示每个单元。每个节点的底部高程分配给每个单元格内的平均底部高程。所有节点都连接到具有矩形开放通道或二维管道的相邻节点。二维节点具有较小的表面积（通常为 0.1 m^2），并且每个单元中的表面面积被分配给连接到节点的二维管道，以保持连续性。经过大量达到预期流速的试验的验证，PCSWMM 根据连接到节点的管道数量的特定比率来调整管道的长度和宽度，并通过管道流出速度的矢量和，来计算每个二维单元的平均流速。

由于 PCSWMM 2D 涉及循环网络和回水效应，因此仅适用于动态波路由方法。全动态波解决方案考虑了动量方程中的所有项。在求解动态波方程时，用户可灵活选择保持、抑制或忽略惯性项。通过忽略惯性项（动量方程中的第二项和第三项）来简化扩散波选项。

1.3.2 一维-二维模型连接方式

二维建模的优点是可将现有的一维模型与陆地网格结合。将一维模型连接到二维网格有两种方式：一种为直接连接，另一种为孔口连接。

直接连接方式是在一维模型的顶部绘制网格。针对桥梁和涵洞可以使用直接连接（共享节点）。这种方法将一维模型与超边界处的二维网格连接起来，使用二维网格将一维断面自动截断到边界处，对边界进行建模，并使用二维陆地网格来表示边界线以外的模型。如图 1-26 所示。

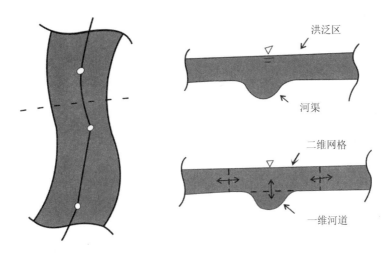

图 1-26　使用直接连接的一维-二维连接表示

孔口连接方式是通过孔口进行一维-二维模型的连接，图 1-27 为孔口连接示意图。图中二维部分表示主要雨水（洪水）泛区大排水系统，一维部分主要表示管网小排水系统。

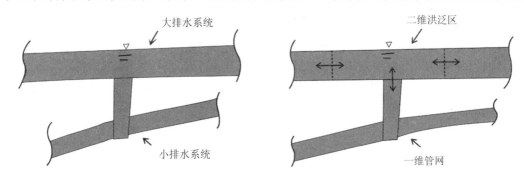

图 1-27　使用孔口连接的一维-二维连接表示

如果用户希望改进已生成的网格，则可以使用在二维节点层中添加、移动或删除节点的方法。使用创建网格工具会替换模型中现有的二维单元格，并将网格重新连接到任何现有的一维实体或一维、二维连接线。

1.3.3　一维-二维耦合建模工具

PCSWMM 可以为城市和农村地区（包括基于河流的洪水、双排水系统建模或简单的超标雨水径流）提供精确的二维建模，包含洪水水深、流速、流量等要素。二维表面流的来源可以是河流、溪流的漫堤洪水，也可以来自管网系统的积水或分布式降雨。

PCSWMM 提供了一种将一维与二维建模完全整合的方法，能够在一维和二维建模之间无缝切换。可实现动态大小双排水系统建模、二维洪泛区建模、堤坝溃决建模和流域的一维、二维建模。

PCSWMM 二维模型构建所需的工具包括：

- 结构化或非结构化网格自动生成；
- 自适应或可变网格分辨率调整；
- 为通道流量创建定向或曲线网格；
- 高度突然变化处（即低墙、挡土墙、路缘等）的边缘定义；
- 从 DEM（跨网格采样）和非点状边界条件（即定义二维模型的边界条件）计算平均网格高程。

对于结果后分析，PCSWMM 提供的工具和功能包括：

- 二维图层的专题渲染；
- 二维模拟结果的快速动画展示，包括速度矢量的展示；
- 动画的高清视频录制，具有标准或自定义尺寸和压缩设置；
- 二维网格的深度和速度时间序列；
- 用户定义阈值线的流量时间序列；
- 基于多个自定义的标准定制各种风险图；
- 生成最大深度、瞬时深度、最大流速或瞬时流速分布线图；
- 支持模型叠加到谷歌地球，包括三维模型图、GIS 或 CAD 输出的洪水淹没范围、风险地图、等值线等，支持的格式包括 SHP、TAB、MIF、DXF、GML 等。

2 操作界面

2.1 主界面

PCSWMM 主界面由不同的面板组成。通过点击窗口顶部的面板选项卡切换到相应的面板。每个面板都有一个工具栏，工具栏包含与面板功能相关的按钮。界面中间部分有 7 个主要面板：地图面板、表格面板、图表面板、剖面面板、详细资料面板、状况面板和文档面板。这些面板可以分离或并排放置，也可分别放置在多个显示器中。在 PCSWMM 主界面的左侧及右侧有固定面板。我们可以从左侧的项目面板访问项目编辑器。编辑功能呈现灰色表示在当前模型中没有激活相应功能（即没有定义对象）。地图图层列表位于编辑器下方。属性面板和注释面板在 PCSWMM 界面的右侧，展示当前所选实体的属性和用户注释内容。

状态栏沿着 PCSWMM 窗口底部分布，依次展示项目设置、流量单位、计算引擎、地图坐标系统、光标坐标、连续性误差及模型状态。如图 2-1 所示。

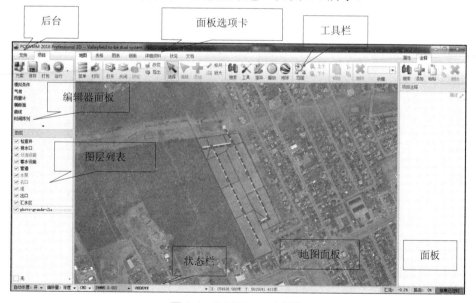

图 2-1　PCSWMM 主界面

2.2　"文件"面板

"文件"面板的工具栏包含以下按钮：保存、另存为、打开、关闭、管理、新建、导入、打印、保存&发送、布局、帮助、洪水分析、侵蚀、2D、报告、默认、偏好设置、退出（如图 2-2 所示）。"文件"用于打开后台，其中包含诸如保存、打印和打开等命令，以及项目管理、导入、导出及支持的各种资源（包括在线培训和许可证管理）。

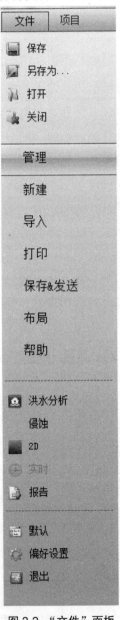

图 2-2　"文件"面板

以下对每个按钮的作用进行说明。

保存：保存当前项目的任何更改及所打开的图层的任何更改。

另存为：将当前项目另存为其他名称或其他路径，当前项目即为另存后的项目。

打开：打开已有项目。

关闭：关闭当前项目。

管理：管理电脑内最近项目并浏览指定路径下的已有项目。

新建：新建 SWMM5 项目、RAP（雷达数据获取处理）项目及时间序列项目。

导入：从不同数据来源导入数据。

图 2-3 导入界面

打印：打印地图、图表、剖面、详细资料、状况。

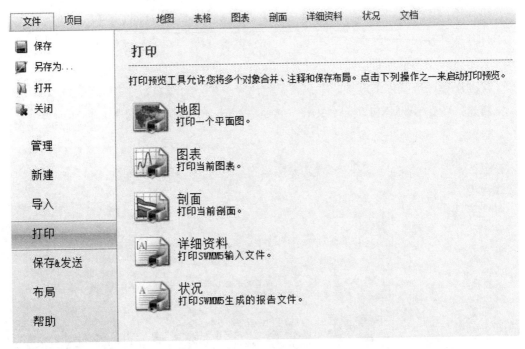

图 2-4　打印界面

保存&发送：对项目保存及打包用于共享，导出项目数据，生成项目图片。

布局：软件界面不同主题设置。

帮助：为用户学习 PCSWMM 提供帮助渠道。

2.3　"项目"面板

2.3.1　"项目"面板工具栏

通过"项目"面板工具栏（Project panel toolbar），可以访问所有与"项目"面板有关的工具及功能，可通过"文件"菜单访问其他项目管理工具、功能及设置界面。

图 2-5 "项目"面板界面

方案：打开"方案管理器"，其允许在当前方案和其他方案之间进行切换。

保存：保存对当前项目所做的更改及对所打开图层的更改。

打包：打开"打包项目"工具，把大量 SWMM5 项目文件打包成一个压缩文件以便于存档或共享项目。在"打包项目"工具中可选择所需打包的文件类型。

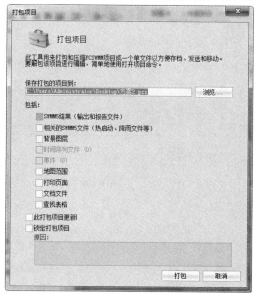

图 2-6 打包项目界面

运行：运行当前项目的 SWMM 模型。此按钮的第二个选项是打开"运行方案"工具，使用多个 CPU 内核或 PCSWMM 计算网格同时运行多个方案。

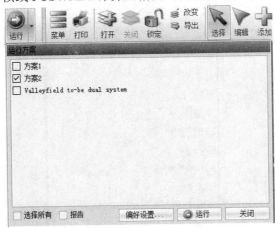

图 2-7　运行项目界面

2.3.2　方案管理器

利用方案管理器（Scenario manager）可以创建、管理及切换方案。方案为 SWMM5 项目（不是 RAP 项目或时间序列项目）时，可将其添加到方案组中，便于管理和比较方案。通过点击"方案管理器"按钮，打开方案管理器。

用于比较分析的工具还包括"地图"面板上的"总结/比较"工具、"图表"和"表格"面板上的"方案比较模式"。

2.3.2.1　方案之间的切换

打开方案：首先从方案列表中选择目标方案；然后单击"打开"按钮，或双击目标方案。

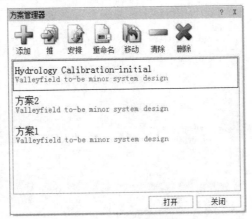

图 2-8　选择方案

2.3.2.2 方案管理工具栏

方案管理工具栏包含"添加""推送""安排""重命名""移动""清除""删除"7 个按钮。

图 2-9 方案管理工具栏

1）添加

"添加"按钮的子功能包括：复制当前项目、创建设计暴雨方案、创建事件方案和添加已有项目。

图 2-10 添加方案

如果选择复制当前打开的项目，会被提示选择一个目标文件夹用于保存新方案。新方案将是当前所打开项目的精确副本，但不会复制背景层及所引用的外部文件。设计暴雨及事件方案是基于"图表"面板上已绘制的设计暴雨而创建的。使用"图表"面板工具栏上的"添加"按钮创建和绘制设计暴雨。

2）推送

推送：推送方案的变更。

推送工具用于从当前加载的方案推送变更至一个或多个其他方案。推送工具允许用户选择需更新的方案和需推送的内容。可利用方案管理器（"推送"按钮）或在"地图"面板中右击选定的对象访问推送工具。在推送工具的左上角通过点击"推送"按钮可访问三种推送模式（如图 2-11 所示）。

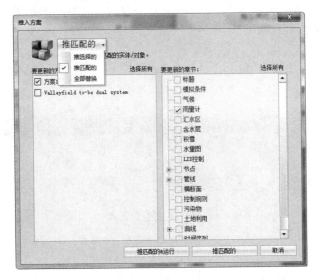

图 2-11　推送方案

● 推选择的

"推选择的"是指推送选定实体至选定的方案。如果实体存在于目标方案中，将更新它，否则将创建实体。选定的实体可以处于多个 SWMM5 图层上。此模式有助于推送更新至单一实体或几个选定的实体。可以在"地图"面板中通过右击选定的实体快速访问此模式，并将所选实体推送到选定的方案。

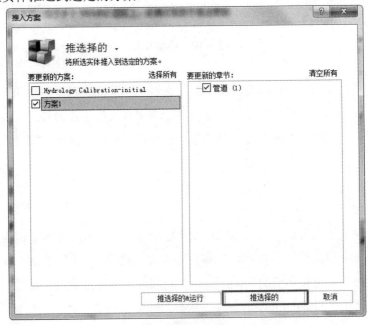

图 2-12　推选择的

- 推送匹配的

"推送匹配的"是指仅向选定的输入文件部分推送匹配的实体及对象。通过名称匹配实体和对象，不创建新实体/对象。不包含实体或对象的部分（例如模拟选项、控制规则等）将被替换为当前方案设定值。此模式有助于在方案的一个部分中更新所有公共实体，而方案的唯一实体保持不变。

- 全部替换

"全部替换"是指替换选定部分的全部内容。目标方案将具有与当前方案完全相同的实体、对象或设定值。此模式有助于确保选定的部分在各方案之间保持一致。例如，确保在当前方案中已删除的实体或对象也已在选定的方案中移除。

- 推送操作包括的内容

推送工具通过"更新目标方案的输入文件"确定将要推送的内容。因此可以更新SWMM5 实体、对象和其他输入文件设置（例如模拟选项）。推送工具并不推送变更至SWMM5 图层的自定义属性或背景图层，即未存储在 SWMM5 输入文件（inp 文件）中的一些属性。

- 更新并运行 SWMM 选项

在更新之后，"推送"工具直接运行所选择的方案，避免切换至该方案或手动使用"运行方案"工具。方案运行时可采用多个 CPU 核或 PCSWMM 计算网格并行运行。在方案运行完毕之后刷新"方案比较"工具（图、配置文件和汇总/比较表），可更新至最新计算结果。

3）**安排**

安排：在方案列表中向上或向下移动方案。

4）**重命名**

重命名：重命名已选定的方案。将重命名与 SWMM5 相关的所有文件，并更新所有受影响的文件的引用路径。

5）**移动**

移动：移动所选定的方案至一个新文件夹。将移动与 SWMM5 项目相关的所有文件，并更新项目中所有文件的引用路径。

6）**移除**

移除：从方案列表中移除所选定的方案。SWMM5 项目不会被删除，只是从方案列表中移除。

7）**删除**

删除：删除所选定的方案及其文件。SWMM5 项目将被从硬盘中删除。

2.3.3　模拟条件对话框

　　模拟条件对话框（Simulation options dialog）用于设置可控制 SWMM 模拟的各种选项。要打开模拟选项，请点击"项目"面板中的模拟条件。该对话框有 6 个选项卡："常规"、"日期"、"时间步长"、"动力波"、"文件"和"报告"。

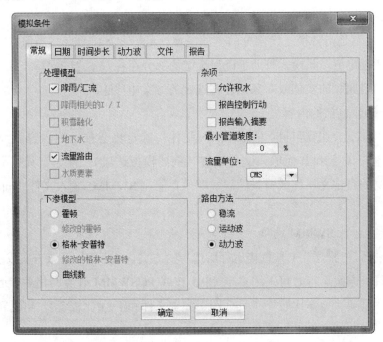

图 2-13　模拟条件对话框

　　每个选项卡都包含下列数据字段。

2.3.3.1　常规

　　模拟条件对话框的"常规"选项卡可设置以下选项的值。

表 2-1　"常规"选项卡待选功能汇总表

功能区	功能选项
处理模型	选择需进行计算的过程模型，包括降雨/径流、融雪、地下水、流量路由和水质演化
下渗模型	该选项控制子汇水区内上层土壤区的降水入渗模型。可选入渗模型有： • 霍顿模型； • 格林-安普特模型； • 曲线数； 更改此选项需重新输入每个子汇水区的入渗参数值

功能区	功能选项
路由方法	此选项用于确定输水系统的流量演算方法。可选演算方法有： • 稳流； • 运动波； • 动力波
允许积水	勾选此选项将允许在节点上收集多余水分，并在条件许可时将水分重新引入系统。为使特定节点上出现积水，其积水区域属性必须使用非零值
报告控制行动	若需模拟状态报告列出项目相关控制规则下的所有分散的控制操作，请勾选此选项（未列出连续的调整控制操作）。此选项仅适用于短期模拟
报告输入摘要	若需在模拟状态报告中列出项目输入数据汇总，请勾选这个选项
最小管道坡度	所允许的管道坡度最小值（%）。此值为零（默认）时不设最小值（尽管在管道坡度计算中，SWMM 所用的高度下降下限较低，为 0.01 ft，约合 0.000 35 m）
流量单位	此选项指定模拟选项中所使用的流量单位

图 2-14 "常规"选项卡

2.3.3.2 日期

模拟条件对话框的"日期"选项卡用于确定模拟开始和结束的日期/时间。

表 2-2 "日期"选项卡待选功能汇总表

设置项	设置内容
分析开始时间	输入模拟开始的日期（月/日/年）和时间
报告开始时间	输入模拟结果报告开始的日期和时间。此时间不应早于分析开始时间
分析结束时间	输入模拟结束的日期和时间
清扫开始时间	输入街道清扫的开始日期（月/日）。默认为 1 月 1 日
清扫结束时间	输入街道清扫的结束日期（月/日）。默认为 12 月 31 日
先前干燥天数	输入模拟开始前未发生降雨的天数。此值被用于计算子汇水区表面污染物负荷的初始累积量
设置模拟期自时间序列	列出时序管理器中的时序文件。当从下拉框中选定一个时间序列时，分析的日期和时间会发生改变，以匹配时序的启动和结束时间

注：若降雨或气候数据读取自外部文件，则模拟日期设置应与这些文件中所记录的日期一致。

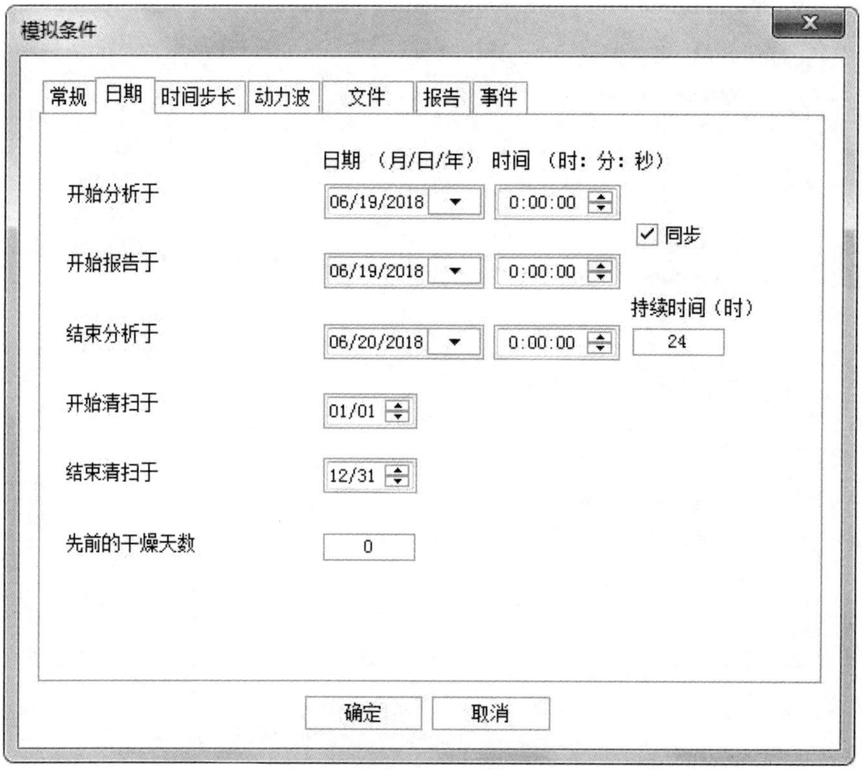

图 2-15 "日期"选项卡

2.3.3.3　时间步长

模拟条件对话框的"时间步长"选项卡建立了用于径流计算、流量演进计算和结果报告的时间步长。其形式为日期/时：分：秒。流量演算的时间步长则需精确至 0.1 s。

表 2-3　"时间步长"选项卡待选功能汇总表

设置项	设置内容
报告时间步长	控制输出报告计算结果的时间间隔
汇流——雨季时间步长	该时间步长用于计算降雨或积水存留表面时间段内子汇水区的径流量
汇流——旱季时间步长	该时间步长用于计算无降雨和无积水时的径流量（径流基本由污染物组成，水质较差）。它不应小于雨季时间步长
路由时间步长	该时间步长用于计算流量演进及报告通过系统输送模块的水质成分。需要注意的是，比起其他流量演进方法，动力波演进法所需的时间步长要小很多

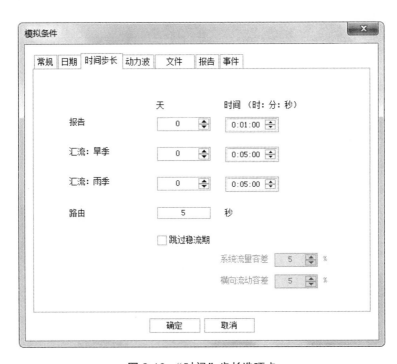

图 2-16　"时间"步长选项卡

2.3.3.4　动力波

模拟条件对话框的"动力波"选项卡用于设置控制动力波流量演进计算的参数。这些参数对其他演进方法没有影响。

表 2-4 "动力波"选项卡待选功能汇总表

功能区	功能选项
惯性条款	设置处理圣维南动量方程中的惯性项的方法。 • 选择"保持"选项，在任何情况下这些项都将维持原值 • 选择"阻尼"选项，在流量接近临界值时降低其值，超临界时忽略惯性项 • 选择"忽略"选项，在动量方程中忽略惯性项，因此其本质已变为扩散波形式
正常的流量标准	判断管道内流量超临界的依据。提供了三个选项： • 仅水面坡度（即水面坡度＞管道坡度）； • 仅弗劳德数（即弗劳德数＞1.0）； • 坡度和弗劳德数。 前两个选项用于 SWMM 早期版本中。现版本推荐使用第三个选项，因为它同时考虑了两个参数
环形压力管道公式	选择用于计算横截面为圆形压力干管道内承压流的管道摩擦损失方程。可选 Hazen-Williams 方程或 Darcy-Weisbach 方程
可变时间步长	当需要在每个演进时间段内使用内部计算的可变时间步长，并需选择适用于此时间步长调整系数（或安全系数）时，勾选此选项框。计算可变时间步长，以在每条管道中满足库朗条件。可选择调整系数为 75%，以提供一定的时间步长变化的空间。计算出的可变时间步长将不会小于 0.5 s，且不会大于时间步长页面对话框上指定的固定时间步长。若后者小于 0.5 s，则可变时间步长选项将被忽略
管道延长时间步长	此时间步长以秒为单位，用于人工延长管道，以使其满足全流量条件下的柯朗稳定性判据（即波的传播时间将不会小于指定的管道延长时间步长）。此值下降时，需要延长的管道数量将会减少。值为 0 表示没有管道需要延长。模拟状态报告中的流分类表中显示了各管道的人工延长长度与原始长度的比值
最小节点表面积	计算水深变化时所用的最小节点表面积。输入 0 取默认值（12.566 ft²/1.167 m²），即 4.1 ft 直径检查井的面积。输入单位应为 ft²（美制单位）或 m²（国际单位制）

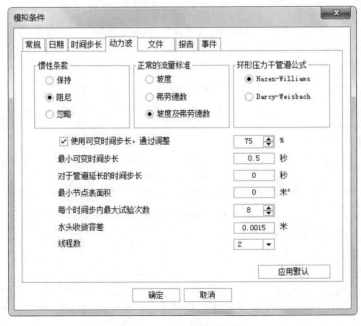

图 2-17 "动力波"选项卡

2.3.3.5 文件

模拟条件对话框的"文件"选项卡用于指定接口文件,以供使用和保存。该对话框包含一个列表框,其下方有三个选项。列表框列出了当前选定的文件,其下方三个选项作用如下。

添加:在列表中添加一项新的接口文件。

编辑:编辑当前选中的接口文件属性。

删除:从项目中删除当前选中的接口(但不能从硬盘驱动器中删除)。

点击"添加"或"编辑"选项时,会出现一个"接口文件选择器"对话框。可以在其中选择指定接口文件的类型、是否使用或保存该文件。

图 2-18 "文件"选项卡

2.3.3.6 报告

用户可通过"报告"选项卡指定需要在运行后报告哪些 SWMM5 对象的结果。在大型模型中,输出文件过大会导致响应时间变慢,该选项在此种情况下很实用。"报告"页面下有三个选项卡:"汇水区"、"节点"和"管线"。软件默认同时输出所有的汇水区、节点和管线的计算结果。

如果要在报告列表中添加某实体,可先在"地图"面板中选择要添加至报告列表的对象,然后点击"项目"面板中的模拟选项,并在报告页面相应标题下单击"添加"选项。

图 2-19 "报告"选项卡

2.3.4 气候编辑器

气候编辑器（Climatology editor）用于描述研究区域内的气候特征。对话框具有六个选项卡页面："温度"、"蒸发"、"风速"、"积雪融化"、"区域损耗"和"调整"。

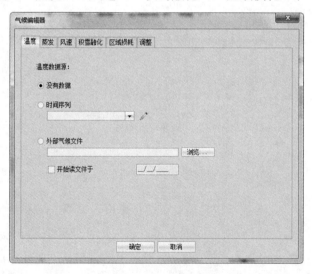

图 2-20 气候编辑器

2.3.4.1 温度

"温度"选项卡用于指定温度数据的来源以计算积雪融化，并选择一个气候文件作为蒸发率的可能来源。

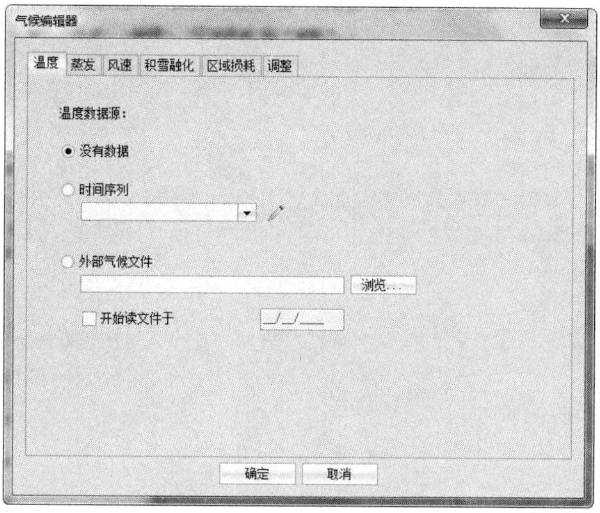

图 2-21 编辑温度界面

温度数据源有三种选择：没有数据、时间序列、外部气候文件。

表 2-5 "温度"选项卡待选功能汇总表

选项	说明
没有数据	如果不模拟融雪或不通过每日温度计算蒸发率，选择此选项
时间序列	如果通过项目的时间序列来描述模拟期间温度的变化，选择此选项。 若要选择或编辑时间序列，点击"编辑时间序列"按钮
外部气候文件	当在径流计算期间模拟降雪或融雪、蒸发、风速时，需选择该选项。气候文件或气温数据，可来源于下列选项之一： • 用户自定义具体位置的时间序列的温度值（中间时间的温度值是插值得到的）； • 包含每日最低温度值和最高温度值的气候文件（SWMM 拟合于一条穿过一年中每一天的温度值点的正弦曲线）。 对于用户自定义的时间序列，温度单位为℉（美制单位）或℃（公制单位）。 指定一个外部气候文件：输入文件名（或单击"浏览..."按钮搜索文件）。 如果想要在不同于开始模拟日期（如"模拟选项"中所指定的）的特定日期开始阅读气候文件，则在框中勾选"开始阅读文件"选项，并输入开始日期（月/日/年）

2.3.4.2 蒸发

"蒸发"选项卡用于设置研究区域的蒸发率（单位为 in/d，或 mm/d）。

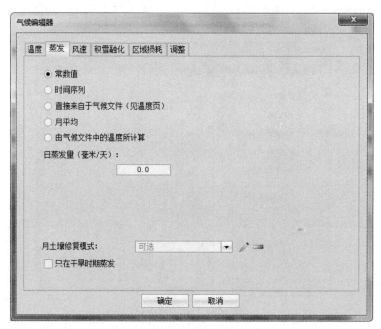

图 2-22 编辑蒸发界面

有五个选择用于定义蒸发速率。

表 2-6 "蒸发"选项卡待选功能汇总表

选项	说明
常数值	如果蒸发不随时间的变化而变化，则选择此选项。在提供的编辑框中输入蒸发率数值
时间序列	如果蒸发率按一个指定的时间序列而发生变化，则选择此选项。在提供的下拉框中输入或选择时间序列的名称。单击"编辑时间序列"按钮，弹出时间序列编辑器。 注：对于时间序列中指定的每个日期，蒸发率在某个日期的值是常数，直到达到时间序列中的下一个日期蒸发率才发生改变（时间序列中未使用插值计算值）
直接来自气候文件	此选择表明将从指定温度的气候文件中读取每天的蒸发率。在提供的表格中输入每月的蒸发皿折算系数（等同于软件界面显示的"平移系数"）
月平均	使用此选项可以设置一年中各月的平均蒸发率。在提供的数据表格中输入各月的蒸发率数值。 注：每个月内的蒸发率为常数
由气候文件中的温度所计算	如果希望通过温度时间序列获得蒸发率，选择此选项。利用 Hargreaves 的方法根据每日空气温度记录计算每日的蒸发率，此记录包含在对话框的"温度"选项卡所指定的外部气候文件中。这种方法使用了该位置的纬度，在对话框的"积雪融化"选项卡中输入相应的纬度值，即使不模拟积雪融化也可以输入纬度值

选项	说明
月土壤修复模式	允许用户定义一个可选的月土壤修复模式。月土壤修复模式是一个时间模式，它用于表达在无降水时段，各种因素影响下的土壤修复规律，具体指渗透率的变化过程模式。月土壤修复模式可以考虑季节性干燥速率。原则上，模式中各种因素的变化应反映蒸发率的变化，但可能受到其他因素（如季节性地下水水位）影响。 月土壤修复模式适用于任意下渗方程的所有子汇水区，例如，如果特定时段的正常下渗修复率为 1%，且此时段的模式因子为 0.8，那么实际的修复率为 0.8%
只在干旱时期蒸发	如果蒸发作用只发生在无降水时段，则选择此选项

2.3.4.3 风速

"风速"选项卡用于设置每月的平均风速。当计算降水条件下的融雪速率时也可能会用到风速，因为融雪速率随风速的增加而增加。风速的单位为 mi[①]/h（美制单位）或 km/h（公制单位）。

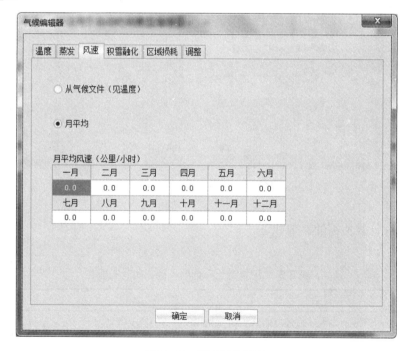

图 2-23 设置风速界面

有两种选择可以设置风速。

---

① 1mi=1.609 344 km。

表 2-7 "风速"选项卡待选功能汇总表

选项	说明
从气候文件获得	从"温度"选项卡的同一气候文件中读取风速
月平均	定义一年中每个月的风速为一个恒定的平均值。在数据表格中输入每个月的风速数值。默认值为 0

2.3.4.4 积雪融化

"积雪融化"选项卡用于给下列与融雪计算相关的参数赋值。

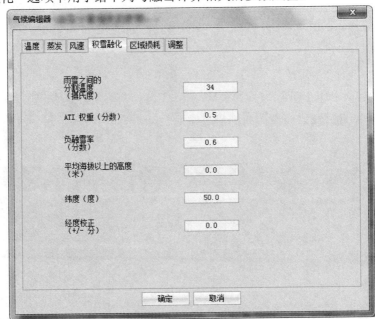

图 2-24 编辑"积雪融化"界面

积雪融化计算所需的参数如下。

表 2-8 "积雪融化"选项卡待选功能汇总表

选项	说明
雨雪之间的分割温度	当低于此温度时降雨转化为降雪。该参数单位使用℉（美制单位）或℃（公制单位）
前期温度指数 ATI 权重	该参数反映了被前期气温所影响的非融化期间积雪内的热传递速率。较小的值表示较厚的积雪层降低了热传递速率。参数值必须为 0～1 的小数。默认值是 0.5
负融雪率	负融雪率是非融化状态期间积雪中热传递系数与融化状态期间热传递系数之比。必须为 0～1 的小数。默认值是 0.6
平均海拔以上的高度	研究区域的平均海拔高度（ft 或 m）。此值用于更精确地估计大气压力。默认值为 0.0，该值下的大气压力为 29.9 inHg。降雨期间，风对融雪速度的影响随气压升高（海拔降低）而增大

选项	说明
纬度	研究区域的纬度（北纬度数）。此数字用于计算日出和日落的时间，也可用于把最小/最大的日气温扩展成连续值。它也可用于根据每日温度计算每日蒸发率。默认值为北纬 50°
经度校正	用于修正真实太阳时间和标准时间之间的差异。这取决于研究区的经度（Q）和时区（SM）的标准经线。当每日的最小/最大温度为连续值时，使用该修正方法来调整日出和日落的时间，默认值是 0

2.3.4.5　区域损耗

"区域损耗"选项卡用于设置研究区域内不透水区和透水区的表面区域耗损曲线上的点。这些曲线定义了积雪覆盖区域面积和深度之间的关系。每条曲线定义为相对深度比率的 10 个相等增量，范围在 0～0.9（"深度比率"是某一地区当前积雪深度与 100%积雪覆盖时对应的深度之间的比例）。

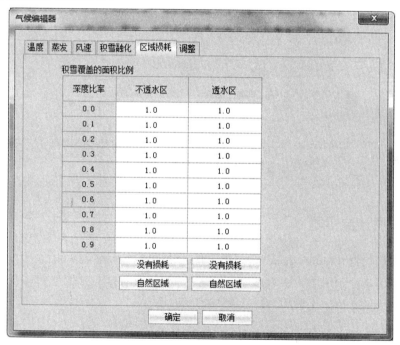

图 2-25　编辑区域损耗界面

在所提供的数据表格中输入每个特定的相对深度比率对应的积雪覆盖面积比例。有效数字必须介于 0～1，并随深度比的增加而增加。

单击"自然区域"按钮，将自动在网格中填写自然区域对应不透水区或透水区的经验值（积雪覆盖的面积比例）。点击"没有损耗"按钮，将自动在网格中全部填写为 1，表示无表面损失。对于新项目，这些值是默认值。

2.3.4.6 调整

调整是对温度和蒸发的增减，或降雨和土壤传导率的乘数。它可以根据一年中的月份变化而变化。

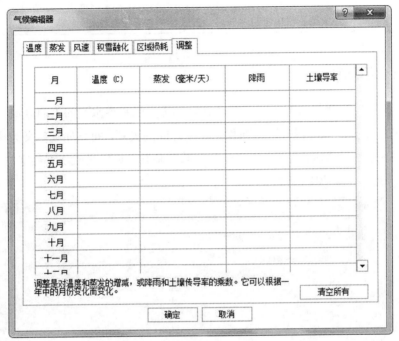

图 2-26 编辑区域调整界面

2.3.5 雨量计编辑器

雨量计编辑器（Raingage editor）用于管理、创建、编辑及移除雨量计。

要打开雨量计编辑器，点击"项目"面板下的雨量计条目，编辑器有三个选项卡：雨量计、雷达降雨及设计暴雨。

雨量计在 SWMM5 中为非可视化对象。也就是说它们没有在地图上、不需要实物来代表。然而，如果已知雨量计的位置并且创建了一个 GIS 图层，可以添加雨量计作为一个地图中的背景图层，也可以在雨量计编辑器的属性下添加 X 坐标和 Y 坐标。

也可以利用 PCSWMM 中存储的设计暴雨创建雨量计，先点击"设计降雨创建器"按钮来打开设计暴雨，再创建相应的雨量计。

2.3.5.1 雨量计

添加到项目的雨量计将出现在"雨量计"选项卡内的列表中。如需查看雨量计的属性

和图形,可在列表中选择所需的雨量计,相应的属性和图形将被展示在编辑器中,如图 2-27
所示。

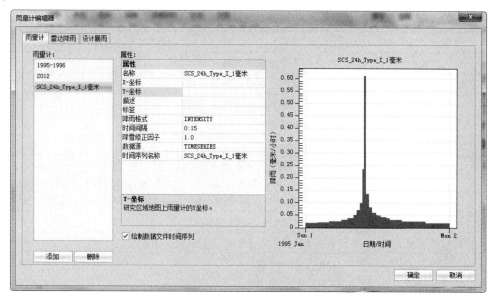

图 2-27　雨量计编辑器界面

　　如需要添加一个雨量计,点击列表下方的"添加"按钮,并在属性表格中指定数据源
等属性值。通过点击时间序列名称框,进入时间序列编辑器。可以利用时间序列编辑器导
入功能添加雨量计数据。如需接受修改且结束对编辑器的使用,点击"确定"按钮。雨量
计必须由建模者手动指定给模型的汇水区。

　　创建好的雨量计将列在"雨量计"选项卡中,并出现在"属性"面板的雨量计属性栏
中。可利用"属性"面板的雨量计属性为所选"地图"面板内的汇水区设定雨量计。

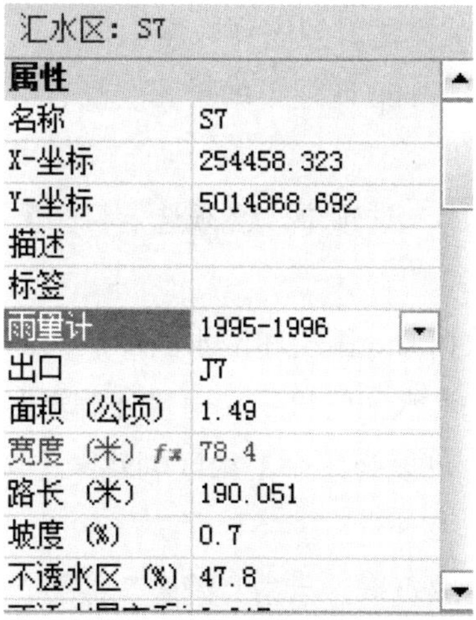

图 2-28　"属性"面板中的雨量计

雨量计的属性如表 2-9 所示，其中带"*"的属性为必填属性。

表 2-9　雨量计编辑器属性汇总表

属性名称	描述
名称*	用户定义的雨量计名称
X-坐标	研究区地图上雨量计的 X 坐标
Y-坐标	研究区地图上雨量计的 Y 坐标
描述	可选注释或说明
标签	可选类别及分类
降雨格式*	雨量计中记录的降雨数据的格式。强度——以降雨强度（mm/h）或（in/h）表示降雨；体积——以体积单位（m^3 或 ft^3）表示降雨；累计——以随着时间的累计降雨（m^3 或 ft^3）
时间间隔*	雨量计中数据记录的时间间隔
降雪修正因子*	应用于降雪的修正因子，默认值为 1.0
数据源*	降雨数据的来源。文件——降雨由外部数据文件提供；时间序列——降雨来源于时间序列编辑器中的时间序列
时间序列名称*	对于时间序列降雨，该属性是时间序列编辑器显示的时间序列名称，也用于雨量计的名称
文件名称*	对于降雨文件，指定时间序列数据文件的路径和名称，为避免解包时重建时间序列出现错误，不要在文件名称中使用逗号
站点 ID*	对于降雨文件，数据文件中包含站点 ID
降雨单位*	对于降雨文件，降雨数据的单位为 in 或 mm

2.3.5.2　雷达降雨

"雷达降雨"选项卡用于从雷达时间序列数据创建雨量计。在雷达图层选项中，必须添加一个包含雷达数据的多边形 shp 图层。如果图层没有被添加在项目中，那么点击"浏览"按钮，选择需要的 shp 文件。

在"输出到（*.dat 或*.tsf)"选项中，必须选定目标降雨文件，通过点击"浏览"按钮选择合适的目标。

当两个图层（包括雷达数据 shp 图层和汇水区图层）都定义好之后，点击"计算"按钮，计算每个汇水区的降雨。汇水区将显示在雨量计编辑器对话框左侧的列表中。

通过点击"创建雨量计"可以为每个汇水区创建一个雨量计，"雨量计"选项卡中将显示创建好的雨量计。

如需接受修改并结束使用编辑器，点击"确定"按钮。如需关闭编辑器不保存任何改动，点击"取消"按钮。

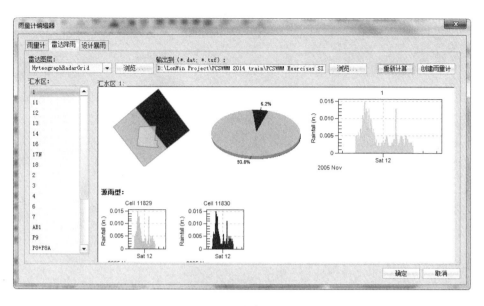

图 2-29　雷达降雨编辑器

2.3.5.3　设计暴雨

"设计暴雨"选项卡用于从 PCSWMM 内嵌的多类型设计暴雨公式中创建设计暴雨序列，用户仅需输入每种公式对应的参数（如图 2-30 中的"总降雨"），即可自动生成设计降雨序列过程线。点击"创建雨量计"按钮，为当前降雨序列创建新的雨量计。

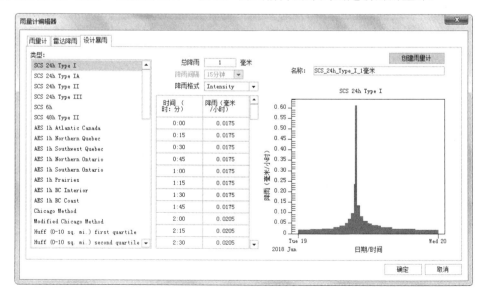

图 2-30　设计暴雨编辑器

2.3.6 含水层编辑器

含水层编辑器（Aquifer editor）用于创建或编辑地下水含水层。含水层是蕴藏地下水的区域，用于模拟水从位于含水层上方的子汇水区向下渗入含水层的垂直运动过程。

单击"项目"面板上的"含水层"选项可打开含水层编辑器，点击含水层编辑器上的"添加"按钮可新增一个含水层。

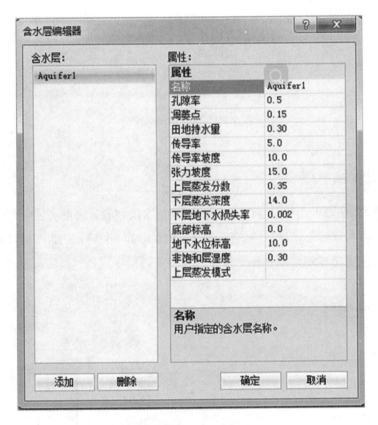

图 2-31 含水层编辑器

表 2-10　含水层编辑器属性表

选项	说明
名称	用户指定的含水层名称
孔隙率	孔隙体积/总土壤体积（体积分数）
凋萎点	植物无法生存的土壤水分含量（分数）
田地持水量	所有自由水排出后土壤水分含量（分数）
传导率	土壤的饱和水力传导率（in/h 或 mm/h）
传导率坡度	传导率的对数与土壤水分亏缺之比的曲线平均坡度（量纲一）
张力坡度	土壤张力与土壤含水量之比的曲线平均坡度（in 或 mm）
上层蒸发分数	可用于上层不饱和区中蒸散的总蒸发比例（分数）
下层蒸发深度	到可能发生蒸发的较低饱和层的最大深度（ft 或 m）
下层地下水损失率	从下层饱和层入渗到深层地下水的速率（in/h 或 mm/h）
底部标高	含水层的底标高（ft 或 m）
地下水位标高	地下水位的初始标高（ft 或 m）
非饱和层湿度	上层不饱和区的初始水分含量（分数）（不能超过土壤孔隙度）

注：

- 含水层允许地下水渗入排水系统，或经由排水系统渗入地表水系统。
- 一个含水层可分配给多个子汇水区。
- 将一个含水层分配给一个或多个子汇水区：设置子汇水区的地下水属性为"Yes（是）"，以激活地下水组件，然后从"Aquifer name（含水层名称）"下拉列表（在地下水属性部分）中选择含水层。

2.3.7　积雪编辑器

积雪编辑器（Snow pack editor）用于定义融雪参数和三种不同类型区域的初始积雪条件，包括可除雪的不透水区域（需除去积雪）、其他不透水区域以及整个透水区域。点击"项目"面板中的"积雪"项，打开积雪编辑器。编辑器的两个选项卡中列出了以下属性。

2.3.7.1　"积雪参数"选项卡

积雪编辑器对话框的"积雪参数"选项卡提供了融雪参数和三个不同类型区域的初始积雪条件，包括可除雪的不透水区域（需除去积雪）、其他不透水区域以及整个透水区域。在该选项卡内的数据网格中，融雪参数和区域种类分别对应网格中的行和列。

表 2-11　积雪参数表

选项	说明
最小融雪系数	12 月 21 日的度-日融雪系数。单位为 in/（h·℉）或 mm/（h·℃）。
最大融雪系数	6 月 21 日的度-日融雪系数。单位为 in/（h·℉）或 mm/（h·℃）。对于小于一个星期的短期模拟，可为最小融雪系数或最大融雪系数赋值单个数值。最小融雪系数和最大融雪系数用于估算在一年中的日融雪系数。也用于计算任何特定一天的融化速度：融化速度＝（融化系数）×（空气温度–基准温度）
基本温度	雪开始融化的温度（℉或℃）
游离水容量的比例	在积雪中液态水形成的径流出现之前液态水必须填充融雪的积雪孔隙空间，其容量比例表示为液态水占总积雪深度的比例
初始积雪深度	模拟开始时的雪深度（以 in 或 mm 计算）
初始游离水	模拟开始时保留在积雪内的融水深度（in 或 mm）。此数字应等于或小于初始积雪深度和部分自由水容量比例的乘积
100%覆盖的深度	整个区域保持完全覆盖且不受到任何区域性损耗影响时的积雪深度（in 或 mm）
不透水区可扫雪的比例	可在部分不透水区域中清扫积雪，因此相应区域不受区域性损耗影响

2.3.7.2　"除雪参数"选项卡

积雪编辑器对话框的"除雪参数"选项卡描述了在可下渗区域内的除雪参数。以下参数主导此过程。

表 2-12　除雪参数表

选项	说明
开始除雪的深度（in 或 mm）	在开始除雪之前的积雪深度
移出集水区比例	从集水区移除的雪所对应的深度（并且未变成径流）
移到不透水区域的比例	将积雪移动到有积雪的不透水区域中，堆放在原有雪堆上的积雪深度
移到透水区域的比例	将积雪移动到有积雪的透水区域中，堆放在原有雪堆上的积雪深度
转化为即时融化的比例	变成液态水并流入与积雪相关的任何子流域的雪的深度
移至另一个汇水区的比例	将积雪移动到其他汇水区中，堆放在原有雪堆上的积雪深度，设置此参数时必须提供汇水区的名称

注：各种移除部分必须合计为 1.0 或更少。如果小于 1.0，则在满足所有再分配选项之后一些剩余部分雪的深度将留在表面。

2.3.8　水量图编辑器

水量图编辑器（Unit hydrographs editor）用于定义短期、中期及长期响应下的水文过程线（UHs）及初始退流深度。

利用水量图可以估算进入到污水系统的 RDII 量，通过点属性的入流编辑器，可将 RDII 分配到节点的入流中。

使用水量图定义 RDII 流量，是为了创建一个外部的 RDII 接口文件，该接口文件包含 RDII 时间序列数据。

点击"项目"面板下的"水量图"项即可打开水量图编辑器。

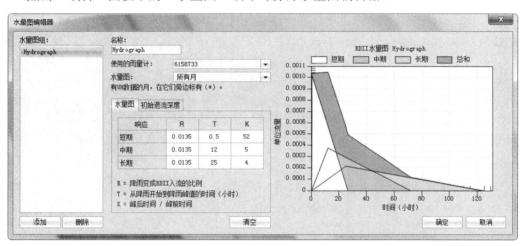

图 2-32　水量图编辑器

2.3.8.1　水量图组

水量图组位于水量图编辑器的左侧，一个组内的所有的水量图都显示在水量图组列表中，每个水量图必须有唯一的名称。

2.3.8.2　添加

添加一个新的水量图。

2.3.8.3　删除

删除所选的水量图。

2.3.8.4 名称

为每一个水量图设置一个唯一的名称。

2.3.8.5 使用的雨量计

在"使用的雨量计"的下拉菜单中列举了可被 SWMM5 项目使用的雨量计，每一个水量图必须与一个雨量计相关联，以用来提供模拟过程中的降雨。

2.3.8.6 为水量图选择月

一个水量图组可以设置 12 个月或者可以将一个水量图指定给一年的所有月。在"水量图"的下拉菜单选择月，在含有水量图数据的月份的旁边标有"(*)"。

2.3.8.7 水量图

在"水量图"选项卡中输入水量图数据。一个水量图组包含最多三个水量图，一个用于短期响应，一个用于中期响应，一个用于长期响应。每一个水量图组被看作 SWMM 的独立的对象。每个水量图都由三个参数定义而成：

R —— 降雨变成污水系统入流（RDII）的比例；

T —— 从降雨开始到降雨峰值的时间，h；

K —— 峰后时间/峰前时间。

2.3.8.8 初始退流深度

每个水量图也可设置一个初始退流深度（IA）参数，该参数可以用来确定在任何暴雨产生及通过水量图转化成 RDII 流量之前，有多少降雨被截流或被洼地存蓄。IA 参数包括：

D_{max}——IA 的最大深度；

D_{rec}——干燥天气下存蓄的 IA 的回收率（mm/d）；

D_o——存蓄的 IA 的起始深度。

2.3.9 LID 控制编辑器

LID 控制编辑器（LID control editor）用于为可重复使用的 LID 控件设定所需参数，这些参数是基于单位面积设定的，能控制整个研究区域中子汇水区径流的储存、下渗和蒸发。可利用 LID 编辑器定义 LID 控件，并将其分配给子汇水区。

如需要添加 LID，可点击"项目"面板中的"LID 控制"选项，打开 LID 控制编辑器，然后点击 LID 编辑器中的"添加"按钮，即增加了一个 LID。如需设置某个汇水区中 LID 的数量，可在汇水区属性面板的"LID 控制"属性中对其数量进行编辑。

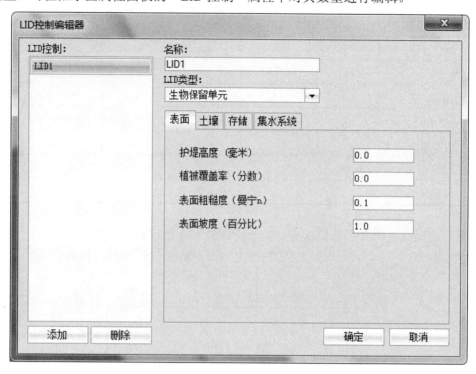

图 2-33　LID 控制编辑器

由于 LID 控件是基于每单位面积设定的，因此 LID 控件可用于多个不同大小的汇水区中，并且可以使用多个相同的 LID 控件。该编辑器包含以下数据输入字段。

表 2-13　LID 控件输入字段表

选项	说明
名称	用于识别特定 LID 控件的名称
LID 类型	被定义 LID 的类型（生物滞留池、透水铺装、下渗沟槽、雨水桶或植被洼地等）

LID 控件模拟了垂向排列的功能层和集水系统层（暗管排水层），其中功能层包括表面层、铺装层、土壤层和储水层。在 LID 控制编辑器中，每个层都对应一个选项卡。LID 控制编辑器中各层的选项卡与所选的 LID 控件是相对应的。表 2-14 显示了各 LID 对象对应的 LID 层的组合（x 表示必要的 LID 层，o 表示可选的 LID 层）。

表 2-14　不同 LID 类型的垂直层属性

LID 类型	表面层	铺装层	土壤层	储水层	暗管层	排水垫层
生物滞留单元	x		x	x	o	
雨水花园	x		x	o		
绿色屋顶	x		x			x
渗渠	x			x	o	
透水铺装	x	x		x	o	
雨水桶				x	x	
屋顶断路	x				x	
植草沟	x					

雨水花园或生物滞留池 LID 模型的结构如图 2-34 所示。

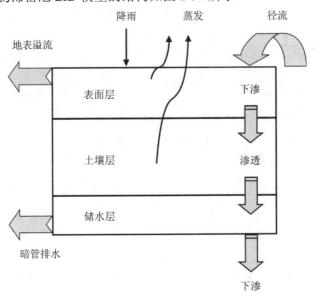

图 2-34　LID 模型垂直层示意图

2.3.9.1　表面层

LID 控制编辑器的"表面层"选项卡用于设置生物滞留池、透水铺装、下渗沟槽和植被洼地等 LID 设施的表面性质。这些属性如表 2-15 所示。

表 2-15　表面层属性表

选项	说明
蓄水深度/护堤高度（mm 或 in）	当有围壁或护堤时，此项指地表水流溢出围壁或护堤前，LID 设施表面上方蓄积水的最大深度（单位为 in 或 mm）。对有坡面流的 LID 而言，它指的是任意表面洼地蓄水的深度。对于植被洼地，它指的是洼地梯形截面的高度
植被覆盖率（体积分数）	蓄水深度内的植被占据的体积分数。该参数是植被茎叶的体积分数，而非植被表面积覆盖率。通常此体积分数可忽略不计，但在植被生长非常密集的区域，此值也可高达 0.1～0.2
表面粗糙度（曼宁系数 n）	透水铺装或植被洼地表面上坡面流的曼宁系数。对于其他类型的 LID，该值取 0
表面坡度/%	透水铺装或植被洼地的表面坡度（%）。对于其他类型的 LID，该值取 0
洼地边坡坡度	植被洼地横截面边坡的坡度。对于其他类型的 LID，可忽略此值

注：在 LID 控制编辑器与 LID 使用编辑器中都含有表面糙率和表面坡度两个参数，如果表面糙率或表面坡度值为 0，超过 LID 蓄水深度的水将在一个时间步长内从 LID 控件中溢出；如果这两个参数均不为 0，PCSWMM 将采用非线性水库方法演算溢出的水流。

2.3.9.2　铺装层

在 LID 控制编辑器的"铺装层"选项卡中，可设置透水铺装 LID 的下列属性值。

表 2-16　铺装层属性表

选项	说明
厚度	表示铺面层厚度（单位为 in 或 mm），取值一般在 4.1～6 in（100～150 mm）
孔隙比	铺面层中空隙体积与固体体积之比，一般取 0.12～0.21。注意，孔隙度=孔隙比/（1+孔隙比）
不透水表面积分数	不透水铺砌材料与汇水区的面积比值；连续透水铺装系统的此值为 0
渗透性	连续系统中混凝土或沥青的渗透率；或是模块化系统中所用填充材料（砾石或砂）的水力传导系数（in/h 或 mm/h）。新制多孔混凝土或沥青的渗透性非常高（可达数百 in/h），但会因径流中细颗粒物的堵塞而逐渐下降（见下文）
堵塞系数	径流处理时，完全堵塞铺装层所需的空隙体积。若要忽略堵塞作用，则此值为 0。堵塞会逐渐降低铺装层的渗透率，其降低量与径流堆积体积成正比。若估算了完全堵塞整个系统的年数（Y_{clog}），则堵塞系数可由下式计算：$Y_{clog} \cdot P_a \cdot CR \cdot (1 + VR) \cdot (1 - ISF) / (T \cdot VR)$。其中 P_a——当地的年均降水量；CR——铺面层的拦截率（产生流入铺装区域的径流的集水面积和铺面层面积之比）；VR——系统的孔隙比；ISF——不透水表面积分数；T——铺面层厚度。例如，假设需要 5 年才能堵塞连续透水铺装系统，该系统区域的年降雨量为 36 in/a。如果路面是厚度为 6 in，孔隙率为 0.2，且仅拦截自身表面上产生的径流，那么其堵塞因数为 5×36×（1+0.2）/（6×0.2）= 180

2.3.9.3 土壤层

LID 控制编辑器中"土壤层"选项卡用于设置生物滞留类型 LID 中所使用的工程土壤混合物的属性。这些属性如下。

表 2-17 土壤层属性表

选项	说明
厚度	指土层厚度（单位为 in 或 mm）。雨水花园和其他陆基生物滞留设备的土层厚度一般为 18～36 in（4.150～900 mm），但绿色屋顶的土层厚度一般只有 3～6 in（75～150 mm）
孔隙度	孔隙体积与土壤总体积的比值（分数形式）
田间持水量	土壤完全排水后，孔隙水体积与总体积的比值（分数形式）。含水量低于此值时，土壤层中不会出现竖向排水
凋萎点	在只含有结合水的充分干燥土壤中，孔隙水体积与总体积的比值（分数形式）。土壤水分含量不可低于此限制
渗透系数	土壤在饱和条件下的水力传导系数（mm/h 或 in/h）
电导率斜率	电导率对数值-土壤水分含量（量纲一）曲线的斜率。其取值范围一般为 5（砂）～15（粉质黏土）
吸湿率	沿湿润锋的土壤毛细管吸力的平均值（in 或 mm）。格林-安普特入渗模型中也使用了这一参数

注：当模拟地下水时，含水层对象中的土壤属性也包括孔隙度、田间持水量、传导率和传导率坡度。格林-安普特下渗模型也使用了吸湿率参数。

2.3.9.4 储水层

在 LID 控制编辑器中，"储水层"选项卡用于设置生物滞留池、透水铺装系统、入渗沟中用作底部蓄水层/排水层的碎石或砾石层的特性，此外也可用于设定雨水桶（或水箱）的高度。储水层的属性如下。

表 2-18 储水层属性表

选项	说明
高度	雨水桶高度或砾石层厚度（单位为 in 或 mm）。碎石和沙砾层厚度一般为 6～18 in（150～450 mm），而独户雨水桶高度一般为 24.1～36 in（600～900 mm）。
孔隙比	层中孔隙体积与固体颗粒体积的比值。对于砾石层，其值一般为 0.5～0.75。注意，孔隙度=孔隙比/（1+孔隙比）
入渗速率	水分渗入储水层下原土壤的速率（单位为 in/h 或 mm/h）。当采用格林-安普特入渗模型时，该值为周边汇水区的饱和水力传导系数；当采用霍顿入渗模型时，该值为最小入渗率。若储水层下的介质是不透水底板及垫层，该属性参数取值为 0。该属性参数仅用于雨水花园的储水层
堵塞因子	完全堵塞层底所需的径流总体积除以孔隙体积所得的商。若要忽略此堵塞作用，则此值取 0。堵塞会逐渐降低入渗率，降低量与径流堆积体积成正比。只有在入渗沟底部可透水且无地下排水管时，才需考虑此因素。更多参考请见前文铺装层部分

注：孔隙比、入渗速率、堵塞因子不适用于雨水桶。

2.3.9.5 暗管排水层

暗管排水系统是 LID 储水层中的可选组成部分，用于收集层底蓄水，并将其输送至常规雨水沟。在 LID 控制编辑器的"暗管排水层"选项卡中可以设置以下属性。

表 2-19　暗管排水层属性表

选项	说明
排水系数和排水指数	排水系数 C 和排水指数 n 用于确定地下排水沟水流流速，流速由蓄水高度与排水高度之差决定。水流流速计算公式为（LID 单元的单位面积）：$Q = C(H-HD)^n$。其中 Q ——出流量（in/h 或 mm/h）；H ——蓄水高度（in 或者 mm）；HD ——排水高度。若层中无地下排水管，则设置 $C=0$。n 的值可为 0.5（排水层如孔口一样运作时）。若排出深度为 D 的蓄水所需时间 T，则可通过 T 的值来粗略估算 C 的值。当 $n = 0.5$ 时，$C = 2D^{0.5}/T$
排水偏移高度	储水层或雨水桶底部以上地下排水管的高度（单位为 in 或 mm）
排水延迟（仅适用于雨水桶）	雨水桶中排水管道打开前所必须经历的旱季时间（假定降水开始时排水管道为关闭状态）。对于其他类型的 LID，此参数可被忽略

2.3.10　LID 使用编辑器

LID 控件被布置于子汇水区后，可使用 LID 使用编辑器（LID usage editor）设置已定义的 LID 控件的属性。此外，利用编辑器还可设置 LID 控件的尺寸以及所需处理的子汇水区中非 LID 部分径流百分比。在汇水区"属性"面板的"LID 控制"属性下点击"省略"按钮，进入"LID 使用编辑器"。

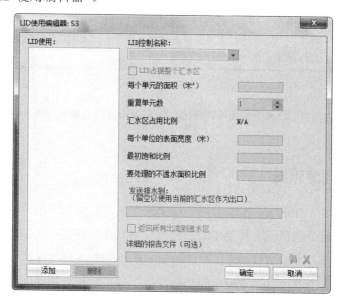

图 2-35　LID 使用编辑器

它包含以下数据输入字段。

表 2-20　LID 编辑器字段表

选项	说明
名称	先前定义的 LID 控件名称，这些控件将在子汇水区中使用
重复单元数	部署在子汇水区内相同尺寸 LID 设施的数量（如雨水桶数）
单元面积	各 LID 单元的表面积（单位为 ft^2 或 m^2）。若选中"LID 占据整个汇水区"勾选框，则此字段无效且将显示为子汇水区总面积与重复 LID 单元数量的商。此字段下方标签显示了指定 LID 所占据的子汇水区面积。LID 单元数量和面积发生改变后，此标签将会更新
单位表面宽度	各 LID 单元出流表面的宽度（单位为 ft 或 m）。此参数仅适用于生物滞留单元、绿色屋顶、透水铺装、入渗沟槽和植被洼地，这些 LID 设施通过表面层溢出的坡面流将表面径流输送出 LID 单元。对其他 LID 设施（如雨水桶），当水位超出雨水桶高时，过多的拦截径流将从雨水桶中溢出
初始饱和比例	对于生物滞留单元，该值是土壤中初始含水率（0%饱和度对应凋萎含水率，100%饱和度对应的含水率等于孔隙度）。假定生物滞留单元土壤下方的蓄水区为完全干燥。对于其他类型 LID，它指的是蓄水区初始含水率
要处理的不透水区面积比例	指子汇水区中非 LID 区域的不透水面积所占的百分比，该面积上产生的径流经 LID 设施处理。例如，若雨水桶拦截屋顶径流，屋顶占不透水面积的 60%，那么雨水桶 LID 处理的不透水面积比为 60%。若 LID 仅用于处理直接降雨（如绿色屋顶），则此值应取 0。若 LID 占据整个子汇水区，则忽略此字段
发送排水至透水区域	若出流回到子汇水区的透水区域而非出口，请选择此选项。例如利用雨水桶蓄积的水灌溉草坪区。若 LID 占据整个子汇水区，则忽略此字段
详细报告文件	设置一个文件名，该文件记录详细的 LID 时间序列结果。点击"浏览"按钮，选用标准的 Windows 文件保存对话框；或点击"删除"按钮删除详情报告文件。查阅 LID 结果主题以了解更多文件内容

注：子汇水区内所有 LID 单元的面积百分比不得超过 100%。此规则同样适用于不透水面积百分比。

2.3.11　横断面编辑器

横断面编辑器（Transect editor）用于创建一个新的横断面对象或编辑现有的横断面。横断面包括用横断面创建器工具创建渠道数据和用双排水创建工具创建街道横断面。横断面类型采用管道中不规则断面类型。在右侧属性栏右上方选择"查看" 🔘 按钮后，可以预览横断面对象。点击"项目"面板下的"横断面"项，可进入横断面编辑器界面。

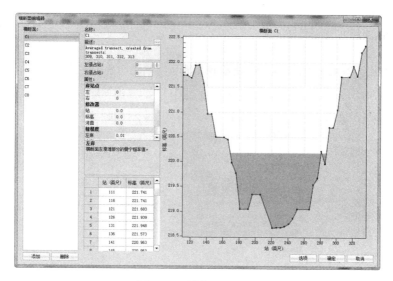

图 2-36　横断面编辑器

它包含以下数据输入字段。

表 2-21　横断面编辑器字段表

选项	说明
名称	为横断面指定的名称
描述	横断面的可选注释或说明
站/高程数据网格	面向下游，从渠道左侧跨越至渠道右侧所移动的距离及相应的高程值。高程可以对应于任何参考点，如渠道底部，不一定以平均海平面为参考点。此项最多可以输入1 500 条数据值
粗糙度	横断面中河道两侧河漫滩及主河道部分的曼宁粗糙度值。如果不存在河漫滩，河漫滩粗糙度值为零
岸站点	以出现在站/高程网格中的距离值表示岸站点，该值标记着左边河漫滩终点和右边河漫滩的起点。缺失的河漫滩标记为 0
调节值	SWMM 处理横断面数据时，站调节值是一个乘数因子，各个站点之间的距离将乘以该因子。如果不需要此因子，该值取 0。 高程调节值为一个常数，其将被添加至每个高程值。 曲流调节值为一个弯曲主渠道长度与环绕其的河漫滩区域长度的比值。此调节值将作用于使用特定横断面为其横截面的所有管渠之上。假设为这些管渠提供的长度为较长主渠道的长度，在其计算中 SWMM 将使用较短河漫滩长度，同时增加主渠道粗糙度以适应其较长的长度。如果左边输入框为空白或设置为 0，则忽略修改值。 右键点击数据网格将弹出一个"编辑"菜单，它包含在网格中剪切、复制、插入和粘贴选定单元格以及选择插入或删除行这些命令。点击"查看"按钮，将弹出窗口，说明横截面的形式

2.3.12　控制规则编辑器

每当创建一个新控制规则，或对现有规则进行编辑时将使用控制规则编辑器（Control rules editor）。编辑器包含一个备忘字段，在其中可显示并编辑整个控制规则集。

点击"项目"面板下的"控制规则"项，打开控制规则编辑器。

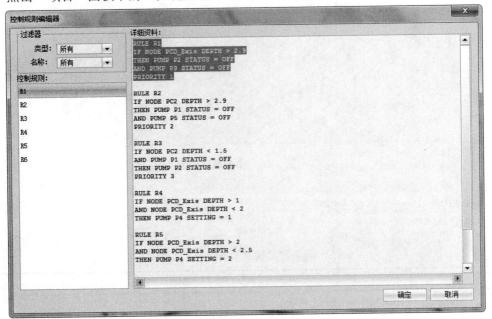

图 2-37　控制规则编辑器

2.3.12.1　过滤器

因为没有限制添加到 SWMM5 项目中的控制规则的数量，所以编辑并寻找控制规则比较困难。用户在控制规则编辑器中可以同时利用两个过滤器选项（SWMM5 实体的类型和名称）过滤控制规则。

1）类型

可以通过 SWMM5 实体类型过滤控制规则。能够使用的类型包括所有水泵、孔口、堰、出口。

2）名称

可以基于 SWMM5 实体的名称进一步过滤控制规则。被控制的实体的名称将出现在过滤器中。在控制规则中被用作常规指标的实体不被列在名称下拉菜单中。例如，图 2-37 中的 P1、P2、P4、P5 可以被添加为一个过滤项，但是 PC2 和 PCD_Exis 则不能，因为它们仅仅被作为索引。

2.3.12.2　控制规则

控制规则编辑器的左侧列举了所有添加到详细资料部分的控制规则的名称。在编辑器中，每个规则的第一行定义了该控制规则的名称。

2.3.12.3　详细资料

详细资料文本框是添加或编辑控制规则的地方。可以通过手动键入、复制或粘贴的方式将控制规则添加到该文本框中。在退出控制规则编辑器之前点击"确定"按钮，即可保存对控制规则所做的修改。

注：

- 可以通过"推"工具将控制规则移植到其他方案。
- 可在模拟条件窗口下，打开"常规"选项卡，勾选"报告控制行动"，以便检查控制规则是否被使用、是如何被使用的。SWMM 运行完成后，在状态面板下的控制行为部分将显示控制行为报告。

2.3.13　污染物编辑器

用户可通过污染物编辑器（Pollutant editor）添加和编辑污染物。单击"项目"面板上的"污染物"选项，即打开污染物编辑器。

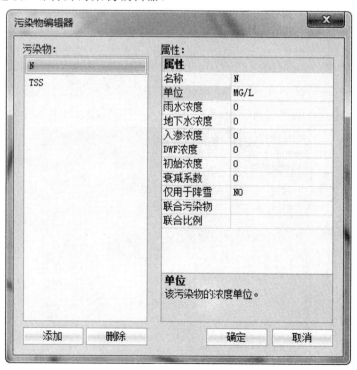

图 2-38　污染物编辑器

污染物编辑器包含以下字段。

表 2-22　污染物编辑器字段表

选项	说明
名称	污染物的名称
单位	污染物浓度单位（mg/L、μg/L 或个/L）
雨水浓度	雨水中污染物浓度（浓度单位）
地下水浓度	地下水中污染物浓度（浓度单位）
入渗浓度	任意渗透/入流的污染物浓度（浓度单位）
DWF 浓度	旱季入流中污染物的浓度（浓度单位）
初始浓度	在整个输送系统中，污染物的初始浓度
衰减系数	污染物的一阶衰减系数（1/d）
仅用于降雪	若仅在积雪时发生污染物累积，请选择"YES"，否则请选"NO"（默认为"NO"）
联合污染物	另一种污染物的名称，该污染物的径流污染物浓度将影响当前污染物的径流浓度
联合比例	联合污染物的径流浓度比例。举例说明污染物的联合关系：某种重金属的径流浓度与悬浮固体的径流浓度成固定比例。这种情况下，悬浮固体即为重金属的联合污染物

注：● 污染物产生于各土地利用类型所对应的径流值。

　　● 在子汇水区图层中，确定了各子汇水区的每种土地利用类型的百分比。

　　● 可使用初始污染物编辑器在子汇水区层中添加污染物的初始累积量。

2.3.14　土地利用编辑器

土地利用编辑器（Land use editor）用于定义研究区域中的土地利用类型，并定义污染物的累积和水流冲刷特征。在 SWMM 中，污染物与径流相关，生成于指定给子汇水区的特定土地利用区域。点击"项目"面板下的"土地利用"项，即打开土地利用编辑器。

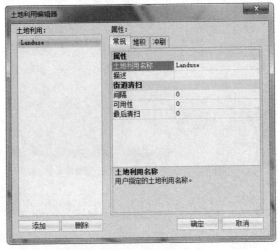

图 2-39　土地利用编辑器

单击"添加"按钮，即可添加土地利用方式。该对话框中，存在三个与属性相关的选项卡："常规"、"堆积"和"冲刷"。

2.3.14.1 常规

"常规"选项卡上提供有土地利用方式的名称和"街道清扫"参数。

表 2-23　土地利用编辑器常规参数表

选项	说明
土地利用名称	给土地利用方式指定名称
描述	土地利用方式的注释或描述（可选）。
间隔	该土地利用方式中"街道清扫"的间隔天数（如果为 0，表示没有清扫）
可用性	可通过清扫去除的全部污染物的堆积量所占的比例
最后清扫	自开始模拟起最近一次清扫以来的天数。如果土地利用方式不使用"街道清扫"，那么最后三个属性可以为空值

2.3.14.2 堆积

利用"堆积"选项卡可定义用于描述干旱天气期间整个土地上污染物堆积速率的属性。

表 2-24　土地利用编辑器堆积参数表

选项	说明
污染物	选择将在下拉框中编辑其堆积属性的污染物
函数	指污染物堆积函数的类型。若无污染物堆积，选择"NONE"选项；幂函数堆积，选择"POW"选项；指数函数堆积，选择"EXP"选项；饱和函数堆积，选择"SAT"选项；若堆积来自外部时间序列，选择"EXT"选项
污染物最大堆积量	可能发生的污染物最大堆积量，表示为每单位标准化变量的污染物质量（单位为 lb 或 kg）（见下文）。这与污染物堆积章节中堆积方程所用的 C_1 系数相同

下列两个属性（速率常数和乘幂/饱和常数）适用于 POW、EXP 和 SAT 堆积函数。

表 2-25　堆积函数属性表

选项	说明
速率常数	时间常数控制着污染物堆积的速率。即污染物堆积章节中，幂和指数堆积方程中的 C_2 系数。对于幂堆积，其单位为质量/d 的乘幂数，而对于指数堆积，其单位为 1/d
乘幂/饱和常数	指数 C_3 用于幂堆积方程。半饱和常数 C_2 用于污染物饱和堆积方程，其单位为 d

下列两个属性适用于外部时间序列选项。

表 2-26　堆积选项卡外部时间序列参数表

选项	说明
比例因子	比例因子是一个乘子，用于调整时间序列中所列出的堆积速率
时间序列	包含堆积速率的时间序列（以每天每标准化质量为单位）的名称
标准化变量	以每单位为基础对堆积进行标准化的变量。可选择土地面积（以 acre 或 hm^2 为单位）或路缘长度。路缘长度可用任意测量单位表示，只需与子汇水区所用单位相同即可。当有多种污染物时，用户必须从污染物下拉列表中选定每种污染物，并指定其相关堆积特性

2.3.14.3　冲刷

"冲刷"选项卡定义了污染物的冲刷速率，包含的属性如下。

表 2-27　冲刷属性表

选项	说明
污染物	正在被编辑冲刷属性的污染物的名称
函数	在此处选择所需的污染物冲刷函数。选项有： NONE——无冲刷； EXP——指数冲刷； RC——标定曲线冲刷； EMC——径流污染物平均浓度冲刷。 将在污染物冲刷章节中讨论这些函数的表达式
系数	指数函数、标定曲线函数或径流平均浓度函数中 C_1 的值
指数	在指数函数和标定曲线函数表达式中所使用的指数
清洁效率	街道污染物清洁效率（百分比），表示在用地中可整体去除（在编辑器综合页面上设置）和已经去除的污染物的比例
最佳管理实践效率	与任意可能已实施的最佳管理实践相关的排放效率（百分比）。每一步时间步长计算排放负荷时需减去此值

注：一旦定义了该项目的土地利用，土地利用板块将出现在子汇水区层的属性下，用户可在此输入每个子汇水区土地利用的百分比。

2.3.15　曲线编辑器

曲线编辑器（Curve editor）可用于创建或编辑控制、分流、水泵、流量等级、形状、存储或潮汐等曲线。点击"项目"面板下的"曲线"项，即打开曲线编辑器。

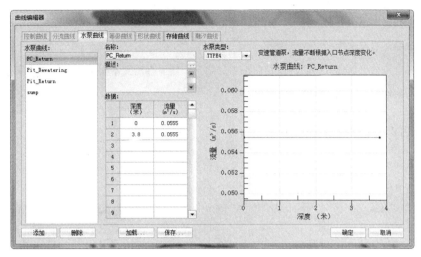

图 2-40 曲线编辑器

- 利用控制曲线可设置调制控制规则的控制设定/控制变量关系。
- 利用分流曲线可设置水在分流点分流的规则（仅适用于运动波演算）。
- 利用水泵曲线可设置水泵的流量关系。
- 利用等级曲线可设置出口单元的深度/流量关系或水头/流量关系。
- 利用形状曲线可设置自定义渠道断面的宽度/深度关系。
- 利用存储曲线可设置蓄水设施的深度/面积关系。
- 利用潮汐曲线可设置排水口的正弦潮汐边界条件。

单击"项目"面板上的"曲线"选项，即可打开曲线编辑器。每种类别的曲线在编辑器上都有一个相应的选项卡，每个选项卡中包括以下数据栏。

表 2-28 曲线编辑器字段表

选项	说明
名称	曲线的名称
类型	水泵曲线类型
说明	描述或注释曲线所代表的含义（可选）。如注释内容多于一行，可单击该按钮，在弹出的注释编辑器中，输入注释内容
数据网格	曲线的 X、Y 数据。X 列的数据应依次呈升序排列

注：

- 每个曲线必须有一个唯一的名称，但曲线上数据点的数量则不受限制。
- 在最后一行后按下回车键，即可在数据网格中增加数据行。

- 在该数据网格上右击，将弹出编辑菜单，它包含剪切、复制、插入、粘贴网格中所选定单元格等命令，以及选择插入或删除行。
- 也可以单击"加载"按钮，以在曲线中加载先前所保存的文本文件，或单击"保存"按钮，将当前曲线的数据保存到文本文件中。

2.3.16 时间序列编辑器

时间序列编辑器（Time series editor）可存储所有与项目有关的时间序列。在"项目"面板中点击"时间序列"项，打开时间序列编辑器。

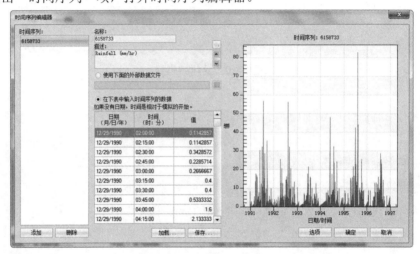

图 2-41 时间序列编辑器

时间序列编辑器包含以下选项。

表 2-29 时间序列编辑器选项表

选项	说明
名称	时间序列的名称
描述	注释或说明时间序列代表含义（可选）。点击"……"按钮展开文本编辑框
使用下面的外部数据文件	选择是否使用外部文件作为数据源或将数据直接输入至窗体的数据表格中。如果选择外部文件选项，点击"……"按钮选择所需的文件。必须将文件内容的格式处理为可用于 SWMM5 的形式
在下表中输入时间序列的数值	该选项中包含三列：日期、时间和值。 有两种方法可用于说明时间序列数据的发生时间： 日历日期/时间（要求在日期栏中至少输入一个时间序列起始时刻的日期）； 从模拟开始到模拟结束的时间（日期列为空）。 日期格式应为"月/日/年"。如果使用日期，则需输入每个时间序列值的有序时间（如小时、分钟或小数形式的小时）。如果不使用日期，则需输入自模拟开始时的时间

注:

- 为了使平均旱季流量或污染物浓度保持在某个指定数值（如在入流编辑器上输入的），模式的乘数平均值应为 1.0。
- PCSWMM 能够读取不同的日期格式，然而因为使用 SWMM5 作为计算引擎，所以将生成一个错误信息，提示时间序列格式错误。
- 如果一个时间序列能够被 PCSWMM 识别而不能被 SWMM5 识别，则可以在时间序列编辑器中选择该时间序列并点击"保存"按钮，以 SWMM5 格式保存该时间序列。
- 对于降雨量时间序列，仅需要输入非零降雨量时段的数据。SWMM 将在时间序列记录间隔内的降雨量值作为一个常数。
- 对于所有其他类型的时间序列，有时 SWMM 采用插值法估算处于记录值之间的值。

2.3.17 时间模式编辑器

时间模式编辑器（Time pattern editor）允许外部旱季流量（Dry Weather Flow，DWF）以周期性方式变化。时间模式编辑器包含一组调整因子，这些因子是作用于基线 DWF 流量或污染物浓度的乘数。在"项目"面板下点击"时间模式"项，即打开时间模式编辑器。

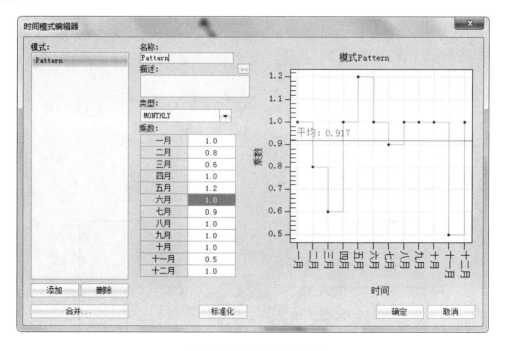

图 2-42　时间模式编辑器

时间模式编辑器包含以下选项。

表 2-30　时间模式编辑器选项表

选项	说明
名称	时间模式的名称
类型	时间模式类型
描述	注释或说明时间模式。如注释内容多于一行，可单击该按钮，在弹出的注释编辑器中输入注释内容
乘数	输入每个乘数的值。不同的时间模式类型下，乘数的数量和含义不同： 每月——一年中每个月均有一个乘数； 每日——一周中每一天均有一个乘数； 每小时——从午夜 0 时到晚上 23 时的每个小时均有一个乘数（日）； 每周——从周末的午夜 0 时到晚上 23 时的每个小时均有一个乘数（周六和周日）

注：为了使平均旱季流量或污染物浓度保持在一个指定数值（如在入流编辑器上输入的数值），模式的乘子的平均值应为 1.0。

2.3.18　地下水编辑器

地下水编辑器（Groundwater editor）将一个汇水区与一个含水层和一个节点连接在一起。通过这个节点，可实现输水系统与含水层间的水量交换。汇水区属性表中含有地下水参数，并可设置含水层和节点之间地下水流速的系数。这些系数（A_1、A_2、B_1、B_2 和 A_3）作用于下列方程，该方程依据地下水和地表水的水位关系计算地下水流量。

$$Q_{GW} = A_1\left(H_{GW} - H^*\right)^{B_1} - A_2\left(H_{SW} - H^*\right)^{B_2} + A_3 H_{GW} H_{SW} \tag{2-1}$$

式中：Q_{GW}——地下水流量，ft³/（s·acre）或 m³/（s·hm²）；

H_{GW}——含水层底部以上饱和区的水位高度，ft 或 m；

H_{SW}——含水层底部以上水量接收节点处的地表水水位高度，ft 或 m；

H^*——地下水水位高度阈值，ft 或 m。

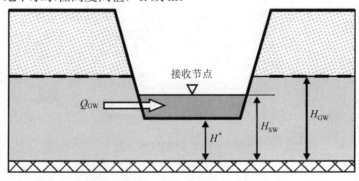

图 2-43　地下水流量计算示意图

地下水编辑器位于汇水区属性栏中。可使用地下水编辑器创建一个新的含水层对象，或编辑已有的含水层对象。

图 2-44 汇水区的地下水属性设置

地下水编辑器包含以下选项。

表 2-31 地下水编辑器选项表

选项	说明
含水层名称	含水层对象的名称。如果汇水区不产生任何地下水流，则该字段为空白
接收节点	节点名称，该节点接收来自含水层的地下水
表面高程	含水层上方子汇水区的地表高程（ft 或 m）
地下水流量系数	地下水流公式中的系数 A_1
地下水流动指数	地下水流公式中的系数 B_1
地表水流量系数	地下水流公式中的系数 A_2
地表水流动指数	地下水流公式中的系数 B_2
地表水与地下水的相互作用系数	地下水流公式中的系数 A_3
地表水深度	接收节点处地表水的固定深度（ft 或 m，如果地表水深度随流量演算的结果发生变化，则该值应设置为 0）。该值用于计算 H_{SW}
阈值地下水位标高	地下水开始流动时，必须达到的地下水水位高度（ft 或 m）。若使用接收节点的底部高程作为该阈值，则该值为"空白"
底部标高	含水层的底标高
初始标高	地下水位的初始标高
初始湿度	上层不饱和区的初始水分含量
侧向流动公式	除了描述地下水流量的标准方程外，还可以在侧向流方程编辑器中输入自定义表达式描述地下水的侧向流量

注:

- 流量系数值的单位必须与地下水流量单位保持一致，可以是 $ft^3/(s \cdot acre)$（美制单位）或 $m^3/(s \cdot hm^2)$（公制单位）。
- 如果地下水流与地下水和地表水之间的水位差仅成正比关系，那么地下水和地表水的流动指数（B_1 和 B_2）应设置为 1.0，地下水流量系数（A_1）应设置为比例系数，地表水流量系数（A_2）与 A_1 相同，相互作用系数（A_3）为 0。
- 当条件允许时，地下水流量可以为负数，以河岸调蓄量的形式模拟水流从河道流入含水层。
- 当 A_3 不等于 0 时，上述情况会有例外出现，因为此时地表水与地下水的相互作用是由地下水流模型推导出的，而地下水流模型则假定地下水水流呈单向流动。
- 为保证不出现负流量，可以使参数 A_1 大于或等于 A_2，B_1 大于或等于 B_2，B_3 等于 0。

2.3.19 下渗编辑器

下渗编辑器（Infiltration editor）用于设置降雨渗入子汇水区上层土壤区域的入渗特性。汇水区的属性表含有入渗参数，参数的使用取决于项目所选择的下渗模型，即霍顿模型、格林-安普特模型或曲线数模型。

2.3.19.1 霍顿下渗

在模拟条件编辑器下选择"霍顿下渗"后，汇水区属性栏将显示霍顿下渗编辑器。

下渗：霍顿	
最大入渗率（毫米/小时）	3
最小入渗率（毫米/小时）	0.5
衰减常数（1/时）	4
晾干时间（天）	7
最大体积（毫米）	0

图 2-45 霍顿下渗编辑器

表 2-32 霍顿方程参数

参数	说明
最大入渗率	霍顿方程上最大下渗速率（in/h 或 mm/h）
最小入渗率	霍顿方程上最小下渗速率（in/h 或 mm/h）。相当于饱和水力传导系数
衰减常数	霍顿方程的入渗率衰减常数（1/h）。典型值介于 2～7
干燥时间	饱和的土壤完全干燥所需的天数。典型值介于 2～14 天
最大入渗量	可能的最大下渗量（in 或 mm，如果不适用，则为 0）。可按照土壤孔隙率与其凋萎点之间的差值乘以下渗区的深度进行估算

最大下渗速率的典型值如下。

（1）干燥土壤（很少或无植被）。

沙质土壤：5 in/h。

壤质土：3 in/h。

黏性土壤：1 in/h。

（2）干燥土壤（植被茂密）。

不同土壤的下渗速率为（1）中相应的值乘以2。

（3）潮湿土壤。

土壤已排水但不干燥（即田间含水量）：（1）及（2）中对应的值除以3。

土壤接近饱和：选择接近最小下渗速率的值。

土壤已部分干燥：（1）及（2）对应的值除以1.5～2.5。

2.3.19.2　格林-安普特下渗

在模拟条件编辑器下选择"格林-安普特下渗"后，汇水区属性栏将显示格林-安普特下渗编辑器。

下渗：格林-安普特	
吸力水头（毫米）	0
传导率（毫米/小时）	0
初始亏缺（分数）	0

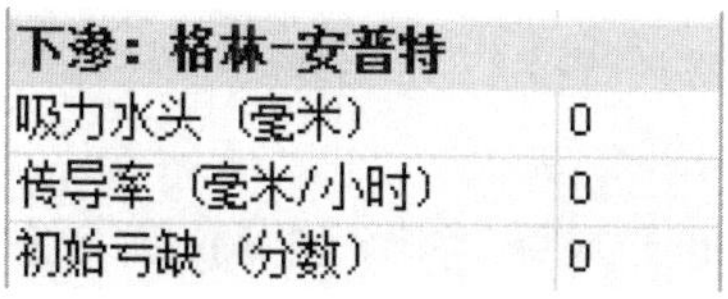

图2-46　格林-安普特下渗编辑器

表2-33　格林-安普特方程参数

参数	说明
吸湿率	沿湿润锋土壤毛细管吸力的平均值（in 或 mm）
传导系数	饱和条件下，土壤的水力传导系数（in/h 或 mm/h）
初始亏缺量	初始时刻，干燥土壤所占的体积分数（即土壤孔隙率与初始含水率之间的差值）

在排水良好的情况下，土壤的初始亏缺量为土壤孔隙率与其土壤容水量之间的差值。

2.3.19.3　曲线数下渗

在模拟条件编辑器下选择"曲线数下渗"后，汇水区属性栏将显示曲线数下渗编辑器。

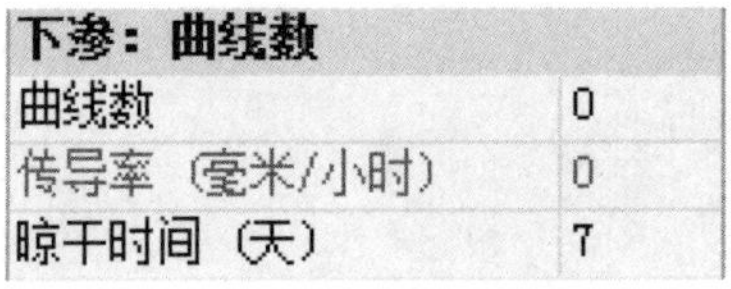

下渗：曲线数	
曲线数	0
传导率（毫米/小时）	0
晾干时间（天）	7

图 2-47　曲线数下渗编辑器

表 2-34　曲线数方程参数说明

参数	说明
曲线数	该 SCS 曲线数值发表在 *SCS Urban Hydrology for Small Watersheds*（第二版 TR-55）中。可在曲线数表中查阅不同土壤组的曲线数，并在土壤组附表中查阅不同土壤组的定义。当汇水区含有独立的透水区和不透水区时，需从表格中选择综合考虑两种区域的曲线数
传导系数	此属性已弃用
晾干时间	土壤从完全饱和变为干燥所需的天数。典型值介于 2～14 天

注：

● 下渗属性位于子汇水区图层中。

● 可通过点击"模拟选项"或更改项目的默认属性选择下渗模型。

2.3.20　入流编辑器

入流编辑器（Inflow editor）对话框用于设置直接入流、旱季入流和 RDII 入流到排水系统的节点中，即用于设置节点接收到的外部入流。单击 SWMM 节点层（河流汇合处、储水区、河流分离处、排水口）入流属性旁边的省略号按钮，将打开入流编辑器。

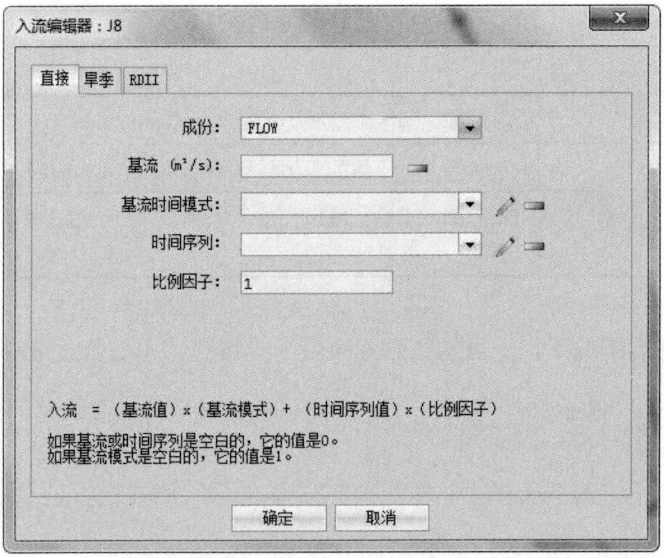

图 2-48　入流编辑器

2.3.20.1　直接入流

利用入流编辑器对话框上的"直接"选项卡可设置进入排水系统节点的直接外部流量和水质的时间历程。入流可由常量和时变变量组成的函数来描述：t 时刻的入流=基流×基流时间模式因子+比例因子×t 时刻的时间序列值。入流编辑器对话框包括以下选项。

表 2-35　直接入流编辑器选项表

选项	说明
成分	成分选择需要描述其直接入流的成分［FLOW（水流）或项目指定的污染物之一］
基流	设置基流值。水流单位为项目的流量单位。污染物单位为污染物的浓度单位（如果入流以浓度表示）或质量流单位（如果入流是质量流）（见下文的换算系数）。如果无基流入流，则该项为空白
基流时间模式	"时间模型"是一个可选的选项，利用其系数可调整每小时、每天或每月的基流量。单击该按钮，将打开时间模式编辑器对话框。如果不需调整基准进水量，则该项为空白
时间序列	首先显示一个时间序列的名称，该时间序列用以描述入流成分中的时变组分。如果入流量不是时间变量，则该项为空白。单击该按钮，打开时间序列编辑器对话框。时间序列值的单位遵循的规则与上述基流的规则相同
入流类型	对于污染物，需在此处选择入流类型，即浓度（质量/体积）或质量流速（质量/时间）。如果只是水流入流，则入流编辑器中不会显示该选项
换算系数	换算系数是一个数字因子，用于把污染物的质量流速单位转换成每秒的质量浓度单位。例如，如果入流数据单位为 lb/d，且污染物质量浓度单位为 mg/L，那么换算系数值为（453 590 mg/lb）/（86 400 s/d）=5.25（mg/s）/（1 lb/d）。如果只是水流入流，则入流编辑器中不会显示该选项。如果入流类型为浓度入流，无论输入何值，该值都将自动变为 1.0。在成分属性中选择污染物后，即可对所选的组分进行编辑。但是，如果单击"取消"按钮，那么对所有成分所做出的任何修改都将被忽略

注：
- 如果指定污染物入流类型为浓度入流，则必须设置水流的入流时间序列，否则将无污染物流入。
- 但水下的排水口是个例外，在生产逆流时，污染物可能会逆向流入该排水口。
- 如果污染物入流类型是质量入流，则不需要相应的流量入流时间序列。

2.3.20.2　旱季入流

利用入流编辑器的"旱季"选项卡可以设置进入排水系统节点的旱季入流量。

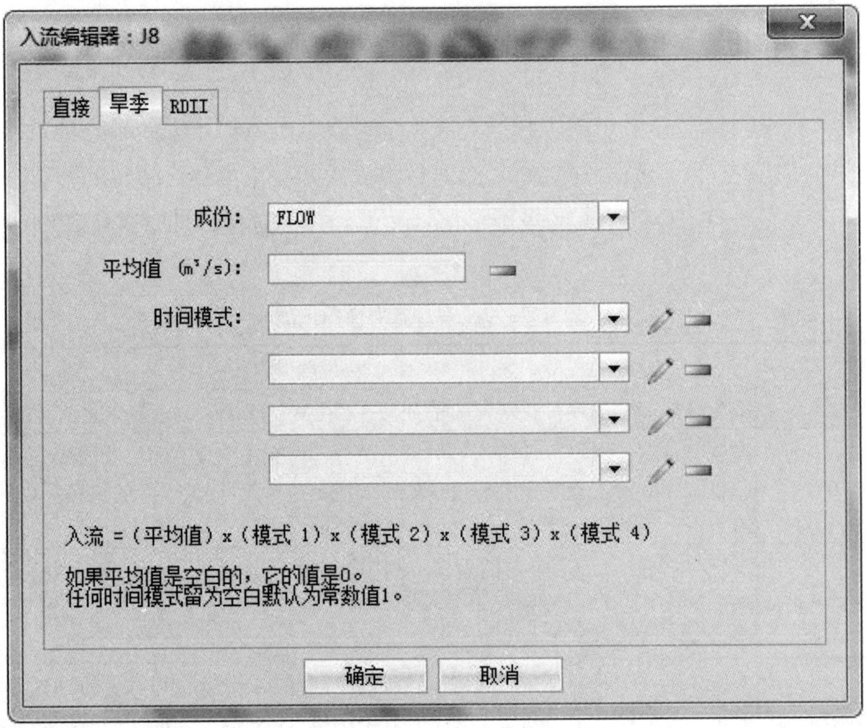

图 2-49　旱季入流编辑

旱季入流包括以下选项。

表 2-36　旱季入流编辑器选项表

选项	说明
成分	选择将要被设置旱季入流的成分（水流或项目的指定污染物之一）
平均值	设置相应成分的旱季入流平均值（或基流），其中水流使用流量单位，污染物使用浓度单位。如果所选择的成分无旱季入流，则该项为空白
时间模式	设置时间模式的名称。利用时间模式可使旱季流量呈周期性变化，如以一年中的每月为周期，一周中的每天为周期，或一天中的每小时为周期（包括工作日及休息日）。可以在组合框中输入时间模式的名称或从下拉列表中选择已有的模式。最多可以设置四种不同的模式，单击每个时间模式栏旁边的按钮即可编辑相应的模式。在成分属性中选择污染物后，即可对所选的组分进行编辑。但是，如果单击"取消"按钮，那么对所有成分所做出的任何修改都将被忽略

2.3.20.3　RDII 入流

利用入流编辑器对话框的"RDII"选项卡可设置节点的 RDII（基于降雨的下渗或入流）。

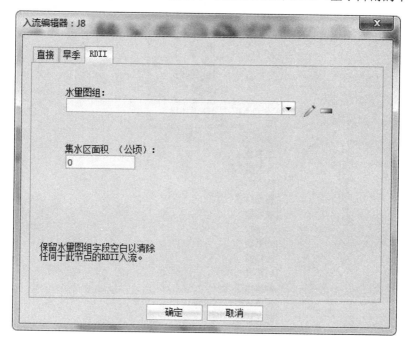

图 2-50　RDII 入流编辑器

RDII 选项卡包含以下内容。

表 2-37　RDII 入流编辑器选项表

选项	说明
水量图组（单位线组）	输入（或从下拉列表中选择）节点的水量图组。利用水量图组中的单位过程线和相应的雨量计可生成整个模拟周期中每单位面积上 RDII 入流的时间序列。如节点无 RDII 入流，则该选项为空白。单击该按钮，可打开水量图编辑器，以便编辑当前水量图组
集水区面积	输入集水区的面积（acre 或 hm^2）。节点的 RDII 入流量均来自该区域。注意，该区域通常为汇水区的一小部分，RDII 入流节点的地表径流均来自该区域

2.3.21　初始堆积编辑器

初始堆积编辑器（Initial buildup editor）用于设置在模拟开始时汇水区内现有污染物的堆积量。

汇水区层的属性含有初始堆积参数，列出每种污染物的名称，可在空白区域输入初始堆积值。

图 2-51 初始堆积设置

注：

● 如果未输入污染物的堆积值，则默认为 0。

● 根据模拟条件对话框的"日期"选项卡中的先前干燥天数参数，模型可计算的初始堆积量。如果污染物的初始堆积值为非零值，那么它将覆盖模型计算出的初始堆积量。

● 堆积量的单位为 lb/acre（美制单位）或 kg/hm^2（公制单位）。

2.4 "属性"面板

2.4.1 "属性"面板工具栏

"属性"面板工具栏包含以下按钮：菜单、替换、图标、剖面、查看。

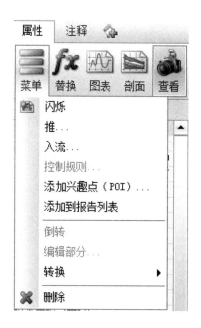

图 2-52 "属性"面板

以下对每个按钮的含义进行说明。

菜单：显示其他命令和选项的菜单，但其中不含专用的工具栏按钮。菜单按钮包含的子按钮及具体含义如下。

闪烁：显示选定实体在地图中的位置（表示为闪烁的红色和黄色）。

推：将当前方案的变更推广到其他方案中。

入流：打开入流编辑器，设置节点接收的外部入流，包括直接入流、旱季入流和 RDII 入流。

控制规则：打开控制规则编辑器（当控制规则与实体相关联时，该功能才处于激活状态）。

添加兴趣点（POI）：用于将项目相关的文档与所选的实体关联在一起。"文档"面板列出了所有与项目相关的文档。如果没有打开的文件目录，PCSWMM 将提示创建一个新的文件目录，或打开一个现有的文件目录。

添加到报告列表：用于将所选择的实体添加到输出文件报告的列表中。默认情况下 PCSWMM 的输出报告中包括了所有实体。单击"项目"面板中的模拟选项，然后单击"报告"选项卡，即可检查报告列表中含有哪些实体。

倒转：改变 PCSWMM 链路中水流的方向。

编辑部分：有时 GIS 的形状可包含重复的部分。利用"编辑部分"功能可以删除重复的实体部分。

转换：将实体转换至其他相同类型的实体。例如，一个检查井可以转化为任何类型的节点（蓄水设施、分流设施、排水口），一个管道可以转化为任何类型的链路（堰、出口、水泵、孔口）。

删除：从模型中移除所选实体。

替换：对多个选定实体的属性执行数学运算。

图表：在"图形"面板中给所选实体绘制时间序列。

剖面：在"剖面"面板为所选实体绘制剖面。

查看：显示所选实体的预览图、横截面或布局。右键单击预览图可选择显示的时间序列类型。"查看"按钮包含的功能如下。

图 2-53　实体查看

无：不查看任何内容。

图表：在预览窗口显示所选实体的图表。

横截面：在预览窗口显示所选实体的横截面。

POI：显示实体相关的 POI 兴趣点。

2.4.2　图层属性表

在"地图"面板选中图层实体时，会在界面右侧出现该实体所属图层的"属性"面板。"属性"面板以属性表的形式展示相应实体的每一项属性。下面将介绍 SWMM5 图层所需的属性，以及 PCSWMM 使用的图层。SWMM5 图层属性既包括了 SWMM5 输入文件中相关部分的输入属性，也包括 SWMM 运行后从 SWMM5 输出文件中加载的结果属性。二维及洪水分析图层属性既包括了用于创建网格的输入属性，也包括 SWMM 运行后由 PCSWMM 计算出的结果属性。此外，还可以向这些图层添加任意数量的用户自定义属性，以存储与实体相关的附加信息（例如管道年龄、检修孔条件、最终检查日期等）。每个图层对应的属性表都包含属性的显示名称（在"属性"面板中）、字段名（SWMM5 图层的图形文件的实际名称，以及在查询图时或在高级图层属性编辑器中使用的实际名称）以及对属性的描述和它的单位。

2.4.3 边界图层

边界图层定义了二维模型的范围，以及在二维模型中可定义不同网格类型的子区域的范围。边界图层是封闭的多边形图层，是二维分析所必需的。

表 2-38 边界图层属性说明

显示名称	字段名	描述
Style	STYLE	描述应用网格的样式。选项包括六角形、矩形、定向型和自适应型
Angle（deg）	ANGLE	用于生成点的网格的角度。从正东向的逆时针方向测量
Resolution（m or ft.）	RESOLUTION	空间分辨率或者点之间的距离
Distance Tolerance（m or ft.）	DISTTOL	用于自适应型二维网格的距离容差。通常应大于分辨率
Elevation Tolerance（m or ft.）	ELEVTOL	用于自适应型二维网格的高程容差
Roughness	ROUGHNESS	用于在边界多边形内生成网格的曼宁糙率系数
Edge	EDGE	确定是否将有界多边形用作二维单元格的内部边界

2.4.4 管道属性

管道是在输送系统中将水从一个节点传输到另一个节点的管子或渠道。用户可以从标准的开放和闭合的几何形状中选定管道的横截面形状。

表 2-39 管道属性说明

显示名称	字段名	描述
Name	Name	用户分配的管道名称
Inlet Node	InletNode	管道入口端的节点名称（通常为高程高处的末端）
Outlet Node	OutletNode	管道出口端的节点名称（通常为高程低处的末端）
Description	Description	单击省略号按钮以编辑管道的可选描述
Tag	Tag	用于对管道进行分类或分等级的可选字符字段。请注意，用户可以使用图层重组工具为 SWMM 图层（或其他图层）创建附加的用户自定义属性（数字或文本）
Length	Length	管道长度（ft 或 m）
Roughness	Roughness	曼宁糙率系数
Inlet Offset	InletOffset	位于管道入口端节点内底上方的管道内底高度，或者是管道入口端的管道内底高程（ft 或 m）。取决于偏移选项是设置成深度还是高度

显示名称	字段名	描述
Outlet Offset	OutOffset	位于管道出口端节点内底上方的管道内底高度，或者是管道出口端的管道内底高程（ft 或 m）。取决于偏移选项是设置成深度还是高度
Initial Flow	InitialFlow	模拟开始时管道中的初始流量（流量单位）
Flow Limit	FlowLimit	管道中允许的最大流量（流量单位）。如果不适用，则取 0 值或为空白
Entry Loss Coeff.	EntryLossCo	与管道入口处能量损失相关的水头损失系数
Exit Loss Coeff.	ExitLossCo	与管道出口处的能量损失相关的水头损失系数
Avg. Loss Coeff.	AvgLossCo	与沿管道长度的能量损失相关的水头损失系数
Flap Gate	FlapGate	如果存在防止通过管道回流的翻板闸门，则为"是"，如果不存在则为"否"
Cross-Section	XSection	单击省略号按钮以在横截面编辑器中编辑管道横截面的几何属性
Geom1	Geom1	管道横截面形状的第一几何尺寸
Geom2	Geom2	管道横截面形状的第二几何尺寸（如果需要的话）
Geom3	Geom3	管道横截面形状的第三几何尺寸（如果需要的话）
Geom4	Geom4	管道横截面形状的第四几何尺寸（如果需要的话）
Barrels	Barrels	管道数量（具有相同横截面形状、尺寸和高程的附加平行管道）
Transect	Transect	指定的横断面名称（仅适用于不规则自然渠道的管道）。单击省略号以打开横断面编辑器，并选择横断面形状
Shape Curve	ShapeCurve	形状曲线的名称（仅适用于自定义管道）。单击省略号以打开形状曲线编辑器并选择一个形状曲线
Results section		下面列出的管道结果属性是在 SWMM5 运行后从 SWMM 5 报告文件的"连接流量汇总"和"管道负荷汇总"表中提取的，该结果是由 SWMM5 计算得到的。因此，它们是不可编辑的，但是可以查询或按主题显示出来
Max. |Flow|	MaxFlow	模拟期间管道中的最大（峰值）绝对计算流量（流量单位）
Time Max. Flow	TimeMaxFlow	最大绝对计算流量的日期和时间
Max. |Velocity|	MaxVelocity	模拟期间管道中的最大计算速度（ft/s 或 m/s）
Max/Full Flow	CapFlow	模拟期间管道满流计算的最大（峰值）部分（分数）
Max/Full Depth	CapDepth	模拟期间管道全深度计算的最大（峰值）部分（分数）
Full Both Ends	HrsFullBoth	模拟期间管道两端加荷载的小时数（十进制小时）
Full Upstream	HrsFullUp	模拟期间管道上游端加荷载的小时数（十进制小时）
Full Downstream	HrsFullDown	模拟期间管道下游端加荷载的小时数（十进制小时）
Above Full Normal	HrsAbNormal	模拟期间，管道流量大于正常满流流量情况的小时数（十进制小时）
Capacity Limited	HrsLimited	模拟期间，通过管道的流量受其自身容量的限制的小时数（十进制小时）
Shape attributes		在"地图"面板中图形实体的各种形状指标。不可编辑，不存储在 GIS 图层中，无法查询
Slope	Slope	管道坡度（ft/ft 或 m/m）。该值由 PCSWMM 计算得到。SWMM5 在计算时不使用该值，用户也无法编辑该值，但可以查询并按主题显示出来

2.4.5　下游属性

下游图层是用于定义非点边界排水口的二维线性图层。用户可根据实际需要选用该图层，当洪水到达边界图层的边缘并且无需研究下游洪水过程时，可使用下游图层。利用下游图层可在下游界线与二维网格相交的位置创建排水口。

下游边界条件层不含有必备属性，用户可以通过重组图层来添加自定义属性以存储附加信息。

2.4.6　边缘属性

边缘图层是用作屏障的线图层，用以标识出高程变化显著的重要位置。对于二维模型问题，边缘图层不是必不可少的，但当地形发生显著变化时，最好借助边缘图层建立模型。在某个区域的高差发生显著变化时，模型可能会用单一高程代表该区域的高程，这一概化不利于准确地开展洪水分析工作。利用边缘图层可以克服这一弊端，提高模型描述洪水运动过程的能力。例如，利用边缘图层可以将车行道与人行道或路缘分离开来。

边缘图层不含有必备属性，用户可以通过重组图层来添加自定义的属性以存储附加信息。

2.4.7　高程属性

高程层是一个点图层，利用该图层可对单元内的多个 DEM 高程进行采样并计算单元的平均地面高程。高程层是可选图层，建议在复杂地形条件下使用。

表 2-40　高程属性说明

显示名称	字段名	描述
Style	STYLE	生成二维节点的网格样式
Elevation	ELEVATION	高程点的高程。通常由 DEM 确定，但是可以手动更改，可以用于确定二维单元的平均高程

2.4.8　分流器属性

分流器是排水系统的节点，它以规定的方式将入流分配到指定管道内。分流器的排出侧最多只可与两条管道相连接。分流器仅在运动波演算时起作用，在动力波演算时被视为简单的检查井。

表 2-41 分流器属性说明

显示名称	字段名	描述
Name	Name	用户设置的分流器名称
X-Coordinate	X	"地图"面板中分流器的水平（东为正方向）位置
Y-Coordinate	Y	"地图"面板中分流器的垂直（北为正方向）位置
Description	Description	单击省略号按钮以编辑对分流器的描述（可选）
Tag	Tag	用于对分流器进行分类或分等级的可选字符字段。请注意，用户可以使用图层重组工具为 SWMM 图层（或其他图层）创建附加的用户自定义属性（数字或文本）
Inflows	Inflows	单击省略号按钮，在入流编辑器中为分流器设置直接入流、旱季入流或 RDII 入流，也可以直接在入流属性的输入框中设置入流。入流属性表明了是否存在任何用于分流器的入流（"YES"或"NO"）
Treatment	Treatment	单击省略号按钮打开处理编辑器，针对进入分流器的污染物，编辑一组处理功能。处理属性表明了分流器是否具有水质处理功能（"YES"或"NO"）
Invert El.	InvertElev	分流器的内底高程（ft 或 m）
Rim Elev.	RimElev	分流器的边缘或地面高程（ft 或 m）。SWMM 不使用此参数，PCSWMM 使用它来计算节点的深度
Depth	Depth	分流器的深度（即从内底到边缘或地面的距离，ft 或 m）。如果从分流器的内底到最高链路顶端的距离更大，则用此距离作为分流器的深度
Initial Depth	InitDepth	在模拟开始时分流器处的水深（ft 或 m）
Surcharge Depth	SurchDepth	在分流器被淹没之前，超出分流器深度（或边缘高度）的附加水深（ft 或 m）。此参数可用来模拟螺栓连接的检修孔井盖，或者压力主管的连接处
Ponded Area	PondedArea	洪水发生以后在分流器之上洪水淹没区域的面积（ft^2 或 m^2）。如果在模拟选项编辑器中打开了"允许积水"选项，可存储与参数值相应的积水量，并将存储的积水返回到排水系统中
Diverted Link	Link	接收分流的管路的名称
Type	Type	分流器的类型，可选类型有： CUTOFF——将超过指定截止值的入流水量全部分流。 OVERFLOW——将超过非分流管路过流能力的入流量全部分流。 TABULAR——使用一条分流曲线来描述分流量与总入流量的函数关系。 WEIR——使用一个堰流方程来计算分流量
Cutoff Flow	CutoffFlow	用于 CUTOFF 型分流器的截止流量值（流量单位）
Curve Name	CurveName	用于 TABULAR 型分流器的分流曲线名称。单击省略号打开分流曲线编辑器以设置一条分流曲线
Min. Flow	MinDivFlow	WEIR 型分流器开始分流的最小流量（流量单位）

显示名称	字段名	描述
Max. Flow Depth	MaxDivDepth	WEIR 型分流器在最大流量时的深度（ft 或 m）
Coefficient	Coefficient	堰流量系数及其长度的乘积。对于以 CFS 为单位的流量而言，堰系数通常在每英尺 2.65～3.10 的范围内
Inflows section		
Baseline	BaseFlow	设置组成入流的恒定基流量。对于流量，单位采用流量单位。对于污染物，如果入流采用浓度单位，该参数采用污染物浓度单位，如果入流是质量流，可以采用任何质量流量单位（参见入流编辑器中的"转换系数"）。如果没有基流，则取零值
Baseline Pattern	BasePattern	可选的时间模式，其因子以每小时、每天或每月为基础调整基流（取决于指定的时间模式的类型）。如果不需调整基流，该值保持空白
Time Series	TimeSeries	时间序列的名称，用于描述组成入流成分的时变分量。如果没有时变入流，则该值为空白。单击省略号按钮打开时间序列编辑器对话框以选取时间序列。时间序列值的单位与上述基流遵循相同的规定
Scale Factor	ScaleFactor	比例因子是用于调整入流成分时间序列值的乘数。该因子不调整基流值。比例因子有若干用途，例如在保持其形状不变的同时，轻松地改变入流过程线的大小，而不必重新编辑入流过程的时间序列；它也可使一组节点共享相同的时间序列，以使它们的流入过程在时间上是同步的，但它们各自的量纲可以是不同的。如果设置为零，比例因子将取默认值 1.0
Average Value	AvgValue	指定旱季入流部分的平均值（或基流），入流为流量时使用流量单位，入流为污染物时使用浓度单位。当该值为零时，表示所选的组分无旱季入流，将删除任何相应的时间模式
Time Pattern 1	Pattern1	时间模式的名称，最多可设置四个时间模式描述旱季入流的周
Time Pattern 2	Pattern2	期性变化。入流可按照一年中的一个月、一周中的一天、工作
Time Pattern 3	Pattern3	日的时间以及休息日的时间呈周期性变化。可以输入现有时间
Time Pattern 4	Pattern4	模式的名称，也可以单击省略号按钮打开时间模式编辑器来选择一个模式
Hydrograph	Hydrograph	单击省略号以打开单位线编辑器，然后选择分流器所需的单位线。利用单位线与相应的雨量计，将形成模拟期间每单位面积上 RDII 入流的时间序列。将此属性留空则表明节点未接收 RDII 入流
Sewershed Area	SSArea	输入集水区的面积（acre 或 hm^2）。节点的 RDII 入流量均来自该区域。注意，该区域通常为汇水区的一小部分，RDII 入流节点的地表径流均来自该区域
Results section		下面列出的分流器结果属性是在 SWMM5 运行后从 SWMM5 报告文件的"节点深度摘要"、"节点入流摘要"、"节点过载摘要"和"节点淹没摘要"中提取的，该结果是由 SWMM5 计算得到的。因此，它们是不可编辑的，但是可以查询或按主题显示出来

显示名称	字段名	描述
Avg. Depth	AvgDepth	模拟期间节点中的平均计算水深（ft 或 m）
Max. Depth	MaxDepth	模拟期间节点中所达到的最大计算水深（ft 或 m）
Max. HGL	MaxHGL	模拟期间节点中的最大计算水力坡降线（HGL）（ft 或 m）
Time Max. HGL	TimeMaxHGL	最大计算水力坡降线（HGL）的日期和时间
Max. Lat. Inflow	MaxLatFlow	模拟期间从侧向流入节点的最大（峰值）计算流量（流量单位）。包括进入管道系统的所有附加水流（例如汇水区径流、地下水交换量和所有规定的入流——直接入流、旱季入流、RDII 入流）。不包括来自上游管道的流量
Max. Total Inflow	MaxTotFlow	模拟期间流入节点的最大（峰值）计算总流量（流量单位）。包括来自所有来源的全部流量（例如上述所有侧向入流加上来自上游管道的流量）
Total Lat. Inflow	TotLatFlow	模拟期间流入节点的侧向入流的总计算体积（Mgal 或 ML）。包括进入管道系统的所有附加流量（例如汇水区径流、地下水交换量和所有规定的入流——直接入流、旱季入流、RDII 入流）。不包括来自上游管道的流量
Total Inflow	TotalInFlow	模拟期间流入节点的总计算体积（Mgal 或 ML）。包括来自所有来源的全部流量（例如上述所有侧向入流加上来自上游管道的流量）
Hours Surcharged	HrsSurcharg	计算模拟期间节点超载所持续的时间（h）。当水位超过最高连接管道的顶部时，节点出现超载
Max. Surcharge	MaxSurchar	模拟期间计算 HGL 超过最高连接管道的顶部的最大计算高度（ft 或 m）。零值表示分流器没有超载
Min. Freeboard	MinDepthBR	模拟期间，在分流器的边缘或地面高程（ft 或 m）以下达到的最小计算深度。地面（或边缘）高程定义为以下两者中的较大者：（1）分流器的内底高程和最大深度之和。（2）最高连接管道的顶部。零值表示达到地面高程
Hours Flooded	HoursFlood	计算模拟期间的洪水持续时间（h）。洪水是指溢出一个节点的所有水量，不论是否形成积水
Max. Flood Rate	MaxFloodR	分流器处计算洪水溢流速率的峰值（流量单位）。洪水溢流速率是指水流从节点顶部溢出的速率，不论是否形成积水
Total Flood Vol.	TotFloodVol	模拟期间溢出分流器的水量的计算总体积（Mgal 或 ML）。这是流出节点顶部的水的总体积，无论它是否形成积水
Max. Pond Vol.	MaxVolPnded	模拟期间在分流器处积水的最大计算体积（acre-ft 或 hm²-mm）。如要模拟积水发生的过程，分流器的积水面积必须大于零，并且必须选中"允许积水"选项（在模拟选项中）
Shape attributes		在"地图"面板中图形实体的各种形状指标。不可编辑，不存储在 GIS 图层中，无法查询

2.4.9　洪泛区横断面图层

洪泛区横断面图层是线状图层，利用该图层，结合 DEM 层和 SWMM5 模拟结果，可描绘洪水淹没区的情况。

表 2-42　洪泛区横断面图层属性说明

显示名称	字段名	描述
Name	NAME	断面名称
Conduit Name	CONDUIT	与横断面相交的管道的名称
Distance（m）	DISTANCE	到管道上游节点的距离
Max. Head（m）	MAXHEAD	上游管道的最大水头值

2.4.10　洪水淹没图层

洪水淹没图层是一个多边形层，显示计算出的洪水淹没范围。洪水淹没图层不含有必备属性，用户可以通过重组图层来添加自定义的属性以存储附加信息。

2.4.11　洪泛区中心线

当使用横断面创建工具自动创建横断面时，需要使用洪泛区中心线。洪泛区中心线是线状图层，用来定义要绘制的流动路径横断面。

洪泛区中心线不含有必备属性，用户可以通过重组图层来添加自定义的属性以存储附加信息。

2.4.12　洪水风险评价图层

洪水风险评价图层是一个点图层或多边形图层，它表示在洪水事件中建筑物或障碍物出现风险的位置。

表 2-43　洪水风险评价图层属性说明

显示名称	字段名	描述
Name	NAME	用户自定义的易受洪水伤害的资产名称
Description	DESCRIPT	可选的描述或评价选项
Closest Conduit	CONDUIT	最接近的易受洪水伤害的资产的 SWMM5 管道。在洪水淹没分析对话框下的选项卡 下设置
Flooding Elevation	ELEVATION	用户指定的资产受到洪水影响的水面标高（m 或 ft）。
Depth	TSDEPTH	SWMM5 计算的最接近的点在特定时间的水深，沿着最接近易受洪水伤害资产的管道插入该节点
Max. Depth	MAXDEPTH	SWMM5 计算的最接近的点的最大水深，沿着最接近易受洪水伤害资产的管道插入该节点
Time Max. Depth	TIMEMAX	SWMM5 计算的易受洪水伤害资产位置最大水深对应的时间

2.4.13 水文过程线属性

水文过程线图层是用于二维模型的线状图层，该曲线可与二维网格中的多个管路相交，用于计算通过该曲线的净流量时间序列。水文过程线图层常用于计算通过一个或多个宽"通道"的水量，这些通道涵盖了其位于宽度内的多个二维单元。绘制水文过程线时，以通过水文过程线水流的下游方向为正方向，由左至右绘制曲线。

水文过程线图层是一个可选的图层，可以在创建二维网格后再添加到模型中。该曲线既可以在 PCSWMM 中绘制，也可以直接使用源自外部文件的曲线（如 ArcGIS）。利用二维模拟中"地图"面板的生成时间序列工具，可生成这些曲线的属性以及相关联的时间序列。位于水文过程线图层上的线状实体将与计算的时间序列关联在一起，并将相应的统计值作为其属性。

表 2-44　水文过程线图层属性说明

显示名称	字段名	描述
Name	NAME	水文过程线图层名称
Max. Flow（m^3/s）	MAXFLOW	模拟期间通过曲线的最大计算流量
Min Flow（m^3/s）	MINFLOW	模拟期间通过曲线的最小计算流量
Mean flow（m^3/s）	MEANFLOW	模拟期间通过曲线的平均计算流量
Total Flow（m^3/s）	TOTALFLOW	模拟期间通过曲线的总计算流量

2.4.14 检查井属性

检查井是管路交汇的排水系统节点。在物理上，它们可以代表自然表面河道的汇流点、下水道系统中的检修孔或管道连接设施。

表 2-45　检查井属性说明

显示名称	字段名	描述
Name	Name	用户自定义的检查井名称
X-Coordinate	X	"地图"面板中检查井处的水平位置（东为正方向）
Y-Coordinate	Y	"地图"面板中检查井处的垂直位置（北为正方向）
Description	Description	单击省略号按钮以编辑检查井的可选描述
Tag	Tag	用于对检查井进行分类或分等级的可选字符字段。请注意，用户可以使用图层重组工具为 SWMM 图层（或其他图层）创建附加的用户自定义属性（数字或文本）

显示名称	字段名	描述
Inflows	Inflows	单击省略号按钮在入流编辑器中为检查井设置直接入流、旱季入流或 RDII 入流，也可以直接在入流属性的输入框中设置入流。入流属性表明了是否存在任何用于检查井的入流（"YES"或"NO"）
Treatment	Treatment	单击省略号按钮打开处理编辑器，针对进入检查井的污染物，编辑一组处理功能。处理属性表明了检查井是否具有水质处理功能（"YES"或"NO"）
Invert El.	InvertElev	检查井的内底高程（ft 或 m）
Rim Elev.	RimElev	检查井的边缘或地面高程（ft 或 m）。SWMM 不使用此参数，PCSWMM 使用它来计算检查井的深度
Depth	Depth	检查井的深度（即从内底到边缘或地面的距离）（ft 或 m）。如果从检查井的内底到最高链路顶端的距离更大，则用此距离作为检查井的深度
Initial Depth	InitDepth	在模拟开始时检查井处的水深（ft 或 m）
Surcharge Depth	SurchDepth	在检查井被淹没之前，超出检查井深度（或边缘高度）的附加水深（ft 或 m）。此参数可用来模拟螺栓连接的检修孔井盖，或者压力主管的连接处
Ponded Area	PondedArea	洪水发生以后在检查井之上洪水淹没区域的面积（ft^2 或 m^2）。如果在模拟条件编辑器中打开了"允许积水"选项，可存储与参数值相应的积水量。在退水过程中存储的积水将返回到排水系统
Inflows section		
Baseline	BaseFlow	设置组成入流的恒定基流量。对于流量，单位采用流量单位。对于污染物，如果入流采用浓度单位，该参数采用污染物浓度单位，如果入流是质量流，可以采用任何质量流量单位（参见入流编辑器中的"转换系数"）。如果没有基流，则取零值
Baseline Pattern	BasePattern	可选的时间模式，其因子以每小时、每天或每月为基础调整基流（取决于指定的时间模式的类型）。如果不需调整基流，该值保持空白
Time Series	TimeSeries	时间序列的名称，用于描述组成入流成分的时变分量。如果没有时变入流，则该值为空白。单击省略号按钮打开时间序列编辑器对话框以选取时间序列。时间序列值的单位与上述基流遵循相同的规定
Scale Factor	ScaleFactor	比例因子是用于调整入流成分时间序列值的乘数。该因子不调整基流值。比例因子有若干用途，例如在保持其形状不变的同时，轻松地改变入流过程线的大小，而不必重新编辑入流过程的时间序列；它也可使一组节点共享相同的时间序列，以使它们的流入过程在时间上是同步的，但它们各自的量纲可以是不同的。如果设置为零，比例因子将取默认值 1.0
Average Value	AvgValue	指定旱季入流部分的平均值（或基流），入流为流量时使用流量单位，入流为污染物时使用浓度单位。当该值为零时，表示所选的组分无旱季入流，将删除任何相应的时间模式
Time Pattern 1	Pattern1	时间模式的名称，最多可设置四个时间模式描述旱季入流的周期性变化。入流可按照一年中的一个月、一周中的一天、工作日的时间以及休息日的时间呈周期性变化。可以输入现有时间模式的名称，也可以单击省略号按钮打开时间模式编辑器来选择一个模式
Time Pattern 2	Pattern2	
Time Pattern 3	Pattern3	
Time Pattern 4	Pattern4	

显示名称	字段名	描述
Hydrograph	Hydrograph	单击省略号以打开单位线编辑器，然后选择分流器所需的单位线。利用单位线和与相应的雨量计，将形成模拟期间每单位面积上 RDII 入流的时间序列。将此属性留空则表明节点未接收 RDII 入流
Sewershed Area	SSArea	输入集水区的面积（acre 或 hm²）。节点的 RDII 入流量均来自该区域。注意，该区域通常为汇水区的一小部分，RDII 入流节点的地表径流均来自该区域
Results section		下面列出的分流器结果属性是在 SWMM5 运行后从 SWMM 5 报告文件的"节点深度摘要"、"节点入流摘要"、"节点过载摘要"和"节点淹没摘要"中提取的，该结果是由 SWMM5 计算得到的。因此，它们是不可编辑的，但是可以查询或按主题显示出来
Avg. Depth	AvgDepth	模拟期间节点中的平均计算水深（ft 或 m）
Max. Depth	MaxDepth	模拟期间节点中所达到的最大计算水深（ft 或 m）
Max. HGL	MaxHGL	模拟期间节点中的最大计算水力坡降线（HGL）（ft 或 m）
Time Max. HGL	TimeMaxHGL	最大计算水力坡降线（HGL）的日期和时间
Max. Lat. Inflow	MaxLatFlow	模拟期间从侧向流入节点的最大（峰值）计算流量（流量单位）。包括进入路径系统的所有附加水流（例如汇水区径流、地下水交换量和所有规定的入流——直接入流、旱季入流、RDII 入流）。不包括来自上游管道的流量
Max. Total Inflow	MaxTotFlow	模拟期间流入节点的最大（峰值）计算总流量（流量单位）。包括来自所有来源的全部流量（例如上述所有侧向入流加上来自上游管道的流量）
Total Lat. Inflow	TotLatFlow	模拟期间流入节点的侧向入流的总计算体积（Mgal 或 ML）。包括进入路径系统的所有附加流量（例如汇水区径流、地下水交换量和所有规定的入流——直接入流、旱季入流、RDII 入流）。不包括来自上游管道的流量
Total Inflow	TotalInFlow	模拟期间流入节点的总计算体积（Mgal 或 ML）。包括来自所有来源的全部流量（例如上述所有侧向入流来源加上来自上游管道的流量）
Hours Surcharged	HrsSurcharg	计算模拟期间节点超载所持续的时间（h）。当水位超过最高连接管道的顶部时，节点出现超载
Max. Surcharge	MaxSurchar	模拟期间计算 HGL 超过最高连接管道的顶部的最大计算高度（ft 或 m）。零值表示检查井没有超载
Min. Freeboard	MinDepthBR	模拟期间，在检查井的边缘或地面高程（ft 或 m）以下达到的最小计算深度。地面（或边缘）高程定义为以下两者中的较大者：（1）检查井的内底高程和最大深度之和。（2）最高连接管道的顶部。零值表示达到地面高程
Hours Flooded	HoursFlood	计算模拟期间的洪水持续时间（h）。洪水是指溢出一个节点的所有水量，不论是否形成积水
Max. Flood Rate	MaxFloodR	检查井处洪水溢流速率的计算峰值（流量单位）。洪水溢流速率是指水流从节点顶部溢出的速率，不论是否形成积水

显示名称	字段名	描述
Total Flood Vol.	TotFloodVol	模拟期间溢出检查井的水量的计算总体积（Mgal 或 ML）。这是流出节点顶部的水的总体积，无论它是否形成积水
Max. Pond Vol.	MaxVolPnded	模拟期间在检查井处积水的最大计算体积（acre-ft 或 hm²-mm）。如要模拟积水发生的过程，检查井的积水面积必须大于零，并且必须选中"允许积水"选项（在模拟选项中）
Shape attributes		在"地图"面板中图形实体的各种形状指标。不可编辑，不存储在 GIS 图层中，无法查询

2.4.15　障碍物属性

障碍物图层是可选的二维图层。推荐使用障碍物图层模拟影响坡面漫流的物理结构。障碍物可包括影响洪水流动的建筑物、墙壁或任何结构。障碍物图层仅有一个属性。

应在生成二维网格之前定义障碍物图层，这样就不会在障碍物所在区域内生成二维网格，此时水流就不会出现在障碍物所在区域内（不会出现水流穿过建筑物的情况）。但是，如果二维网格非常稀疏，可能会出现网格覆盖障碍物的情况，因此在使用障碍物图层时，在边界图层中选择合适的网格分辨率是很重要的。

表 2-46　障碍物图层属性说明

显示名称	字段名	描述
ID	ID	为障碍物实体分配的 ID

2.4.16　孔口属性

孔口用于模拟排水系统中的出口和分流结构，通常是检修孔、储存设施或控制门的墙壁上的开孔。

表 2-47　孔口属性说明

显示名称	字段名	描述
Name	Name	用户设置的孔口名称
Inlet Node	InletNode	孔口在入口侧的节点名称
Outlet Node	OutletNode	孔口在出口侧的节点名称
Description	Description	单击省略号按钮以编辑对孔口的说明（可选）
Tag	Tag	用于对孔口进行分类或分等级的可选字符字段。请注意，用户可以使用图层重组工具为 SWMM 图层（或其他图层）创建附加的用户自定义属性（数字或文本）

显示名称	字段名	描述
Type	Type	孔口类型（侧面或底部）
Cross-Section	XSection	孔口形状（CIRCULAR 或 RECT_CLOSED）
Height	Height	完全打开时，孔口的开口高度（ft 或 m）。对应于圆形孔的直径或矩形孔的高度
Width	Width	完全打开时，矩形孔的宽度（ft 或 m）
Inlet Offset	InletOffset	入口节点底部到孔口底部的高度或孔口底部高程(ft 或 m)。取决于是根据深度计算偏移量，还是依据高程计算偏移量
Discharge Coeff.	DischargeCo	排放系数（量纲一）。典型值为 0.65
Flap Gate	FlapGate	如果存在防止孔口逆流的闸门，则为"YES"，如果不存在闸门，则为"NO"
Time to Open/Close	OpenRate	闸门起闭的时间是以十进制小时为单位的。如果不需定时启闭闸门，该属性为取 0 或保持空白。可使用控制规则调整闸门位置
Results section		下面列出的孔口结果属性是在 SWMM5 运行后从 SWMM5 报告文件的"管路水量摘要"中提取的，该结果是由 SWMM5 计算得到的。因此，它们是不可编辑的，但是可以查询或按主题显示出来
Max. |Flow|	MaxFlow	模拟期间孔口中的绝对最大（峰值）计算流量（流量单位）
Time Max. Flow	TimeMaxFlow	最大绝对计算流量对应的日期和时间
Max/Full Depth	CapDepth	模拟期间计算出的最大水深（峰值）占孔口满深度的比例（分数）
Shape attributes		在"地图"面板中图形实体的各种形状指标。不可编辑，不存储在 GIS 图层中，无法查询

2.4.17 排水口属性

排水口是排水系统的终端节点，可用于定义动力波演算条件下的最终下游边界。对于其他类型的水流演算，排水口表现为检查井。

表 2-48 排水口属性说明

显示名称	字段名	描述
Name	Name	用户设置的排水口名称
X-Coordinate	X	"地图"面板中排水口的水平位置（东为正方向）

显示名称	字段名	描述
Y-Coordinate	Y	"地图"面板中排水口的垂直位置（北为正方向）
Description	Description	单击省略号按钮以编辑对排水口的说明（可选）
Tag	Tag	用于对排水口进行分类或分等级的可选字符字段。请注意，用户可以使用图层重组工具为 SWMM 图层（或其他图层）创建附加的用户自定义属性（数字或文本）
Inflows	Inflows	单击省略号按钮，在入流编辑器中为排水口设置直接入流、旱季入流或 RDII 入流，也可以直接在入流属性的输入框中设置入流。入流属性表明了是否存在任何用于排水口的入流（"YES"或"NO"）
Treatment	Treatment	单击省略号按钮以编辑一组处理功能，用于处理编辑器中进入排水口的污染物。处理属性指示是否存在用于排水口的任何处理功能（"YES"或"NO"）
Invert El.	InvertElev	排水口的内底标高（ft 或 m）
Rim Elev.	RimElev	排水口的边缘或地面高程（ft 或 m）。SWMM 不使用此参数，但是 PCSWMM 在绘制截面时使用此值来表示地面高程
Tide Gate	TideGate	YES——存在挡潮闸以防止逆流。 NO——不存在挡潮闸
Type	Type	排水口边界条件类型如下。 FREE：排水口边界水位由相连管道中临界流量深度和正常流量对应深度的最小值决定。 NORMAL：根据相连管道中正常流量对应的深度确定排水口边界水位。 FIXED：排水口边界水位为固定值。 TIDAL：根据潮汐水位的时间变化确定排水口边界水位。 TIMESERIES：使用水位的时间序列作为排水口边界水位
Fixed Stage	FixedStage	FIXED 型排水口边界对应的水位（ft 或 m）
Curve Name	CurveName	TIDAL 型排水口边界对应的潮汐曲线名称。点击省略号打开潮汐曲线编辑器
Series Name	SeriesName	时间序列的名称，该时间序列包含 TIME SERIES 型排水口边界的排水口边界水位变化数据。单击省略号以打开时间序列编辑器
Inflows section		
Baseline	BaseFlow	设置组成入流的恒定基流量。对于流量，单位采用流量单位。对于污染物，如果入流采用浓度单位，该参数采用污染物浓度单位，如果入流是质量流，可以采用任何质量流量单位（参见入流编辑器中的"转换系数"）。如果没有基流，则取零值
Baseline Pattern	BasePattern	可选的时间模式，其因子以每小时、每天或每月为基础调整基流（取决于指定的时间模式的类型）。如果不需调整基流，该值保持空白

显示名称	字段名	描述
Time Series	TimeSeries	时间序列的名称，用于描述组成入流成分的时变分量。如果没有时变入流，则该值为空白。单击省略号按钮打开时间序列编辑器对话框以选取时间序列。时间序列值的单位与上述基流遵循相同的规定
Scale Factor	ScaleFactor	比例因子是用于调整入流成分时间序列值的乘数。该因子不调整基流值。比例因子有若干用途，例如在保持其形状不变的同时，轻松地改变入流过程线的大小，而不必重新编辑入流过程的时间序列；它也可使一组节点共享相同的时间序列，以使它们的流入过程在时间上是同步的，但它们各自的量纲可以是不同的。如果设置为零，比例因子将取默认值 1.0
Average Value	AvgValue	指定旱季入流部分的平均值（或基流），入流为流量时使用流量单位，入流为污染物时使用浓度单位。当该值为零时，表示所选的组分无旱季入流，将删除任何相应的时间模式
Time Pattern 1	Pattern1	时间模式的名称，最多可设置四个时间模式描述旱季入流的周期性变化。入流可按照一年中的一个月、一周中的一天、工作日的时间以及休息日的时间呈周期性变化。可以输入现有时间模式的名称，也可以单击省略号按钮打开时间模式编辑器来选择一个模式
Time Pattern 2	Pattern2	
Time Pattern 3	Pattern3	
Time Pattern 4	Pattern4	
Hydrograph	Hydrograph	单击省略号以打开单位线编辑器，然后选择排水口所需的单位线。利用单位线与相应的雨量计，将形成模拟期间每单位面积上 RDII 入流的时间序列。将此属性留空则表明节点未接收 RDII 入流
Sewershed Area	SSArea	输入集水区的面积（acre 或 hm²）。节点的 RDII 入流量均来自该区域。注意，该区域通常为汇水区的一小部分，RDII 入流节点的地表径流均来自该区域
Results section		下面列出的排水口结果属性是在 SWMM5 运行后从 SWMM5 报告文件的"节点深度摘要"、"节点入流摘要"、"节点过载摘要"和"节点淹没摘要"中提取的，该结果是由 SWMM5 计算得到的。因此，它们是不可编辑的，但是可以查询或按主题显示出来
Avg. Depth	AvgDepth	模拟期间节点中的平均计算水深（ft 或 m）
Max. Depth	MaxDepth	模拟期间节点中所达到的最大计算水深（ft 或 m）
Max. HGL	MaxHGL	模拟期间节点中的最大计算水力坡降线（HGL）（ft 或 m）
Time Max. HGL	TimeMaxHGL	最大计算水力坡降线（HGL）的日期和时间
Max. Lat. Inflow	MaxLatFlow	模拟期间从侧向流入节点的最大（峰值）计算流量（流量单位）。包括进入路径系统的所有附加水流（例如汇水区径流、地下水交换量和所有规定的入流——直接入流、旱季入流、RDII 入流）。不包括来自上游管道的流量

显示名称	字段名	描述
Max. Total Inflow	MaxTotFlow	模拟期间流入节点的最大（峰值）计算总流量（流量单位）。包括来自所有来源的全部流量（例如上述所有侧向入流来源加上来自上游管道的流量）
Total Lat. Inflow	TotLatFlow	模拟期间流入节点的侧向入流的总计算体积(Mgal 或 ML)。包括进入路径系统的所有附加流量（例如汇水区径流、地下水交换量和所有规定的入流——直接入流、旱季入流、RDII 入流）。不包括来自上游管道的流量
Total Inflow	TotalInFlow	模拟期间流入节点的总计算体积（Mgal 或 ML）。包括来自所有来源的全部流量（例如上述所有侧向入流来源加上来自上游管道的流量）
Hours Surcharged	HrsSurcharg	计算模拟期间节点超载所持续的时间（h）。当水位超过最高连接管道的顶部时，节点出现超载
Max. Surcharge	MaxHeightAC	模拟期间计算 HGL 超过最高连接管道的顶部的最大计算高度（ft 或 m）。零值表示排水口没有超载
Min. Freeboard	MinDepthBR	模拟期间，在排水口的边缘或地面高程（ft 或 m）以下达到的最小计算深度。地面（或边缘）高程定义为以下两者中的较大者：（1）排水口的内底高程和最大深度之和。（2）最高连接管道的顶部。零值表示达到地面高程
Hours Flooded	HoursFlood	计算模拟期间的洪水持续时间（h）。洪水是指溢出一个节点的所有水量，不论是否形成积水
Max. Flood Rate	MaxFloodR	排水口处洪水溢流速率的计算峰值（流量单位）。洪水溢流速率是指水流从节点顶部溢出的速率，不论是否形成积水
Total Flood Vol.	TotFloodVol	模拟期间溢出排水口的水的计算总体积（Mgal 或 ML）。这是流出节点顶部的水的总体积，无论它是否形成积水
Max. Pond Vol.	MaxVolPnded	模拟期间在排水口处积水的最大计算体积（acre-ft 或 hm^2-mm）。如要模拟积水发生的过程，排水口的积水面积必须大于零，并且必须选中"允许积水"选项（在模拟选项中）
Flow Frequency	FlowFreq	流出排水口的流量对应的模拟时间占总模拟时间的百分比
Avg. Flow	AvgFlow	模拟期间流出排水口的平均计算流量（流量单位）
Max. Flow	MaxFlow	模拟期间流出排水口的最大（峰值）计算流量（流量单位）。不包括反向流
Total Flow	TotalFlow	模拟期间通过排水口的总计算流量（Mgal 或 ML），但不包括逆向流量
Pollutant loading	LD_*	在模拟期间通过排水口排出的污染物的计算量。软件将列出每个污染物的负荷。该属性要求字段名称为 11 个字符，即"LD_"加上污染物名称的前 8 个字符。因此，每个污染物名称的前 8 个字符必须是唯一的
Shape attributes		在"地图"面板中图形实体的各种形状指标。不可编辑，不存储在 GIS 图层中，无法查询

2.4.18　出口属性

出口是流量控制装置，通常用于控制来自存储设施的水流。出口可以用于模拟不能使用泵、孔口或堰来描述的特殊水位-流量关系。

表 2-49　出口属性说明

显示名称	字段名	描述
Name	Name	用户设置的出口名称
Inlet Node	InletNode	出口在入流侧的节点名称
Outlet Node	OutletNode	出口在排泄侧的节点名称
Description	Description	单击省略号按钮以编辑对出口的说明（可选）
Tag	Tag	用于对出口进行分类或分等级的可选字符字段。请注意，用户可以使用图层重组工具为 SWMM 图层（或其他图层）创建附加的用户自定义属性（数字或文本）
Inlet Offset	InletOffset	入流节点底部到出口底部的高度或孔口底部高程(ft 或 m)。取决于是根据深度计算偏移量，还是依据高程计算偏移量
Flap Gate	FlapGate	如果存在防止出口逆流的闸门，则为"YES"，如果不存在闸门，则为"NO"
Rating Curve	RatingCurve	描述流量（Q）与上游节点处的 DEPTH 或出口处 HEAD（h）的函数关系。对于基于 DEPTH 的水位-流量曲线，可以根据水流方向切换所使用的上游节点。FUNCTIONAL 曲线使用幂函数（$Q=AhB$）来描述这种关系，而 TABULAR 曲线使用水头与流量的列表曲线
Coefficient	Coefficient	描述 DEPTH 或 HEAD 与流速之间函数关系的系数（A）。仅用于 FUNCTIONAL 类型的出口
Exponent	Exponent	描述 DEPTH 或 HEAD 与流速之间的函数关系的指数（B）。仅用于 FUNCTIONAL 类型的出口
Curve Name	CurveName	包含水头和流速关系的曲线名称（双击编辑曲线）。仅适用于 TABULAR 类型的出口
Results section		下面列出的孔口结果属性是在 SWMM5 运行后从 SWMM5 报告文件的"管路水量摘要"中提取的，该结果是由 SWMM5 计算得到的。因此，它们是不可编辑的，但是可以查询或按主题显示出来
Max. |Flow|	MaxFlow	模拟期间堰中的绝对最大（峰值）计算流量（流量单位）
Time Max. Flow	TimeMaxFlow	最大绝对计算流量的日期和时间
Shape attributes		在"地图"面板中图形实体的各种形状指标。不可编辑，不存储在 GIS 图层中，无法查询

2.4.19　泵属性

在 PCSWMM 中，泵是将水提升到更高海拔的管路实体。泵曲线描述了泵的流速和其入口/出口节点处条件间的关系。

表 2-50　泵属性说明

显示名称	字段名	描述
Name	Name	用户设置的泵名称
Inlet Node	InletNode	泵在入口侧的节点名称
Outlet Node	OutletNode	泵在出口侧的节点名称
Description	Description	单击省略号按钮以编辑对泵的说明（可选）
Tag	Tag	用于对泵进行分类或分等级的可选字符字段。请注意，用户可以使用图层重组工具为 SWMM 图层（或其他图层）创建附加的用户自定义属性（数字或文本）
Pump Curve	PumpCurve	包含泵运行数据的泵曲线名称。单击省略号按钮打开泵曲线编辑器以选择或编辑泵曲线。使用*表示理想水泵
Initial Status	InitStatus	模拟开始时泵的状态（"ON"或"OFF"）
Startup Depth	StartDepth	泵打开时，入口节点的深度（ft 或 m）。应高于关闭深度
Shutoff Depth	ShutDepth	泵关闭时，入口节点的深度（ft 或 m）。应低于启动深度
Results section		下面列出的孔口结果属性是在 SWMM5 运行后从 SWMM5 报告文件的"管路水量摘要"和"管路超载摘要"中提取的，该结果是由 SWMM5 计算得到的。因此，它们是不可编辑的，但是可以查询或按主题显示出来
Max. |Flow|	MaxFlow	模拟期间泵中的最大（峰值）绝对计算流量（流量单位）
Utilized	PercentPump	模拟期间泵工作状态的持续时间占模拟时间的百分比
Avg. Flow	AvgFlow	在模拟期间通过泵的平均计算流速（流量单位）
Total Vol.	TotalVolume	在模拟期间泵输送水量的总计算体积（Mgal 或 ML）
Power Usage	PowerUsage	在模拟期间泵使用的总计算功率（kW·h）
Off Curve	PcntCurve	泵偏离泵曲线的持续时间占模拟时间的百分比
Shape attributes		在"地图"面板中图形实体的各种形状指标。不可编辑，不存储在 GIS 图层中，无法查询

2.4.20　河道中心线属性

河道中心线图层是一个线状图层，用于在生成二维定向网格时定义水流的主要流动方向。仅在使用方向网格时，才需要使用河道中心线图层。建议使用具有最小急弯的简化流线作为中心线。

河道中心线图层不含有必备属性，用户可以通过重组图层来添加自定义的属性以存储附加信息。

2.4.21 汇水区属性

汇水区是土地的水文单元，其地形和排水系统元素将使地表径流汇入一个排泄点。

表 2-51　汇水区属性说明

显示名称	字段名	描述
Name	Name	用户设置的汇水区名称
X-Coordinate	X	"地图"面板中，汇水区质心的水平位置（东为正方向）
Y-Coordinate	Y	"地图"面板中，汇水区质心的垂直位置（北为正方向）
Description	Description	单击省略号按钮以编辑对汇水区的描述（可选）
Tag	Tag	用于对汇水区进行分类或分等级的可选字符字段。请注意，用户可以使用图层重组工具为 SWMM 图层（或其他图层）创建附加的用户自定义属性（数字或文本）
Rain Gage	RainGage	与汇水区相关联的雨量计的名称
Outlet	Outlet	接收汇水区产生径流的节点或其他汇水区的名称
Area	Area	汇水区的面积（acre 或 hm^2）
Width	Width	薄层水流漫流路径的特征宽度（ft 或 m）
Flow Length	Length	该属性是一个可选属性，它表示薄层水流的平均最大流长（ft 或 m），用于计算特征宽度。SWMM5 不直接使用此属性
Slope	Slope	汇水区的平均坡度
Imperv	Imperv	直接连接不透水区域（DCIA）的土地面积百分比
N Imperv	NImperv	曼宁公式中的 n 对于汇水区不透水部分的地表水流量（典型值）
N Perv	NPerv	汇水区中不透水区域的曼宁系数
Dstore Imperv	DSImperv	汇水区中不透水区域的洼地蓄水深度（in 或 mm）
Dstore Perv	DSPerv	汇水区中透水区域的洼地蓄水深度（in 或 mm）
Zero Imperv	ZeroImperv	无洼地蓄水的不透水区域所占的面积百分比
Subarea Routing	Routing	径流在透水区域和不透水区域间流动的内部路径。 IMPERV：由透水区流向不透水区的径流； PERV：由不透水区流向透水区的径流； OUTLET：两个区域的径流直接流向出口
Percent Routed	PctRouted	在子区域之间流动的径流所占的百分比
Curb Length	CurbLength	汇水区中的路缘总长度（任何长度单位）。仅当需要根据路缘长度标准化污染物累积量时才使用此属性
Snow Pack	SnowPack	分配给子汇水区的积雪参数集的名称（如有）

显示名称	字段名	描述
LID Controls	LIDControls	表示分配给汇水区的 LID 控件的数量。单击省略号以打开 LID 使用编辑器
Groundwater	Groundwater	"地下水"属性表明汇水区是否有地下水组分("YES"或"NO")。设置为"YES",将计算地下水水量,并在"属性"面板中查看地下水属性
Groundwater section		利用上述"地下水"属性,可以打开或关闭各汇水区的地下水属性区。地下水属性区包含地下水流公式使用的属性
Aquifer Name	Aquifer	产生地下水的含水层的名称。如果汇水区不产生地下水流,则此字段保持空白
Receiving Node	ToNode	从含水层接收地下水的节点的名称
Surface Elevation	SurfaceElev	位于含水层上方的汇水区的地表高程(ft 或 m)
GW Flow Coeff.	GWCoeff	地下水流公式中的 A_1 值
GW Flow Expon.	GWExponent	地下水流公式中的 B_1 值
SW Flow Coeff.	SWCoeff	地下水流公式中的 A_2 值
SW Flow Expon.	SWExponent	地下水流公式中的 B_2 值
SW-GW Interaction Coeff.	SWGWCoef	地下水流公式中的 A_3 值
Fixed SW Depth	SWDepth	在接收节点处的地表水固定水深(ft 或 m)(如果地表水水深将根据流量演算而变化,则该属性值为 0)
Threshold Water Table Elev.	FlowElev	在地下水流出现之前,必须达到的含水层水位高(ft 或 m)。该属性值为空白时,将以接收节点的内底高程作为该属性的取值
Infiltration section		渗透参数由项目选择的渗透模型决定,如霍顿模型、格林-安普特模型或曲线数模型。可以通过编辑项目的模拟选项或更改项目的默认属性来选择渗透模型
Infiltration:Horton		
Max. Infil. Rate	MaxInfRate	霍顿曲线上的最大渗透速率(以 in/h 或 mm/h 为单位)
Min. Infil. Rate	MinInfRate	霍顿曲线上的最小渗透速率(in/h 或 mm/h),相当于饱和水力传导系数。参见土壤特性表中的典型值
Decay Constant	Decay	霍顿曲线的渗透速率衰减常数(1/h)。典型值介于 2～7
Drying Time	DryTime	土壤由完全饱和变为完全干燥所需的天数。典型值范围为 2～14 d
Max. Volume	MaxInfVol	可能的最大下渗量(in 或 mm,如果不适用,则为 0)。可按照土壤孔隙率与其凋萎点之间的差值乘以下渗区的深度进行估算
Infiltration:Green-Ampt		
Suction Head	SuctionHead	沿湿润锋土壤毛细吸力的平均值(in 或 mm)
Conductivity	Conduct	饱和条件下,土壤的水力传导系数(in/h 或 mm/h)
Initial Deficit	InitDeficit	土壤孔隙率与初始含水率之间的差值(分数)。对于完全排水的土壤,其初始亏缺量是土壤孔隙率和田间持水量之间的差值。可以在土壤特性表中找到这些参数的典型值
Infiltration:Curve Number		

显示名称	字段名	描述
Curve Number	CurveNo	SCS 曲线数值，该值发表在 *SCS Urban Hydrology for Small Watersheds*（第二版 TR-55）中。可在曲线数表中查阅不同土壤组的曲线数，并在土壤组附表中查阅不同土壤组的定义
Conductivity	Conduct	该属性已被弃用。SWMM5.0.014 版本和更多新版本中已忽略该属性
Drying Time	DryTime	土壤从完全饱和变为完全干燥所需的天数。典型值范围为 2～14 d
Initial Buildup section	IB_*	模拟开始时，污染物在汇水区上的积累量。如果没有初始污染物积累，则该属性应设置为 0。根据模拟条件对话框的"日期"选项卡中的先前干燥天数参数，模型可计算初始累积量。如果污染物的初始累积值为非零值，那么它将覆盖模型计算出的初始累积量。 该属性字段名称有 11 个字符，"IB_"加上污染物名称的前 8 个字符。因此，每个污染物名称的前 8 个字符必须是唯一的
Land Uses section	LU_*	某种土地利用类型在汇水区中的面积比例。如果不存在土地利用，则该属性为 0。输入的百分比之和不一定必须为 100%。 该字段名称有 11 个字符，"LU_"加上土地使用名称的前 8 个字符。因此，每个土地利用名称的前 8 个字符必须是唯一的
Results section		下面列出的汇水区结果属性是在 SWMM5 运行后从 SWMM5 报告文件的"汇水区径流摘要"中提取的，该结果是由 SWMM5 计算得到的。因此，它们是不可编辑的，但是可以查询或按主题显示出来
Precipitation	TotalPrecip	汇水区的总降水量（in 或 mm）
Runon	TotalRunon	从其他汇水区流入到当前汇水区的水的总深度（in 或 mm）
Evaporation	TotalEvap	汇水区的总蒸发量（in 或 mm）
Infiltration	TotalInfil	汇水区的总入渗量（in 或 mm）
Runoff Depth	TotRunoffD	汇水区产生的总径流，表示为汇水区上的深度（in 或 mm）
Runoff Volume	TotRunoffV	汇水区产生的总径流量（Mgal 或 ML）
Peak Runoff	PeakRunoff	汇水区的峰值径流量（流量单位）
Runoff Coefficient	RunoffCoeff	等效径流系数
Pollutant Loading	LD_*	汇水区内某种污染物的负荷。软件将列出每个污染物的负荷。 字段名称有 11 个字符，"LD_"加上污染物名称的前 8 个字符。因此，每个污染物名称的前 8 个字符必须是唯一的
Shape attributes		在"地图"面板中图形实体的各种形状指标。不可编辑，不存储在 GIS 图层中，无法查询

2.4.22　蓄水设施属性

蓄水设施是一种排水系统的节点，它具有一定的储水体积。它可以表示像集水窖一样小或像湖泊一样大的储水设施。

表 2-52　蓄水设施属性说明

显示名称	字段名	描述
Name	Name	存储水单元名称
X-Coordinate	X	"地图"面板中蓄水设施中的水平位置（东为正方向）
Y-Coordinate	Y	"地图"面板中蓄水设施中的垂直位置（北为正方向）
Description	Description	单击省略号按钮以编辑对蓄水设施的说明（可选）
Tag	Tag	用于对蓄水设施进行分类或分等级的可选字符字段。请注意，用户可以使用图层重组工具为 SWMM 图层（或其他图层）创建附加的用户自定义属性（数字或文本）
Inflows	Inflows	单击省略号按钮，在入流编辑器中为蓄水设施设置直接入流、旱季入流或 RDII 入流，也可以直接在入流属性的输入框中设置入流。入流属性表明了是否存在任何用于蓄水设施的入流（"YES"或"NO"）
Treatment	Treatment	单击省略号按钮以编辑一组处理功能，用于处理编辑器中进入蓄水设施的污染物。处理属性指示是否存在用于蓄水设施的任何处理功能（"YES"或"NO"）
Invert El.	InvertElev	蓄水设施的内底高程（ft 或 m）
Rim Elev.	RimElev	蓄水设施的边缘或地面高程（ft 或 m）。SWMM 不使用此参数，但是 PCSWMM 使用它计算蓄水设施的深度
Depth	Depth	蓄水设施的深度（即从内底高程到边缘高程或地面高程之间的距离，单位为 ft 或 m）
Initial Depth	InitDepth	蓄水设施的初始水深（ft 或 m）
Ponded Area	PondedArea	洪水发生以后在蓄水设施之上洪水淹没区域的面积（ft² 或 m²）。如果在模拟条件编辑器中打开了"允许积水"选项，可存储与参数值相应的积水量。在退水过程中存储的积水将返回到排水系统
Evap. Factor	EvapFactor	蓄水设施的蓄水水面对应的实际蒸发量占潜在蒸发量的比例。蒸发率的实现比例，1 代表完全蒸发，0 代表不蒸发
Shape Curve	ShapeCurve	描述蓄水设施几何形状的方法。 FUNCTIONAL 法使用以下函数描述表面积随深度的变化。 表面积 $= A^B + C$ TABULAR 法使用制表区与深度曲线描述蓄水设施几何形状。 无论是哪种方法，深度均以 ft（或 m）计量，表面积均以 ft²（或 m²）计量

显示名称	字段名	描述
Coefficient	Coefficient	表面积和储存深度之间的函数关系的 *A* 值。仅适用于 FUNCTIONAL 型蓄水设施
Exponent	Exponent	表面积和储存深度之间的函数关系的 *B* 值。仅适用于 FUNCTIONAL 型蓄水设施
Constant	Constant	表面积和储存深度之间的函数关系的 *C* 值。仅适用于 FUNCTIONAL 型蓄水设施
Curve Name	CurveName	蓄水曲线的名称，该曲线描述了表面积和蓄水深度之间的关系。单击省略号打开存蓄水曲线编辑器以选择存储曲线
Infiltration section		格林-安普特模型渗透参数，描述水如何渗入蓄水设施下方的原生土壤中。这些参数为空白时，说明没有入渗发生
Suction Head	SuctionHead	沿着湿润锋的土壤毛细吸力的平均值（in 或 mm）
Conductivity	Conduct	饱和条件下，土壤的水力传导系数（in/h 或 mm/h）
Initial Deficit	InitDeficit	土壤孔隙率与初始含水率之间的差值（分数）。对于完全排水的土壤，其初始亏缺量是土壤孔隙率和田间持水量之间的差值
Inflows section		
Baseline	BaseFlow	设置组成入流的恒定基流量。对于流量，单位采用流量单位。对于污染物，如果入流采用浓度单位，该参数采用污染物浓度单位，如果入流是质量流，可以采用任何质量流量单位（参见入流编辑器中的"转换系数"）。如果没有基流，则取零值
Baseline Pattern	BasePattern	可选的时间模式，其因子以每小时、每天或每月为基础调整基流（取决于指定的时间模式的类型）。如果不需调整基流，该值保持空白
Time Series	TimeSeries	时间序列的名称，用于描述组成入流成分的时变分量。如果没有时变入流，则该值为空白。单击省略号按钮打开时间序列编辑器对话框以选取时间序列。时间序列值的单位与上述基流遵循相同的规定
Scale Factor	ScaleFactor	比例因子是用于调整入流成分时间序列值的乘数。该因子不调整基流值。比例因子有若干用途，例如在保持其形状不变的同时，轻松地改变入流过程线的大小，而不必重新编辑入流过程的时间序列；它也可使一组节点共享相同的时间序列，以使它们的流入过程在时间上是同步的，但它们各自的量纲可以是不同的。如果设置为零，比例因子将取默认值 1.0
Average Value	AvgValue	指定旱季入流部分的平均值（或基流），入流为流量时使用流量单位，入流为污染物时使用浓度单位。当该值为零时，表示所选的组分无旱季入流，将删除任何相应的时间模式
Time Pattern 1	Pattern1	时间模式的名称，最多可设置四个时间模式描述旱季入流的周期性变化。入流可按照一年中的一个月、一周中的一天、工作日的时间以及休息日的时间呈周期性变化。可以输入现有时间模式的名称，也可以单击省略号按钮打开时间模式编辑器来选择一个模式
Time Pattern 2	Pattern2	
Time Pattern 3	Pattern3	
Time Pattern 4	Pattern4	
Hydrograph	Hydrograph	单击省略号以打开单位线编辑器，然后选择蓄水设施所需的单位线。利用单位线与相应的雨量计，将形成模拟期间每单位面积上 RDII 入流的时间序列。将此属性留空则表明节点未接收 RDII 入流

显示名称	字段名	描述
Sewershed Area	SSArea	输入集水区的面积（acre 或 hm²）。节点的 RDII 入流量均来自该区域。注意，该区域通常为汇水区的一小部分，RDII 入流节点的地表径流均来自该区域
Results section		下面列出的蓄水设施结果属性是在 SWMM5 运行后从 SWMM5 报告文件的"节点深度摘要"、"节点入流摘要"、"节点过载摘要"和"节点淹没摘要"中提取的，该结果是由 SWMM5 计算得到的。因此，它们是不可编辑的，但是可以查询或按主题显示出来
Avg. Depth	AvgDepth	模拟期间节点中的平均计算水深（ft 或 m）
Max. Depth	MaxDepth	模拟期间节点中所达到的最大计算水深（ft 或 m）
Max. HGL	MaxHGL	模拟期间节点中的最大计算水力坡降线（HGL）（ft 或 m）
Time Max. HGL	TimeMaxHGL	最大计算水力坡降线（HGL）的日期和时间
Max. Lat. Inflow	MaxLatFlow	模拟期间从侧向流入节点的最大（峰值）计算流量（流量单位）。包括进入路径系统的所有附加水流（例如汇水区径流、地下水交换量和所有规定的入流——直接入流、旱季入流、RDII 入流）。不包括来自上游管道的流量
Max. Total Inflow	MaxTotFlow	模拟期间流入节点的最大（峰值）计算总流量（流量单位）。包括来自所有来源的全部流量（例如上述所有侧向入流来源加上来自上游管道的流量）
Total Lat. Inflow	TotLatFlow	模拟期间流入节点的横向入流的总计算体积（Mgal 或 ML）。包括进入路径系统的所有附加流量（例如汇水区径流、地下水横向入流和所有规定的入流——直接入流、旱季入流、RDII 入流）。不包括来自上游管道的流量
Total Inflow	TotalInFlow	模拟期间流入节点的总计算体积（Mgal 或 ML）。包括来自所有来源的全部流量（例如上述所有侧向入流来源加上来自上游管道的流量）
Hours Surcharged	HrsSurcharg	计算模拟期间节点超载所持续的时间（h）。当水位超过最高连接管道的顶部时，节点出现超载
Max. Surcharge	MaxSurchar	模拟期间计算 HGL 超过最高连接管道的顶部的最大计算高度（ft 或 m）。零值表示排水口没有超载
Min. Freeboard	MinDepthBR	模拟期间，在蓄水设施的边缘或地面高程（ft 或 m）以下达到的最小计算深度。地面（或边缘）高程定义为以下两者中的较大者：（1）蓄水设施的内底高程和最大深度之和。（2）最高连接管道的顶部。零值表示达到地面高程
Hours Flooded	HoursFlood	计算模拟期间的洪水持续时间（h）。洪水是指溢出一个节点的所有水量，不论是否形成积水
Max. Flood Rate	MaxFloodR	蓄水设施处洪水溢流速率的计算峰值（流量单位）。洪水溢流速率是指水流从节点顶部溢出的速率，不论是否形成积水
Total Flood Vol.	TotFloodVol	模拟期间溢出蓄水设施的水的计算总体积（Mgal 或 ML）。这是流出节点顶部的水的总体积，无论它是否形成积水

显示名称	字段名	描述
Max. Ponded Vol.	MaxVolPnded	模拟期间在蓄水设施处积水的最大计算体积（acre-ft 或 hm^2-mm）。如要模拟积水发生的过程，蓄水设施的积水面积必须大于零，并且必须选中"允许积水"选项（在模拟选项中）
Avg. Volume	AvgVolume	模拟期间蓄水设施中水的平均计算体积（1 000 ft^3 或 1 000 m^3）
Avg. Percent Full	AvgPercent	在模拟期间蓄水设施的平均计算百分比
Total Percent Loss	PcntLoss	模拟过程中渗透和蒸发的总计算损失百分比
Max. Volume	MaxVolume	模拟期间蓄水设施中的最大计算水量（1 000 ft^3 或 1 000 m^3）
Max. Percent Full	MaxPercent	模拟期间蓄水设施的最大计算蓄满百分比
Max. Outflow	MaxOutflow	蓄水设施的最大计算出流量（峰值），以流量单位计
Shape attributes		在"地图"面板中图形实体的各种形状指标。不可编辑，不存储在 GIS 图层中，无法查询

2.4.23　堰属性

堰与孔口相似，用于模拟排水系统的水流出口和导流结构。堰通常位于检修孔内，沿着渠道的侧面，或者在蓄水设施内部。

表 2-53　堰属性说明

显示名称	字段名	描述
Name	Name	用户定义的堰名称
Inlet Node	InletNode	堰在入口侧的节点名称
Outlet Node	OutletNode	堰在出口侧的节点名称
Description	Description	单击省略号按钮以编辑对堰的说明（可选）
Tag	Tag	用于对堰进行分类或分等级的可选字符字段。请注意，用户可以使用图层重组工具为 SWMM 图层（或其他图层）创建附加的用户自定义属性（数字或文本）
Type	Type	堰的类型：TRANSVERSE（横截堰），SIDEFLOW（侧流堰），V-NOTCH（V 形堰，三角堰）或 TRAPEZOIDAL（梯形堰）
Height	Height	堰口的垂直高度（ft 或 m）
Length	Length	堰口的水平长度（ft 或 m）
Side Slope	SideSlope	V-NOTCH 或 TRAPEZOIDAL 堰的侧壁斜率（宽度/高度）
Inlet Offset	InletOffset	堰口底部距堰入口侧节点底部的距离，或堰口底部的高程（ft 或 m）。取决于是根据深度计算偏移量，还是依据高程计算偏移量

显示名称	字段名	描述
Discharge Coeff.	DischargeCo	通过堰中心部分的水流的排放系数。典型值为：对于薄壁横截堰，美制单位为 3.33（国际单位为 1.84）；对于宽顶矩形堰，美制单位为 2.5～3.3（国际单位为 1.38～1.88）；对于 V 形堰，美制单位为 2.4～2.8（国际单位为 1.35～1.55）
Flap Gate	FlapGate	如果存在防止堰口逆流的闸门，则为"YES"，如果不存在闸门，则为"NO"
End Contractions	EndContract	TRANSVERSE 或 TRAPEZOIDAL 堰的末端收缩数，这些堰的长度短于其所在的渠道。该属性取决于末端的形式，没有末端、一端或两端受侧壁倾斜影响，分别对应取 0、1 或 2
End Coeff.	EndCoeff	通过 TRAPEZOIDAL 堰的三角形末端的流量排放系数
Results section		下面列出的堰结果属性是在 SWMM5 运行后从 SWMM5 报告文件的"管路水量摘要"中提取的，该结果是由 SWMM5 计算得到的。因此，它们是不可编辑的，但是可以查询或按主题显示出来
Max. |Flow|	MaxFlow	模拟期间通过堰的绝对最大计算流量（峰值），以流量单位计
Time Max. Flow	TimeMaxFlow	出现绝对最大流量的日期和时间
Max/Full Depth	CapDepth	在模拟期间计算出的最大堰口水深（峰值）占堰满深度的比例（分数）
Shape attributes		在"地图"面板中图形实体的各种形状指标。不可编辑，不存储在 GIS 图层中，无法查询

2.4.24　二维节点属性

二维节点层是用于定义二维网络检查井节点的点状图层。利用二维节点层，可从数字高程模型（DEM）采取高程数据，来计算二维网格单元的高程属性。如果 DEM 高程数据不可用，则高程将保持为默认值 0。

表 2-54　节点属性说明

显示名称	字段名	描述
Style	STYLE	生成二维节点的网格类型
Elevation	ELEVATION	二维节点的高程。通常使用 DEM 设置二维节点高程，也可以手动修改高程值。该属性将用于计算二维网格单元的高程

2.5 "地图"面板

2.5.1 "地图"面板工具栏

通过"地图"面板工具栏，可以访问与"地图"面板相关的所有工具、功能以及属性。

图 2-54 "地图"面板工具栏

菜单：显示附加命令和选项的菜单，不包括专用工具栏按钮。

图 2-55 菜单栏界面

- 坐标系：打开地图坐标系编辑器，选择"地图"面板使用的坐标系。也可以通过 PCSWMM 窗口底部的状态栏进行访问。

- 新图层：选择此按钮，用户可以建立一个新的背景层（点层、线层或面层）。然后，可以使用重建工具来添加属性字段。用户也可以从图层浏览器访问本功能。

- 关闭多个图层：用户可以选择多个图层，并同时关闭它们，而无需逐一关闭图层。

- 删除图层：删除当前选中的图层。这会删除所有属于该图层的相关文件。

- 概貌：用户可以显示或隐藏"地图"面板右下角的总览图。总览图只显示一个图层（由用户选择）。

- 导出图像：将所有显示的图层的图像导出为.png、.jpg、.tiff 或.bmp 格式。该功能的选项包括范围（当前或全部范围）、分辨率、特征尺度、压缩、背景透明度和地理参考图。

- 偏好设置：打开"地图"选项卡的偏好工具来改变地图的外观和状态。

打印：打开打印预览工具来打印当前地图（可以与其他对象一同打印或单独打印，比如图表和剖面）。

打开：打开图层浏览器，用户可以选择打开一个背景层、创建一个新的背景层或连接到网络地图服务器（WMS）。

关闭：关闭当前图层。不能关闭属于当前项目的 SWMM5 图层。如果该层已被编辑，系统将提示保存或更改。

锁定：将当前图层的状态在锁定和解锁之间转换。图层必须要在解锁以后才能被选中或编辑，但仍然可以通过"渲染"按钮来编辑锁定层的特征。

改变：对图层整体编辑的命令菜单。其子菜单如下：

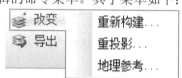

图 2-56 "改变"子菜单

- **重新构建**：打开重建层工具来添加、删除或重命名所选矢量层的属性字段。用于用户添加自定义属性到 SWMM5 层和背景层。
- **重投影**：打开层重投影工具来将所选的矢量层从一个坐标系重新投影到另一个坐标系中。建议同一个项目中所有打开的图层都在同一个坐标系中（将其作为所选的地图坐标系），以避免图层的快速动态重投影。
- **地理参考**：打开调整图层工具调整、定位背景栅格图层大小和位置。

导出：打开导出图层或实体工具，导出当前层实体的全部或子集为所支持的 GIS 或 CAD 矢量层格式。

选择：切换至选择模式，与解锁图层的实体进行直接交互：
- 单击选择所需的实体。
- 双击一个实体进入编辑模式，编辑该实体的形状。
- 选择 SWMM 模型连接或节点实体，按住 Shift 键并选择另一个 SWMM 模型连接或节点实体，这将在所选的两个实体之间创建一条链路。
- 要在同一图层上选择多个实体，需按住 Ctrl 键。
- 要在不同图层上选择多个实体，同时按住 Ctrl 和 Alt 键。
- 如需利用选择框选择相同图层上的多个实体，按住 Ctrl 键并用鼠标拖动选择框。
- 如需利用选择框选择位于所有解锁图层上的多个实体，按住 Alt 键并用鼠标拖动选择框。

如果选择了一个路径，用户可以把它保存到"剖面"面板中的收藏夹中，以便快速调用该路径。

▼ 编辑：打开编辑浏览器来选择一个形状编辑模式。

╋ 添加：将地图切换至添加实体模式，这样就能向所选的未锁定 SWMM5 层或背景层添加一个实体。

✎ 标尺：将"地图"面板切换至测量模式，可以通过在地图上绘制临时的折线或多边形来测量距离或面积。可以在此按钮的次级选项中选择测量模式。

图 2-57 "标尺"子菜单

- ✎ 线：可以绘制折线来测量对象之间的直线距离或某个路径的长度。
- ◢ 多边形：可以绘制一个不规则多边形来测量面积或周长。
- ▢ 矩形：可以绘制一个矩形来测量面积。
- ◺ 圆：可以绘制一个圆的直径来测量面积。用于估算设计暴雨的面积折减系数。可以按住 Shift 键绘制圆的半径。

⊞ 缩放：将"地图"面板切换至缩放模式以便放大或缩小地图。可以在此按钮的次级选项中选择缩放模式。

图 2-58 "放大"子菜单

- ⊞ 放大模式：在该模式下，将选择框从要放大范围的左上方拖曳至右下方，将放大所选区域。将选择框从右侧拖曳至左侧或从底部拖曳至顶部会缩小所选区域。
- ⊞ 扩展放大模式：在该模式下，在地图中点击和纵向拖曳来控制缩放级别。向上拖拽缩小，反之则放大。这一模式的操作类似于 CAD 软件。可使用范围管理程序来保存显示范围以便进行快速调用。可通过"缩放历史"按钮中的"上一个"和"下一个"来撤销或重设缩放范围。

还可以使用鼠标滚轮来放大或缩小地图、图表和"剖面"面板。向上滚动鼠标滚轮来放大，向下滚动则缩小。另外，按住鼠标滚轮（或鼠标中键）会临时进入扩展放大模式。

🔍 搜索：显示并利用命令菜单来选择实体。

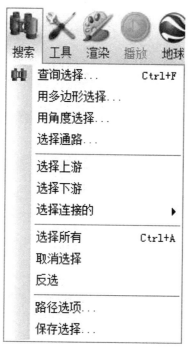

图 2-59 "搜索"菜单

- 查询选择：可以通过灵活的 SQL 查询来选择一个或多个层的实体。此功能可通过名称快速选择实体。

- 用多边形选择：可以选择与一个或多个多边形实体相接触或相交的实体。

- 用角度选择：可以利用下游管路中水流方向的角度变化选择管路。本方法主要用于跌水和出口损失（请注意，软件有自动设置跌水/出口损失的工具）。

- 选择通路：可以通过手动输入实体名称来选择通路或剖面。另外，可以使用上面的"选择"按钮直接在图上进行选择。一旦创建了所需的通路或剖面，可以在"剖面"面板中的收藏夹保存该通路或剖面，以便于快速调用相关通路或剖面。

- 选择上游：选择与当前实体相连的所有上游 SWMM5 图层实体。包括汇水区的地表径流出口与地下水出流接收节点。

- 选择下游：选择与当前实体相连的所有下游 SWMM5 图层实体。

- 选择所有：选择当前图层中的所有实体。

- 取消选择：取消对地图中所有实体的选择。

- 反选：反向选择当前层中选定的实体。

- 路径选项：打开"路径选项"工具，指定路径选择偏好。路径选择偏好有助于在环式网络中快速选择所需的路径。路径选择只能在当前项目的 SWMM5 管路节点层中使用。

● 保存选择：可以保存当前选择的实体为 SQL IN 语句，以便快速调用。对于大量实体的选择，不建议进行此操作，建议通过查询选择工具来选择大量的实体（若有必要，结合用户自定义字段使用）。

✖ 工具：打开工具浏览器来选择地图工具。

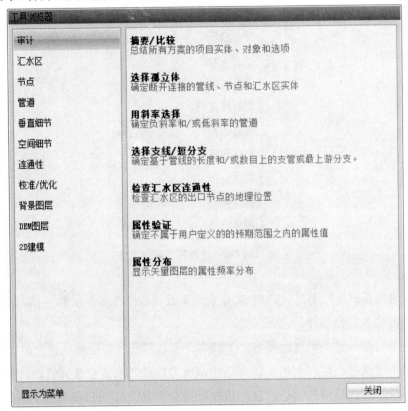

图 2-60　工具浏览器

渲染：显示图层属性编辑器，可通过其控制地图中相应图层的渲染或指定该图层的坐标系。也可将图层属性保存到一个.ini 文件中，以便快速检索或打开高级图层属性对话框，从而进行更全面的控制操作。

播放：通过"地图"面板上的动态渲染将计算结果制成动画。该功能可将洪水淹没区和二维网格中的链路、节点及子汇水区层制作成动画。对于二维动画，软件禁用了动画与地图窗口的交互功能，以加快动画生成速度。

地球：将所选图层叠加在谷歌地球软件中。该功能要求事先安装谷歌地球软件且在 PCSWMM 中使用已知的坐标系。

范围：通过打开范围管理器选择默认显示范围，保存当前显示范围以进行快速检索，或查看以前保存的显示范围。保存的范围可与报告工具和打印预览工具一同使用。

前一个：恢复至"地图"面板中先前的显示范围。

下一个：查看浏览历史中的下一个显示范围。

粘贴：将先前复制的实体粘贴至当前图层。只能对 PCSWMM 的同一实例中的实体进行复制粘贴（此功能使用了 PCSWMM 的内部剪贴板）。几乎所有的情况下，PCSWMM 剪贴板中实体必须与目标层类型相匹配（即点实体仅可粘贴至点图层）。但是，如果将多线段实体粘贴至多边形图层中，多段线将闭合（转换为多边形）。在复制源和目标层中，具有相同属性名的属性值将被保留下来。既可以将实体粘贴至 SWMM5 图层，也可以将其粘贴到背景图层中。

剪切：将选定实体（形状和属性）复制到 PCSWMM 内部剪贴板，并从该图层删除所选实体。这些实体可粘贴至另一图层。

复制：将选定实体（形状和属性）复制到 PCSWMM 内部剪贴板。这些实体可被粘贴至本图层或另一图层。

删除：删除所选实体。可从多个图层同时删除实体。若 SWMM5 节点被删除，连接至节点的所有管道也将被删除（不允许存在断开连接的管道）。

收藏：存储当前地图路径以便快速调用。

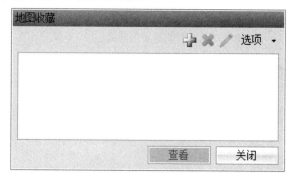

图 2-61　地图收藏

- ＋添加：添加地图作为收藏。
- ✖删除：从收藏夹列表中删除所选地图。
- ✎编辑：编辑选择的地图。

选项："选项"菜单允许用户对收藏夹列表进行排序，从其他现有模型导入收藏夹，然后自动选择模型中的潜在地图文件。

2.5.2　编辑浏览器

编辑浏览器提供了下述多种形状编辑模式。通过点击"地图"面板工具栏中的"编辑" ▼按钮打开编辑浏览器。

图 2-62　编辑浏览器

编辑：通过添加、删除或移动图形顶点来编辑所选 SWMM5 或背景图层实体的形状。可用于编辑多边形边界、为多段线添加或删除顶点、重新定位点或更改链接的上下游连接节点。在选择模式中，只需双击即可打开此工具。

只需在需要添加的位置上单击即可在该位置添加一个顶点（要按现有顶点顺序控制新添加顶点位置，请见下文中的选项编辑部分）。要删除一个顶点，单击选中它（顶点会变成红色），然后再次点击即可删除（双击一个未选中顶点效果相同）。要重新定位或移动顶点，只需将其拖动到所需位置。

该功能下的选项包括：

最近的点——在现有多段线或多边形边界上的最近点添加顶点。此模式用于调整现有的多段线或多边形形状，或将其修改平滑。

在活动点后——在所选顶点后（所选顶点标记为红色）按顺序添加顶点。此模式用于绘制新多边形或多段线轮廓。

始终按顺序添加顶点，即使当新添加顶点靠近多段线或多边形边界上的现有点时，也应如此。

快速对齐——仅适用于多边形图层，此选项用于确定顶点是否应迅速对齐至相邻多边形的现有顶点。该功能可用于在多边形间建立清晰的界限。

撤销——撤销上次编辑的形状。只有在编辑会话处于激活状态时，此命令才可用。

提交——保存形状更改并退出编辑模式，或者按 Enter 键。

取消——取消编辑会话期间所做的所有更改并退出编辑模式，或者按 Esc 键。

转换：移动一个或多个所选实体至指定的位置或偏移距离处。与以上编辑模式相反，该模式可同时移动多项实体，可用于配准地图实体和调整动态历史暴雨网格层的位置，与上述拖动实体进行编辑的方式相比，此方式可更为精确地控制移动实体。

使用转换工具时，在文本框中输入新的 X、Y 坐标或 X、Y 偏移量，或调整地图中图形矢量的起点和终点位置。图形矢量的起点和终点可与任意图层中的邻近顶点快速对齐。

旋转：将所选的一个或多个多边形旋转指定角度。用于在动态历史暴雨网格层中改变暴雨路径方向。

要使用旋转工具，输入旋转角度（自正东逆时针旋转）或调整地图中的矢量图形的中心点和终点。除非按住 Shift 键不放，否则图形矢量将会旋转 45°。

调整：通过直接移动共同顶点来移动多边形之间的边界。它不仅能编辑多个多边形的形状，还是调整相邻多边形之间边界的最有效工具。

要使用调整工具，将光标移至现有顶点位置（显示白框时，顶点处于可选状态），并用鼠标拖动顶点。相邻多边形中，所有的重合顶点也将被调整。除非按住 Shift 键不放，否则顶点将与同层所有其他顶点对齐。

对齐：通过将节点与最近点对齐使所选路径与背景图层中的多段线相一致。该路径应该靠近多段线。在需要时，要在管路中添加节点，使管路与多段线保持一致。该功能用于沿河流或下水道中心线精确定位管路节点的位置。

要使用对齐工具时，先选择一个需调整的路径，调用对齐模式，然后点击背景层多段线。

对齐模式将使整个路径和所点击的多段线对齐，所以应确保多段线长度不小于路径全长。可用连接工具将多条多段线连接起来。

重新定位：按长度比例将所选路径与背景图层中的任意多段线对齐。默认情况下，路径与多段线方向相同（即按顶点顺序），但通过调整选项可反转其方向。

要使用重新定位工具，先选择一个需调整的路径，调用重新定位模式，放大目标多段线区域，然后单击目标多段线。若再定位方向错误，则可用"反转"选项来纠正误错。

重新定位模式会将路径拉伸或压缩至被点击多段线的长度，所以应该确保多段线具有正确的长度。可用连接或分割工具来调整长度。另外，还可用滑动模式来调整再定位路径的起点和终点，也可使用滑动模式沿再定位路径重新定位节点。

插入：将选定的链路和节点实体插入至现有管道中，可用于插入复式桥梁结构。要使用插入工具，先选择要插入的实体，调用插入工具，并沿现有管道点击所需插入的位置。

拉直：基于用户指定的量来拉直选中的线条。

滑动：沿链路节点路径向上或向下移动选定的节点。需利用用户自定义属性来设置地图配准状态。使用该工具可相对于原来的位置移动所有沿路径的上下游非地图配准节点，可更为精确地配准沿河段的节点或桥梁/涵洞结构。

要使用滑动工具，先选择一个待移动的节点，调用滑动工具，并沿链路节点路径移动光标至所需位置。如果不希望同时移动上下游节点，可将它们标记为坐标参照点。

分割：利用分割工具，可以根据切断点、绘制的切断线或所需部分数/长度，将选择的线或者面实体分割为两个或更多实体。

连接：连接两个或更多选择的实体到一个单一的带汇总属性的实体。

2.5.3　工具浏览器

工具浏览器中提供了许多用于编辑 SWMM5 层实体和属性以及背景层实体和属性的工具。通过点击"地图"面板工具栏中的"工具"按钮打开工具浏览器。根据其功能，可将这些工具分为一个或多个组。工具如下。

对齐管道冠：计算管道出入口的偏移量，以对齐下游冠高。

顶点对齐：将实体形状与对准图层或测量线对齐。

面积加权：基于面积加权计算属性值。

属性分布：显示矢量图层的属性频率分布。

属性验证：识别不属于用户定义的预期范围内的属性值。

自动连接：基于地图中的邻近关系将管道连接到入口节点和出口节点。

检查汇水区的连通性：检查汇水区中出口节点的地理位置。

清洁多边形：在用户指定的公差范围内，将多边形顶点对齐至相邻顶点。

连接一维至二维：创建一维和二维网络之间的连接。

创建边界排水口：沿下游边界条件线创建排水口。

创建轮廓：从二维单元图层绘制水深或流速的等值线。

创建网格：创建二维单元和管路——节点网格。

创建风险分布图：通过二维单元图层绘制风险图。

创建时间序列：为水量图线或二维单元创建时间序列。

双重排水创建器：创建主要系统元素，定义街道断面和入口控制。

生成点：为二维单元或高程采样创建点网格。

地下水组件创造器：设置降雨入渗演算的地下水基本参数。

管道大小调整：设定不会超载的圆形管道的最小直径。

渲染二维网络：为二维元素选择一个预设主题渲染。

清除死角：删除管线——节点网络中的死角（无上游流入的检查井）。

重命名实体：根据用户定义协议重新命名/编号 SWMM5 实体。

用斜率选择：识别负斜率和低斜率的管道。

选择支线/短分支：根据管线的长度和连接数目，确定旁路或最上游的支线。

选择孤立体：识别已断开的管线、节点及汇水区实体。

设置面积/长度：通过地图单位计算汇水区面积或管道长度。

设置 DEM 标高：根据 DEM 图层计算节点高程。

设置方向：设置网络管线的方向，使它们都流向出口。

设置下降/损失：根据下游管道的角度计算管道的出口偏移和损失。

设置流动长度/宽度：通过用户定义坡面流长度计算子汇水区宽度。

设置下沿：通过插值计算节点缺失的内底高程。

设置偏移量：根据入口和出口高程数据计算管道入口和出口的偏移。

设置出口：拓扑分配汇水区出口至节点。

设置上沿（地面）：通过插值计算节点缺失的地面标高或上沿标高。

设置坡度：通过调整节点底高程来实现用户定义的管道坡度。

设置超载标高：根据最低连接管道冠高计算节点所超载的高度。

简化网络：连接较短管道，从而实现更大的路由时间步长。

SRIC 校准：根据参数不确定性评价结果校准模型参数。

摘要/比较：总结所有方案下的项目实体、对象和选项。

汇水区示意图：创建位于各自的出口节点的默认汇水区。

横断面创建器：利用数字高程模型（DEM）图层创建横断面。

Voronoi 分解：基于与一组离散点的距离分割一个或多个多边形，即泰森多边形分解。

2.5.4 色彩过渡编辑器

根据"地图"面板中图层的某个属性，PCSWMM 使用色彩过渡表为该图层设置显示的颜色。利用色彩过渡表，我们可以根据属性值范围设置色彩的渐变，或为文本类型属性随机分配色彩，或是利用配色板选择所需的颜色。色彩过渡表可简单地使用两种颜色之间的线性过渡；也可复杂地使用数十种颜色之间的不均匀过渡。它们可被用于创建平滑颜色的过渡或颜色的突变，以标记在属性范围内的显著突变点。

色彩过渡表可应用于矢量图层和栅格图层（如数字高程模型）。对于矢量图层，可使用色彩过渡表来创建基于连续值（如数字型）和离散值（如文本型）属性的章节。对于栅格图层，可使用色彩过渡表表示不同级别的高程。

色彩过渡编辑器允许创建、导入、导出、编辑和删除颜色条带。为了打开颜色梯度编辑器，可点击"地图"面板上的"渲染"按钮以打开图层属性编辑器，然后从图层列表中选择所需修改的图层，接着点击"章节"按钮以打开"章节创建器"，最后通过属性选择要渲染的属性并点击"梯度"下拉选择。

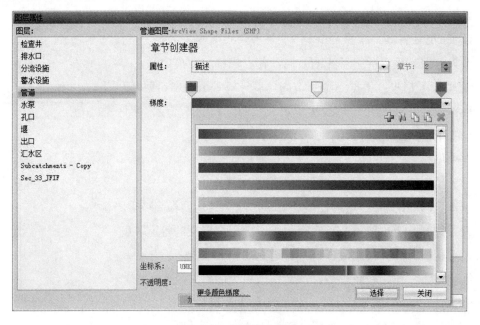

图 2-63　颜色梯度选择

2.5.4.1 选择一个颜色梯度

要应用一个颜色梯度，需从库中选择颜色梯度并点击"创建章节"按钮，或直接双击所需的颜色梯度。

2.5.4.2 创建一个颜色梯度

要创建一个颜色梯度，需使用渐变控制模块来插入或删除颜色标签，然后选择所需的颜色作为标签。一旦已创建所需的颜色梯度，接着点击下拉颜色梯度编辑器，然后点击"添加"按钮。

2.5.4.3 导入一个或多个颜色梯度

可从文件加载或从剪贴板粘贴颜色梯度。对于导入颜色梯度，PCSWMM 支持可缩放矢量图形（SVG）渐变格式。任何数量的颜色梯度都可从一个单一文件或单一剪贴板中的文本字符串中导入。点击"颜色梯度资源"以查看颜色梯度库并链接到其他在线资源库。

2.5.4.4 导出一个或多个颜色梯度

在可缩放矢量图形（SVG）渐变格式中，一个或多个选定的颜色梯度可被复制到剪贴板作为文本字符串。此文本字符串接着可被发送给其他用户，并存档以供将来使用，或应用于可支持可缩放矢量图形（SVG）渐变格式的外部应用。只需选择颜色梯度，并点击"复制"按钮（或按"Ctrl + C"）。

2.5.4.5 删除一个或多个颜色梯度

如需从库中删除一个或多个颜色梯度，可从列表中选择该颜色梯度并点击"删除"按钮（或按"Delete"键）。若库中没有颜色梯度，则 PCSWMM 会问是否想创建一个默认的颜色梯度集。

2.5.5 颜色梯度资源

以下是支持可缩放矢量图形（SVG）渐变格式的在线颜色条带资源列表。这些颜色梯度可用于在 PCSWMM 的"地图"面板中渲染矢量图层和栅格（数字高程模型）图层（使用颜色梯度编辑器来实现）。

2.5.5.1 CPT-CITY

CPT-CITY（http：//soliton.vm.bytemark.co.uk/pub/cpt-city/index.html）是一个具有超过 6 000 种颜色梯度的在线资源库。可找到一些用于渲染栅格（数字高程模型）图层高程值的优化颜色梯度，或一些适合用于连续渲染数值属性的颜色梯度，以及一些可用于渲染离散值属性的配色板。值得注意的色彩集合包括：Most popular palettes、Schemes for precipitation、Palettes for topography、Schemes for diverging data、Color schemes by Cynthia Brewer、ESRI color ramp collection、Technical gradients by J.J. Green 和 Wikipedia schemes。

如需使用源自 CPT-CITY 的颜色梯度,可点击"可缩放矢量图形(SVG)"选项,选择并复制其文件扩展名到剪贴板,并将其粘贴到 PCSWMM 的颜色梯度编辑器。

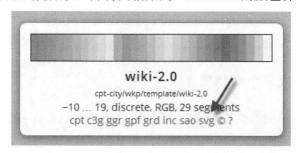

图 2-64　复制文件扩展名到颜色梯度编辑器

2.5.5.2　PCSWMM 的默认颜色梯度

下面是包含在默认集合中的独立颜色梯度。复制感兴趣的颜色梯度下所列文件扩展名,并将其粘贴到 PCSWMM 的颜色梯度编辑器。请注意,如果已从颜色梯度编辑器中删除了所有颜色梯度,则 PCSWMM 将提示创建此默认颜色梯度集合。

图 2-65　PCSWMM 默认的颜色梯度

2.6　"表格"面板

在"表格"面板工具栏可以访问所有与其相关的工具、函数和属性。"表格"面板工具栏包含以下按钮:菜单、过滤器、排序、粘贴、复制、删除、选择、闪烁、替换、不确定性、SRTC、收藏。

图 2-66　"表格"面板工具栏

以下对每个按钮的含义进行说明。

菜单:显示专用工具栏按钮之外的其他命令和选项的菜单。

图 2-67 "表格"面板下的"菜单"界面

仅对选择的：仅显示在"地图"面板中选择的实体。通过查询功能或图形选择选定"地图"面板中的实体后，可利用该功能查看相应实体的表格数据。如果未选择任何实体，则表格中不会显示任何内容。一个更长久的替代方法是在过滤器中设置一个查询条件以显示需查看的实体。

中心选择：勾选"中心选择"后，再单击"选择"按钮，所选实体将在"地图"面板内居中显示。

选择所有：选择表中的所有单元格。方便复制整个表。同时使用表过滤器和收藏夹可以快速选择要复制的实体和属性。报表工具可以自动导出已保存的表格收藏夹。

编辑：打开与表中所选数据行对应的对象编辑器。仅适用于非可视 SWMM5 对象表（即横断面等）。

复制标题：将表头和单元格内的数据从表格复制到剪贴板。

与地图同步：使"表格"面板的显示内容与"地图"面板中选定的图层一致。

过滤器：在 SWMM5 实体的表格中显示/隐藏属性类。可以控制显示哪些属性，并使用灵活的 SQL 语句过滤显示的实体。

排序：根据所选列对表进行排序。如果选择了多个列，则可以指定排序层次结构。

粘贴：将剪贴板中的文本粘贴到所选单元格。

复制：将所选单元格的内容复制到剪贴板。

删除：从模型中删除所选对象。

选择：在"地图"面板中选择与所选单元格相关联的实体。

闪烁：显示表中已选数据行对应实体在地图中的位置（通过闪烁红色和黄色）。当"表格"面板和"地图"面板同时可见时，该功能的效果最好。该功能不选择实体，只显示实体的位置。

替换：对多个选定实体的属性执行数学运算。选择与所选表单元格相对应的地图实体。仅可选择一个数据列内的单元格。该功能仅适用于 SWMM5 图层的数据表。

不确定性：切换不确定性模式。不确定性模式允许您为表中选定的单元格分配不确定性，并在表格中显示不确定性。不确定性可以应用于单个单元、单元组或单元列。可以在下拉编辑器中分配自定义不确定性值。SRTC 工具使用不确定性定义待校准参数的取值范围。

SRTC：根据参数的不确定性校准模型参数。

收藏：存储当前表格的过滤器设置和数据排序设置以便快速调用。

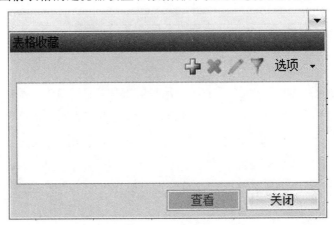

图 2-68　收藏

添加：将当前表格保存到收藏夹。

删除：从收藏夹列表中删除所选表格。

编辑：编辑选择的表格。

过滤：根据条件，选择需要显示的收藏的组。如需要添加收藏组，请单击"配置文件"收藏夹中的"编辑"按钮。

选项："选项"菜单允许用户对收藏夹列表进行排序，从其他现有模型导入收藏夹，然后自动选择模型中的潜在表格文件。

2.7　"图表"面板

"图表"面板工具栏包含以下按钮：菜单、打印、打开、保存、添加、复制、粘贴、删除、范围、搜索、工具、属性、方案、收藏。

图 2-69 "图表"面板工具栏

以下对每个按钮的含义进行说明。

菜单：显示专用工具栏按钮以外的其他命令和选项的菜单。子按钮包括清空图表、关闭文件、替换模拟选项事件、添加到时间序列编辑器、添加到图层、导出图像、从文件自动刷新、打开 SQL、自动滚动等。

图 2-70 "图表"面板下的"菜单"界面

打印：打印当前的图表。

打开：打开或导入现有时间序列。

保存：保存时间序列文件。该选项包含：保存某个选定文件、将文件另存为、合并多个文件到一个文件。

添加：使用"设计暴雨创建器"工具创建设计暴雨时间序列。

复制：将绘制的时间序列以文本文件、图表图像或其他格式复制到剪贴板。可使用鼠标右键拖动或放大以复制所需时域的数据。

粘贴：将剪贴板中的时间序列粘贴到"图表"面板中。如果无法识别时间序列格式，将显示粘贴特殊对话框。

删除：删除时间序列管理器中选定的功能/位置。

范围：缩放以显示绘制的时间序列的完整范围。

上一个：返回缩放历史记录中的上一个视图范围。

下一个：进入缩放历史记录中的下一个视图范围。

搜索（F3）：从时间序列管理器列表中的可用时间序列中查找并绘制特定时间序列。

工具：用于编辑/分析时间序列数据的计算器和指南。该功能包含数据、目标函数、错误函数、存储溢流塘计算器、时间模式创造器、编辑时间序列、派生时间序列、审计时间序列、事件分析、散布图、持续时间超标图、降雨分解、频率分析、面积加权时间序列等按钮。

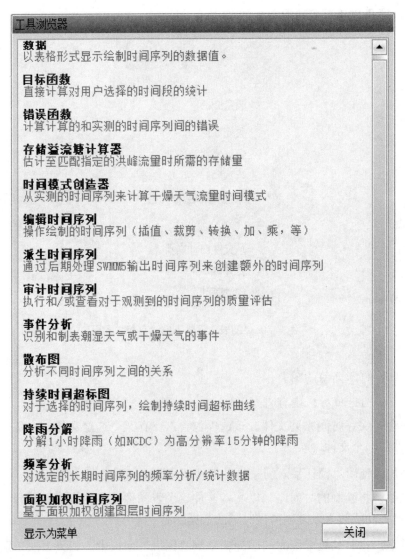

图 2-71　工具浏览器

属性：编辑图表的外观和突出显示的位置。

方案：打开或关闭方案模式。单击向下箭头以选择单个方案并指定颜色。

收藏：存储当前图表路径以便快速调用。

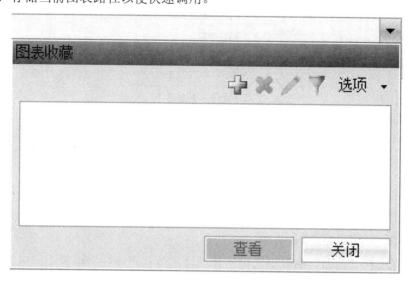

图 2-72　收藏

添加：将当前图表保存到收藏夹。

删除：从收藏夹列表中删除所选图表。

编辑：编辑选择的图表。

过滤：根据条件，选择需要显示的收藏的组。如需要添加收藏组，请单击"配置文件"收藏夹中的"编辑"按钮。

选项：选项菜单允许用户对收藏夹列表进行排序，从其他现有模型导入收藏夹，然后自动选择模型中的潜在图表文件。

2.8　"剖面"面板

"剖面"面板用于查看模型中的剖面。可以通过点击上游实体，按住 Shift 键并选择下游位置来选择剖面（反之亦然）。PCSWMM 将自动选择路径并在"剖面"面板中显示它。剖面面板工具栏包含以下按钮：菜单、打印、选择、编辑、放大、撤销、复制、范围、平铺、属性、方案、收藏。

菜单：显示"剖面"面板相应选项和工具的菜单。

图 2-73 "剖面"面板下的"菜单"

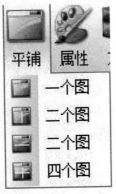

打印：打印当前剖面。

选择：在"剖面"面板中选定实体。该实体在"地图"面板中同时被选中，并在"属性"面板中显示它们的属性。

编辑：在"剖面"面板中编辑实体的竖向细节。单击管道以选择它，并拖动手柄以图形方式编辑该管道，或在"属性"面板中编辑实体属性。

放大：在要放大的剖面部分拖动缩放框，或者使用鼠标滚轮放大或缩小图像。缩放后可以在按住 Shift 键的同时使用鼠标滚轮平移剖面图。

撤销：撤销上一次编辑。

复制：将当前剖面复制到剪切板上。

范围：缩放到所选剖面的完整范围。

平铺：选择显示剖面的数量和排列方式。

图 2-74 "平铺"界面

属性：编辑剖面的外观，控制动画演示速度、绘制实时数据等。

方案：打开或关闭方案模式。单击向下箭头以选择单个方案并指定颜色。

收藏：存储当前剖面路径以便快速调用。

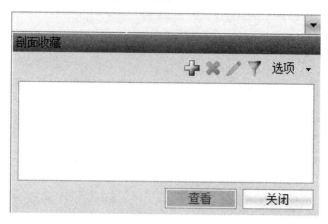

图 2-75　收藏

添加：将剖面保存到收藏夹中。

删除：从收藏夹列表中删除所选剖面。

编辑：编辑选择的剖面。

过滤：根据条件，选择需要显示的收藏的组。如需要添加收藏组，请单击"配置文件"收藏夹中的"编辑"按钮。

选项：选项菜单允许用户对收藏夹列表进行排序，从其他现有模型导入收藏夹，然后自动选择模型中的潜在剖面文件。

2.9 "详细资料和状况"面板

2.9.1 "详细资料和状况"面板工具栏

"详细资料"面板包含 SWMM5 输入文件，并按章节组织这些文件以便于参考。"状况"面板包含状态报告，其中含有模拟运行结果的摘要信息。"详细资料和状况"面板工具栏包含以下按钮：单个、垂直、水平。

单个：仅显示一个详细信息窗口。

垂直：并排显示两个细节窗口，以便比较方案或同时查看同一文档的不同部分。

水平：显示两个细节窗口，一个在另一个之上，用于比较方案或同时查看同一文档的不同部分。

2.9.2 "状况"面板选项

以下章节简要介绍模型运行后"状况"面板中显示的信息。"状况"面板包含状态报告，其中含有模拟运行结果的摘要信息。

2.9.2.1 分析选项

在状态报告中，这一章节列出了模型使用的模拟选项，包括流量单位、模型模拟的物理过程、入渗计算方法、水量演算方法、开始日期、结束日期和时间步长。

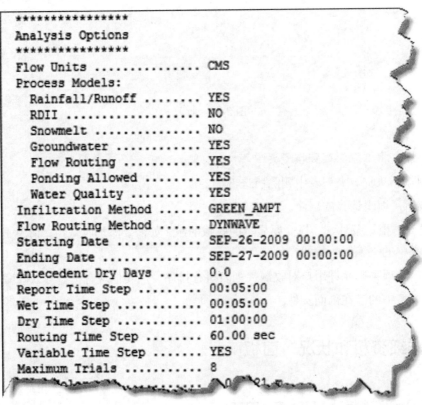

图 2-76　分析选项

2.9.2.2 警告信息

在状态报告中，这一章节列出了实体的警告消息。

```
WARNING 04: minimum elevation drop used for Conduit 1

WARNING 04: minimum elevation drop used for Conduit C28.1

WARNING 04: minimum elevation drop used for Conduit C6.1

WARNING 04: minimum elevation drop used for Conduit CJ1.19

WARNING 04: minimum elevation drop used for Conduit CJ1.38

WARNING 04: minimum elevation drop used for Conduit CJ1.41

WARNING 04: minimum elevation drop used for Conduit CJ1.44

WARNING 04: minimum elevation drop used for Conduit CJ10.03

WARNING 04: minimum elevation drop used for Conduit CJ10.03 HC

WARNING 04: minimum elevation drop used for Conduit CJ10.09

WARNING 04: minimum elevation drop used for Conduit CJ10.09 HC

WARNING 04: minimum elevation drop used for Conduit CJ11.005 1

WARNING 04: minimum elevation drop used for Conduit CJ11.005 2

WARNING 04: minimum elevation drop used for Conduit CJ11.005 3
```

图 2-77　警告信息

2.9.2.3　控制操作

在状态报告中，这一章节列出了模型中定义的控制规则的执行情况。

```
**********************
Control Actions Taken
**********************
JUN-20-2008: 08:55:00 Link Radial_2 setting changed to    0.00 by Control ORIFICE4
JUN-20-2008: 08:55:00 Link Radial_1 setting changed to    0.00 by Control ORIFICE3
JUN-20-2008: 08:55:00 Link Low_Level_2 setting changed to    0.01 by Control ORIFIC
JUN-20-2008: 08:55:00 Link Low_Level_1 setting changed to    0.01 by Control ORIFIC
JUN-23-2008: 08:25:02 Link Low_Level_1 setting changed to    0.08 by Control ORIFI
JUN-23-2008: 08:25:02 Link Low_Level_2 setting changed to    0.08 by Control ORIFICE
JUN-25-2008: 00:00:01 Link Low_Level_1 setting changed to    0.08 by Control ORIFICE
JUN-25-2008: 00:00:01 Link Low_Level_2 setting changed to    0.08 by Control ORIFIC
JUN-25-2008: 00:00:06 Link Low_Level_1 setting changed to    0.07 by Control ORIFIC
JUN-25-2008: 00:00:06 Link Low_Level_2 setting changed to    0.07 by Control ORIFIC
JUN-25-2008: 00:00:10 Link Low_Level_1 setting changed to    0.06 by Control ORIFIC
JUN-25-2008: 00:00:10 Link Low_Level_2 setting changed to    0.06 by Control ORIFI
JUN-25-2008: 00:00:15 Link Low_Level_1 setting changed to    0.06 by Control ORIFI
JUN-25-2008: 00:00:15 Link Low_Level_2 setting changed to    0.06 by Control ORIFI
JUN-25-2008: 00:00:19 Link Low_Level_1 setting changed to    0.05 by Control ORIFIC
JUN-25-2008: 00:00:19 Link Low_Level_2 setting changed to    0.05 by Control ORIFI
JUN-25-2008: 00:00:24 Link Low_Level_1 setting changed to    0.05 by Control ORIFI
JUN-25-2008: 00:00:24 Link Low_Level_2 setting changed to    0.05 by Control ORIFI
JUN-25-2008: 00:00:28 Link Low_Level_1 setting changed to    0.04 by Control ORIFI
JUN-25-2008: 00:00:28 Link Low_Level_2 setting changed to    0.04 by Control ORIFICE
JUN-25-2008: 00:00:33 Link Low_Level_1 setting changed to    0.03 by Control ORIFIC
JUN-25-2008: 00:00:33 Link Low_Level_2 setting changed to    0.03 by Control ORIFIC
JUN-25-2008: 00:00:37 Link Low_Level_1 setting changed to    0.03 by Control ORIFI
JUN-25-2008: 00:00:37 Link Low_Level_2                chan    0.03 by Control ORIFI
```

图 2-78　控制操作部分

2.9.2.4 连续性误差

在状态报告中，这一章节显示了模型中水文学和水力学的水均衡情况。水文水均衡在径流连续性章节中列出，包括总降水、蒸发损失、入渗损失、表面径流、最终表面蓄水和连续性误差（%）。水力水均衡在水流演算连续性章节中列出，包括干旱天气入流、潮湿天气入流、地下水流入、RDII 入流、外部流入、外部/内部流出、存储损失、初始存储体积、最终存储体积和连续性误差。

```
*************************        Volume        Depth
Runoff Quantity Continuity      hectare-m        mm
*************************        ---------      -------
Total Precipitation ......      14303.014      396.677
Evaporation Loss .........       1914.867       53.107
Infiltration Loss ........       3891.508      107.926
Surface Runoff ...........       8524.968      236.430
Final Surface Storage ....          0.000        0.000
Continuity Error (%) .....         -0.198


*************************        Volume        Volume
Flow Routing Continuity         hectare-m      10^6 ltr
*************************        ---------      ---------
Dry Weather Inflow .......          0.000        0.000
Wet Weather Inflow .......       8524.969    85250.577
Groundwater Inflow .......          0.000        0.000
RDII Inflow ..............          0.000        0.000
External Inflow ..........        345.561     3455.650
External Outflow .........       7759.875    77599.559
Internal Outflow .........         31.137      311.375
Storage Losses ...........          9.188       91.880
Initial Stored Volume ....         55.879      558.795
Final Stored Volume ......        982.029     9820.393
Continuity Error (%) .....          1.615
```

图 2-79　连续性误差描述

2.9.2.5 稳定性结果

在状态报告中，这一章节显示了水流不稳定性指数（Flow Instability Index，FII）。以下例子显示了 5 个管道的水流不稳定性指数，并显示了相应的时间步长摘要。水流不稳定性指数记录了管线中的流量值高于（或低于）先前和后续时段流量的次数。根据这些变化的预期数量，归一化水流不稳定性指数。这些变化是随机发生的，其取值可能介于 0～150。需要检查管线的流量时间序列图，以确保流量演算结果的稳定性是可以接受的。时间步长摘要列出最小时间步长、平均时间步长、最大时间步长、稳态百分比、每步的平均迭代次数和不收敛百分比。这些术语定义如下：

最小时间步长：模拟期间使用的最小时间步长。

平均时间步长：模拟期间使用的平均时间步长。

最大时间步长：模拟期间使用的最大时间步长。

稳态百分比：模拟期间稳定状态时间占总模拟时间的百分比。

每步的平均迭代次数：模拟期间的迭代总数除以此表中的时间步长或步数的总数。此值将根据模拟选项中设置的最大模拟次数发生变化。

不收敛百分比：达到最大迭代次数后仍无法收敛的管道或节点所占的百分比。

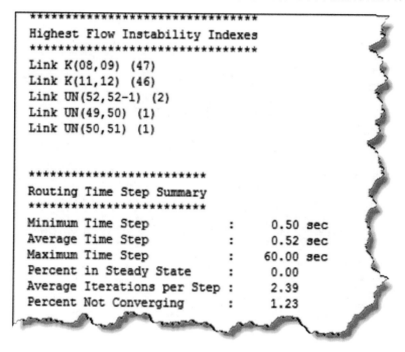

图 2-80　稳定性结果

2.9.2.6　径流结果

在状态报告中，这一章节显示了模型中的每个汇水区的水均衡情况。质量平衡中包括总降水量、来自其他汇水区的径流量、总蒸发量、总入渗量、总径流量、峰径流量和径流系数。报告中的数值是模型计算结果的统计值，因此这些值不反映时间步长对应的结果。

```
****************************
Subcatchment Runoff Summary
****************************


                   Total      Total      Total      Total      Total      Total      Peak    Runoff
                   Precip     Runon      Evap       Infil      Runoff     Runoff    Runoff    Coeff
Subcatchment       mm         mm         mm         mm         mm        10^6 ltr     CMS
-------------------------------------------------------------------------------------------------------
S101               500.00      0.00       1.10      36.75      453.40       6.44      1.96     0.907
S102               500.00      0.00       1.11      24.85      458.57      34.30      7.39     0.917
S103               500.00      0.00       1.12      23.84      460.43      50.83     11.33     0.921
S104               500.00      0.00       1.12      23.65      460.90      33.74      7.57     0.922
S105               500.00      0.00       1.11      24.07      460.06      23.42      5.18     0.920
S106               500.00      0.00       1.10      35.63      455.00       6.37      1.96     0.910
S201               500.00      0.00       1.10      35.64      455.11       5.14      1.58     0.910
S202               500.00      0.00       1.12      23.31      461.51      41.26      9.36     0.923
S203               500.00      0.00       1.13      11.80      485.21      14.70      5.31     0.970
S204               500.00      0.00       1.13       5.56      492.29      11.62      4.20     0.985
S205               500.00      0.00       1.12      23.83      460.46      52.22     11.64     0.921
S206               500.00      0.00       1.12      17.14      478.74       6.08      2.16     0.957
S207               500.00      0.00       1.10      34.54      456.32      27.84      8.67     0.913
S209               500.00      0.00       1.13      11.90      484.96      42.24     15.22     0.970
S210               500.00      0.00       1.11      23.97      460.26       5.94      1.32     0.921
S211               500.00      0.00       1.11      23.28      471.27       8.81      3.03     0.943
S212               500.00      0.00       1.13       7.53      490.05      43.32     15.68     0.980
S301               500.00      0.00       1.09      43.76      447.07     304.86     95.50     0.894
S401               500.00      0.00       1.09      40.39      450.73     226.40     70.51     0.901
S501               500.00      0.00       1.13       7.65      489.91       9.01      3.26     0.980
S601               500.00      0.00       1.10      36.01      454.42       2.86      0.88     0.909
```

图 2-81　汇水区径流结果摘要

2.9.2.7　冲刷结果

在状态报告中，这一章节显示了模型中每个汇水区的污染物冲刷情况，并提供每个污染组分的系统总量。报告中的数值是模型计算结果的统计值，因此这些值不反映时间步长对应的结果。

```
****************************
Subcatchment Washoff Summary
****************************


                 Chlorides    Copper     E_Coli    Lead Nitrate_Nitrite  Phosphorus    TKN         TSS       Zinc
Subcatchment        kg          kg        LogN       kg        kg            kg          kg          kg        kg
----------------------------------------------------------------------------------------------------------------------
S101               199.581     0.129      6.245     0.644     0.000         1.931       6.438      643.805     0.644
S102              2197.563     0.853     12.445     0.462    58.339        12.289      64.950     3129.054     4.202
S103              3251.178     1.263     12.614     0.699    86.023        18.187      95.954     4632.192     6.217
S104              2162.343     0.839     12.438     0.452    57.441        12.090      63.923     3077.771     4.132
S105              1497.293     0.582     12.278     0.323    39.699         8.386      44.286     2137.425     2.864
S106               225.369     0.131     10.835     0.564     1.428         1.960       7.117      629.351     0.656
S201               168.169     0.104     10.290     0.492     0.392         1.553       5.321      509.890     0.520
S202              2681.844     1.031     12.538     0.454    72.199        14.853      79.212     3754.368     5.075
S203               969.894     0.350     11.974     0.200    17.057         4.477      19.129      996.636     1.821
S204               784.222     0.279     11.890     0.116    14.059         3.544      15.279      772.642     1.452
S205              3350.500     1.298     12.627     0.693    88.585        18.672      98.522     4743.610     6.393
S206               395.076     0.144     11.579     0.098     6.878         1.855       7.892      419.412     0.749
S207               925.927     0.565     11.152     2.622     2.859         8.428      29.154     2753.197     2.826
S209              2848.327     1.015     12.453     0.424    51.736        12.947      56.247     2837.379     5.278
S210               386.464     0.148     11.693     0.065    10.275         2.126      11.271      535.068     0.731
S211               594.840     0.212     11.770     0.088    10.663         2.688      11.589      586.065     1.102
S212              2881.074     1.037     12.454     0.535    51.922        13.296      57.563     2956.424     5.387
S301             10849.004     6.314     11.730    27.754    37.623        91.473     307.576    29418.502    34.716
S401              7169.323     4.550     11.569    22.246     7.757        68.187     230.481    22600.460    22.742
S501               601.113     0.216     11.770     0.108    10.664         2.748      11.790      606.206     1.122
S601               193.214     0.069     11.281     0.029     3.463         0.873       3.764      190.408     0.358

System           44332.318    21.129     13.477    59.068   629.059       302.564    1227.459    87929.865   108.985
```

图 2-82　汇水区冲刷结果摘要

2.9.2.8　节点深度

在状态报告中，这一章节显示了节点水深摘要，包括模型中每个节点的平均深度、最大深度、最大 HGL 和最大值出现时间。报告中的数值是模型计算结果的统计值，因此这些值不反映时间步长对应的结果。

```
********************
Node Depth Summary
********************


--------------------------------------------------------------------
                          Average   Maximum   Maximum   Time of Max
                          Depth     Depth     HGL       Occurrence
Node            Type      Meters    Meters    Meters    days  hr:min
--------------------------------------------------------------------
2               JUNCTION    1.14     16.72     216.89      0   12:02
AH01            JUNCTION    0.01      1.74     207.93      0   12:17
AH02            JUNCTION    0.01      1.89     207.92      0   12:16
AH03            JUNCTION    0.02      2.19     207.91      0   12:16
AH04            JUNCTION    0.02      2.31     207.88      0   12:16
AH06            JUNCTION    0.06      1.93     207.87      0   12:16
AH07            JUNCTION    0.03      2.48     207.85      0   12:16
AH08            JUNCTION    0.04      2.71     207.83      0   12:15
AH09            JUNCTION    0.04      2.79     207.79      0   12:14
AH10            JUNCTION    0.05      2.88     207.77      0   12:14
AH11            JUNCTION    0.01      1.90     207.91      0   12:17
CL02            JUNCTION    0.92     15.26     215.22      0   12:04
CL04            JUNCTION    0.60     14.69     214.55      0   12:04
CL05            JUNCTION    0.89     15.03     214.54      0   12:04
CL07            JUNCTION    0.84     14.85     214.06      0   12:04
CL09            JUNCTION    1.03     14.73     213.23      0   12:02
CL11            JUNCTION    1.06     22.90     221.91      0   12:03
```

图 2-83　节点深度摘要

2.9.2.9　节点入流

在状态报告中，这一章节显示了节点入流摘要，包括最大侧向入流、最大总入流、最大流量出现时间、侧向流入量和流量平衡误差百分比。报告中的数值是模型计算结果的统计值，因此这些值不反映时间步长对应的结果。

```
*********************
Node Inflow Summary
*********************

                           Maximum  Maximum                    Lateral      Total     Flow
                           Lateral    Total  Time of Max        Inflow      Inflow  Balance
                            Inflow   Inflow   Occurrence        Volume      Volume    Error
Node          Type            CMS      CMS   days hr:min        10^6 ltr    10^6 ltr Percent
------------------------------------------------------------------------------------------
2             JUNCTION       0.000   10.598    0   11:55              0        58.1    0.072
AH01          JUNCTION       0.000    0.070    0   12:06              0     0.00409  -15.594
AH02          JUNCTION       0.000    0.144    0   12:05              0       0.035   -3.724
AH03          JUNCTION       0.000    0.237    0   12:04              0       0.121   -0.422
AH04          JUNCTION       0.000    0.272    0   12:03              0       0.209   -2.595
AH06          JUNCTION       0.000    0.027    0   12:09              0     0.00832  -45.686
AH07          JUNCTION       0.000    0.308    0   12:01              0       0.346   -1.766
AH08          JUNCTION       0.000    0.386    0   11:59              0       0.473   -1.011
AH09          JUNCTION       0.000    0.397    0   11:57              0       0.601   -0.675
AH10          JUNCTION       0.000    0.429    0   11:56              0       0.748    0.847
AH11          JUNCTION       0.000    0.055    0   12:05              0     0.00779  -12.360
CL02          JUNCTION       0.000    6.654    0   12:46              0          58    0.078
CL04          JUNCTION       0.000    0.242    0   11:39              0       0.168    1.599
CL05          JUNCTION       0.000    7.045    0   12:43              0        58.2    0.023
CL07          JUNCTION       0.000    7.492    0   12:36              0          58    0.008
CL09          JUNCTION      11.643   21.014    0   11:59           52.8         167    0.022
CL11          JUNCTION       0.000   10.558    0   11:58              0        57.2    0.098
CL12          JUNCTION       8.678   10.413    0   11:57           28.3        51.6    0.032
CL13          JUNCTION       0.000    1.040    0   11:55              0       0.925   -1.244
CL14          JUNCTION       0.000    0.257    0   11:55              0       0.207   -0.318
CL15          JUNCTION       0.000    2.984    0   11:56              0        25.1   -0.008
CL16          JUNCTION       0.000    4.317    0   11:55              0        26.8   -0.018
CL17          JUNCTION      15.198   15.198    0   11:55           42.2        45.1    0.010
CL18          JUNCTION       2.156    2.156    0   11:55           6.07          58    0.056
CL            JUNCTION       1.55
```

图 2-84 节点入流摘要

2.9.2.10 节点超载

在状态报告中，这一章节列出所有已超载的节点。当节点的水位超过相连的最高管道的顶部时，系统发生超载。摘要中显示了超载的小时数、高于顶部的最大高度和低于边缘高度的最小深度。报告中的数值是模型计算结果的统计值，因此这些值不反映时间步长对应的结果。

```
*************************
Node Surcharge Summary
*************************

Surcharging occurs when water rises above the top of the highest conduit.
-------------------------------------------------------------------
                                          Max. Height   Min. Depth
                                Hours    Above Crown    Below Rim
Node          Type           Surcharged     Meters        Meters
-------------------------------------------------------------------
2             JUNCTION           1.52        15.367        0.000
AH01          JUNCTION           0.44         1.438        0.862
AH02          JUNCTION           0.45         1.516        0.000
AH03          JUNCTION           0.51         1.738        0.000
AH04          JUNCTION           0.54         1.785        0.000
AH06          JUNCTION           0.50         1.553        0.000
AH07          JUNCTION           0.57         1.870        0.000
AH08          JUNCTION           0.63         2.032        0.000
AH09          JUNCTION           0.68         2.139        0.000
AH10          JUNCTION           0.69         2.203        0.000
AH11          JUNCTION           0.46         1.645        0.000
CL02          JUNCTION           1.38        13.759        0.000
CL04          JUNCTION           1.58        14.044        0.000
CL05          JUNCTION           1.41        13.475        0.000
CL07          JUNCTION           1.48        13.329        0.000
CL09          JUNCTION           1.61        13.153        0.000
CL11          JUNCTION           1.68        21.620        0.000
CL12          JUNCTION           1.62        23.936        0.000
CL13          JUNCTION           1.32        20.922        0.000
CL14          JUNCTION           1.99        24.380        0.000
CL15          JUNCTION           1.70        24.506        0.000
CL16          JUNCTION           1.59        25.002        0.000
CL17          JUNCTION           1.47        26.077        0.000
CL18          JUNCTION           3.31        24.574        0.000
EX-CL&GV      JUNCTION           0.97         0.904        7.072
GV01          JUNCTION           1.0         16.969        0.000
```

图 2-85 节点超载摘要

2.9.2.11　节点洪水

在状态报告中，这一章节列出了所有洪泛节点。洪水是指溢出一个节点的所有水，无论是否形成积水。摘要中包括最大速率、最大值发生时间、水量总体积和最大水池深度。报告中的数值是模型计算结果的统计值，因此这些值不反映时间步长对应的结果。

```
*********************
Node Flooding Summary
*********************

Flooding refers to all water that overflows a node, whether it ponds or not.
-----------------------------------------------------------------------------
                                                       Total    Maximum
                              Maximum  Time of Max      Flood     Ponded
                      Hours      Rate   Occurrence     Volume      Depth
Node                Flooded       CMS  days hr:min    10^6 ltr    Meters
-----------------------------------------------------------------------------
2                      1.12     1.282     0  11:55      0.876      9.463
AH02                   0.41     0.059     0  12:06      0.017      1.264
AH03                   0.40     0.062     0  12:07      0.024      1.084
AH04                   0.44     0.122     0  12:03      0.027      1.167
AH06                   0.32     0.026     0  12:10      0.008      0.782
AH07                   0.35     0.073     0  12:09      0.027      0.789
AH08                   0.37     0.069     0  12:06      0.024      0.855
AH09                   0.40     0.088     0  12:05      0.027      0.945
AH10                   0.59     0.124     0  12:02      0.048      1.779
AH11                   0.33     0.016     0  12:09      0.005      0.859
CL02                   0.98     1.353     0  11:56      0.924      8.361
CL04                   0.86     0.214     0  11:56      0.138      7.828
CL05                   0.96     1.530     0  11:56      1.059      8.307
CL07                   0.91     1.370     0  11:55      0.953      8.143
CL09                   0.83     1.919     0  11:55      1.309      8.015
CL11                   0.86     2.768     0  11:55      2.231     15.865
CL12                   0.88     1.828     0  11:55      1.371     18.193
CL13                   0.78     1.039     0  11:56      0.802     15.401
CL14                   0.83     0.257     0  11:55      0.196     17.917
CL15                   0.87     1.249     0  11:55      0.922     18.331
CL16                   0.79     1.366     0  11:55      0.934     18.059
CL17                   0.72     1.677     0  11:55      1.021     18.530
CL18                            0.428            0.269         20.63
```

图 2-86　节点洪水摘要

2.9.2.12　储水量

在状态报告中，这一章节显示了模型中每个蓄水设施的储水量摘要。摘要中包括平均储水体积、平均储水率、蒸发率、渗透率、最大储水体积、最大储水率、最大储水发生时间和最大出流量。报告中的数值是模型计算结果的统计值，因此这些值不反映时间步长对应的结果。

```
***********************
Storage Volume Summary
***********************


                  Average    Avg   E&I   Maximum   Max   Time of Max   Maximum
                   Volume    Pcnt  Pcnt   Volume   Pcnt  Occurrence    Outflow
Storage Unit      1000 m3    Full  Loss  1000 m3   Full  days hr:min      CMS

8A_ALL             17.038     5     0    138.453    40    17  18:17      10.364
J11.151          2371.491    42     1   4872.859    87    38  22:10      21.167
S1.0               61.924    12     0    443.965    85    23  06:13      18.991
S17_ALL             4.044     7     0     40.403    70    12  23:22       4.749
S18_EF             17.046     9     0    129.619    66    23  06:12      10.283
S19_ALL             7.020     4     0     51.413    32    12  23:42       3.318
S2.0                7.416     8     0     66.602    71    12  23:48       2.811
S20.0               0.127     2     0      4.453    63    32  16:31       4.199
S21.0               2.368     4     0     40.980    62    12  23:47       2.910
S27.0               0.739     8     0      8.910   100    17  17:06      25.000
S29.0               4.336     6     0     60.492    89    12  23:38       4.969
S3.0               11.730    11     0     86.283    80    23  05:50       7.193
S30.0               6.745    11     0     59.800   100     5  10:42      25.000
S31.0               7.884    11     0     73.010   100     3  05:16      50.000
S32.0               0.221    10     0      2.125    99     6  14:10      13.632
S4.0                2.139     4     0     46.408    80    17  17:35      16.040
S5.0               10.303    11     0     86.972    91    23  06:17       3.542
S6.0               24.854    11     0    218.355    99    23  05:48      20.417
S7.0                0.941     9     0     10.210   100     2  06:45      25.000
S8.0B               9.711     9     0     93.706    86    17  17:46      18.966
```

图 2-87　蓄水单元储水量摘要

2.9.2.13　排水口负荷

在状态报告中，这一章节提供模型中所有排水口的负荷摘要。摘要包括流量频率、平均流量、最大流量、总体积和所建模的任何污染物的质量负荷。报告中的数值是模型计算结果的统计值，因此这些值不反映时间步长对应的结果。

```
***********************
Outfall Loading Summary
***********************

                      Flow    Avg    Max    Total    Total     Total    Total    Total      Total       Total      Total    Total    Total
                      Freq    Flow   Flow   Volume   Chlorides Copper   E_Coli   LeadNitrate_Nitrite Phosphorus   TKN      TSS      Zinc
Outfall Node          Pcnt    CMS    CMS    10^6 ltr  kg        kg       LogN     kg      kg         kg           kg       kg       kg

Outfall-100-Trib3     96.19   1.192  2.502   81.295  4907.481   1.357   12.553    0.780  125.505     22.402     101.245  2905.461    6.689
Outfall-200-EtobiRiver 99.97  3.537 32.435  247.571 15042.614   5.840   13.198    5.570  309.743     80.001     372.022 19860.794   29.551
Outfall-300           99.97   4.496 95.592  313.341 10809.723   6.291   11.728   27.654   37.486     91.142     306.463 29311.986   34.590
Outfall-400           99.97   3.325 70.569  232.012  7143.475   4.534   11.567   22.166    7.729     67.941     229.650 22518.978   22.660
Outfall-500           99.97   0.133  3.258    9.009   599.855   0.215   11.769    0.108   10.641      2.743      11.766   604.937    1.119
Outfall-600           99.97   0.041  0.877    2.861   192.511   0.068   11.280    0.029    3.450      0.870       3.751   189.715    0.357

System                59.34  12.725 202.140  886.090 38695.660 18.306   12.323   56.306  494.555    265.099    1024.897 75391.872   94.967
```

图 2-88　排水口负荷摘要

2.9.2.14　管线流量

在状态报告中，这一章节提供模型中所有管线的流量摘要。摘要中包括最大流量、最大流量出现时间、最大速度、最大全流量和最大全深度。报告中的数值是模型计算结果的统计值，因此这些值不反映时间步长对应的结果。

```
*********************
Link Flow Summary
*********************


---------------------------------------------------------------------
                        Maximum  Time of Max    Maximum    Max/   Max/
                        |Flow|   Occurrence     |Veloc|    Full   Full
Link          Type        CMS    days hr:min     m/sec     Flow   Depth
---------------------------------------------------------------------
3-EX-Out_2    CONDUIT    32.435    0   12:01       9.36     2.01   1.00
AH(01,02)     CONDUIT     0.070    0   12:06       1.20     1.23   1.00
AH(02,03)     CONDUIT     0.144    0   12:05       1.44     1.13   1.00
AH(03,04)     CONDUIT     0.237    0   12:04       1.81     1.26   1.00
AH(06,07)     CONDUIT     0.027    0   12:09       0.52     0.15   1.00
AH(07,04)     CONDUIT     0.272    0   12:03       1.55     1.24   1.00
AH(07,08)     CONDUIT     0.308    0   12:01       1.43     0.86   1.00
AH(08,09)     CONDUIT     0.386    0   11:59       1.62     0.97   1.00
AH(09,10)     CONDUIT     0.397    0   11:57       1.73     1.29   1.00
AH(11,03)     CONDUIT     0.055    0   12:05       1.33     1.07   1.00
AH10-UN03     CONDUIT     0.429    0   11:56       1.79     1.40   1.00
CL(02,05)     CONDUIT     7.045    0   12:43       3.99     1.62   1.00
CL(04,05)     CONDUIT     0.242    0   11:39       0.73     0.47   1.00
CL(05,07)     CONDUIT     7.492    0   12:36       4.24     1.82   1.00
CL(07,09)     CONDUIT     8.033    0   12:35       4.54     1.50   1.00
CL(09,EX)     CONDUIT    20.341    0   12:03      11.51     3.55   1.00
CL(11,09)     CONDUIT     8.334    0   12:03       7.37     3.72   1.00
CL(12,11)     CONDUIT     8.858    0   11:59       7.83     3.64   1.00
CL(13,11)     CONDUIT     1.040    0   11:55       0.92     0.25   1.00
CL(14,12)     CONDUIT     0.257    0   11:55       1.62     1.28   1.00
Cl(15,12)     CONDUIT     2.186    0   11:38       3.44     1.95   1.00
```

图 2-89　管线流量摘要

2.9.2.15　流量分类

在状态报告中，这一章节列出了以下分类的每个流量环节所占时间的比例：干燥、上游干燥、下游干燥、亚临界、超临界、上游临界、下游临界、常规流量限制和入口控制。报告中的数值是模型计算结果的统计值，因此这些值不反映时间步长对应的结果。

```
****************************
Flow Classification Summary
****************************


----------------------------------------------------------------------
           Adjusted   ----------- Fraction of Time in Flow Class ----------
           /Actual          Up   Down  Sub   Sup   Up    Down  Norm  Inlet
Conduit    Length    Dry    Dry  Dry   Crit  Crit  Crit  Crit  Ltd   Ctrl
----------------------------------------------------------------------
3-EX-Out_2  22.48    0.00  0.00  0.00  0.00  0.00  0.00  1.00  0.00  0.00
AH(01,02)    2.37    0.43  0.00  0.00  0.01  0.00  0.00  0.56  0.00  0.00
AH(02,03)    1.71    0.43  0.00  0.00  0.03  0.00  0.00  0.54  0.01  0.00
AH(03,04)    3.26    0.42  0.00  0.00  0.05  0.00  0.00  0.52  0.01  0.00
AH(06,07)    8.35    0.42  0.00  0.00  0.03  0.00  0.00  0.54  0.01  0.00
AH(07,04)    2.32    0.42  0.00  0.00  0.02  0.00  0.00  0.55  0.00  0.00
AH(07,08)    2.07    0.42  0.00  0.00  0.03  0.00  0.00  0.55  0.00  0.00
AH(08,09)    8.09    0.42  0.00  0.00  0.04  0.00  0.00  0.54  0.00  0.00
AH(09,10)    7.98    0.42  0.00  0.00  0.04  0.00  0.00  0.54  0.00  0.00
AH(11,03)    2.71    0.43  0.00  0.00  0.02  0.00  0.00  0.55  0.00  0.00
AH10-UN03    3.80    0.42  0.00  0.00  0.05  0.00  0.00  0.53  0.00  0.00
CL(02,05)    1.78    0.00  0.00  0.00  0.11  0.00  0.00  0.88  0.00  0.00
CL(04,05)    2.09    0.01  0.45  0.00  0.54  0.00  0.00  0.00  0.36  0.00
CL(05,07)    2.25    0.00  0.00  0.00  0.13  0.00  0.00  0.87  0.00  0.00
CL(07,09)    1.89    0.00  0.00  0.00  0.91  0.08  0.00  0.00  0.67  0.00
CL(09,EX)    1.91    0.00  0.00  0.00  0.08  0.11  0.00  0.81  0.00  0.00
CL(11,09)    1.25    0.00  0.00  0.00  0.85  0.00  0.00  0.15  0.00  0.00
CL(12,11)    2.96    0.00  0.00  0.00  0.99  0.00  0.00  0.01  0.00  0.00
CL(13,11)    3.04    0.00  0.68  0.00  0.31  0.00  0.00  0.00  0.44  0.00
CL(14,12)    1.58    0.00  0.38  0.00  0.62  0.00  0.00  0.00  0.35  0.00
Cl(15,12)    2.47    0.00  0.00  0.00  0.37  0.00  0.00  0.63  0.00  0.00
                     0.00  0.00
```

图 2-90　流量分类摘要

2.9.2.16 管道超载

在状态报告中，这一章节提供管道超载摘要，包括在两端、上游和下游满流的小时数，正常满流以上的小时数和容量被限制的小时数。报告中的数值是模型计算结果的统计值，因此这些值不反映时间步长对应的结果。

```
***************************
Conduit Surcharge Summary
***************************


                                                          Hours       Hours
                        --------- Hours Full --------    Above Full  Capacity
Conduit                 Both Ends  Upstream   Dnstream   Normal Flow  Limited

3-EX-Out_2                 0.75      0.75       0.77        1.08        0.75
AH(01,02)                  0.44      0.44       0.44        0.01        0.01
AH(02,03)                  0.45      0.45       0.46        0.01        0.01
AH(03,04)                  0.51      0.51       0.51        0.02        0.01
AH(06,07)                  0.50      0.50       0.51        0.01        0.01
AH(07,04)                  0.54      0.54       0.55        0.03        0.01
AH(07,08)                  0.57      0.57       0.57        0.01        0.01
AH(08,09)                  0.65      0.65       0.66        0.01        0.06
AH(09,10)                  0.67      0.67       0.68        0.11        0.29
AH(11,03)                  0.46      0.46       0.47        0.01        0.01
AH10-UN03                  0.73      0.73       0.73        0.28        0.06
CL(02,05)                  1.38      1.38       1.38        1.10        1.32
CL(04,05)                  1.59      1.59       1.59        0.01        0.01
CL(05,07)                  1.43      1.43       1.44        0.90        1.04
CL(07,09)                  1.49      1.49       1.49        0.82        0.92
CL(09,EX)                  1.28      1.28       1.28        1.66        1.28
CL(11,09)                  1.73      1.73       1.73        0.98        1.00
CL(12,11)                  1.62      1.62       1.63        0.66        0.66
CL(13,11)                  1.32      1.32       1.32        0.01        0.01
CL(14,12)                  1.99      1.99       1.99        0.11        0.04
Cl(15,12)                  1.73      1.73       1.74        0.59        0.52
```

图 2-91　管道超载摘要

2.9.2.17 管道连接处污染物负载

在状态报告中，这一章节提供了管道连接处污染物负载，并包括通过模型中每个管线的每种污染物的质量。报告中的数值是模型计算结果的统计值，因此这些值不反映时间步长对应的结果。

```
****************************
Link Pollutant Load Summary
****************************

                 Chlorides    Copper    E_Coli                LeadNitrate_Nitrite  Phosphorus         TKN          TSS       Zinc
Link                   kg        kg      LogN           kg           kg          kg                    kg           kg         kg
---------------------------------------------------------------------------------------------------------------------------------
3-EX-Out_2       1.504e+004     5.840    13.198         5.570      309.743      80.001            372.022    1.986e+004     29.551
AH(01,02)            0.332       0.000     8.623         0.000        0.009       0.002              0.010         0.474      0.001
AH(02,03)            3.285       0.001     9.618         0.001        0.087       0.018              0.097         4.686      0.006
AH(03,04)            9.247       0.004    10.068         0.002        0.244       0.052              0.273        13.189      0.018
AH(06,07)            0.897       0.000     9.055         0.000        0.024       0.005              0.026         1.279      0.002
AH(07,04)           14.925       0.006    10.276         0.003        0.395       0.084              0.441        21.285      0.029
AH(07,08)           23.820       0.009    10.479         0.005        0.630       0.133              0.703        33.969      0.046
AH(08,09)           30.579       0.012    10.587         0.007        0.809       0.171              0.903        43.606      0.058
AH(09,10)           37.711       0.015    10.678         0.008        0.997       0.211              1.113        53.777      0.072
AH(11,03)            0.799       0.000     9.004         0.000        0.021       0.004              0.024         1.139      0.002
AH10-UN03           46.807       0.018    10.772         0.010        1.238       0.262              1.382        66.745      0.090
CL(02,05)         3830.723       1.385    12.590         0.684       72.149      17.953             79.658      4040.963      7.160
CL(04,05)           21.174       0.008    10.322         0.004        0.383       0.098              0.424        21.774      0.040
CL(05,07)         3828.830       1.385    12.590         0.684       72.092      17.943             79.598      4038.328      7.157
CL(07,09)         3829.368       1.385    12.590         0.686       72.077      17.946             79.597      4039.183      7.158
CL(09,EX)         9980.427       3.909    13.007         4.214      197.828      53.445            243.889    1.335e+004     19.822
CL(11,09)         2817.026       1.232    12.311         2.831       37.538      16.893             66.100      4580.565      6.298
CL(12,11)         2429.629       1.091    12.224         2.744       30.741      15.091             58.405      4176.444      5.567
CL(13,11)           80.666       0.038    10.696         0.110        0.913       0.532              2.016       152.165      0.193
CL(14,12)           16.571       0.008     9.899         0.030        0.147       0.122              0.447        36.643      0.043
CL(15,12)                        0.528    12.191                      8.286                         31.915      1667.249      2.999
```

图 2-92　管线污染物负荷摘要

3 功能实现

3.1 项目管理

本节将介绍如何在 PCSWMM 中管理项目与模型。

3.1.1 项目管理器

可以在后台（在"管理"项）中通过"瓦块项目管理器"组织和管理方案。在项目名称中使用分隔符（下划线和逗号）自动创建领域，可以在瓦块项目管理器中对该领域组织和安排项目。通过拖动及下拉每个项目瓦块，可以分离项目、对项目进行组团、重新组织项目，还可以重命名项目及删除项目。

下面介绍瓦块项目管理器的使用。

（1）在"文件"面板下，单击"管理"按钮，打开瓦块项目管理器。

（2）在一组方案上面空白处停留一会鼠标，会出现一个菜单和一个条，如图 3-1 所示。

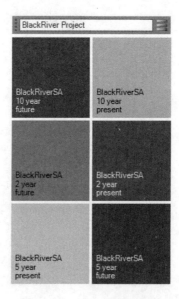

图 3-1　瓦块项目管理器

（3）要命名组，点击文本框，输入名称。

（4）如果已经用分隔符（冒号、逗号、下划线）命名项目，可以为瓦块进行分类来反映分类情况。

（5）点击"菜单"按钮▤，选择"排列方式"。如果没有已经创建好的领域，那么只显示"字母数字顺序"。

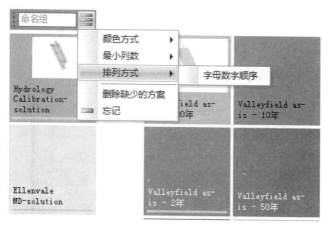

图3-2　对项目进行排列

（6）可以通过这些领域来定义瓦块颜色。使用"设置颜色"选项。图3-3展示的是一个2列3行的领域。每一列一种颜色。

图3-3　为项目设置颜色

（7）列的数目可以通过"最小列"来指定。如上面的例子，指定了两个列。

也可以通过选择"清除"按钮━或拖动该瓦块到一个新位置并将该项目从已有的组分离出去，以清除项目。需要将文件关闭，然后再打开，以反映这些改动。

3.1.2 创建项目子模型

子模型是分割现有模型的一种途径，是为分析局部区域而创建的小范围模型。创建子模型时，用户可根据需求选择是否删掉选中部分或者保持完整的原始模型。

3.1.2.1 选择模型的一部分

创建子模型的第一步是由用户选择最感兴趣的模型部分。可使用"搜索"工具轻松选择模型的上游或者下游部分。

（1）打开"地图"面板，选择某个 SWMM 对象的上游或下游部分。选择要素可以是节点（检查井、水泵、排水口）、线（管道、泵、出口）或者是面（汇水区）。

（2）单击"搜索"按钮，点"选择上游"或"选择下游"，通过该操作可选中所选实体的所有上游实体或下游实体。此外，还有一个"选择连接的上游或下游"，可选中与选定实体紧邻的上游或下游的对象。

（3）用户也可通过按住"Shift+Ctrl"组合键来一次选择不同实体。

图 3-4　搜索实体

3.1.2.2 创建子模型

选择模型对象之后，则可创建新的子模型。

（1）单击"文件"菜单（PCSWMM 应用程序的左上角）。

（2）选择"保存 & 发送"。

（3）在"导出项目数据"下，单击"创建子模型"。

（4）弹出"创建子模型"窗口后，单击"浏览"，选择保存路径并命名。

（5）选择不同的创建方案选项（将在下面的注释框中总结）并单击"创建"。

表 3-1　创建子模型描述

选项	描述
删除子模型实体	该选项允许用户从当前或原始模型中删除子模型实体。通常不推荐该选项，除非用户不再需要该子模型实体。该选项未选中时，原始模型将正常运行；选中该选项，则选中的实体将被移除
删除未使用的对象	默认情况下，用户使用该选项删除子模型非必需的非可视对象，如不使用的时间序列、时间图案和不属于模型的管道横断面等。该选项对减小子模型大小很有用
转换下游节点为排水口	默认情况下，该选项被选中以避免子模型无出口的情况。该选项建议用户将排水口改成适用模型的正确类型
添加子模型项目到方案列表	默认情况下，该选项可将新建的子模型工程在方案管理器中列出来
创建后打开子模型项目	保证在创建子模型后立即打开

注：上表对 PCSWMM 创建子模型选项进行总结。

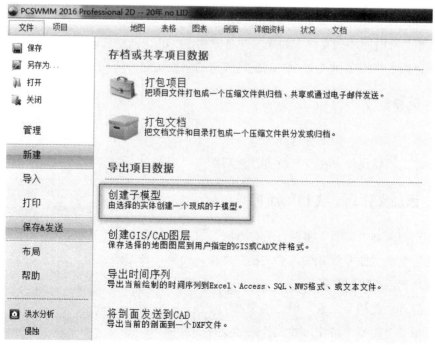

图 3-5　创建子模型界面

3.1.2.3 用修正子模型更新原始模型

更新子模型后，使用方案管理器里的"推送"工具可轻松进行原始模型的更新操作。

3.1.2.4 原始模型与子模型的结果对比

可用与方案对比相同的方式进行原始模型和子模型的结果对比。但需注意，为了比较相同位置的实体，两个模型的实体必须命名相同。

3.1.3 管理项目文档

"文档"面板用于保存构建 PCSWMM 模型的常用文件。这可以使工作流程更有效、更有组织，并能够快速组织和访问与项目相关联的文件。此外，"文档"面板含有与模型相关的所有文件，并将它们正确标识出来（包括标记和以文件接收日期为例的时间标识），便于追溯用户提供的文件。

可以通过拖曳或"添加文档"按钮将文件添加到"文档"面板中。添加后，可以为文件分配关键字或标签，以便通过编辑文档元数据（注释、标签等）进一步对项目文件进行排序。标记可以是 SWMM5 对象标记（汇水区、检查井、雨量计等），也可以是用户定义的标签。

添加后，通过选中目录可轻松查看或编辑文件。对于 GIS 图层文件，可以在文档显示窗口中选择"在地图中打开"，从而在"地图"面板中轻松查看图层。同理，可以在"图表"面板中打开时间序列文件。如果文件是照片、PDF 或网站资源，那么可以在文档显示窗口中快速查看相应文件（支持滚动鼠标滚轮的缩放功能）。

3.1.3.1 创建新文档目录

（1）单击"菜单"按钮并选择"新目录..."。
（2）将文档目录保存在某个位置，然后单击"保存"。

3.1.3.2 添加文件到"文档"面板

将文档添加到"文档"面板有两种方法。第一种方法是简单拖放，即从打开的文件资源管理器中拖动文件并将其放入"文档"面板，而第二种方法使用"添加文档"按钮。

要使用"添加文档"按钮：
（1）打开"文档"面板，单击"添加"按钮。
（2）单击"浏览"按钮，找到待添加文件的位置。

本例将添加一个 DEM 层，但用户可以添加任何类型的文件，包括图像、背景图层、文档、PDF 和 URL。如果要添加 GIS 层或具有多个关联文件的文件，则只需将主文件添加到"文档"面板。

（3）单击"打开"按钮将文件添加到"文档"面板。

（4）名称属性将自动匹配文件名，名称可以更改，但这不会更改文件名，而是更改在"文档"面板上显示的名称。

（5）单击"确定"，将文件添加到"文档"面板完成。

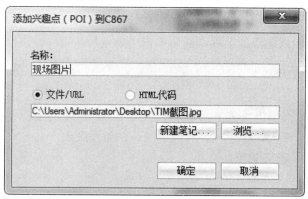

图 3-6　添加兴趣点文件

（6）添加后，可以更改详细信息并填写注释，添加唯一或预定义的 SWMM5 标签并更改接收文件的日期。请务必使用分号分隔每个标记。

（7）完成添加文件信息后，单击"保存"按钮。

3.1.3.3　编辑文档链接

（1）在"文档"面板中，选择要编辑的链接。

（2）如果无法编辑文档文件的详细信息，请单击"文档"面板中的"编辑"按钮。

（3）添加/编辑文档详细信息后，单击"保存"按钮。

3.1.3.4　为 SWMM5 实体类添加文件链接

文档文件可以链接到 SWMM5 实体（汇水区、管道、检查井、排水口等）。一旦文档与 SWMM5 实体相关联，则称为 POI（或兴趣点）。要将文档文件链接到 SWMM5 实体，按以下步骤进行：

（1）从"文档"面板中选择要与实体关联的目录。

（2）如果文档显示界面底部没有看到可编辑的对话框，请单击"编辑"按钮。

（3）在"链接到："框中键入实体名称。

（4）单击"保存"按钮。

3.1.3.5 "地图"面板下查看文档

一旦文件已链接到 SWMM5 实体，则可以直接在"地图"面板中查看文档。此外，用户可以点击查看兴趣点选项，此时与 SWMM5 实体相关联的所有兴趣点将全部显示。要在"地图"面板中查看兴趣点，请执行以下操作：

（1）通过单击"地图"选项卡打开"地图"面板。

（2）单击"菜单"按钮，然后从菜单中选择"偏好设置"。

（3）切换到显示兴趣点的选项，然后单击"确定"。

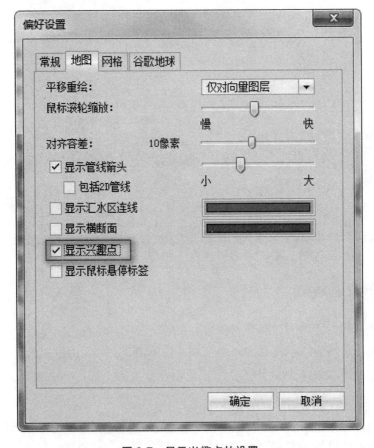

图 3-7　显示兴趣点的设置

（4）注意到在地图上有蓝色的 i 和蓝色菱形。单击一个以查看与该 SWMM 实体关联的兴趣点，应该能够在浏览器中查看兴趣点。

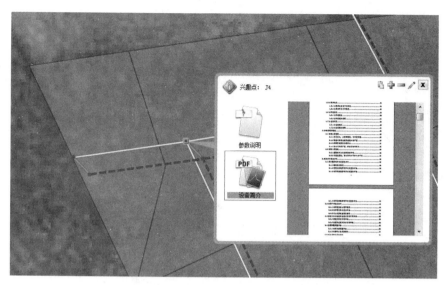

图 3-8　在"地图"面板下查看兴趣点

（5）还可以选择使用"属性"面板中的"查看"按钮选择性查看图像兴趣点，如图 3-9 所示。

图 3-9　在"属性"面板下查看兴趣点

3.1.3.6　查看并打开文件

通过双击"文档"面板中的文档，可打开文件链接，查看源文件。根据文件类型的不同，一些文件可以直接在"地图"面板中打开（如在背景 GIS 图层的情况下），并且可以直接在"文档"面板中查看（如图像文件和 PDF 文件）。如果无法在"文档"面板中直接查看 PDF 文件，请单击"菜单"按钮并选择"显示 PDF"。

如果图层可以在"地图"面板中打开，则"在地图中打开"按钮将显示在文档查看器中。

如果文件可以在"文档"面板中查看，它将自动出现在文档查看器中。

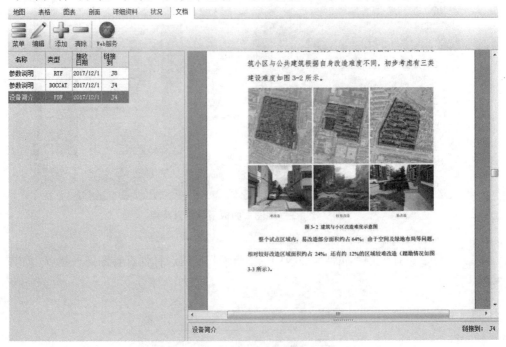

图 3-10 在文档查看器查看文档

URL 和 PDF 也将自动显示在文档查看器中。

3.1.3.7 修复受损链接

在"文档"面板中，如果文件的初始位置发生变化，则"文档"面板将无法再找到已更改的文档。该情况下，可通过使用"立即修复"选项补救。此选项允许您重新映射文件位置并修复同样在文件位置发生更改的类似链接。要在"文档"面板中修复损坏的链接，步骤如下：

（1）打开文档目录（如果尚未打开）。

（2）选择发生损坏链接的文档。如果链接损坏，您将在"预览"窗口中看到"立即修复"按钮。

（3）单击"立即修复"按钮并找到新文件位置。

（4）如果您有其他断开的链接，切换到"尝试解决类似破碎的文档链接"的选项，这将自动更正具有类似文件路径的文件。

（5）单击"修复"按钮，将显示一条消息，提示已修复文件的数量。一个项目由多个用户编辑后可能出现混乱，"文档"面板为所有与项目相关的文件创建一个单独的索引，因而避免发生这种情况。如果将文档目录放在公共网络驱动器上，所有工作组都能够访问最新的文件，同时所有的 PCSWMM 项目都可以使用这些文件。

3.2 方案处理

利用方案管理器，更容易比较方案间的差异，可以将一个方案的变化推送到另一个方案中。

3.2.1 方案操作

3.2.1.1 方案管理器

通过"项目"面板访问方案管理器（项目→方案→方案管理器）。方案管理器列出了所有与模型相关的方案。用户可通过在方案管理器中选择某个具体方案和点击"打开"按钮操作实现从一个方案切换到另一个方案，但无法同时编辑所有方案。

3.2.1.2 创建新方案

创建新方案的操作为：单击"项目"面板中的"添加"按钮。通过这些操作，即创建了一个当前模型的副本，换言之，用户通过该操作创建的所有方案都是一个独立的模型。

1）复制当前项目

该功能用来复制当前的 SWMM5 项目。

（1）打开基本模型，在"项目"面板下点击"方案" 按钮。

（2）点击"添加"按钮并选择"复制当前项目"。

（3）命名新的项目方案。

（4）为该项目选择一个路径位置。一般来说放置在与当前打开的项目或其他方案同样的文件夹下。

（5）在缩写文本框中，输入一个短的标题，该标题将用于在图例和表头中区分这些方案。

（6）输入一个与方案相关的描述，用于识别该方案。

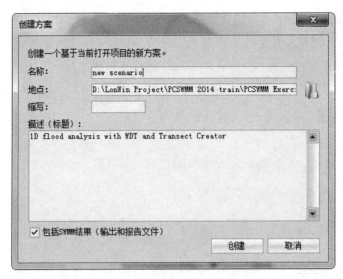

图 3-11　复制当前方案到新方案

（7）重复步骤（1）～（6），创建其他方案。

（8）在"项目"面板，点击"方案" 按钮查看所有创建的方案。要打开一个项目，选择一个方案并点击"打开"。

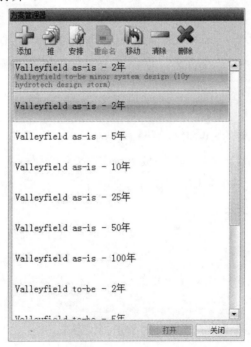

图 3-12　查看所有方案

（9）按照要求编辑模型，以表示当前方案的各项条件。

2）创建设计暴雨方案

PCSWMM 可以基于暴雨事件的时间序列文件创建方案。可在创建方案之前在"图表"面板中打开该时间序列文件，或者可以在当创建方案的时候打开该文件。注意该工具还不能用于累计降雨或体积降雨格式，必须使用强度降雨格式（如果降雨格式以体积单位为单位，请在"图表"面板的编辑选项卡中使用转换工具，将其转换为强度降雨）。

在创建方案之前，先为降雨数据设置单位。例如，降雨深度单位为 in 或 mm。要改变数据单位，单击"图表"面板下的"属性" 按钮，在"函数"下的下拉菜单中选择单位。会有警告消息提醒没有转换该值；点击"继续"。然后点击"保存" 按钮来保存新单位下的时间序列文件。

（1）在基本模型打开的前提下，点击"项目"面板下的"方案" 按钮。

点击"添加"按钮，选择"创建设计暴雨方案"。

为新方案选择一个目标文件夹，点击"浏览" 按钮，一般来说应该放置到与其他方案或当前项目相同的文件夹中。

选择设计暴雨数据源。选择"目前绘制的"或"从文件"来决定时间序列文件的位置。

选择模拟期。时间可以是一个固定的小时数，或者是暴雨历时加上一个固定的小时数。

图 3-13 创建设计暴雨方案

结果方案将被展示在下面，由一个方案名称、缩写、颜色、警告组成。方案名称基于设计暴雨时间序列的名称。

如果需要的话，点击矩形颜色条来改变方案结果的颜色。

（2）点击"创建"按钮。

在"项目"面板，点击"方案" 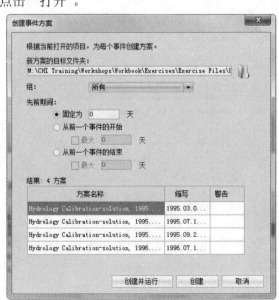 按钮查看所有创建的方案。

注：如果正在使用累计设计暴雨时间序列，PCSWMM 自动将雨量计定义为体积（VOLUME）格式。因此在创建完设计暴雨方案之后，应打开每一个雨量计，将其格式改为累计降雨（点击"项目"面板下的雨量计，并改正格式为累计降雨）。

3）创建一个事件方案

PCSWMM 可以为事件创建方案，这些事件被列在"图表"面板的"事件"选项卡下。

（1）在打开基本项目的前提下，点击"项目"面板下的"方案"按钮。

（2）点击"添加"按钮并选择创建事件方案。

（3）为新方案选择一个目标文件夹，使用"浏览"按钮。一般来说应被放置在与其他方案或当前打开的项目相同的文件夹下。

（4）如果模型在不同的组内有多个事件，从组的下拉菜单中选择组来创建方案。

（5）选择先前期间。该参数有三种设置方式，即固定天数、从前一个事件的开始、从前一个事件的结束。

（6）结果方案将被展示在下面，有方案名称、缩写及警告。方案名称基于事件的开始日期和时间。

（7）如果需要的话，点击颜色条，更改结果方案的颜色。

（8）点击"创建"按钮。

（9）在"项目"面板，点击"方案"按钮查看所创建的所有新的方案。要打开某一个方案，选择该方案，点击"打开"。

图 3-14 创建事件方案

3.2.1.3 添加已有方案

如果一个已有的方案或模型已经被创建好，它可以作为一个方案被添加到项目中。该选项在比较模型时很有用，类似于使用"推"工具将属性和实体复制到其他模型。

（1）在打开基本模型的前提下，点击"项目"面板下的"方案"按钮。

（2）点击"添加"按钮并选择"添加已有项目"

（3）浏览到已有项目的位置，点击"打开"。

（4）该方案被列在方案管理器的方案清单下。

注：

● 也可将已有项目添加到瓦片项目管理器（文件→管理）中。简单地将该项目拖动到瓦块中想要的位置，将作为一个方案添加。

● 在方案管理器或文件菜单下的"管理"选项卡中可以重命名方案，通过点击方案选择"重命名"按钮。

3.2.1.4 并行运行方案

完成模型设置后，使用"运行"按钮旁边的向下箭头来并行运行。在运行方案对话框中，为了使用或者建立 PCSWMM 计算网格，需单击"偏好设置"按钮来设置参与模型计算的参数。注意，与 HEC-RAS 不同的是，SWMM5 项目只允许每个工程运行一个降雨时间序列。

图 3-15　运行并行方案

3.2.1.5 对比方案

运行成功后，可使用摘要/比较工具进行结果对比（"地图"面板→工具→摘要/比较）。使用"方案"按钮，可以图、表等形式进行方案结果对比。还可以根据需求（如颜色），进行所需方案的筛选。在显示方案下，可通过单击"方案"旁边的颜色框来更改方案颜色。

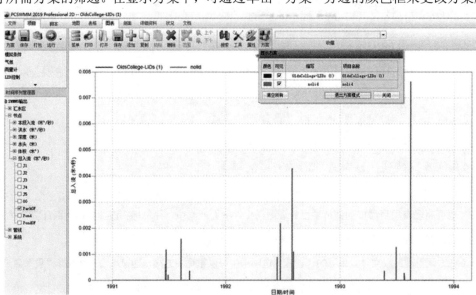

图 3-16 对比方案

3.2.1.6 处理丢失的方案

若方案管理器找不到指定方案，将会弹出如图 3-17 所示的类似消息。原因可能是方案位置转移到 PCSWMM 外、文件夹名称变化或在其他电脑设备上解压。使用 PCSWMM "移动方案"工具可以避免这一类问题。关于压缩项目，当前无法将多方案打包在一个压缩工程内，每个方案均需单独打包压缩。

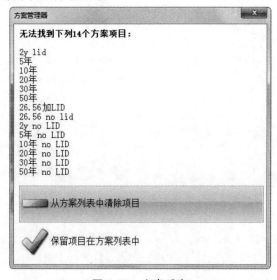

图 3-17 方案丢失

3.2.1.7　打包方案

目前，一个单独的项目包还没有办法包含多个方案。每个方案必须被独立打包。如需比较多个方案，每个方案需要被独立解包，然后使用"添加已有项目"选项添加到 PCSWMM 中。

3.2.2　运行多个方案

可以使用多个 CPU 核同时运行多个方案，或者使用计算网格来加快运行速度。

3.2.2.1　运行多个方案

（1）在"项目"面板工具条下，点击"运行"按钮旁边的下拉三角。

（2）在运行方案对话框，选择指定的方案，或勾选"选择所有"（位于底部）。

（3）可以选择点击"偏好设置"按钮来指定所使用的 CPU 核数或者设置一个计算网格。

（4）点击底部的"运行"按钮运行多个方案。

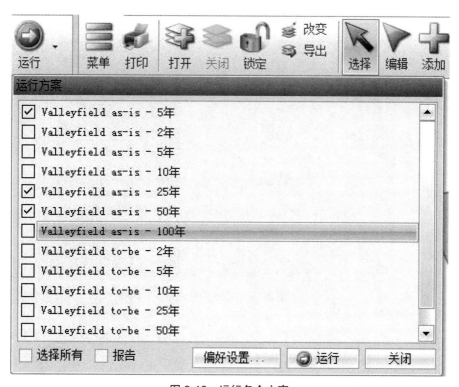

图 3-18　运行多个方案

3.2.2.2 充分利用多核

默认情况下，PCSWMM 在运行多个方案或 SRTC 校准运行时使用电脑可用的所有 CPU 核。可在"偏好设置"编辑器下的"网格"页设置可用 CPU 核的数量。

（1）使用"方案管理器"创建多个方案。

（2）一旦设置好方案后，点击"方案"按钮检查所列出的所有方案被选中。

（3）在"地图"面板点击"菜单"按钮选择"偏好设置"。

（4）在"偏好设置"编辑器，点击"网格"页。

（5）设置要使用的 CPU 核数。如图 3-19 所示，所有的 4 个核都被使用。

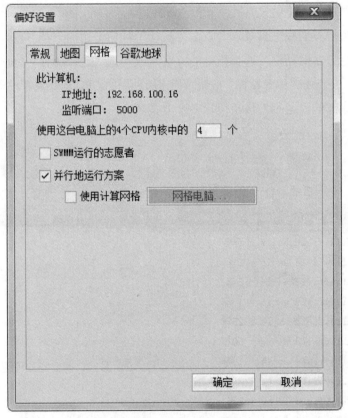

图 3-19　CPU 内核设置

（6）点击"确定"。

3.2.3　构建计算网格

（1）计算网格由一组联网计算机共同组成，其运行模式与超级计算机类似。PCSWMM 内置了对计算网格的支持功能。当运行多个方案或进行 SRTC 校准时，PCSWMM 可以同时利用多台联网计算机的内核进行计算。要创建 PCSWMM 计算网格，必须为所有联网计算机安装同一版本的 PCSWMM 软件，确保在 PCSWMM 每台电脑上处于打开状态，但无需打开项目。

（2）在每台联网计算机上，单击"地图"面板，然后选择"偏好设置"。

（3）选择"网格"选项卡，选中"SWMM 运行的志愿者"，单击"确定"。只要 PCSWMM 处于后台打开状态，该软件即可正常运行，而且不影响用户的其他操作。

（4）单击"地图"面板上的"菜单"按钮，然后选择"偏好设置"。

（5）打开"网格"选项卡，勾选"使用计算网格"，然后单击"网格电脑"按钮。将显示可用的计算机。

如果没有看到您正在使用的计算机，请检查 IP 地址，并使用"添加"按钮添加计算机。

如果在连接到网格计算机时遇到问题，请尝试重启电脑。若仍然无效，则按以下描述逐条检查：

（1）确保每台计算机均安装同版本的 PCSWMM 软件。

（2）确保联网计算机均打开了 PCSWMM 软件（无需打开一个工程）。

（3）确保为网络计算机提供内核（SWMM 运行的志愿者）。

（4）确保勾选"使用计算网格"。

（5）确保将模型保存到网络驱动器。

3.2.4　方案结果对比

方案运行完成后，可以点击"剖面"面板或"图表"面板下的"方案"按钮，用图形比较各方案的结果，也可使用摘要/比较工具（该工具位于"地图"面板→工具→摘要/比较）以表格的形式对比不同方案的运行结果。如果想对比方案的输入文件，则可以在"详细资料"面板下完成对比工作。

注：被对比的实体需要存在于每一个所选方案中（例如实体具有相同的名称）。

3.2.4.1　比较状态报告

可以在"状态"面板下对比方案组的模型结果。可以通过使用"垂直"■按钮并排查看状态报告或使用"水平"■按钮比较状态报告。

（1）打开"状态"面板点击"垂直"按钮或"水平"按钮来分裂显示区域。

（2）从顶部的下拉菜单中选择要对比的方案。

（3）在状态报告选择相关注释的章节，同时查看两个方案的结果。

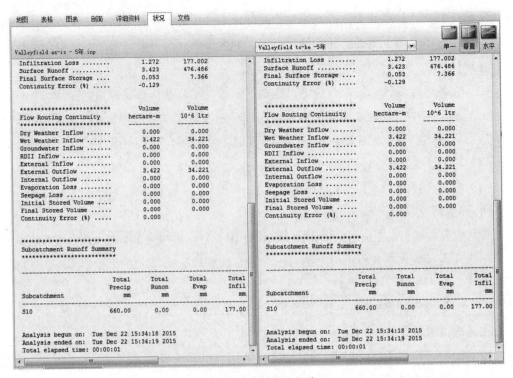

图 3-20   比较状态报告

3.2.4.2   图形比较方案

可以在"图表"面板或"剖面"面板中以图形的形式查看方案组的模型结果。

（1）点击"图表"面板或"剖面"面板，点击"方案"按钮。

（2）通过在"可见"列勾选方案，选择用于比较的方案。

（3）点击"缩写"栏表格区，编辑方案缩写。

（4）通过点击颜色条，改变方案颜色。

（5）点击"比较方案"进入方案模式。

（6）选择需要比较的剖面或时间序列位置。

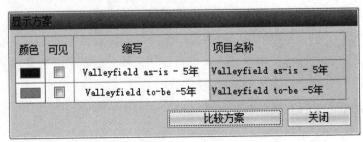

图 3-21   比较方案

3.2.4.3 以表格格式比较方案

可以在"地图"面板下，利用"项目摘要/比较"工具比较方案的属性及模拟选项。可以使用预定义的表，也可以创建自定义表来比较各方案的差异，比较结果可以导出为 Excel 文件或文本文件。

（1）在"地图"面板中打开一个项目后，点击"工具"✕按钮。

（2）在"审计"部分，点击"项目摘要/比较"工具。

（3）"项目摘要/比较"工具对话框窗口将会打开。点击"方案管理"按钮。

（4）请勾选要比较的方案并点击"刷新"。

所有选择的方案都会以分开的列数列出来。

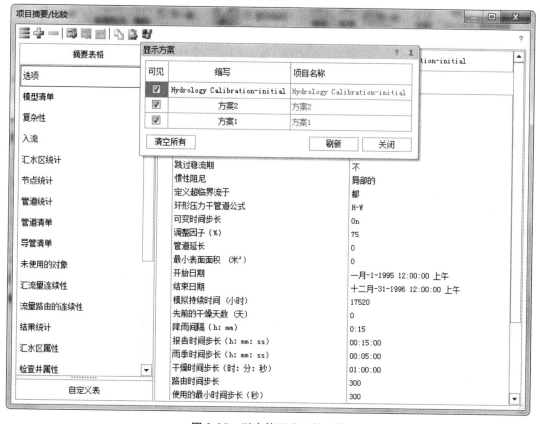

图 3-22 以表格形式比较方案

（5）点击左边的"摘要表格"，包含所有模型统计和参数的列表将出现在左边。点击一个表格比较两个模型的结果。单击一行以突出显示所有列中的值。如图 3-23 所示。

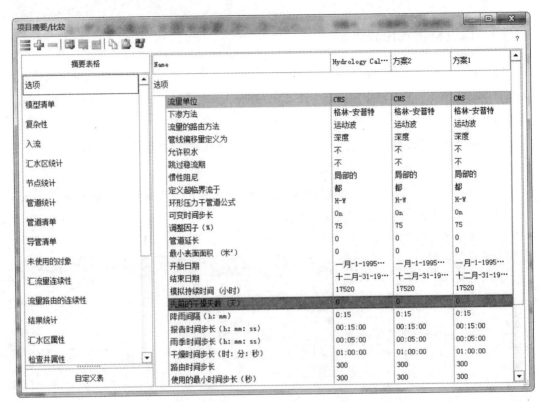

图 3-23　摘要表格下比较方案

3.2.4.4　退出方案模式

（1）点击"图表"面板或"剖面"面板下的"方案"按钮，进入方案对话框。

（2）点击"退出方案模式"按钮，即退出方案对比。

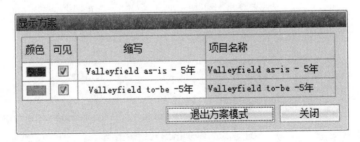

图 3-24　退出方案模式

注：

● 对比方案时，在时间序列管理器中一次只能选择一个位置或实体，但是可以在同一个位置绘制多个时间序列函数（如流量及流速）。

- 为了便于比较模型方案，待比较的实体应该在所有方案中共用一个名称。例如，管道应该都命名为 C1，而不是 C1 和 C_1。

- 当使用摘要/比较工具生成指定参数的报告结果时，可以生成自定义表。

3.2.5　方案间的推送改动

可以使用"推"工具来替代或更新实体、图层、属性值、模拟条件、时间序列及方案间的其他对象。可以从一个图层内单独选择实体，或者将实体图层推到所选方案。

（1）在"项目"面板，点击"方案"按钮。

（2）点击"推" 工具。

（3）在"推"标题下有一个下拉箭头，点击该箭头并选择一个模型。从以下选择：

- 推选择的（将原方案中选择的实体复制粘贴到推入的目标方案中）；

- 推匹配的（将原方案中的图层、可选项及其他对象复制粘贴到目标方案进行匹配）；

- 全部替换（将原方案中的所选实体模型推入到目标方案来替换目标方案中已有的图层、对象及可选项）。

（4）在要更新的方案旁边勾选，点击"选择所有"来更新所有关联的方案。

（5）在"要更新的章节"下勾选要推的实体。

（6）点击"推选择的"来实现更改。或者选择"推选择的&运行"选项来运行所有方案，与"推"后的更改一同进行。

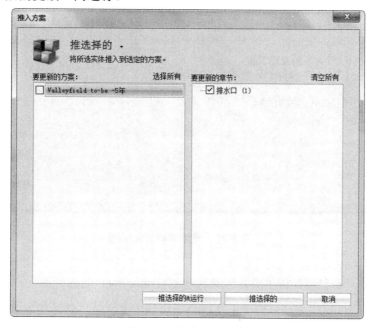

图 3-25　推送更改方案

3.3 地图对象处理

3.3.1 图层处理

3.3.1.1 创建流路图层以估计流长/宽度

（1）在"地图"面板单击"工具"按钮，然后单击工具中的"汇水区"。

（2）从汇水区子菜单中选择"设置流动长度/宽度"。

（3）选择"流路图层"，然后单击流路图层下拉框旁边的"新建"按钮。

（4）将流路图层保存在指定的位置。

（5）在"图层"面板中选择新创建的流路图层。

（6）点击"添加"按钮。

（7）在每个汇水区上绘制 1～3 个流路线。流路线的名称将根据其所在的汇水区来确定。

（8）完成后，单击"工具"按钮，然后单击工具浏览器中的"汇水区"。

（9）从汇水区子菜单中选择"设置流动长度/宽度"。

（10）在"设置流动长度/宽度"窗口中，确保选中"流路图层"选项，并在下拉框中选择"流路层"。

图 3-26　设置流动长度/宽度

（11）单击"分析..."将生成具有新宽度和长度值的报告。

流路图层也可以用于估计每个汇水区的坡度值。方法是选择汇水区流路图层中的所有线，此时汇水区的坡度值将显示在"属性"面板中（确保将 DEM 作为背景层加载）。

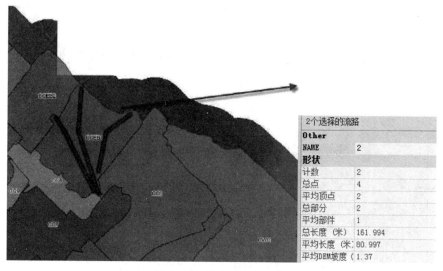

图 3-27 流路图层属性表

3.3.1.2 为现有管网创建横断面

利用 DEM 为管道设置不规则横断面的方法如下：

（1）单击"工具"按钮并选择"横断面创建器"。

（2）"横断面创建器"窗口中的第一个选项卡称为"横断面线"。该选项卡可以创建横断线并将其分配给现有管道和节点网络。

（3）在第一个下拉框中指定"数字高程模型（DEM）图层"。如果当前未加载 DEM，请单击 DEM 下拉框旁边的"打开"按钮，然后导航到 DEM 文件。

（4）在"横断面线"下拉框旁边点击"新建"按钮。

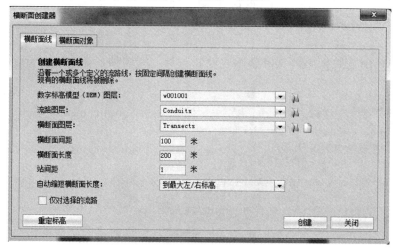

图 3-28 横断面线创建

（5）浏览到已知位置并保存新创建的横断面线图层。该名称可以更改为项目特定的名称，或者可以保留默认名称。

（6）当系统询问"是否要关闭对话框并开始添加洪泛区横断面线"时，单击"是"。此时，可以在垂直于现有管道的方向上手动添加横断面。

（7）绘制横断面线条后，再次打开横断面创建器工具。在"横断面对象"选项卡下，设置创建横断面的选项，如图 3-29 所示。

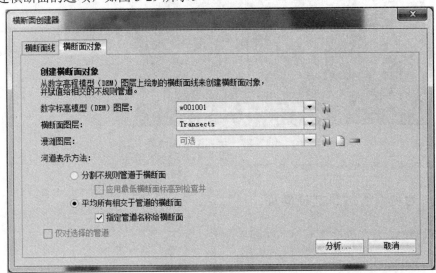

图 3-29　横断面对象创建

（8）点击"分析"。请注意，如果没有选择分配到不规则管道，则横断面将被保存，并可以打开横断面编辑器继续编辑。

3.3.1.3　从现有河流线图层创建连接和节点

此操作方法将介绍如何从现有的线或河流图层创建管道和节点网络。该功能允许用户仅使用背景层来创建 SWMM5 管道和节点网络。这些指示使用 PCSWMM 中现有的几种工具。

假设用户有一个河流（Rivers）层、一个汇水区（Subcatchment）层和一个 DEM 层的条件下，操作如下。

（1）打开 PCSWMM 并创建新项目。

（2）通过选择"地图"面板中的"打开"按钮，打开将用于创建管网的管线或河流图层。

（3）在"图层"面板中，选择新添加的河流图层，然后右击"解锁"按钮解锁图层。

（4）在河流图层选中时，单击"Ctrl+A"键以选择河流图层中的所有线条，复制该图层。

（5）在"图层"面板中选择管道图层，然后单击一下"地图"面板中的任意位置，这样做使"地图"面板成为活动窗口。

（6）单击"Ctrl+V"键，将河流图层粘贴到管道图层中。

图 3-30　河道图层（左）复制并粘贴到管道图层（右）

下一步需要做的是创建自动连接并为每个管道分配入口和出口。

（7）单击"工具"按钮并选择"自动连接"（位于"管道"、"空间细节"和"连通性"工具部分）。

以上操作基于有一个河流层的假设，河流的线段通常以最小间断绘制。将容差设置为较小的值，在本示例中将使用 4 m 的容差。

（8）确保在"自动连接"窗口的"应用于"选择了"当前管线图层（管道）"。

（9）选择"限制操作：更新缺少连接数据的管线"。因为当前没有一个管道具有连接数据，所以本例中此选项不重要。

（10）勾选"如果入口/出口未找到，创建检查井"，请参阅图 3-31。

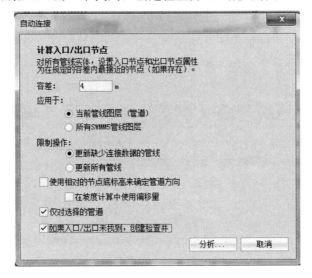

图 3-31　自动连接

（11）单击"分析..."按钮，然后从其中单击"应用"。您可能会收到一些警告。下一步要做的是利用 DEM 层设置下沿标高。

（12）选择"地图"面板中的"打开"按钮，打开将用于创建管网的 DEM 图层。

（13）单击"工具"按钮并选择"设置 DEM 标高"（位于"节点"部分）。

（14）在"设置 DEM 标高"窗口中，选择 DEM 层，选择"检查井"作为"点图层"，"下沿标高"作为"DEM 标高属性"，如图 3-32 所示。

图 3-32　设置 DEM 标高

（15）单击"分析"，将显示报告。单击"应用"以应用新的下沿标高。

基于绘制管线的方向来分配管道入口和出口。这意味着如果从上游到下游绘制管线，则管道入口和出口属性将相反。要修复此问题，我们将使用"设置方向"工具。

（16）需要做的第一件事是指定排水口。为此，请选择最远的下游检查井，然后右键单击该检查井，选择"转换→排水口"。

（17）在选中排水口的情况下，单击"工具"按钮并选择"设置方向"工具（在"连通性"中）。单击"分析"按钮，将出现一个显示更改的报告。单击"应用"并关闭所有报告和错误窗口。

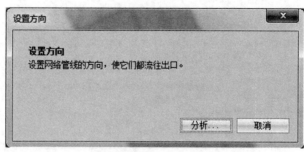

图 3-33　设置方向

（18）模型中可能存在未连接的部分，这需要"分裂"按钮来添加没有与管网连接的部分。

（19）现在，要打开汇水区图层，并给汇水区中检查井分配"下沿标高"。如果已经有一个汇水区图层，则必须导入图层，或复制汇水区并将其粘贴到SWMM5汇水区图层中。

为了区分已连接和未连接的 SWMM5 实体，一个用户定义的属性将被添加到汇水区层、管道图层和连接层。

（20）单击"图层"面板中的"汇水区"，然后单击"工具"按钮。

（21）选择"连通性"，选择"设置出口"。

（22）选择"指定汇水区的出口：汇水区形状内具有最低底标高的节点"。

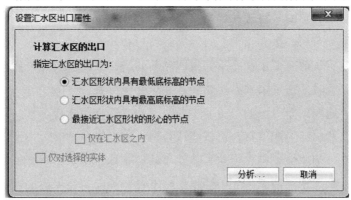

图 3-34　设置汇水区出口属性

（23）单击"分析..."。

（24）查看报告，然后单击"应用"并关闭。

（25）现在"使用简化网络"工具删除小于选定容差的任何管道（工具→管道→简化网络→连接管道短于 X 米→分析）。

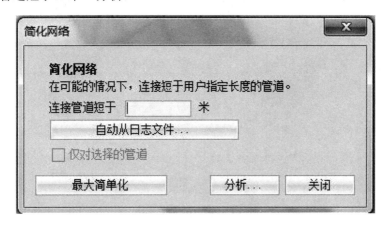

图 3-35　简化网络

3.3.1.4 重新投影 GIS 图层

以下将介绍如何查看背景图层的 GIS 坐标系以及如何将一个 GIS 图层重新投影到另一个坐标系中。当启动模型时，建模者经常会提供 GIS 背景图层，包括 ORTHO 照片、CAD 绘图或 SHP 文件。

（1）从"图层"面板中选择要查看坐标系的图层。

（2）单击"地图"面板中的"渲染"按钮。

（3）在"渲染"对话框中，选择"高级"按钮。

（4）在"高级"窗口中选择"图层"选项卡后，将看到图层的坐标系信息。如果 GIS 图层未分配坐标系，则图层将被标记为"未知"。

（5）记下坐标系后，按"确定"关闭高级窗口。

现在将该图层从前一个坐标系重新投影到新的坐标系。当项目中有多个 GIS 层，但却具有不同的坐标系时，宜采用本方法统一各图层的坐标系。

（6）单击"地图"面板中的"改变"按钮，然后选择"重投影"。

（7）查看当前选择的图层是否为需要重投影的图层。

（8）将当前"图层坐标系"设置为图层当前的坐标系。

（9）在"目标图层坐标系统"中，将坐标系设置为即将转换成的投影坐标系。

（10）单击"另存为"按钮并保存新投影的图层。

（11）关闭上一图层并打开新投影的图层。

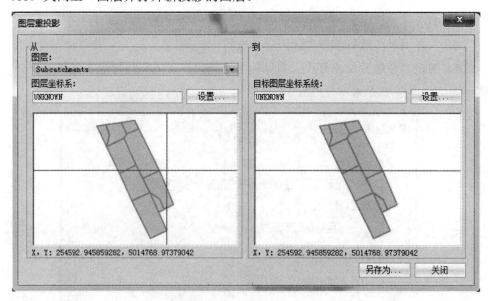

图 3-36　图层重投影

3.3.1.5 裁剪背景航拍影像图

以下将介绍如何裁剪背景图片。影像地图过大会导致图层加载缓慢，此时利用裁剪功能可以裁取需要的区域，以解决图像过大的问题。

（1）单击"地图"面板中的"打开图层"按钮。

（2）单击"浏览"按钮，打开背景航拍图像。

（3）在"地图"面板中，放大到待裁剪的范围。

（4）单击"导出"按钮。

（5）设置图像的保存位置，命名裁剪后的图层，然后单击"保存"按钮。

（6）在"导出到图像"对话框中，选择导出"可见范围"，并检查是否选中了"地理参考"。其他选项包括更改"图片大小""特征尺度""压缩""透明背景"。

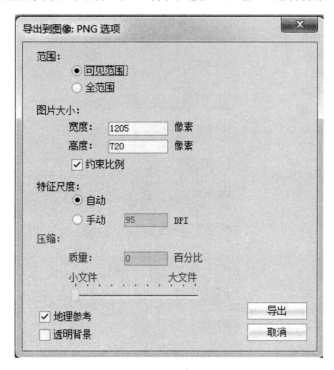

图 3-37　导出图像

（7）单击"导出"按钮。

（8）单击"地图"面板中的"打开图层"按钮。

（9）单击"浏览"按钮，找到导出的背景图层并打开。

3.3.1.6 用面积加权工具创建查询表

以下将介绍如何创建一个查询表，该查询表使用面积加权工具。允许用户将来自一个多边形层的独立属性与来自另一个多边形层的属性值相关联。在基于外部 GIS 多边形图层参数化汇水区时，查询表非常有用。实例包括基于土地利用图估计曼宁糙率值、坡度和不透水百分比以及基于土壤数据估计入渗模型中的参数。

创建查询表步骤如下：

（1）单击"工具"按钮，选择面积加权工具（在"汇水区"部分）。

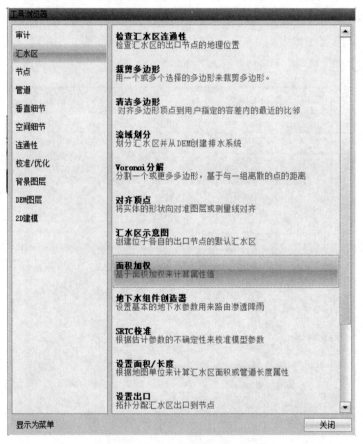

图 3-38　汇水区面积加权计算

（2）在"数据源图层"下拉框中，选择要用于面积加权的图层。对于这个操作表，将使用土地利用层来估计每个汇水区的不透水百分比。

（3）在"目标图层"下拉框中，选择要计算属性的图层。在这个例子中，将使用汇水区层。

（4）确保选中"使用查找表格"复选框。

图 3-39　面积加权

（5）单击"下个"按钮。默认情况下，PCSWMM 具有已定义的两个查找表：土壤特征公制单位和土壤特征美制单位。由于使用土地利用图，将创建一个新的查找表。

（6）在面积加权窗口中单击"编辑"按钮。

图 3-40　面积加权表

（7）单击"添加"按钮以添加新的查找表。

（8）在"结构"选项卡指定"独立属性"和"从属属性"。本例中，"独立属性"为

"LANDCLASS"，它是土地利用层中的属性，用于指定每个多边形土地用途。"从属属性"
IMPERV 是 SWMM5 属性字段名称，它是不透明百分比。

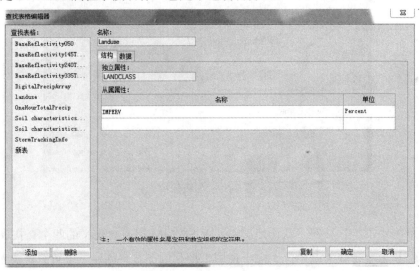

图 3-41　查找表格编辑界面

注：如果不确定 SWMM5 属性的 SWMM5 字段名称，可以点击"图层"面板中的目标图层，请选
择"改变"按钮，然后选择"重新构建"。属性名称将列在表中。

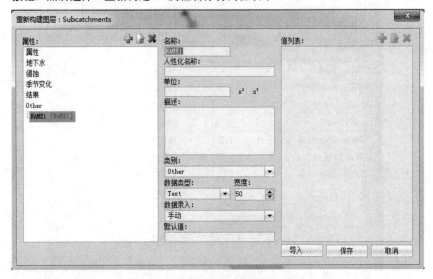

图 3-42　重新构建图层属性

（9）一旦指定了"独立属性"和"从属属性"，单击"数据"选项卡。"数据"选项卡
用于指定"独立属性"的唯一名称，并为"从属属性"分配关联值。在这个例子中，有 10 个
独特的 LANDCLASS 名称，并为每个分配了一个不透水率的值。

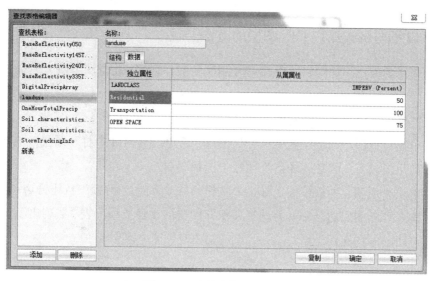

图 3-43 查找表格编辑界面

（10）输入名称和相关值后，单击"确定"按钮。此表将被保存，并可以打包在一个模型中，以便在另一台计算机上使用。面积加权工具中的查找表操作允许用户快速匹配进行面积加权计算。

（11）单击"计算"以完成面积加权平均运算。计算完成后，将弹出一个面积加权摘要，总结每个多边形中各个独立属性的百分比。可以将此报告的内容复制到 Excel 中并进行检查。

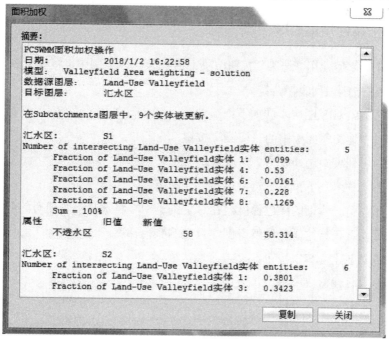

图 3-44 面积加权结果

3.3.1.7 以不同格式保存 GIS 图层的方法

以下介绍如何以不同的格式保存 GIS 图层的操作方法。此方法适用于矢量图层和栅格图层。

如果需要以其他格式保存 GIS 图层：

（1）单击"地图"面板中的"打开"按钮，在 PCSWMM 中打开图层。

（2）如果还没有，请在"图层"面板中选择图层。

（3）单击"地图"面板中的"导出"按钮（位于"锁定/解锁"按钮旁边）。

（4）键入导出图层的名称，并选择要保存图层的文件类型，表 3-2 列出了矢量图层和栅格图层可用的不同文件类型。

表 3-2　图层数据格式

图层类型	数据文件格式
矢量	*.shp，*.dxf，*.csv，*.opt，*.dlg，*.gml，*.xml，*.json，*.geojson，*.kml
栅格	*.png，*.bmp，*.jpg，*.png，*.tiff

（5）单击"保存"按钮保存图层。

（6）现在可以在 PCSWMM 或外部 GIS 程序中打开新导出的图层。

3.3.1.8 基于属性渲染 GIS 图层

以下将介绍如何使用"渲染"按钮渲染 GIS 图层。在本例中，将基于名为 AREADIFF 的用户定义属性渲染汇水区图层。

基于属性渲染 GIS 图层步骤如下：

（1）单击"地图"面板中的"渲染"按钮。

（2）从图层列表中选择要渲染的图层。

（3）单击"章节"下拉框，然后选择需要的属性。

（4）选择要用于渲染的颜色梯度。在这个例子中，将选择一个现有的颜色梯度。

（5）也可以下载其他颜色梯度或创建自己的颜色梯度。

（6）单击"创建章节"按钮。

（7）在图层属性窗口中单击"应用"。

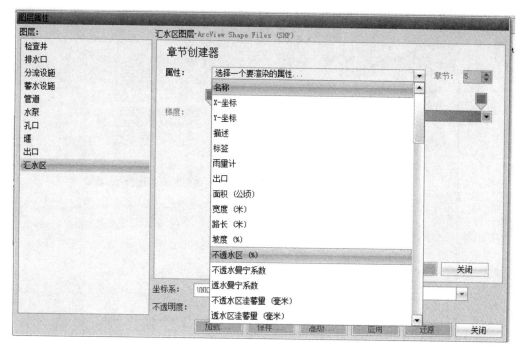

图 3-45　渲染图层属性

3.3.1.9　对一个点图层执行面积加权操作的方法

在基于外部 GIS 层（如土壤图和土地利用图）估算汇水区属性值时，面积加权工具非常有用。面积加权工具也可以用于使用点层来估计多边形层的值，也可以用于确定每个汇水区中点的数量或者计算汇水区中的点属性的最大值、最小值或平均值。以下介绍如何使用点图层执行面积加权操作。

从点图层到多边形图层的面积加权操作如下：

（1）单击"地图"面板中的"工具"按钮，然后选择"汇水区→面积加权"。

（2）将"数据源图层"设置为点图层，将"目标图层"设置为"汇水区"（或其他多边形图层）。

（3）选择要使用的"运算符"（总和、平均值、最小和最大），然后选择要对其执行操作的点属性。

（4）单击"计算"按钮。

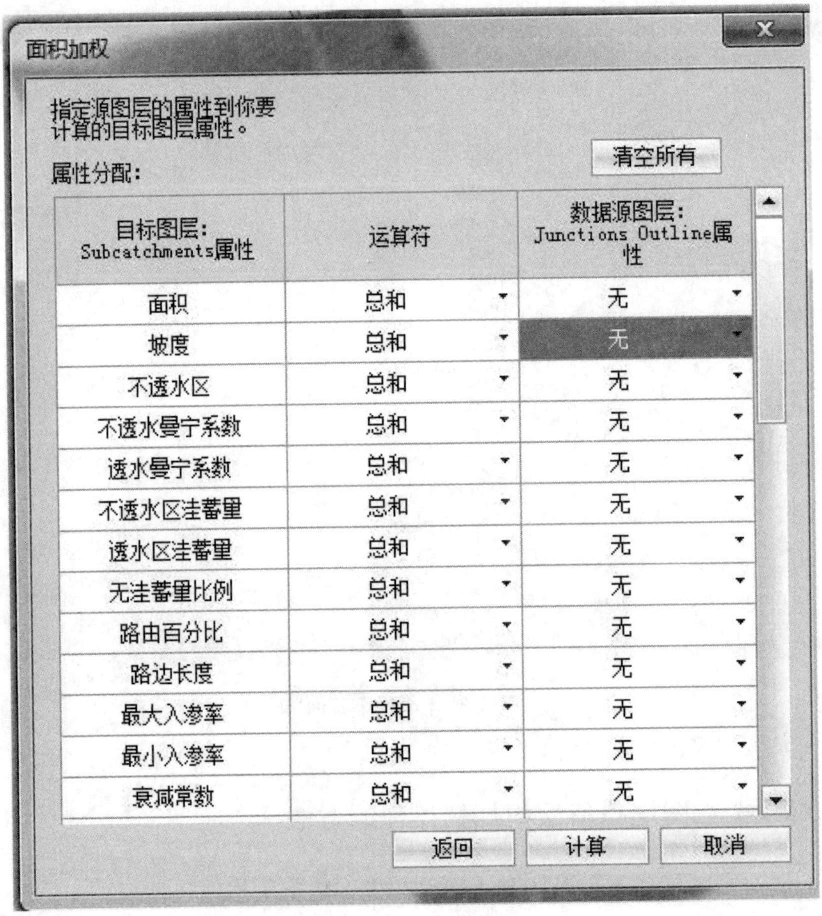

图 3-46 面积加权

3.3.1.10 给 GIS 实体添加标签

可以使用"渲染"按钮将标签添加到 SWMM5 和非 SWMM5 图层。向 GIS 实体添加标签的步骤如下：

（1）单击"地图"面板中的"渲染"按钮。

（2）在图层列表中选择要添加标签的图层。

（3）在图层属性窗口右侧的可见标题下，点击"标签"按钮。

（4）单击"插入"按钮，并勾选要显示标签的属性。

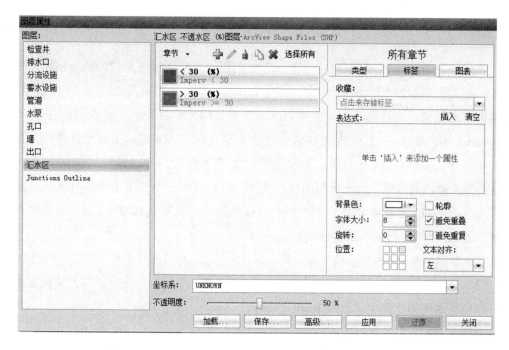

图 3-47　插入标签界面

（5）单击"插入"并"应用"。

（6）单击"关闭"。

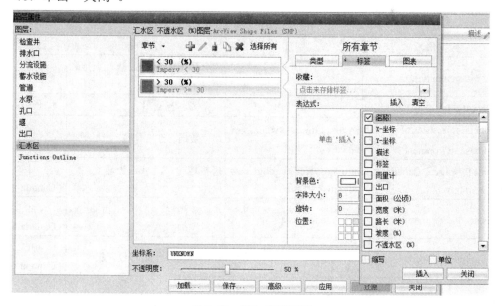

图 3-48　插入标签界面

3.3.1.11 PCSWMM 打开 WMS 图层的方法

以下介绍如何在 PCSWMM 中打开 WMS 图层。Web 地图服务（WMS）是基于简单的 HTTP 接口提供因特网上地理参考地图服务的标准协议。地图服务器使用来自 GIS 数据库的数据生成图像。该规范是由开放地理空间联盟（OGC）开发的。现在有超过 1 000 个 WMS 服务器和超过 35 万层通过 WMS。PCSWMM 的 WMS 连接工具允许添加和管理来自任何一个 WMS 服务器的任意数量的实时流媒体链接。可以连接到任何公开可用的 WMS 服务器，浏览服务器上可用的各种地图，并建立与一个或多个地图产品的连接。请注意，由于 WMS 的服务器/用户端性质，当连接到一个或多个 WMS 图层时，平移和缩放 WMS 图层比平移和缩放本地存储的图层要慢。

（1）单击"地图"面板中的"菜单"按钮并从下拉框中选择"坐标系统"，设置坐标系。

（2）设置坐标系后，单击"地图"面板中的"打开图层"按钮以打开图层浏览器。

（3）在图层浏览器中单击"WMS"按钮。

（4）在 WMS 服务器地址框中，选择一个默认 WMS 服务器或单击"添加"按钮。

（5）现在应该能够看到背景图像。为了减少由服务器连接引起的滞后时间，建议通过从图层列表中选择 WMS 并单击"地图"面板中的"导出"按钮来导出背景图像。请注意，如果无法连接服务器，您将收到一条错误消息。表 3-3 汇总了北美 WMS 数据来源。

表 3-3 WMS 网址

数据来源	网址	可用数据	数据范围
Local Municipalities		高分辨率的高程数据、土地利用、正射图像	本地（Local）
Conservation Authorities		水文图、流域图	本地（Local）
Provincial ministries of natural resources/environment	例如：http://www.mnr.gov.on.ca	路网数据、打包数据、流域数据	省内（Provincial）
Natural Resources Canada（GeoGratis）	http://geogratis.cgdi.gc.ca/geogratis	拓扑地图、流域、土地利用、道路	加拿大（Canada-wide）
Geobase	http://geobase.ca	水文、高程、路网、土地覆盖、卫星图像	加拿大（Canada-wide）
Geography network	http://www.geographynetwork.ca	从各种来源收集的数据集	加拿大（Canada-wide）
US data. Gov	http://geo.data.gov/geoportal/catalog/main/home.page	基础地图、水文、土壤、土地利用/覆盖、高程	美国（USA）
USGS	http://eros.usgs.gov/#/Find_Data/	航拍图、高程、SRTM、数字化地图、卫星图像、土地覆盖	美国/全球（USA/global）

3.3.1.12 根据空间临近程度给汇水区分配雨量计

根据相似性分配雨量计（类似于泰森多边形方法），请按照以下步骤操作：

（1）打开 PCSWMM 模型。

（2）在"地图"面板中，单击"方案"工具，选择"添加"，然后选择"复制当前项目..."。

（3）命名新项目"雨量计分配"并单击"创建"按钮。

（4）打开"雨量计分配"方案。

（5）删除除了汇水区之外的所有图层实体。

（6）打开包含雨量计坐标的雨量计点图层。

图 3-49　雨量计点图层

（7）在"图层"列表中选择雨量计图层，按"Ctrl + A"选择所有雨量计。

（8）按"Ctrl + C"复制所有雨量计。

（9）在"图层"列表中选择连接图层，然后按"Ctrl + V"将雨量计图层复制到检查井图层。

（10）单击"工具"，然后选择"汇水区→设置出口"。

（11）选择"最接近汇水区形状的心的节点"，然后单击"分析"。

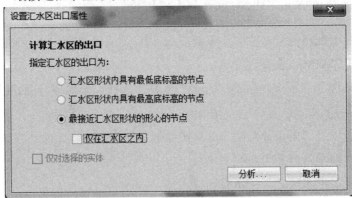

图 3-50　设置汇水区出口属性

（12）单击"应用"，然后单击"关闭"。

（13）如果选择了"显示汇水区连线"选项（在"菜单→偏好设置"中），将看到每个汇水区的雨量都将排放到最近的检查井（每个汇水区都代表一个雨量计）。

图 3-51　汇水区出口

（14）单击"替换"按钮。

（15）如图 3-52 所示设置替换的内容，然后单击"应用"，然后单击"关闭"。

图 3-52　替换编辑窗

（16）右键单击"汇水区"图层，选择"导出"和"完整范围"，然后导出。

（17）将形状文件保存为"雨量计.shp"并选择存储位置。

（18）重新打开原始模型。

（19）单击"文件→导入→GIS/CAD"。

（20）在"汇水区"选项卡中，导航到最近保存的"雨量计.shp 文件"，然后单击"打开"。

（21）保留名称和雨量计属性，清除其他属性。

（22）单击"完成"，然后单击"关闭"。

如果雨量计时间序列和导入的汇水区雨量计名称完全匹配，那么将为汇水区分配最接近汇水区的雨量计。

3.3.1.13　创建新 GIS 图层

在 PCSWMM 中，可以在"地图"面板创建多边形、点和线的背景图层。在创建区域、基于 GIS 坐标布设降雨和流量计以及创建土地利用层时将会用到背景 GIS 层。

1）创建新 GIS 图层

（1）单击"地图"面板中的"打开"按钮。

（2）在图层浏览器的右上角，单击"添加"按钮。

（3）从下拉框中选择要创建的图层类型（"点"、"线"或"多边形"）。

（4）浏览到要保存背景图层的位置，并可选择更改文件类型（默认为 SHP 文件）。

（5）单击"保存"按钮。

应在图层管理器中看到新创建的图层。

2）添加属性

创建新图层后，可能需要添加用户定义的属性，来记录有关添加图层的信息。

（1）从"图层管理器"中选择新创建的图层。

（2）单击"地图"面板中的"改变"按钮，然后从下拉框中选择"重新构建"。

（3）单击"添加"按钮添加属性。默认属性为 Name。添加尽可能多的属性，确保指定它是什么类型的属性（"布尔"、"日期"、"整数"、"数字"或"文本"）。

（4）完成后，单击"保存"按钮。

3）添加实体

（1）单击"地图"面板中的"添加"按钮。

（2）像通常在 SWMM 汇水区的操作一样，绘制"线"、"节点"或"多边形"。

4）使用"高级"按钮主题渲染 SWMM5 图层结果

下面介绍如何渲染 SWMM5 图层。本例将根据"最大流量"渲染"管道"图层，也可利用这些步骤渲染其他的图层。

假定已成功运行了一个 SWMM5 模型，并得到了相应的运算结果。

（1）在"地图"面板中，单击"渲染"按钮。

（2）在图层属性窗口中指定要渲染的图层，选择"管道"图层。

（3）在"章节"部分，选择要渲染的属性为"最大流量"。在绘制数值时，可以从下拉列表中选择"颜色方案梯度"。

（4）用户可根据需要选用渲染方案。在图层属性对话框保持打开状态时，单击"高级"按钮。

（5）选择"渲染"选项卡以打开渲染选项。

（6）可以更改渲染数值范围，以定义要使用的颜色。向导按钮也可用于自定义主题渲染。

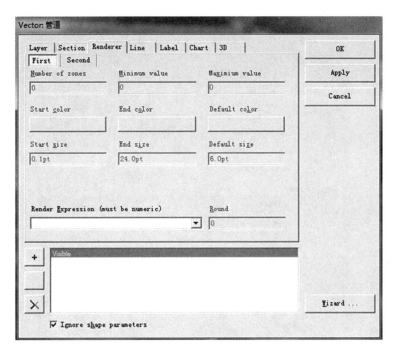

图 3-53　高级渲染

3.3.1.14　在 AutoCAD 中打开图层

第一种方法是将整个地图导出为栅格图层（＊.png、＊.bmp、＊.jpg、*.tiff），然后再使用 AutoCAD 打开相应的图层，方法如下：

（1）在"地图"面板中，单击"菜单"按钮，然后选择"导出图像"。

（2）在"保存类型"下拉框下，选择将地图保存为任何一种栅格格式，然后单击"保存"。

图 3-54　导出图像菜单

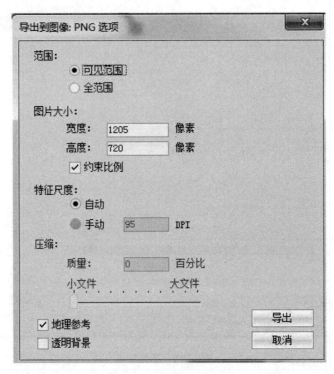

图 3-55　导出图像界面

（3）在 AutoCAD 中打开图层。

第二种方法是先将各图层转化为.DXF 文件，然后再用 AutoCAD 打开相应图层。方法如下：

（1）从"图层"面板中选择一个要导出的图层。

（2）单击"地图"面板中"锁定"按钮旁边的"导出"按钮。

（3）选择要导出的范围——"整个范围"或者"可见范围"。

（4）在"保存类型"下拉框下，选择将地图另存为.DXF 图层，然后单击"保存"。

（5）重复步骤（1）～（4），导出其余图层。

（6）在 AutoCAD 中打开图层。

3.3.1.15　为图层创建用户自定义属性

下面介绍如何创建用户自定义属性。用户定义的属性可以添加到任何 GIS 图层，可用于存储图层信息。创建用户定义的属性的步骤如下：

（1）单击要添加新属性的图层。

（2）单击"地图"面板中的"改变"按钮。

（3）从选项列表中选择"重新构建"。

（4）如果弹出一则消息说该图层已锁定，请单击"解锁并继续"按钮。

（5）单击"添加"按钮，然后选择"属性"添加新属性。

（6）命名新属性并定义数据类型。

（7）指定任何其他选项，然后单击"保存"按钮。

图 3-56　重新构建图层属性

3.3.1.16　用等值线图层估计存储曲线

下面介绍如何使用等值线图层创建存储曲线。步骤如下：

（1）创建一个新的多边形图层并进行命名。

（2）添加用户定义属性 Contour（如果等值线高程值存储在不同名称的属性中，则采用其他名称，如 cont）。

（3）打开等值线图，选择图层，并单击"锁定/解锁"按钮来解锁图层。

（4）单击构成蓄水设施的等值线。按住 Ctrl 键可选择多个等值线。因为将在接下来的步骤中修剪存储区域，所以在此步骤中等值线形状超出存储区域不会影响分析结果。

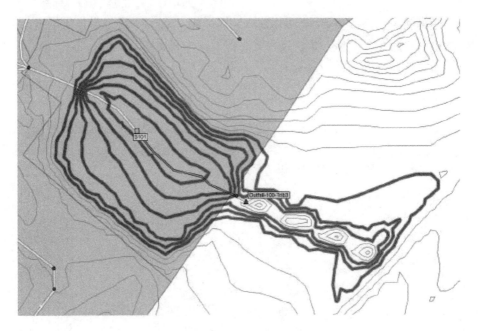

图 3-57　等值线图层界面

（5）选择等值线图层后，单击"地图"面板中的"复制"按钮，或单击"Ctrl+C"。

（6）在"图层"面板中，选择新创建的多边形图层，并将其粘贴到新图层中。可能会弹出一条消息，指示正在尝试将线粘贴到多边形中，选择"粘贴为多边形"选项。

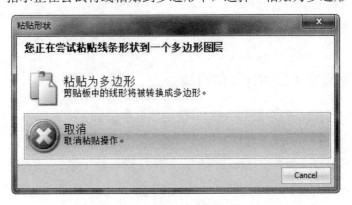

图 3-58　粘贴形状确认

（7）关闭等值线图。

（8）单击"渲染"按钮，然后从图层列表中选择新创建的多边形图层。

（9）选择"填充样式"为"clear"，这样就可以看到每个部分。

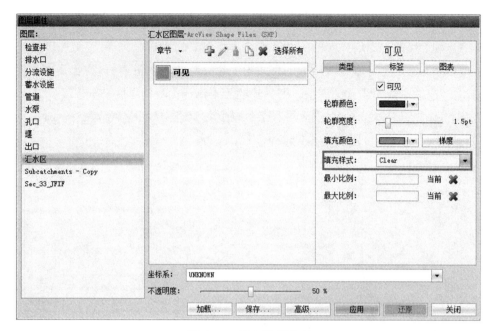

图 3-59　填充样式界面

（10）现在将裁剪不需要的区域。点击选中需要修剪的多边形。

（11）单击"分割"工具，根据存储区域的范围修剪多边形。

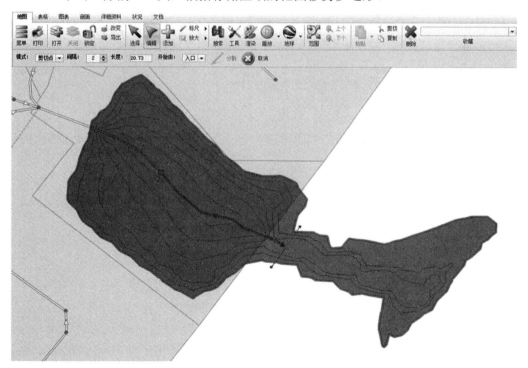

图 3-60　分割结果展示

（12）单击非存储区域，然后单击"删除"按钮将其从图层中删除。

（13）对于落在存储边界外的所有等值线形状重复此步骤。

（14）根据深度与等值线多边形的表面积创建存储曲线。图 3-61 显示了使用 0.5 m 等高线图层创建的存储曲线。该例中，存储池的"下沿标高"为 198.67 m。

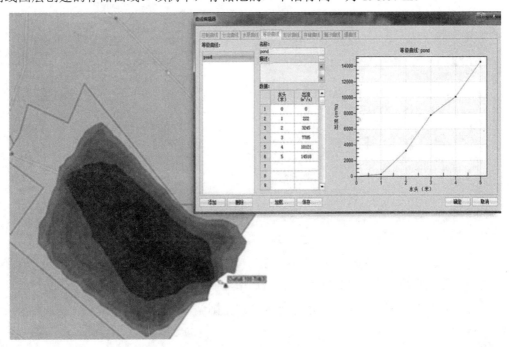

图 3-61　存储曲线

3.3.1.17　用随机颜色渲染 GIS 图层

可以使用 PCSWMM 中预置的颜色分级呈现 GIS 图层，也可以使用随机颜色来呈现图层属性。步骤如下：

（1）在"地图"面板中，单击"渲染"按钮以打开图层属性。

（2）在图层属性窗口中选择要渲染的图层，在这个例子中，将渲染"汇水区"图层。

（3）单击"章节"按钮打开"章节创建器"。

（4）在"属性"下拉框中选择一个文本属性（即"名称""标签""描述"等）。

（5）从"梯度"的下拉框中选择颜色梯度。梯度越多，颜色越多。

（6）勾选"随机抽样"，然后单击"创建章节"按钮。

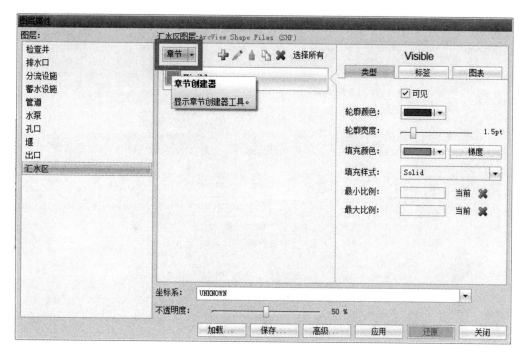

图 3-62 创建章节

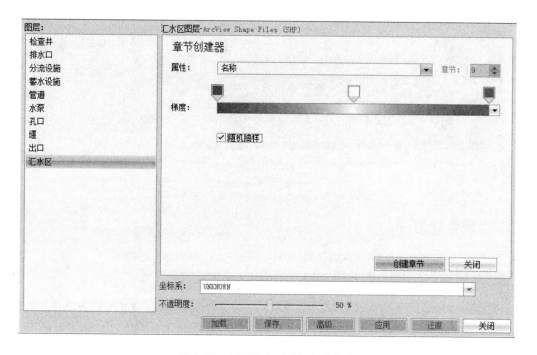

图 3-63 创建章节时选择颜色梯度

（7）单击"应用"按钮，然后单击"关闭"。

（8）如果对如何分配颜色不满意，可以删除它并创建新的章节。方法如下。

（9）单击"渲染"按钮，选择要渲染的图层。

（10）单击"删除所有"按钮删除所有以前创建的章节。

（11）单击"章节"按钮，并重复上述步骤重新渲染图层。

图 3-64　渲染结果图

3.3.2　属性处理

3.3.2.1　创建用户自定义属性

用户可以将自定义的属性或字段添加到工程文件的 SWMM5 实体（检查井、管道、汇水区等）和 GIS 背景图层中。用户自定义属性这一功能有许多用途，其中最主要的用途是在图层中存储附加信息。添加一个自定义属性到图层，当选中该图层并切换到"表格"面板后，将会看到表格中创建了新的一列。用户定义的属性可以通过"搜索" 工具进行查询、"替换" *fx* 工具进行修订。

　　用户自定义属性可以作为在图层中创建多个标签的一种方法。因为属性的名称不能重复，所以在同一图层中一个标签只能使用一次。此外，系统默认的标签属性储存在 SWMM5 的输入文件中，而用户自定义的属性则不存储在输入文件中。

　　创建用户自定义属性的具体操作步骤如下：

　　（1）单击要增加属性的图层。

　　（2）单击"地图"面板中的"改变" 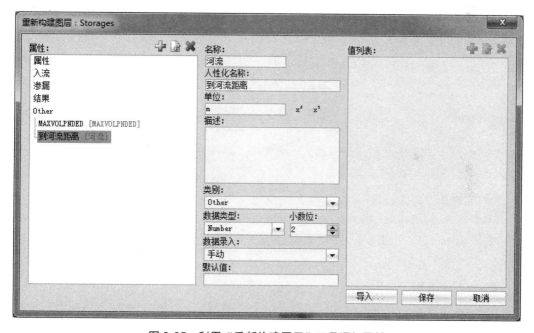 按钮。

　　（3）在选择列表中选择"重新构建"。

　　（4）如果弹出消息提示图层被锁定，单击"解锁并继续"按钮。

　　（5）单击"增加" 按钮，选择"属性"，以增加一个新的属性。

　　（6）命名新的属性，定义数据类型。注意属性名称不要超过 10 个字符。

　　（7）填充其他选项，点击"保存"按钮。

图 3-65　利用"重新构建图层"工具添加属性

3.3.2.2　设置属性显示顺序

　　可以在两个地方编辑"属性"面板和"表格"面板中属性的显示顺序。一种选择是永久的，另一种是临时的。可以重新排列 SWMM5 和背景图层的属性顺序，但不能重新排列或编辑 GIS 属性（SHP 格式数据），GIS 属性总是出现在最底层。

1）重新构建图层

重新构建一个图层会永久地改变图层中属性的顺序或类别。在重新构建图层时所做的更改将影响到使用相同图层的任何其他模型，包括 PCSWMM 之外的情景和模型。

（1）在"地图"面板，单击"图层"面板中需要编辑的图层，将其属性重新排列。

（2）单击"改变" 按钮，选择"重新构建"。

（3）要重新排列属性或类别，单击树列表中的项，并将其拖到所需的位置。或者，单击"安排" 按钮并从列表中选择一个选项。

（4）当完成想要的排序时，单击"保存"来存储该图层中的更改。

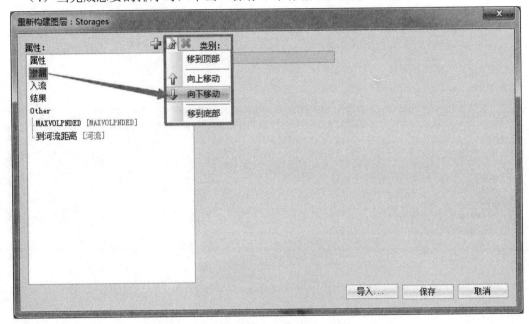

图 3-66 "重新构建图层"窗口下改变属性顺序

2）利用"表格"面板

在"表格"面板中，可以临时地重新排列属性的顺序，以比较属性值或评估模型结果。这些对属性顺序的更改不是永久的，一旦关闭"表格"面板，这些调整就会消失。

利用表格面板调整图层属性顺序的步骤如下：

（1）单击"表格"选项卡以打开"表格"面板。

（2）从"图层表"列表中选择需要临时重新排列属性的图层。

（3）单击想要移动的属性并将其拖动到一个新的位置。

在下面的例子中，"深度"属性被从一个较低的位置拖出来，"X-坐标"和"Y-坐标"的顺序被交换。此外，还可以使用"过滤器" 按钮在"表格"面板中更改属性顺序。

蓄水设施		
名称	X-坐标	Y-坐标
▶ S8.0B	623611.196	4849801.376
S7.0	623096.037	4849555.768
S6.0	621596.83283928	4851134.60903103
S5.0	621808.505	4851191.754
S1.0	620209.498	4853252.757
S3.0	620386.202	4853919.513
S4.0	620420.124	4854235.012
S2.0	618286.512	4857896.188
S27.0	628806.953	4851281.989
S21.0	624590.196	4857205.744

图 3-67 原属性顺序

蓄水设施			
名称	深度(米)	Y-坐标	X-坐标
S8.0B	10.922	4849801.376	623611.196
S7.0	1.021	4849555.768	623096.037
S6.0	22.135	4851134.60903103	621596.83283928
S5.0	9.51	4851191.754	621808.505
S1.0	52.055	4853252.757	620209.498
S3.0	10.841	4853919.513	620386.202
S4.0	5.811	4854235.012	620420.124
S2.0	9.406	4857896.188	618286.512
S27.0	0.891	4851281.989	628806.953
S21.0	6.592	4857205.744	624590.196

图 3-68 改变属性顺序结果

3.3.2.3 改变属性数据的小数位数

当属性被填充时，某些属性的数字会自动设置为十进制。但是如果使用不同的单位或非常详细的数据，就需要改变 PCSWMM 中显示的小数位数。

需要注意的是，当改变一个属性小数位数时，相应的变化也将应用于"属性"面板、"表格"面板以及输入文件中。如果一个属性被四舍五入或重新构建为保留两位小数，当这个图层被存储时，任何超过两位小数的值都不会被存储。

SWMM5 层结果属性、"状态"面板中的值，以及目标函数不能改变有效数字的数量。在 SWMM 和 PCSWMM 中，这些小数部分是软件固有的。

1）利用重新构建工具

（1）在"图层"面板中，点击包含需要格式化的属性的图层。在本例中，地下水类别中的 A_1 系数属性将被改变。

（2）单击"地图"面板中的"改变" ![按钮图标] 按钮，并从下拉列表中选择"重新构建"。

（3）展开属性所在的类别并选择需要改变的属性。

（4）如图 3-69 所示，改变小数位框中的数目。手动输入数字，或使用上下键。

（5）完成后单击"保存"按钮。

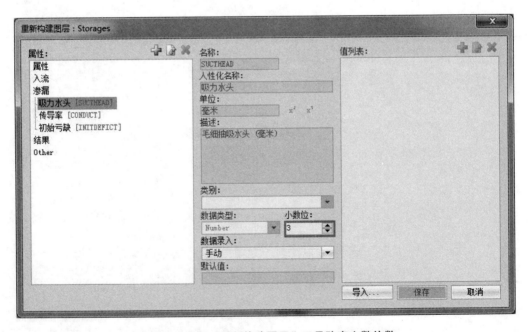

图 3-69 利用"重新构建图层"工具改变小数位数

2）利用替换按钮

（1）单击"属性"面板中的"替换" fx 按钮。

（2）从"应用于图层"下拉列表中选择包含属性的图层。

（3）从"编辑属性"下拉框中选择要编辑的属性。

（4）在"收藏"列表中选择"舍入"操作。

（5）在"表达式"框中，改变小数位数（第二项）的数目，以舍去多余的值。在图 3-70 中，有两位小数。

（6）单击"应用"，然后关闭。

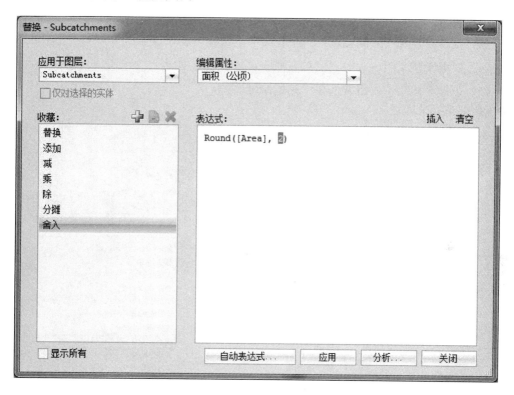

图 3-70　利用"替换"工具改变小数位数

3.3.2.4　同时编辑多个实体的属性

PCSWMM 中的替换工具用于同时编辑多个实体的属性。替换工具可以编辑文本属性和数值属性，但是工具对文本属性和数值属性的处理有微小差别。可以在"属性"面板和"表格"面板中访问"替换"按钮。

在使用替换工具之前，需要确保图层处于解锁状态。要解锁一个图层，从"图层"面板中选择它，然后点击"地图"面板工具栏中的"锁定" 🔒 按钮。

替换工具可以用来编辑属性层和背景层中节点、线和多边形的属性。替换工具不能用于编辑栅格数据，如 DEM 数据的高程。

1）数值属性

可以编辑数值属性以创建带有其他属性的表达式。从"替换"按钮访问自动表达式编辑器，当独立属性被编辑时，自动表达式将自动更新属性。

在本例中，将关联"检查井"图层的初始深度与深度属性。

（1）从"图层"面板中选择要编辑的图层，选择一个实体，或者选择编辑特定的实体，在选择对象时按住 Ctrl 键选择单个实体。

（2）单击"属性"面板中的"替换" *fx* 按钮（或"表格"面板中的"替换" 按钮）。

（3）在替换工具中"编辑属性"下拉菜单里选择"初始深度"。

（4）要编辑整个层，取消"仅对选择的实体"复选框。

（5）单击"插入"按钮并选择"初始深度"。

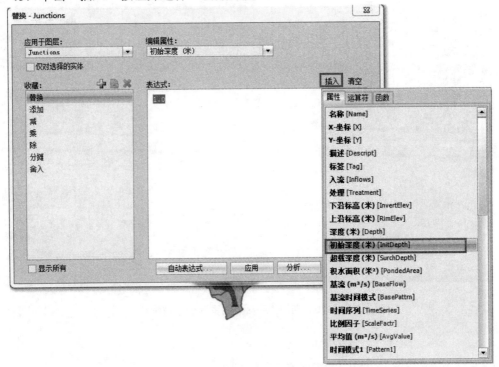

图 3-71　插入要替换的属性

（6）在"收藏"下点击"减"。

（7）在表达式框中输入 1.5。在这个例子中，"1.5"代表从水深中减去 1.5 m，代表水的初始深度。

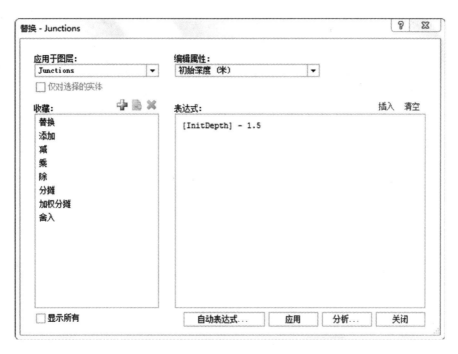

图 3-72　利用替换工具批量编辑属性

（8）单击"分析"按钮以确保产生的值是有意义的。

（9）单击"应用"，然后关闭。

图 3-73　分析结果

要检查这些值，请单击"表格"面板并选择连接层。确认所有的初始深度值现在比深度值低 1.5 m。

2）文本属性

在很多情况下，需要编辑文本（或字符串）属性，如更改实体的名称、为实体添加一个特定的标记，以及编辑实体的描述。替换工具表达式支持多种字符串函数，且必须使用引号括住表达式中的所有文本字符串。

在本例中，将为属性添加一个前缀。

（1）在"图层"面板中选择要编辑的图层，选择一个实体，或者选择编辑特定的实体，在选择对象时按住 Ctrl 键选择单个实体。

（2）单击"属性"面板中的"替换" *fx* 按钮（或"表格"面板中的"替换" *fx* 按钮）。

（3）从"编辑属性"下拉菜单中选择名称。

（4）在表达式框中输入"前缀"+名称，确保前缀在引号中，如图 3-74 所示。

图 3-74　利用替换工具为实体名称加前缀

（5）要将操作应用到层中的所有实体，取消"仅对选择的实体"勾选。

（6）单击"分析"按钮，确保产生的值是有意义的。

（7）单击"应用"，然后关闭。

图 3-75 实体名称增加前缀结果

检查结果的另一种方法是单击"图表"面板并选择"管道"图层，然后确认所有的管道的名称前都有前缀"C"。

3.3.2.5 利用自动函数设置属性

可以使用自动表达式自动计算属性值。SWMM5 层和后台层都可以使用自动表达式。与电子表格单元中的公式类似，每当表达式中使用的独立属性被更改时，属性就会被更新。自动表达式包含一些数学表达式，支持大量的函数和操作，可以使用由其他自动表达式计算出的属性。

自动表达式必须作为一个整体应用到一个图层，而不能只用于选定的实体。一旦将一个自动表达式分配给一个属性，那么属性字段就不能再被直接编辑了。但是，可以随时从属性中删除自动表达式。

可以从"重新构建"工具或"替换"工具中访问"自动表达式编辑器"。

（1）在"属性"面板中，单击"替换"*fx*按钮。

（2）从"应用于图层"下拉菜单中选择需要调整属性的层。

（3）如果"仅对选中的实体"被选中，则取消选中该复选框。

（4）在"编辑属性"下，从下拉菜单中选择一个属性来设置表达式。

（5）单击工具底部的"自动表达式"。

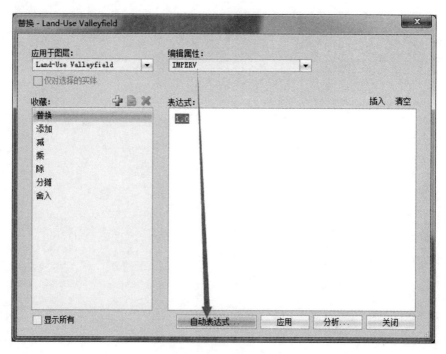

图 3-76　替换工具

（6）使用"插入"按钮将属性、操作符或函数添加到表达式中，或者手动在表达式文本框中输入表达式。在本例中，输入表达式如图 3-77 所示。

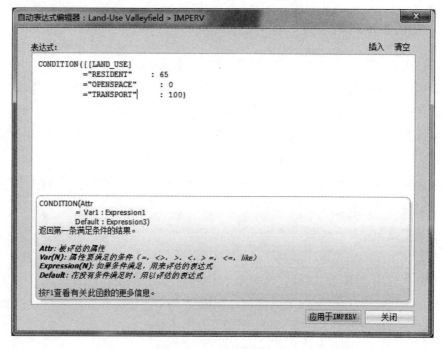

图 3-77　自动表达式编辑器

该表述的意思为，如果土地使用类型是住宅，那么不透水率属性值为 65%；如果土地使用类型是广场，那么不透水率属性值为 0%；如果土地利用类型是交通用地（TRANSPORT），那么其不透水率将为 100%。

（7）单击"应用于"按钮，将表达式应用到该层。

要检查是否正确输入信息，请单击"表格"面板并选择已编辑的层。新的属性将会以它们的新值列出。

在本例中，无论何时在 PCSWMM 中更新土地使用属性时，都将根据自动表达式重新计算不透水属性。

注：要将表达式保存到收藏夹中，请单击替换工具中的"添加" ➕ 按钮。

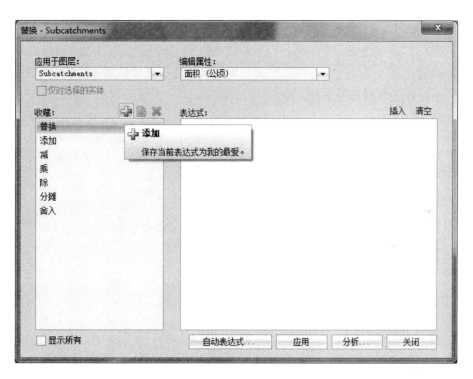

图 3-78　保存表达式

3.3.2.6　利用时间序列目标函数填充属性

在"图表"面板中，使用替换工具中的目标函数 OBJFN 计算出的时间序列统计信息可以作为其相关实体的属性存储在"映射"面板中。这些时间序列统计数据可以用于查询和呈现层以进行分析或表示。这个函数对于用模拟结果填充 EPANET 层也很有用，因为 EPANET2 项目的结果数值非常小。

如果时间序列数据集已经关联到背景图层，这种方法同样适用。例如，每一个节点超过它的边缘高度的持续时间可以存储在模型中每个连接的用户定义的属性中。目标函数工具中可用的所有函数都可以存储在属性中，并在数学表达式中列出。一些函数需要指定一个阈值。这个阈值可以是一个数值或一个属性值。

请注意，只能在替换工具中使用目标函数表达式 OBJFN，不能在自动表达式编辑器中使用它。换句话说，当时间序列发生变化时，必须手动更新它。

用于存储目标函数的属性必须在使用替换工具之前存在于相应的层中。因为 OBJFN 表达式不适用于文本类型属性，所以需要确保使用数字类型属性。也可以在这里指定小数位数。

如果需根据 SWMM5 输出时间序列（或 EPANET2 输出时间序列的 EPANET2 层）更新 SWMM5 层，则要确保在设置该表达式之前运行该模型，否则值将是空的。

（1）在"属性"面板中，单击"替换" *fx* 按钮（或"表格"面板中的"替换" *fx* 按钮）。

（2）在替换工具下，在"应用于图层"下拉菜单选择要替换属性的图层。在这个例子中，选择 Junctions（检查井）层。

（3）在"编辑属性"下，选择用户定义的数值属性。在这个例子中，它被称为"EXCEED"。

（4）单击"插入"按钮，然后在函数下选择 OBJFN。

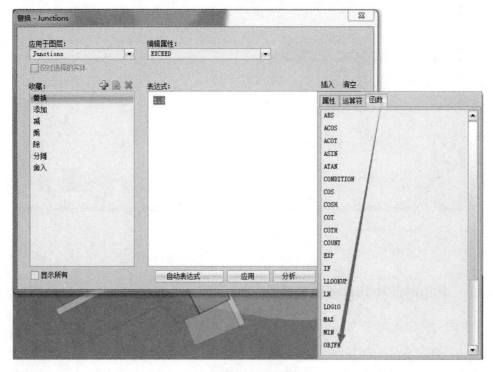

图 3-79　插入函数

在"表达式"编辑器中，将出现带有注释信息的窗口。

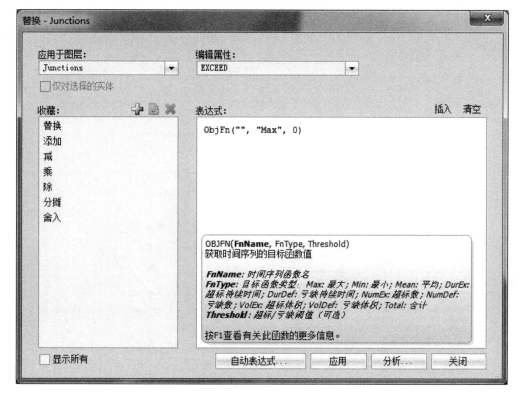

图 3-80　时间序列目标函数

（5）对于 FnName，填写时间序列函数的名称。对于 SWMM5 输出函数的名称的完整列表，请参考 SWMM5 输出文件。

（6）对于 FnType，填写输出的目标函数的类型。有关函数的简短表单的完整列表，请参考数学表达式。

（7）如果适用，请输入一个阈值，如果没有应用，则为 0。基于"超标"和"亏缺"的函数需要一个阈值。要添加属性值作为阈值，请单击"插入"按钮，并在属性下面选择属性。注意，这必须是一个数值属性。

在下面的例子中，基于水头超过其上沿标高的时间序列，利用超出时长（DurEx）目标函数计算每个检查井的洪水历时。这个表达式对于双排水模型很有用，因为在双排水系统中小时淹没属性没有考虑系统大节点和小节点之间的连接。

（8）单击"分析"按钮，查看目标函数值。

（9）单击"应用"，然后关闭。

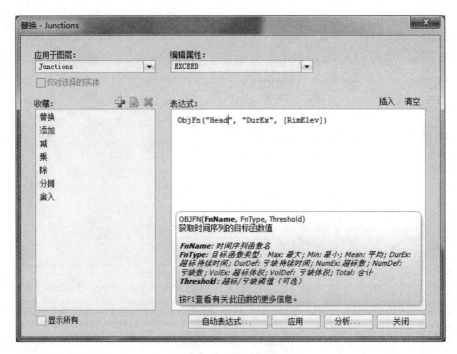

图 3-81　函数变量输入

注：

- 目标函数的单位将与在状态栏中选择的单位或在图表属性中指定的单位相同。所有的持续时间都是以小时为单位。

- 在指定函数名和类型时，要谨慎使用引号。当前"and"会被解释为不同的字符，因为表达式解析器不支持不同样式的引号。

- 由于目标函数是基于报告时间步长的，因此确保路由和报告时间步长是相同的，并且在模拟条件中没有选择最小时间步长的选项。这将确保属性值与 SWMM5 报告文件（"状态"面板）结果一致。

3.3.2.7　设置初始水平面高程

模拟开始时的初始水位是模型的初始条件之一。可以通过将所选节点的初始深度设置为一个固定的高度，然后减去相应的节点"下沿标高"来设置初始水位。

要将节点的初始深度设置为固定的高度，步骤如下：

（1）选择要编辑的节点。使用"搜索" 🔍 按钮选择符合特定条件的节点，例如，检查井（Junction）的"下沿标高"小于排水口（Outfall）高程的节点。

（2）选择要编辑的节点，在"属性"面板中将初始深度值更改为固定高度。

（3）在仍然选择节点的情况下，单击"替换"按钮，并选择"减"去节点的"下沿标高"。

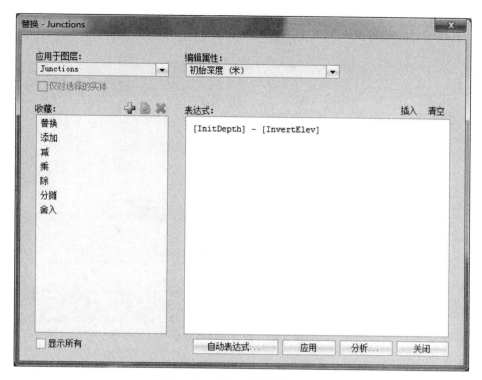

图 3-82　设置初始水平面高程

（4）点击"分析"，然后点击"应用"按钮。

3.3.2.8　属性加权值设置

权重函数通过将实体的属性值除以所有被编辑的实体的属性值的总和来计算一个分数（0~1）。可以选择一个指数来考虑附加的属性值。这个指数将应用于分子和分母的属性。

数值权重属性有多种用途，包括基于属性值对实体排序，确定洪水或其他类型分析中的关键实体，以及根据权重分配人口值。

在使用替换工具之前，用于存储目标函数的属性必须存在于相应的图层中。因为权重表达式不适用于文本类型属性，所以需要确保使用数值类型属性。也可以在这里指定小数位数。

（1）在"地图"面板或"图表"面板中，选择要加权的层或实体。

（2）在"属性"面板中，单击"替换" fx 按钮。

（3）在"编辑属性"下选择数值属性。在这个例子中，选择"超载深度"。

（4）单击"插入"按钮，在"函数"下选择权重"WEIGHT"。

（5）单击"插入"按钮，在"属性"下选择一个需要设置权重的属性。

（6）如果需要，可以指定一个指数作为分子和分母的权重。在下面的例子中，检查井是按洪水水深和洪水等级排列的。

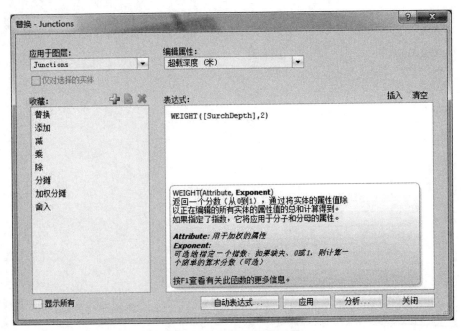

图 3-83　属性加权值设置

（7）单击"分析"按钮来查看所产生的值。

（8）单击"应用"，然后单击"关闭"。

3.3.3　实体处理

3.3.3.1　添加/创建实体

可以添加实体到任何矢量图层（SWMM5 图层及背景图层）。添加实体的最简单的方法是在"地图"面板下绘制实体，也可以通过如下方式创建实体：

- 从 GIS、CAD 或电子表格导入。
- 在图层之间复制、粘贴。
- 使用 PCSWMM 的一些工具自动创建实体。

也可以通过第三方应用（比如 ArcGIS）直接在 SWMM5 图层添加/编辑实体。在添加实体之前，需要对目标图层进行解锁。

如果"图层"面板下图层名称是灰色的，意味着当前图层不含有实体。一旦创建了实体，图层名称将会成为黑色。

1）添加 SWMM5 节点实体（检查井、蓄水设施、分流设施、排水口）

（1）在"图层"面板中选择想要调整的图层。

（2）在"地图"面板，将区域缩放至合适的范围。

（3）点击"地图"面板工具条下的"添加"🔸按钮，进入添加模式。

（4）在"地图"面板，点击想要创建实体的位置来添加点状实体。

（5）重复步骤（2）直到所有的点实体创建完。

（6）点击"选择"🔦按钮退出添加模式。

2）添加 SWMM5 线状实体（管道、泵、孔口、堰、出口）

在创建或导入管道之前，要预先创建或导入管道对应的节点。

（1）在"图层"面板选择想要创建管道的 SWMM5 图层。

（2）在"地图"面板，将区域缩放至合适的范围。

（3）点击"地图"面板工具条下的"添加"🔸按钮，进入添加模式。

（4）在"地图"面板，点击上游节点以开始绘制连线。

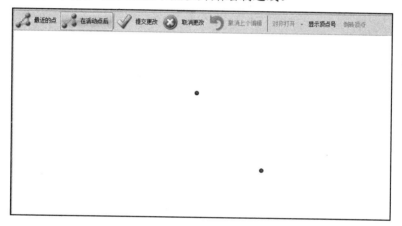

图 3-84　添加节点

（5）单击管道延线的位置。

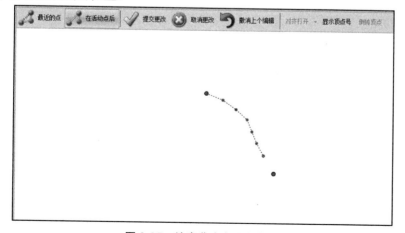

图 3-85　按弯曲走向添加节点

（6）点击下游节点完成 SWMM5 线状实体的创建。

（7）重复步骤（2）～（4）直到创建所有的管道实体。

（8）点击"选择"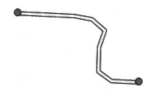按钮退出添加模式。

图 3-86　添加管线

3）添加 SWMM5 汇水区实体

（1）在"图层"面板选择"汇水区"图层。

（2）在"地图"面板，将区域缩放至合适的范围。

（3）点击"地图"面板工具条下的"添加"按钮，进入添加模式。

（4）在"地图"面板，在想要的位置点击第一个点以开始绘制多边形/汇水区。

（5）重复步骤（2）添加其他的顶点。至少需要三个顶点才能形成一个多边形/汇水区实体。

图 3-87　添加汇水区

（6）要完成多边形/汇水区的创建，点击"提交更改"按钮或按回车键。

（7）点击"选择"按钮退出添加模式。

图 3-88　完成添加汇水区

注:

- 为背景图层添加点、线或面实体的方法与上文一致。与绘制 SWMM5 线状实体不同，在绘制背景图层的线实体时，无须预先设置节点作为线状实体的端点。

- 当添加/编辑实体形状时，要撤销上一步更改，点击"取消上个编辑" ⤺ 按钮。

- 当添加/编辑线或多边形实体时要移除任何顶点，选择顶点（选中的顶点高亮为红色），并且点击"删除" ✖ 按钮，或再一次点击选中的顶点。

- 点击一个未选中的顶点将会选择它，点击一个选中的节点将会移除它。

- 要取消正在添加的线或多边形实体，点击"取消更改" ✖ 按钮。

- 在添加模式下缩放界面，滚动鼠标滚轮即可。

- 在添加模式下要平移地图，按下鼠标中间键（通常是鼠标滚轮），拖动地图。有时候长按着鼠标中间键不易操作，建议通过从一个位置缩放，然后用鼠标滚轮缩放到下一个位置来实现相同的目的。

- 当添加线或多边形，有两个模式用于添加顶点——"最近的点"和"在活动后点"。"在活动后点"将添加一个顶点，并将其连接到最后一个顶点。

- 要展示添加顶点的顺序，点击"显示顶点号"。对于多边形，顶点号可以逆转，通过选择"倒转顶点"。

- 当添加顶点时，使用"对齐打开"可以捕捉顶点到已有的其他实体的顶点，指定一个容差用于捕捉顶点，通过点击"对齐打开"的下拉三角，调节到需要的像素。

- 要添加一系列的 SWMM5 管道和检查井，可按下 Shift 键同时创建新的连接线和节点。

- 要添加节点到已有管线，可以使用"分割" ╱ 工具，该工具位于编辑浏览器下。

3.3.3.2　选择实体

以下讨论 PCSWMM 中选择可视化对象的各种方法。用这些方法可以快速地或重复性地选择多组实体，并将其用于可视化、批量编辑、导出、复制、子模型创建、删除等操作。一般情况下，使用"选择" ⬏ 按钮可以一次性在一个图层中选择实体。但是，要选择多个图层的实体就需要使用键盘快捷键或"搜索" 🔍 按钮工具。

在"图层"面板中如果某个图层名称旁边有一个锁的符号 🔒，意味着图层被锁定，不能被选择。要在这样的图层中选择实体，必须使用"解锁"按钮解锁该图层。

在"地图"面板中选中图层的实体后，"属性"面板将展示实体的数量及它们的属性。所有选择的实体含有的相同属性将被展示出来，不同的属性值将留为空白，如图 3-89 所示。

"粗糙度"是所选管道的相同属性值，但是描述、标签及长度属性是不同的。"属性"面板列出的空白的属性可以被批量编辑。灰色的属性（如名称、入口节点、出口节点），不能被批量编辑，因为它们对于每一个实体必须是唯一的。

图 3-89　管道"属性"面板

当在"地图"面板中选择实体后，这些实体也会在"表格"面板下被选中。通过"菜单" ≡ 按钮下勾选"仅对选择的"，可以在"表格"面板中利用筛选工具查看选定的实体。

1）鼠标选择

在"地图"面板中，在"选择" ↖ 模式下点击实体即可选择实体。如果在待选实体附近有多种类型的实体（在多个图层上），那么选择的优先级由高到低依次为点、线、面。

只需要按住 Ctrl 键的同时单击待选的实体，就可在同一个图层中选择多个实体（汇水区、检查井等）。在单击实体时，按住"Ctrl+Shift"键可在多个图层中选择多个实体。

先点击一个节点或链接线实体，再按住 Shift 键，然后单击另一个节点或链接线实体，即可选择一条路径（如用于查看剖面）。在两个选定实体之间形成最短路径的链接和节点将作为路径的一部分被选择。

要选择一个选择框内的实体，首先选择"图层"面板中相应的图层，按住 Ctrl 键，然后用鼠标左键拖动一个正方形，如图 3-90 所示。

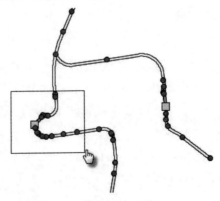

图 3-90　鼠标选择实体

2）搜索按钮

在"地图"面板工具条中的"搜索" 🔍 按钮包含几个不同的工具，这些工具可以用来选择 SWMM5 实体及背景图层。一些工具应用于仅仅一个图层，其他的一些工具可以从多个图层选择实体。

3）查询选择

"查询选择"工具可在一个或多个图层同时执行 SQL 查询。用户可以构建一个简单或复杂的 SQL 查询来选择基于多个属性值的实体，并可以将查询条件保存起来以备将来使用。

4）用多边形选择

用户可利用"用多边形选择"工具选择所有 SWMM5 实体，该方法可快速选择一个多边形范围内多个 SWMM5 图层上的多个 SWMM5 实体。多边形可以来自一个已有的 GIS 图层，或是一个新建 shp 文件，也可以是用"标尺" ✏ 工具创建的选区。

5）用角度选择

"用角度选择"工具可按照一个指定的角度范围选择管道。

6）选择通路

"选择通路"工具可以用来选择路径。可以将路径保存在"剖面"面板中，使用收藏夹工具快速复调。

7）选择上游

选择所有与当前实体连接的上游 SWMM5 实体（链接线、节点及汇水区）。该工具可用来检查实体间连接性或选择排水分支来创建子模型。若要只选择上游的一个图层，请单击"图层"面板中感兴趣的图层。

8）选择下游

选择与当前实体连接的下游所有 SWMM5 图层（链接线、节点及汇水区）。该工具可用于检查连通性或选择主干线或河流。若要只选择下游的一个图层，请单击"图层"面板中感兴趣的图层。

9）选择连接的

使用"选择连接的→上游或下游"立即切换至所选实体的上游或下游的 SWMM5 实体。有助于有序处理排水网络的上游或下游。

10）选择所有

"选择所有"可用于选择图层中所有实体。"Ctrl+A"键也可以实现选择一个图层中的所有实体。

11）反选

对当前选中的实体进行反向选择，即选择一个所选实体之外的任何实体。

12）箭头键选择

通过键盘上向上或向下的箭头键选择与当前所选图层连接的 SWMM5 上游或下游实体。

当使用鼠标滑过排水系统网络（如在管线和节点之间移动）向上或向下移动时，按住 Shift 键来切换 SWMM5 图层。按住 Ctrl 键保持现有的选定实体，使用左右箭头键在分支之间切换（仅用于连接到连接节点的连线）。

3.3.3.3　从一个模型复制实体和属性到另一个模型

至少有 4 种方法可从一个 SWMM5 项目复制实体或属性到另一个项目：在图层之间复制和粘贴、导入、推及拉。可以利用这些方法将已有实体移植到新模型或相关的方案中。

1）图层之间复制、粘贴

该方法用于需要对 SWMM5 项目进行更新时，以及从源 SWMM5 项目打开一个或更多 SWMM5 图层到"地图"面板作为背景图层时。可以在图层之间复制和粘贴实体。

（1）确定已打开待更新的 SWMM5 项目。

（2）在"地图"面板，点击"打开" 按钮，从源 SWMM5 项目打开 SWMM5 图层。

（3）在图层之间复制、粘贴相应的实体。

2）导入所选实体

可以将 SWMM5 实体导入到 SWMM5 项目，或从另一个 SWMM5 项目导入进来。使用导入 GIS/CAD 工具。这种情况下，外部数据源为 SWMM5 图层 SHP 文件。

3）"推"工具

"推"工具位于方案管理器下，它可以将实体和属性从当前 SWMM5 项目推送到一个或更多方案中。

4）"拉"工具

可以在"详细资料"面板下使用"拉"工具从其他 SWMM5 项目更新已有实体的属性。

3.3.3.4　从一个图层复制实体到另一个图层

可以从一个图层复制实体到另一个图层，存在于两个图层中的属性也将自动转移到目标图层中，未找到值的属性将被给定默认值。该方法适用于 SWMM5 图层和背景图层。

这是转换 GIS 图层的一个方法，比如将多边形复制到汇水区，将线图层复制到管线。或者为实体创建 GIS 文件，将其复制到 SWMM5 的 SHP 图层。背景图层的缺省值必须在 PCSWMM 中被指定，并且不能被导入到程序中。

（1）在"地图"面板中确保打开源图层和目标图层。可以使用"打开" 按钮打开图层。

（2）在"图层"面板点击源图层。

（3）如果图层被锁定，点击"锁定" 🔒 按钮来解锁。

（4）选择要复制的实体。

（5）按下"复制" 🗋 按钮或按"Ctrl＋C"。

（6）在"图层"面板，点击目标图层。

（7）点击"粘贴" 🗋 按钮或按下"Ctrl＋V"。

注：

- 点状实体只能复制到点图层中，不能复制到线图层或面图层。

- 线实体可以被粘贴到多边形或线图层。如果线实体被粘贴到多边形图层，会出现警告信息，带有两个选项：取消还是作为多边形实体粘贴线。如选择从线创建多边形，线状实体的最后一个顶点将与第一个顶点相连接。要查询顶点的顺序，双击实体并在编辑工具条点击"显示顶点号"。

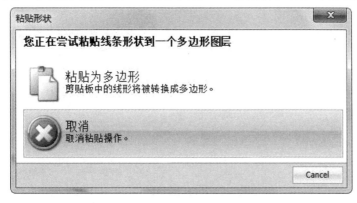

图 3-91　将线图层粘贴到面图层提示

- 多边形实体可以被粘贴到多边形或线图层。如果多边形实体被粘贴到线图层，会出现警告信息，带有两个选项：取消或作为线实体粘贴多边形。如选择将多边形粘贴为线状实体，将断开最后一个顶点与第一个顶点的连接。要查看顶点的顺序，双击实体并在编辑工具条点击"显示顶点号"。

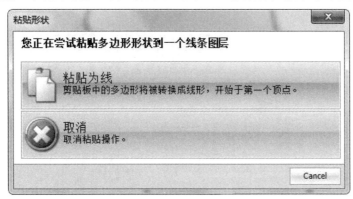

图 3-92　将面图层粘贴到线图层提示

3.3.3.5　创建缓冲区

缓冲区是实体周围的区域，用于邻近分析或在研究区域周围创建包围多边形。可以利用缓冲区工具在指定的实体周围创建一个缓冲区，该实体的所有顶点和缓冲区的设置间距决定了缓冲区的范围。可以为点、线和多边形矢量图层创建缓冲区，利用背景图层和SWMM5图层生成缓冲区。

缓冲区工具可以将缓冲区形状存储在现有的多边形图层中，或者存储在一个新建图层中。按以下步骤，可为选定的实体创建一个单独的缓冲多边形。

（1）在"地图"面板，选择一个实体。

（2）点击"工具" ✖ 按钮，在背景图层部分，选择"缓冲区"。

（3）从下拉菜单选择已有多边形图层，或点击"新建"按钮创建一个新的多边形来存储缓冲区。

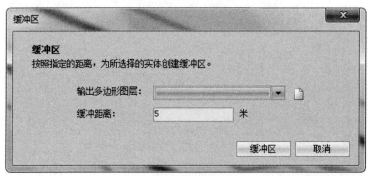

图 3-93　设置缓冲区

（4）以地图单位设置缓冲距离。蓝色虚线将会出现，围绕着所选实体，以指明缓冲区范围。

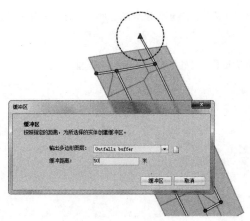

图 3-94　缓冲区范围

（5）点击"缓冲区"创建多边形。新的图层将被添加到"图层"面板，缓冲区多边形将被添加到"地图"面板中。

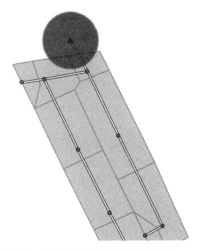

图 3-95　缓冲区多边形的地图显示

注：

- 在连接工具操作后，可以连接缓冲区多边形。该工具位于编辑浏览器 ▼ 下的"连接" 🔧 工具。
- 如要选择缓冲区内的实体，可从"图层"面板选择缓冲区图层，然后使用"搜索" 🔍 工具"用多边形选择"。

3.3.3.6　裁剪多边形

可以利用"裁剪多边形"工具分割或修剪汇水区图层和背景图层中的多边形。在"裁剪多边形"工具中，将使用蒙版裁剪多边形图层。蒙版其实是已有的多边形，或者是在"地图"面板中使用"标尺" ✏ 工具创建的形状。

"裁剪多边形"工具不适用于栅格图层、点矢量图层及线矢量图层。在"自动计算长度"选项开启的情况下，PCSWMM 将自动重新计算被裁剪汇水区图层的面积和宽度属性。

在使用"裁剪多边形"工具之前，需要确保待裁剪的多边形图层处于解锁状态。如果有必要的话，可以复制原始图层作为备份图层。待裁剪的图层和蒙版图层必须具有相同的坐标系。

（1）选择一个或多个多边形作为蒙版：

- 使用"标尺" ✏ 工具中的多边形 ◺、矩形 ▢ 或圆 ✔ 选项绘制多边形形状。
- 或者从已有图层（汇水区或背景多边形图层）选择多边形。

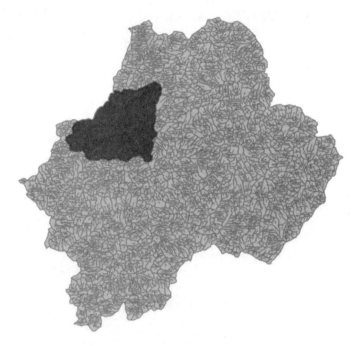

图 3-96 选择多边形作为蒙版

（2）点击"工具" ⚒ 按钮。

（3）在"汇水区"部分选择"裁剪多边形"。

（4）在下拉菜单选择要裁剪的图层。

（5）在下拉菜单选择保持不变的图层。要保持不变的图层将呈绿色高亮状态，要被永久删除的图层为红色高亮状态。

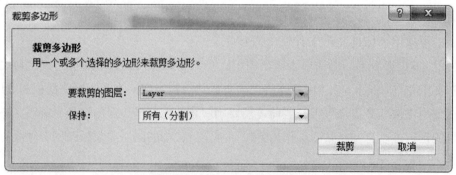

图 3-97 裁剪多边形设置

（6）点击"裁剪"按钮裁剪图层。

图 3-98 裁剪后的多边形

注:

● 如果汇水区被裁剪到一个较小的形状，且其他 SWMM5 图层处于该汇水区之外，可以使用"搜索"按钮下的"用多边形选择"，选择汇水区内的实体。

● 选择"检查井"图层及"为目前选择的多边形所包含"选项，然后选择"搜索"＞"反选"，点击"删除"✖按钮，删除外部实体。如果有必要，可以重复以上步骤删除汇水区以外的 SWMM5 管线或节点。

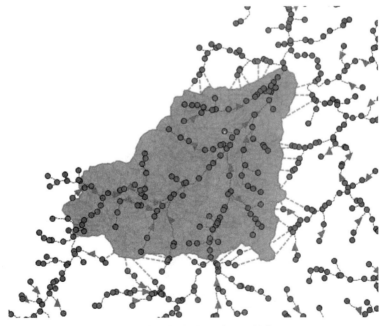

图 3-99 "用多边形选择"搜索

图 3-100 完成多边形外的图层裁剪

3.3.3.7 复制实体

可使用"复制"和"粘贴"功能复制 SWMM5 实体。

（1）在"地图"面板，选择要复制的实体。

（2）点击"复制"按钮，或按下"Ctrl+C"。

（3）点击"粘贴"按钮，或按下"Ctrl+V"。

（4）将出现粘贴实体对话框。选择"是"来替换已有实体或"否"来创建新实体（复制过来的）。如果有多于一个正在被复制的实体，点击"对所有都是"或"对所有都否"。

（5）如果点击"否"，需在"地图"面板中输入放置实体的偏离量，以避免实体相互覆盖。

（6）复制的图层将出现在"地图"面板。如果复制的图层是一条线，必须使用编辑浏览器▼下的"编辑" ⬚工具将这条线连接到两个 SWMM5 节点上。

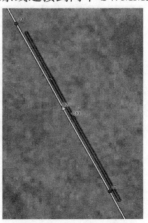

图 3-101 复制一条线

3.3.3.8　连接 SWMM5 实体

可以在"地图"面板、"属性"面板及"表格"面板下手动或自动连接 SWMM5 实体。为了正确运行模型，所有 SWMM5 连接线必须与两个节点相连接，所有汇水区必须与一个出口相连接。

1）添加实体时指定连接性

可以在添加时指定连接性。汇水区实体自动连接到距离多边形中心最近的出口节点。在绘制管线时会自动指定管线入口节点和出口节点，因为管线必须连接到两个节点。

2）编辑及更新已有的连接性

（1）使用替换工具。

可利用"替换" fx 工具（在"属性"面板或"表格"面板中）在一个图层中一次替换一个或多个实体的属性。只需要选择目标属性（汇水区图层出口及管线的入口节点和出口节点）及新连接的名称即可。

（2）编辑形状。

可使用"编辑" ▼ 工具编辑"地图"面板中的矢量图形的形状。使用"编辑" 工具改变管线顶点是改变管线连接的最简单的办法。

（3）使用"属性"面板。

自动连接出错时，可以在"属性"面板下为汇水区及管线指定入口节点和出口节点。点击"属性"面板的字段值，在下拉菜单选择一个新的节点或者直接输入节点名称（或汇水区名称）。

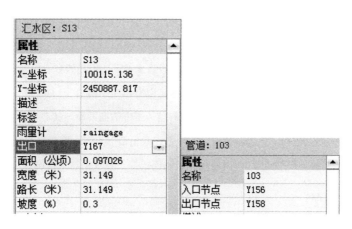

图 3-102　定义汇水区及管线的入口和出口

（4）使用"表格"面板。

自动连接出错时，也可以在"表格"面板中为汇水区及管线指定入口节点和出口节点。

点击实体所在的 SWMM5 图层，然后在表格中选择所需的字段值，输入节点名称（或汇水区名称）。

名称	入口节点	出口节点	标签	长度（米）	
1	Y36	Y36-1		20.1	
2	W10	W5		13.34	
3	W9	W10		21.29	
4	Y23	Y28		30.07	
5	Y28	Y29		29.1	
6	Y29	Y32		27	
7	Y32	Y36		27.86	
8	Y1	Y4		24.6	
9	Y4	Y7		24.78	
10	Y7	Y11		11.61	
11	Y11	Y16		21.99	
12	Y16	Y19		14.34	
13	Y19	W11		4.53	

图 3-103 使用表格定义入口节点和出口节点

（5）使用"地图"面板工具。

也可以通过使用"地图"面板中工具🔧的几个不同工具自动指定连接性。

可以使用"设置出口"工具自动设置汇水区出口连接。

可以使用"自动连接"工具自动将线状实体和节点连接在一起。

可以使用"选择孤立体"工具查看孤立的管线、节点及汇水区。

注：

- 可以有多根管线同时连接到检查井、分流器或蓄水单元，但只能有一根管线与排水口节点相连。

- 一个汇水区只能有一个出口，但多个汇水区可以有相同的出口。

- 管线的入口节点和出口节点不能是同一个节点（一个节点不能与其自身相连）。

- 当 PCSWMM 发现一个管道没有指定入口节点或出口节点时，它会发出警告信息。例如"没有在管道 C1 发现入口节点"。可以使用"自动连接"工具改正这个错误。

3.3.4 汇水区处理

3.3.4.1 自动分裂汇水区

可以使用"分裂"工具分裂或划分 SWMM5 图层及背景图层中的多边形或线实体。

（1）在"地图"面板，选择要分裂的汇水区。

（2）点击"编辑" ▼ 按钮，选择"分裂" ✏ 工具。

（3）沿着切断线依次点击每个顶点的位置绘制切割线。注意切割线的开始点和结束点应落在汇水区的外部，如图 3-104 所示。

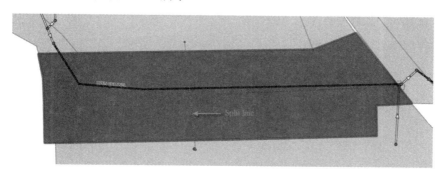

图 3-104　分裂汇水区

（4）绘制好切割线后，点击"分裂"按钮分裂汇水区。

（5）检查分裂汇水区的属性是否合适。

3.3.4.2　使用 Voronoi 分割多边形

Voronoi 图是根据一个特定平面到点的距离将平面划分成区域的图。点集是提前指定的，每一个点都有一个相应的区域。这些区域被称为 Voronoi 单元（或泰森多边形），SWMM5 图层及背景图层都可以使用 Voronoi 图分解工具。

当为一个雨量计寻找最近的汇水区，或基于检查井位置分裂汇水区时可使用该工具。当使用节点（检修孔）位置时，注意汇水区不会基于重力排水，但是仍然会反映准确的水力坡降线（HGL）。

本例将使用"检查井"图层分裂一个汇水区对应的多边形。

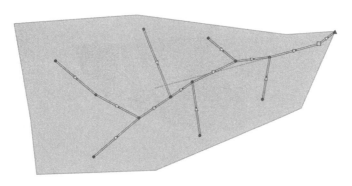

图 3-105　Voronoi 分解图层准备

（1）在"地图"面板，点击"工具" ✖按钮。

（2）在"汇水区"部分选择"Voronoi 分解"，打开 Voronoi 分解/泰森多边形工具。

（3）汇水区图层将被作为多边形图层。

（4）选择一个加载的点图层（如检查井）。

（5）勾选"指定汇水区的出口为节点"。

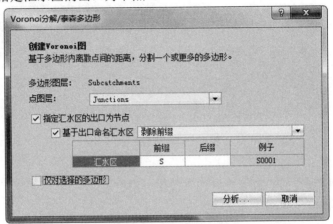

图 3-106　Voronoi 分解设置

勾选"基于出口命名汇水区"，选择是否剥除前缀、后缀或都剥除。本例中，选择剥除前缀"S"，为新汇水区命名。

（6）点击"分析"。

（7）Voronoi 分解结果的预览图将出现在屏幕中。如果汇水区划分结果满足要求，点击"应用"。

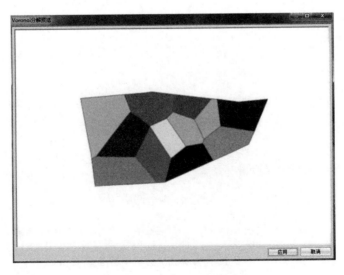

图 3-107　Voronoi 分解图预览

这时，新汇水区将出现在"地图"面板中，各检查井的汇水区如图 3-108 所示。

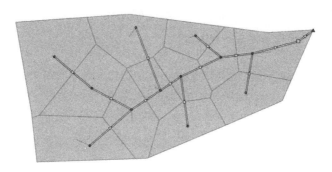

图 3-108 Voronoi 分解的新汇水区

注：因为仅根据一个点无法完成 Voronoi 分解，所以在执行 Voronoi 分解时，如果选定的多边形内只有一个点，那么 PCSWMM 会发出警告信息。

3.3.4.3 清洁多边形顶点

根据用户指定的容差的范围，"清洁多边形"工具将多边形顶点捕捉到最近的相邻顶点，避免在相邻汇水区之间出现空隙或重叠。该工具不会创建新的顶点，所以当相邻多边形具有相同数量的顶点时，该工具的使用效果最好。

也可以使用"调整"工具编辑多边形顶点，利用该工具可以添加新顶点、删除顶点并将相邻顶点捕捉到一起。

例如在图 3-109 中，需要修复多边形之间的空隙。可使用"清洁多边形"工具调整多边形矢量图层。

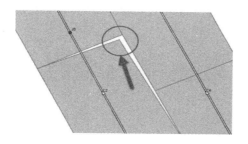

图 3-109 汇水区顶点处空白

1）"清洁多边形"工具

（1）在"地图"面板中，点击"图层"面板内待编辑的图层。

（2）点击"工具"按钮，在"汇水区"部分选择"清洁多边形"。

（3）设置对齐容差（单位为 m 或 ft）。本例中，使用 50 m。

图 3-110   清洁多边形设置

（4）点击"清洁"。

（5）软件将弹出对话框，如果接受修改结果，点击"接受"。

图 3-111   是否接受清洁改变

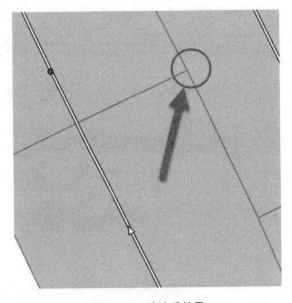

图 3-112   清洁后效果

2）"调整"工具

（1）在"地图"面板，选择"图层"面板内待编辑的图层。

（2）点击"编辑" ▼按钮，选择"调整" ⚒工具。

（3）鼠标指针悬停在顶点上直到节点上出现白色方块。单击白色正方形并将其移动到所需位置。

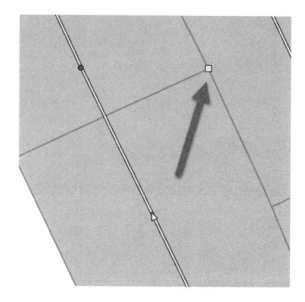

图 3-113　要调整的汇水区节点

（4）要合并相邻汇水区的顶点，拖动顶点到多边形之间的边界，两个边将自动对齐。

（5）如需要添加顶点，双击多边形的顶点。

（6）如需要删除顶点，双击白色方块。

（7）如需要撤销上一步编辑，点击"撤销上个编辑"按钮。

（8）点击"选择"按钮退出编辑模式。

3.3.4.4　计算汇水区面积

"设置面积/长度"工具将根据地图的空间度量单位计算面积或长度数值。可使用该工具估算汇水区面积，并将其应用于选定的汇水区。也可以利用状态栏中的"自动长度"功能来确定汇水区面积。如果需要重新计算没有自动长度的区域，则可以使用"设置面积/长度"工具。

在设置好地图坐标后，可以利用该工具重新计算汇水区的面积。

（1）在"地图"面板中，选择待计算面积的汇水区，按下 Ctrl 键一次选择多个实体。如需要选择一个图层内的所有实体，在"图层"面板中点击该图层，按下"Ctrl+A"。

（2）点击"工具"按钮，从"汇水区"部分选择"设置面积/长度"。

（3）如需要改变地图单位，点击"编辑"按钮，将调整地图单位与所选的坐标系相匹配。

（4）确保勾选"仅对选择的实体"。

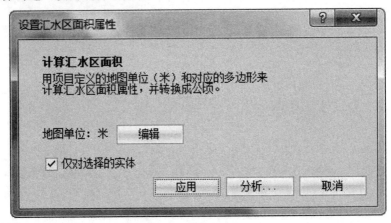

图 3-114　计算汇水区面积

（5）点击"分析"按钮，软件将弹出一个报告窗口。

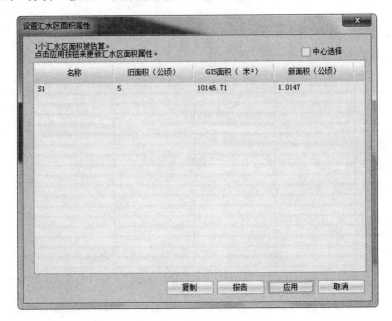

图 3-115　面积计算结果

（6）点击"应用"，然后点击"关闭"。

注：PCSWMM 使用面积除以流长（表面流的长度）计算出汇水区宽度属性。当汇水区面积更新后，需要设置自动更新宽度或自动更新流长。这个选项在偏好设置编辑器中。如果已经设置的是估算流长属性，那么将计算新的流长值；如果已经设置的是估算宽度属性，那么当汇水区面积被更新时，会重新计算宽度值。

3.3.4.5 创建一个水流路径图层来确定汇水区流长

流长是"汇水区"图层的一个可选属性，它表示地表流平均最大长度，用于计算宽度（单位为 ft 或 m）。SWMM5 不能直接使用该属性。

如果汇水区的流长是变化的，那么可以用水流路径图层确定最有代表性的流长。可以使用"设置流动长度/宽度"工具创建水流路径图层。一旦图层创建好，每个汇水区必须至少有一条水流路径以确定最好的路径。

（1）在"地图"面板中，点击"工具" 按钮。

（2）在"汇水区"部分，选择"设置流动长度/宽度"。

（3）勾选"流路图层"选项，并单击下拉菜单旁边的"新建"按钮。

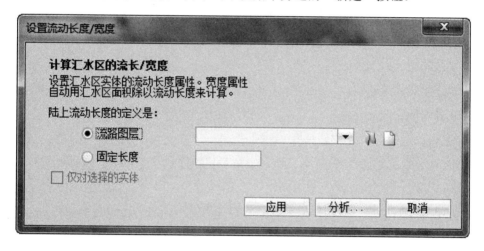

图 3-116 设置流动长度

（4）"保存"流路图层。命名流路图层后，关闭该工具并创建水流路径。

（5）在"图层"面板中，选择新建的流路图层。如果图层被锁定，点击"解锁" 按钮解锁图层。

（6）点击"添加" 按钮。

（7）为每个汇水区绘制一条或多条流路线。

流路线可以是折线，但各线段互不相交，并遵循汇水区的地形收敛于下游位置的原则。流路线名称是由其所处的汇水区名称决定的。如果一条流路线涉及两个汇水区，那么软件将按先经过的那个汇水区命名该流路线。线条可以在相邻汇水区重叠，但线条不能没有名称。

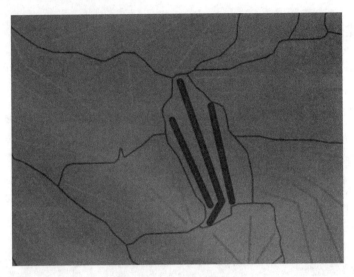

图 3-117　水流路径线

（8）绘制完成流路线后，软件将计算出汇水区平均流长。

（9）当绘制完成后，点击"工具"按钮，选择"汇水区"。

（10）再次选择"设置流动长度/宽度"。

（11）在"设置流动长度/宽度"窗口中选择"流路图层"选项，并在下拉框选择相应图层。

（12）点击"分析"，软件将显示出含有新宽度值的报告。

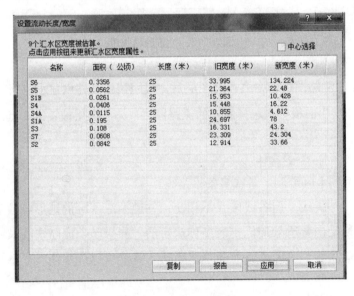

图 3-118　新宽度计算结果

（13）点击"应用"，然后"关闭"对话框。

注：

● 如果"流长"属性在汇水区"属性"面板中是灰色的，点击"自动表达式" fx 按钮，选择"改为计算宽度"。

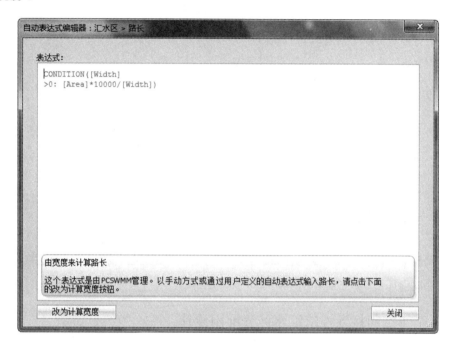

图 3-119 更改"改为计算宽度"

● 从流路图层使用 GIS 统计估算汇水区坡度时要使用 DEM。选择汇水区内的所有流路线，在"属性"面板中将出现平均 DEM 坡度值。

3.3.4.6 将排水口路由到汇水区上

以下介绍如何将出流从排水口路由到汇水区上。当排水口被路由到汇水区，SWMM引擎将从水力模块路由到水文模块。这有很多应用，比如灌溉及路由到 LID 的应用。

SWMM5 引擎 5.1.009 版本及更新的版本含有该功能。

（1）选择排水口。

（2）在"属性"面板，点击"出口"属性，输入将水路由到的汇水区名称。

例如：下面的例子中排水口的出流被路由到汇水区 23。

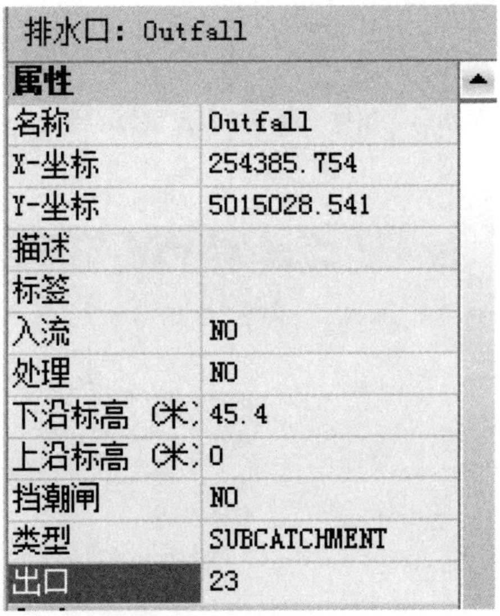

排水口：Outfall

属性	
名称	Outfall
X-坐标	254385.754
Y-坐标	5015028.541
描述	
标签	
入流	NO
处理	NO
下沿标高（米）	45.4
上沿标高（米）	0
挡潮闸	NO
类型	SUBCATCHMENT
出口	23

图 3-120 设置排水口出口

注：如果将一个排水口路由到包含 LID 控制的汇水区，那么径流只发生在非 LID 区域。只有当 LID 占据整个汇水区时，LID 从它坐落的汇水区的外面捕捉径流。

3.3.4.7 基于空间接近性给汇水区分配雨量计

利用“设置出口”工具，可以基于空间接近性给汇水区分配雨量计。“设置出口”工具一般用于为汇水区设置检查井出口。使用该工具时，雨量计时间序列和雨量计名称必须完全匹配。

（1）在“地图”面板，点击“方案”按钮、“添加”按钮，然后选择“复制当前项目...”。

（2）将新项目命名为 Rain Gauge Assignment，点击“创建”。

（3）打开 Rain Gauges Assignment 方案。

（4）在“图层”面板中选择“检查井”图层。

（5）点击“搜索”按钮并选择“选择所有”选项。

（6）点击“删除”按钮，点击“确定”。

（7）只保留“汇水区”图层，删除任何其他管线和节点。

（8）打开点矢量图层，图层属性包含雨量计坐标。

图 3-121　雨量计点图层分布

（9）在"图层"面板中选择"雨量计"图层，按下"Ctrl+A"选择所有雨量计。

（10）点击"复制"按钮，复制所有雨量计。

（11）在"图层"面板中选择"检查井"图层，按下"粘贴"按钮将雨量计复制到"检查井"图层。

（12）点击"工具"按钮，然后选择"汇水区→设置出口"。

（13）选择"最接近汇水区形状的形心的节点"，然后点击"分析"。

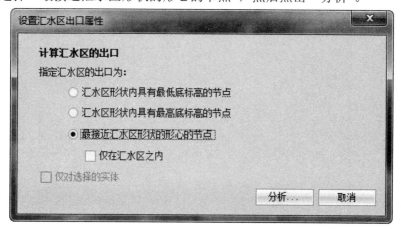

图 3-122　设置汇水区出口

（14）软件将弹出一个结果报告。点击"应用"然后"关闭"。

（15）打开"显示汇水区出口"选项（位于"菜单"→"偏好设置"），检查每个汇水区是否指向最近的节点（每个节点代表一个雨量计）。

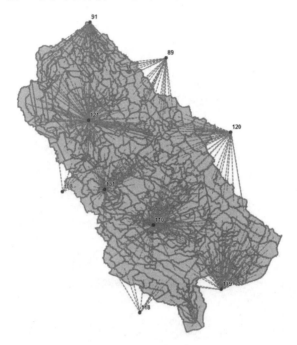

图 3-123　批量指定汇水区出口

（16）点击"替换" *fx* 按钮。

（17）如图 3-124 所示，将雨量计属性值改为出口属性值，然后点击"应用"，然后点击"关闭"，即实现属性值的替换。

图 3-124　将雨量计属性替换为出口

（18）右击"汇水区"图层，选择"导出""全范围"，然后点击"导出"。

（19）保存 shp 文件为 Raingages.shp。

（20）重新打开原始模型。

（21）点击"文件"→"导入"。

（22）选择"GIS/CAD"，打开导入数据窗口。

（23）在"汇水区"项，指定最近保存的 Raingages.shp 文件，点击"打开"。

（24）点击"清空所有"。

（25）在"属性匹配"下，匹配"名称"和"雨量计"。如图 3-125 所示。

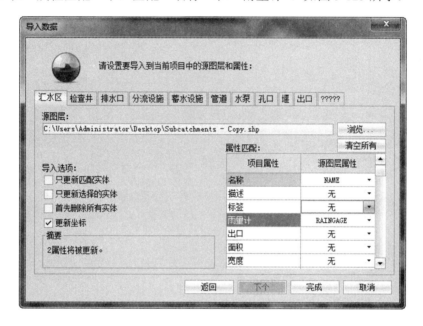

图 3-125 导入汇水区进行属性匹配

（26）点击"完成""是"，然后点击"关闭"。

至此，已按空间接近性，为各汇水区分配了雨量计。

还可以采用另一种方法为各汇水区分配最近的雨量计。因为这一方法所选的工具没有考虑汇水区的中心，所以该方法不如上述方法准确。

（1）创建一个新的多边形背景图层。

（2）使用"添加"按钮绘制一个大的多边形，覆盖所有汇水区。

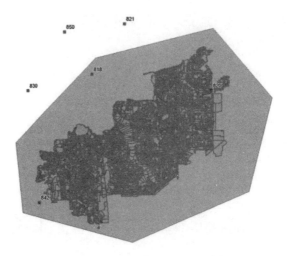

图 3-126　创建一个大多边形

（3）根据雨量计点图层，使用"Voronoi 分解"分裂大多边形。

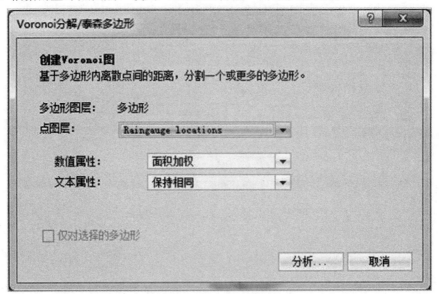

图 3-127　使用雨量计点图层进行大多边形分裂

（4）使用"用多边形选择"来选择各多边形内的汇水区，并使之与多边形对应的雨量计相匹配。

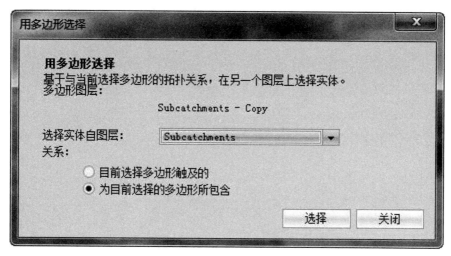

图 3-128 用多边形选择包含的汇水区

3.3.5 管线处理

3.3.5.1 自动连接管道和节点

根据空间距离，可以使用 PCSWMM 的"自动连接"工具将管道自动连接到上游和下游最接近的节点上。此外，"自动连接"工具还能够自动检测和纠正管线方向（基于相关节点的"下沿标高"，按照从上游到下游的顺序），当导入的管线没有检查井时，"自动连接"工具还可以为管线创建检查井。

（1）在"地图"面板中点击"工具"按钮，在管道部分选择"自动连接"工具。

（2）在"自动连接"工具中设置"容差"，作为是否进行连接实体的判断依据。

（3）选择即将应用到的管线。

（4）确定"限制操作"选项，该选项有两种选择："更新缺少连接数据的管线"或者"更新所有管线"。

（5）根据需要设置其他项：

● "使用相对的节点底标高来确定管道方向"；

● "在坡度计算中使用偏移量"；

● "仅对选择的管道"；

● "如果入口/出口未找到，创建检查井"。

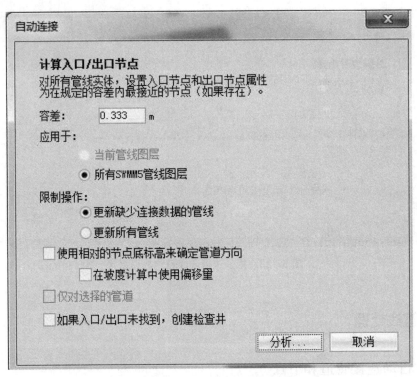

图 3-129 "自动连接"工具对话框

（6）点击"分析"。

将弹出报告，显示未连接的管线信息。点击"应用"。

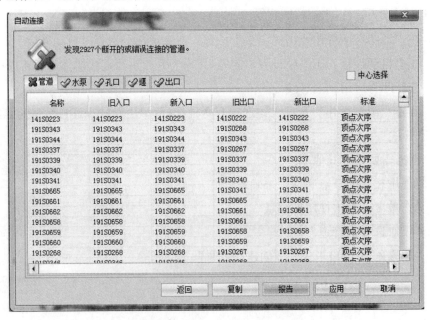

图 3-130 自动连接前断开管线报告

（7）操作结束后，点击"关闭"按钮。

注：

- 节点（检查井、分流设施、蓄水设施）可以与多个管线（管线可以是管道、出口、堰、孔口或者泵站）相连接，但是排水口节点只能与一条管线相连接。

- 如果模型使用了动力波路由方法，那么可以使用任意类型的管线与排水口相连接，但如果使用了运动波方法，则不能使用出口实体。

3.3.5.2　计算管道长度

"设置面积/长度"工具将根据地图的空间度量单位计算管线的长度数值。可使用该工具估算管线长度，并将其应用于选定的管线。利用状态栏中的"自动长度"选项同样可以自动计算管道长度和汇水区面积。未开启"自动长度"选项时，就需要采用"设置面积/长度"工具计算管道长度或者汇水区的面积。这个工具只能应用于SWMM5管道图层，其他SWMM5图层和背景图层不能使用该工具。

（1）在"图层"面板中选中"管道"图层。

（2）勾选"仅对选择的实体"，选择用于计算长度的"管道"实体。

（3）在"地图"面板中，点击"工具"按钮，选择"管道→设置面积/长度"。

（4）点击"编辑"按钮可以改变地图单位。在调整坐标系后，地图单位会自动匹配到选择的坐标系。

（5）如果只需将该工具应用于部分图层实体，请勾选"仅对选择的实体"。

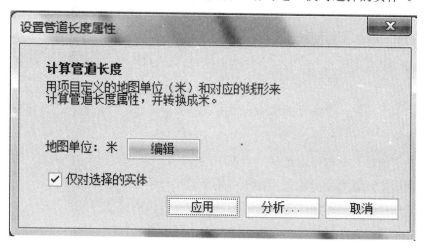

图 3-131　设置管道长度属性

（6）点击"分析…"按钮，软件将弹出一个报告的窗口，可在报告中预览计算出来的管道长度。

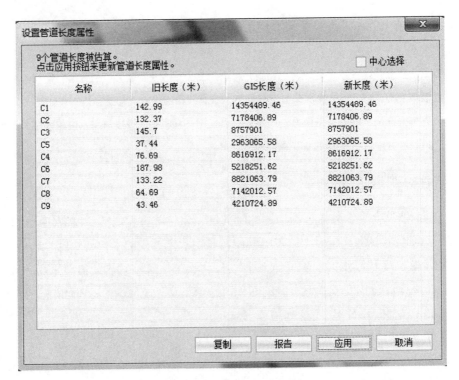

图 3-132　管道长度更新报告

（7）点击"应用"，然后点击"关闭"。

3.3.5.3　管道大小调整

可以利用"管道大小调整"工具优化原型管道的尺寸，该工具使用曼宁公式计算管道的最大满流。如果"管道"图层包含非圆形管道，可以使用"搜索查询"按钮选择需要调整尺寸的管道。

在使用此工具时，需确保调整前的管道直径大于需要的管道直径，且模型未出现超载和洪水的现象。

（1）在"图层"面板中，选择"管道"图层。

（2）使用 Ctrl 键选中"地图"面板中用于调整尺寸的多个管道实体。

（3）点击"工具"按钮，选择管道部分的"管道大小调整"工具。

（4）在"管道大小调整"对话框下，输入"最小直径"。

（5）选择"在调整大小时，保护管道的冠标高还是底标高"。

（6）根据需要勾选"调整节点的底标高以匹配最低连接管道"。

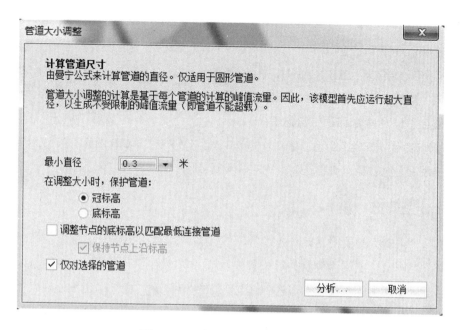

图 3-133 "管道大小调整"对话框

（7）点击"分析..."按钮，预览管道调整的结果。

（8）点击"应用"，然后"关闭"。

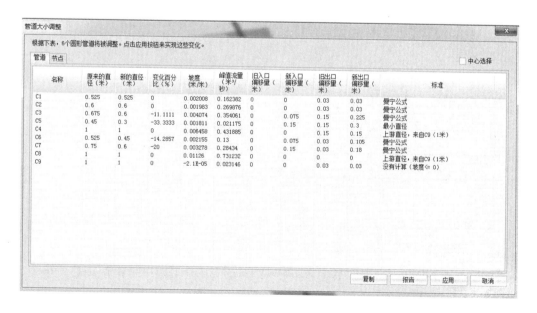

图 3-134 管道大小调整结果报告

注：

● 用户可以使用标签选项标记这些管道或者用户自定义属性快速搜索到需调整的管道。

● 当使用"管道大小调整"工具时，确保调整的管道为大孔径管道，且未出现超载现象。可以利用"属性"面板下结果属性中的最大/满流量属性进一步判断是否出现超载现象。如果这个属性值超过 1，意味着该管道已经超载。

● 软件可能会出现错误提示："管道 X 的出口节点不是节点 Y，GIS 图层和输入文件不同步。"为了改正这个错误，可使用"编辑"按钮来调整管道的节点。

3.3.5.4 分割管道

可使用"编辑"工具对 SWMM 中的管线实体（比如管道等）进行分割，通过从图上指定分割点，按照指定数目分割为等长管线，或者在一个指定的长度处分割。该操作可以同时应用于多个选中的管线实体。在上述任何一种情形下，软件都会在分割点处创建检查井，自动为 SWMM 实体分配相关的属性值。

（1）选择需要分割的管线实体。

（2）点击"编辑"选项卡，选择"分割"工具。

（3）选择进行分割的模式："剪切点""间隔""长度"。

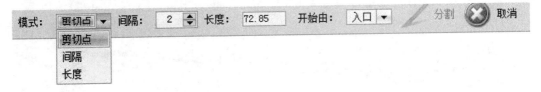

图 3-135 分割模式选择菜单

（4）如选择"剪切点模式"，可使用鼠标定位分割管线的位置。对于其他两种模式，则需要指定相关的选项，如"间隔的数目"或者"从零顶点处的长度"。

如图 3-136 所示，PCSWMM 用白色的圆圈表示分割点，并将其显示在"地图"面板中。

（5）采用剪切点的分割模式时，点击分割点的位置即可分割管道；如果采用另外两种分割模式，则需通过点击"分割"按钮来实现分割功能。

注：管道或者其他线实体被分割后，PCSWMM 会在分割点的位置创建检查井，同时更新被分割实体和新建实体的属性值。

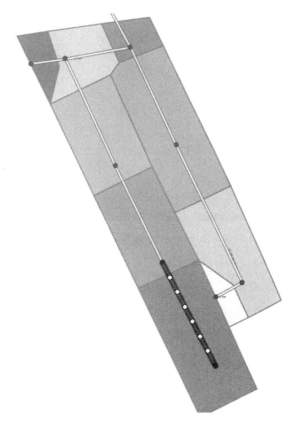

图 3-136　分割结果界面

3.3.5.5　设置管道坡度

可利用"设置坡度"工具调整上游节点的"下沿标高"，使管道满足指定的坡度。

（1）点击"图层"面板中的"管道"图层。

（2）使用"Ctrl+A"键选择所有的管道。

（3）在"地图"面板中，点击"工具"按钮，选择管道部分的"设置坡度"工具。

（4）在"设置坡度"对话框中，输入指定的坡度值或者从用户自定义的属性中取得坡度值。

（5）如果需要保持上沿标高不变，勾选"保持节点上沿标高"选项。

（6）如果需要提高上游节点的标高，勾选"提高上游节点的底标高"选项。

（7）不勾选"只应用于更平的管道"以调整所有选中的管道的坡度。

（8）如果仅需设置已选择的管道，勾选"仅对选择的管道"。

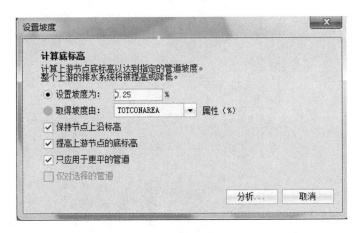

图 3-137　设置坡度界面

（9）点击"分析…"按钮。

（10）软件将弹出设置坡度结果报告，点击"应用"，然后关闭。用户可以在"剖面"面板中以图形的方式查看管道坡度的变化情况。

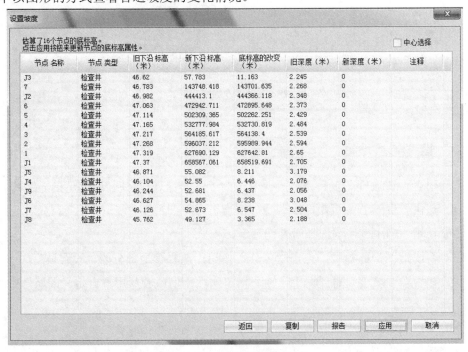

图 3-138　设置坡度结果报告

注：如果设置坡度报告显示，无法更新某些节点的"下沿标高"，其原因可能是这些管道的方向有误，比如没有按照从上游到下游的顺序设置管道的入口节点和出口节点。

3.3.5.6 设置管道偏移量

PCSWMM 提供两种方法设置管道偏移量。

1）以"标高"表示偏移量

如果采用"标高"计算"偏移量"，可以容易地更改管道入口节点和出口节点的标高。

（1）在"地图"面板中，点击状态栏上的"偏移量"按钮。

（2）更改"偏移量"为"标高"选项。

（3）软件将弹出一个消息框，询问是否将转换所有管线的偏移量为标高，选择"转换"。

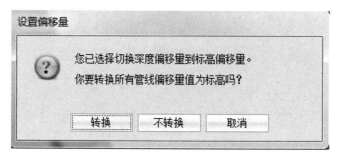

图 3-139 设置偏移量切换

（4）此时管道的偏移量以标高显示。

2）以"深度"表示偏移量

如果采用"深度"计算"偏移量"，那么将执行更多的操作步骤更新管线入口节点和出口节点的标高。

（1）在"地图"面板中，点击状态栏上的"偏移量"按钮。

（2）更改"偏移量"为"深度"选项。

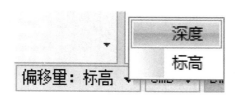

（3）此时，软件将弹出一个消息框，询问是否转换所有管线偏移量为深度，点击"转换"。

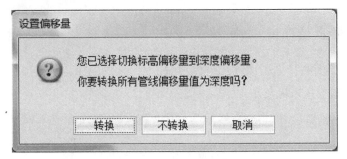

图 3-140　设置偏移量切换

（4）从"图层"面板中选择"管道"图层，使用"Ctrl+A"键选中所有的管道。

（5）此时管道的偏移量以深度表示。管底标高与连接的检查井底标高的差值为深度偏移量。

3.3.5.7　插入含有线路和节点的构筑物到管道

可使用"编辑"工具箱内的"插入"工具将管线和节点插入到现有的管道中。此工具能将来自外部模型的复杂桥梁结构插入到现有模型之中。如图 3-141 所示，以下将以桥梁结构为例，介绍如何将它插入到当前的 PCSWMM 模型中。

（1）在"地图"面板中，选择代表桥梁结构的路径。

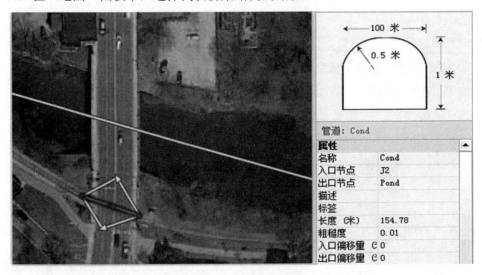

图 3-141　插入结构示意图

（2）点击"编辑"，选择"插入"。

（3）调整"对齐距离"。"对齐距离"是该结构原位置和新位置之间的距离。建议输入一个较大的数值（＞10 000）以确保结构发生明显的移动。

移动途径：
模式： 插入 对齐距离： 12

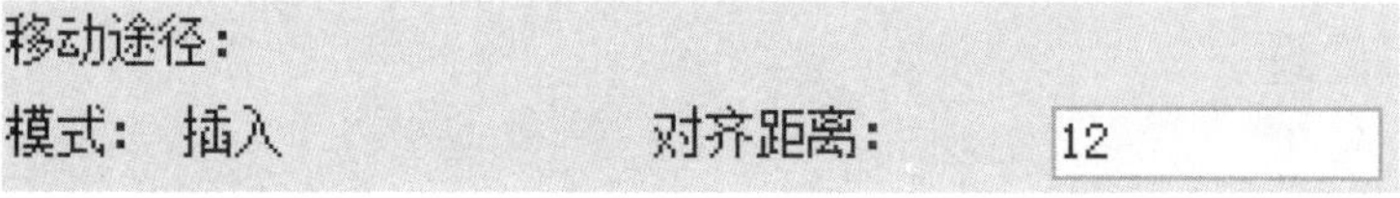

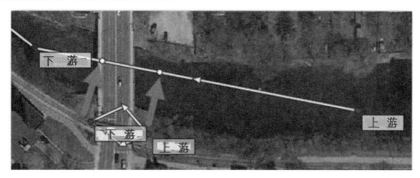

图 3-142 插入操作界面

（4）选择将插入该结构的管道。此时，标识上游和下游的标签将显示在地图上，上游和下游位置的检查井也会显示在地图上。

图 3-143 插入位置图

（5）点击插入该结构的位置，完成插入操作。

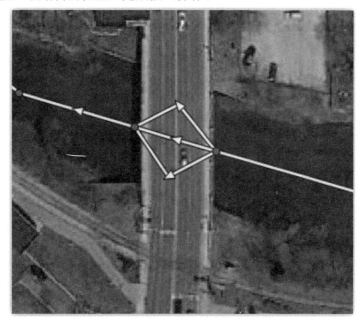

图 3-144 插入效果图

3.3.6 节点处理

3.3.6.1 利用 DEM 数据更新节点标高

可利用"设置 DEM 标高"工具依据 DEM 直接更新检查井或者其他 SWMM5 节点实体的上沿或下沿标高。利用高分辨率的 DEM 更新标高数据可以提高模型的精确度。首先确保 DEM 图层导入到模型中，更新节点标高可按如下步骤操作。

（1）在"地图"面板中，点击"工具"按钮。

（2）在"垂直细节"部分，选择"设置 DEM 标高"。

（3）在"设置 DEM 标高"对话框下，浏览找到 DEM 图层文件的位置。

（4）在"点图层"的下拉框中，选择需要更新标高的点图层类型。本例中，使用"检查井"图层。

（5）在"DEM 标高属性"处，选择提取 DEM 标高后应用到的属性。在本例中，选择"下沿标高"。

图 3-145 设置 DEM 标高

（6）点击"分析…"按钮。

（7）软件将给出节点新标高数据的报告。在确定结果正确后，点击"应用"更新节点的 DEM 标高属性。

（8）选择一个下游的检查井，点击"搜索"按钮。

（9）点击"选择上游"。

（10）点击"剖面"打开"剖面"面板，浏览利用 DEM 中更新的标高属性。

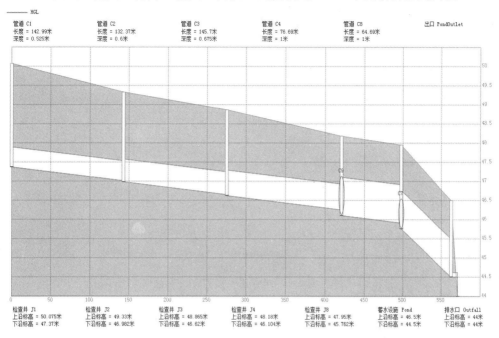

图 3-146　剖面界面

3.3.6.2　更新节点下沿标高

"下沿标高"是地表以下管道的最低点。可以利用"设置下沿"工具更新选定节点的"下沿标高"属性。

（1）在"地图"面板中，选择需要更新下沿标高的节点。

（2）点击"工具"按钮，在节点部分，选择"设置下沿"选项。

（3）在"设置下沿"对话框内，选择计算节点下沿标高的方法。

（4）选择需要应用于哪些节点。在本例中，选择"当前图层"，并勾选"仅对选中的节点"。

（5）指定节点的"限制操作"，在本例中，选择"更新缺少下沿数据的节点"。

（6）点击"分析…"按钮。软件将弹出评估"下沿标高"的报告。

（7）点击"应用"，应用生成的节点"下沿标高"数据。

（8）点击"关闭"按钮。

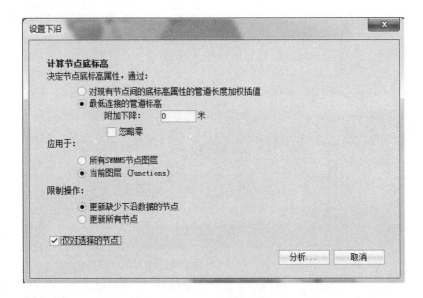

图 3-147   设置下沿对话框

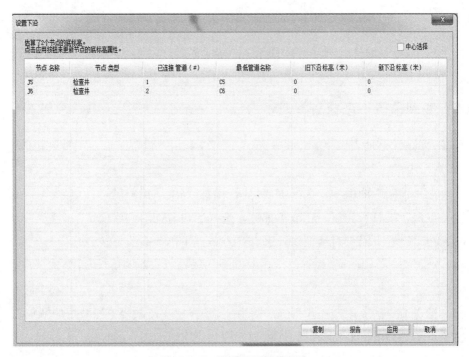

图 3-148   设置下沿结果报告

注：如果想查看新生成的标高数据，可点击"表格"面板，选择"检查井"图层，在"下沿标高"浏览"下沿标高"属性值。

检查井												
名称	X-坐标	Y-坐标	标签	入流	外理	下沿标高(米)	上沿标高(米)	深度(米)	初始深度(米)	超载深度(米)	积水面积(米²)	基流(m³/s)	基
J1	254517.769	5014578.439		NO	NO	47.37	50.075	2.705	0	0	0	0
J2	254450.628	5014704.682		NO	NO	46.982	49.33	2.348	0	0	0	0
J3	254391.053	5014822.887		NO	NO	46.62	48.865	2.245	0	0	0	0
J4	254327.222	5014953.858		NO	NO	46.104	48.18	2.076	0	0	0	0
J5	254518.241	5014662.601		NO	NO	0	50.05	50.05	0	0	0	0
J6	254551.339	5014680.095		NO	NO	0	49.675	49.675	0	0	0	0
J7	254467.65	5014848.419		NO	NO	46.126	48.63	2.504	0	0	0	0
J8	254409.02	5014968.043		NO	NO	45.762	47.95	2.188	0	0	0	0
J9	254284.195	5014947.712		NO	NO	46.244	48.3	2.056	0	0	0	0

图 3-149 "表格"面板查看下沿标高属性

3.3.6.3 查看集水面积和流量单位

在模型运行结束后，PCSWMM 会将各 SWMM5 管线和节点的集水面积和最大流量存储在 SWMM5 图层属性中。这些属性的单位与选择的流量单位一致。可以选择管线或者节点实体，并在其"属性"面板中查看相应数据，也可以在"地图"面板中查询或者渲染这些属性。

（1）在运行模型之后，在"地图"面板中，点击任意一个管道或者节点。

（2）在"属性"面板中，可以查看"集水区面积""最大总入流"等属性。

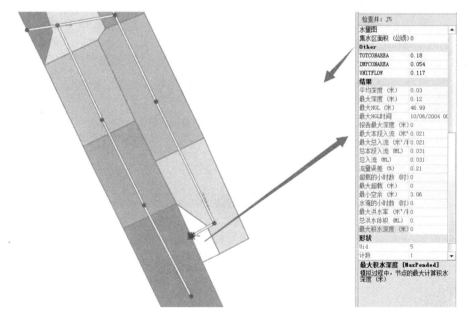

图 3-150 检查井属性表

注:

可以通过以下方法获得节点的上游面积。

(1) 在"地图"面板中,选择感兴趣的节点。

(2) 点击"搜索"按钮,选择"上游",然后上游的所有实体图层会以高亮的形式在"地图"面板上显示出来。

(3) 点击"图层"面板中的"汇水区"图层,此时软件仅高亮选中上游的汇水区。

(4) 在"属性"面板的"形状"部分,将出现一个关于所选汇水区面积的统计结果。这就是上述所选节点的集水区域面积。如图 3-151 所示。

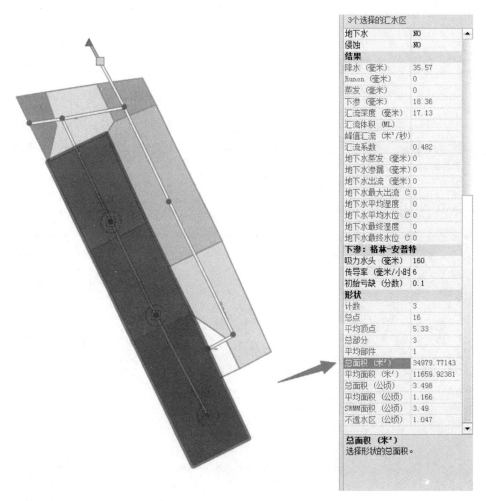

图 3-151　汇水区面积属性查看

3.4　时间序列处理

3.4.1　对比实测与计算的时间序列

以下回顾如何在 PCSWMM 中加载并命名一个观测时间序列文件，并介绍如何根据已有的观测数据校准计算结果。PCSWMM 支持的时间序列格式包括 *.tsf、*.ndc、*.inp、*.out、*.rpt、*.dat、*.txt、*.csv、*.mdb、*.accdb、*.xls、*.xlsx 和 *.dss。

（1）在"图表"面板中，单击"打开时间序列"  按钮，找到所需的时间序列。

（2）找到要打开的时间序列文件后，打开"导入自定义时间序列格式"窗口。用户可利用它选择要导入时间序列的数据格式以及定义行和列。

图 3-152　导入自定义时间序列格式

（3）加载时间序列后，右键单击时间序列的名称，然后从下拉列表中选择属性。

（4）更改时间序列的名称，使其与观测点位置的名称相同，观测时间序列的名称后添加空格，然后添加"（obs）"，即如果观测的链路位置命名为"C001"，则观测到的时间序列将命名为"C001（obs）"。

需要确保时间序列使用正确的单位。如果观测数据单位与计算结果不一致，可在时间序列中，单击属性按钮并调整观测数据单位，以确保观测数据与计算结果具有相同的单位。

图 3-153　时间序列管理器

3.4.2　将自定义图形保存到收藏夹

以下介绍如何将自定义图形保存到收藏夹列表中。利用此功能，用户可以创建自定义图形，并将其保存为自定义打印布局中的项目。保存的图形也可以自动发布到外部电子表格或报告中，用户也可利用此功能快速查看特定位置的计算结果，而不必每次都重新绘制时间序列。

（1）绘制将要保存到收藏夹中的时间序列图形。

（2）在"图表"面板中，单击"添加"按钮并命名该图形。

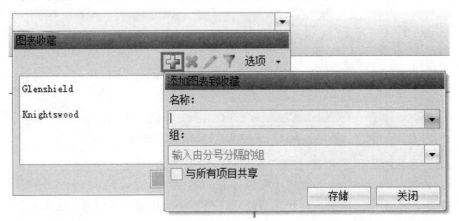

图 3-154　图表收藏

3.4.3　用实测降雨量分布图创建事件文件夹

以下介绍如何定义一个事件文件。事件可用于 SRTC 校准以及事件分析之中。

（1）打开 PCSWMM 中的"图表"面板。

（2）在"图表"面板中打开观测到的降水时间序列。

（3）单击"工具"按钮并选择"事件分析"。

（4）单击"事件"选项卡中的"选项"按钮，然后选择"自动选择事件"。对于最小事件间隔时间选择小时数（通常在过去的校准项目中使用 12 h）。同时输入事件阈值以及延长事件的时间长度。

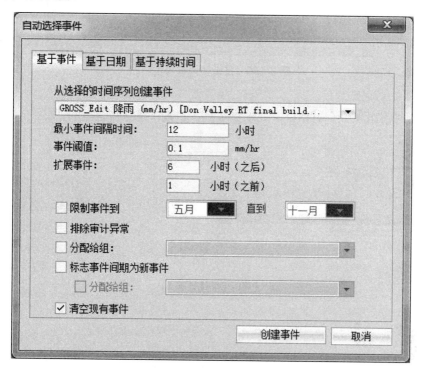

图 3-155   自动选择事件

（5）如果需要手动添加事件，可右键单击并按住，从事件的开始时刻拖动直到事件结束时刻。点击位于"事件"标签中的添加按钮，将该事件添加到事件列表。添加事件后，您可以通过选择事件并单击"编辑"按钮来手动更改每个事件的开始和停止时间。

3.4.4　用实测降雨量分布图创建雨量计

以下介绍如何使用观测到的降雨量分布图创建一个雨量计。将复制时间序列，并将其直接粘贴到 PCSWMM "图表"面板中，此外将把降雨数据从深度单位转换为强度单位。

（1）打开 Excel 表，找到想要图形化的数据列。数据列需要包括日期/时间和值两列数据。

（2）单击"Ctrl + C"复制数据列。

（3）打开 PCSWMM 并单击"粘贴时间"按钮。将出现一个对话框，询问是否希望使用"选择性粘贴"功能。

（4）单击"是"。

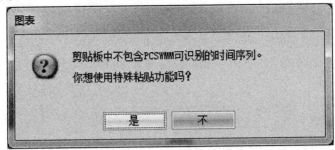

图 3-156　是否使用选择性粘贴

（5）此时将出现一个对话框，要求指定列、日期/时间格式以及需跳过的行数。

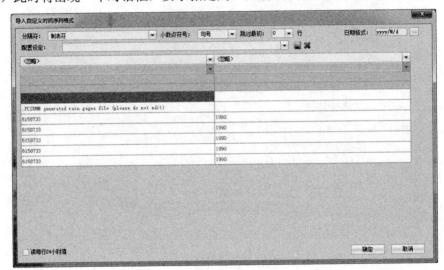

图 3-157　导入自定义时间序列格式

（6）指定每列的内容，选择"确定"。

（7）由于当前降雨时间序列采用深度单位，所以会得到类似图 3-158 的图形。

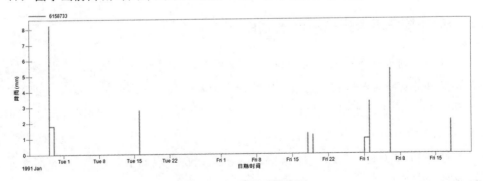

图 3-158　降雨时间序列

（8）单击"工具"，然后选择"编辑时间序列"。在图表时间序列下出现"编辑"选项卡。在选项列表中选择转换。

（9）在"应用于"下拉框中，确保选中刚刚导入的降雨时间序列，并选择将降雨深度转换为强度。单击"执行"按钮。利用该编辑器还可以通过"选择时间步长"选项将该时间序列转换为不同的时间步长。

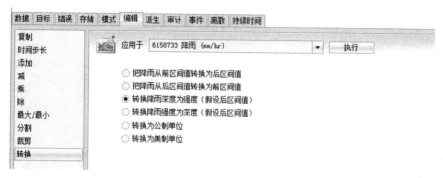

图 3-159　降雨深度转换为强度

在时间序列管理器中单击时间序列并保存时间序列。

（10）在"图表"面板中选择"菜单"按钮，然后选择添加到时间序列编辑器。将出现一个窗口，询问是否要查看它，选择"是"，新时间序列现在将出现在时间序列编辑器中。

（11）在时间序列编辑器处于打开状态时，单击"选项"按钮并选择"创建雨量计…"。

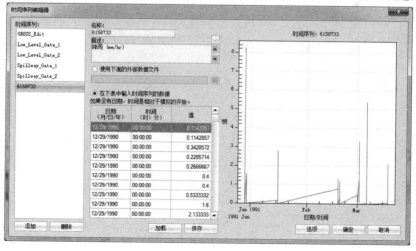

图 3-160　时间序列编辑器

（12）将出现一个对话框，要求指定降雨格式。选择"强度"，然后单击"确定"。

（13）观测到的时间序列现在是一个雨量计，可以利用汇水区的"属性"面板将其分配给每个汇水区。

3.4.5　将 1 h 连续时间序列分解成 15 min 时间步长的时间序列

以下介绍分解 1 h 时间序列的方法。利用分解工具可以识别高分辨率降雨数据的降雨趋势，从而将 1 h 降雨量分解为 15 min 间隔的时间序列。根据 1 h 连续降雨时间序列和 15 min 时间序列样本，可以分解时间序列，并创建高分辨率连续时间序列。

需要两个可被 PCSWMM 识别的时间序列文件。

（1）单击"图表"选项卡以打开"图表"面板。

（2）单击"打开"按钮，加载打开用于降雨分解的两个时间序列［一个用于分解的 1 h 时间序列和一个（或多个）高分辨率时间序列文件］。

（3）单击"图表"面板中的"工具"按钮。

（4）选择"降雨分解"。

（5）在降雨分解窗口中，在待分解的降雨时间序列下，选择长期 1 h 降雨时间序列。

（6）在高分辨率采样降雨时间序列（15 min）下，单击"添加"按钮。

（7）从"高分辨率样本降雨时间序列"下拉框中选择 15 min 短期时间序列。如果有其他高分辨率时间序列，请使用"添加"按钮将其添加到高分辨率时间序列框中。

（8）根据时间序列雨量值格式，选择前区间值或后区间值选项。

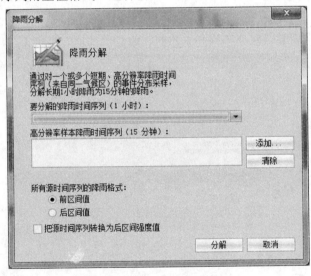

图 3-161　降雨分解

（9）在"降雨分解"窗口中，单击"分解"按钮。将弹出一个报告，并创建一个新的分解时间序列，并显示在时间序列管理器中。

（10）单击"关闭"以关闭报告。

（11）右键单击新的分解时间序列，然后从下拉菜单中选择"另存为"。

（12）浏览到已知位置，然后单击"保存"。

检查原 1 h 时间序列和新创建的分解时间序列的总降水量是否相同。

（13）取消选择修整源（15 min）。

（14）单击"工具"按钮并选择目标函数。这将打开"图表"面板下的"目标"选项卡。

（15）在"目标"选项卡中，点击目标函数的下拉框并选择降雨，此时"目标"选项卡下会显示原时间序列和新分解的时间序列的统计数据。

（16）放大到一个大事件。

（17）按住鼠标右键拖动并选择 1 h 事件区间段。

（18）检查目标函数下的新分解降雨量的总降雨量（以毫米为单位）是否与原始降雨量相符。如果不相符，可能是因为在进行降雨分解时，选择了错误的降雨格式选项（前区间值或后区间值）。

（19）检查其他几个事件，查看总降雨量是否相同。

3.4.6　增大时间步长

以下介绍如何将时间序列插值到较大的时间步长。

（1）在"图表"面板中打开时间序列。

（2）单击"工具"按钮并选择编辑时间序列。"编辑"选项卡将显示在"图表"面板的底部。

（3）要更改时间序列的时间步长，请从编辑器列表中选择"时间步长"。在"应用于"下拉框下，选择要更改时间步长的时间序列。选择"插值到固定时间步长"选项，然后输入新的时间步长（以分钟为单位），然后单击"执行"。建议先使用复制功能复制原始时间序列。

3.4.7　减小时间序列文件大小的方法

较大的时间序列文件可能会导致内存错误。该问题多见于使用雷达降雨生成的时间序列，或是单个汇水区对应多个连续的降雨时间序列的情况。可从时间序列中删除重复的零值，从而达到减小时间序列文件的目的。方法如下：

（1）在"图表"面板中，勾选所有需要删除重复零值的时间序列。

（2）在"图表"面板中打开时，单击"工具"按钮，然后选择"编辑时间序列"。

（3）从编辑器列表中选择"时间步长"选项。

（4）将"应用于"下拉框更改为所有绘制的降雨时间序列。

（5）切换到"删除重复零值"步骤的选项。

（6）单击"执行"。

（7）然后删除零值，保存编辑的时间序列。

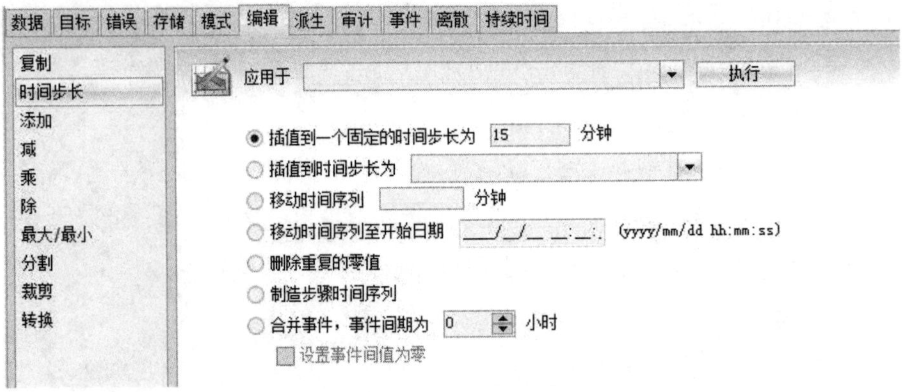

图 3-162 减小时间序列文件大小

3.4.8 裁剪现有时间序列

以下将介绍如何在 PCSWMM 中裁剪时间序列。

（1）打开 PCSWMM 中的"图表"面板，绘制待裁剪的时间序列。

图 3-163 编辑时间序列

（2）将鼠标放在绘图中，按住鼠标右键选中区间序列，突出显示要裁剪的时间序列部分。

（3）单击"工具"按钮并选择编辑功能（这将打开"功能"面板，如果已打开，它将闪烁）。

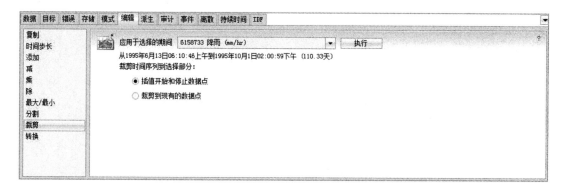

图 3-164　裁剪时间序列

（4）选择从编辑器列表中裁剪，从中选择要裁剪的时间序列。

（5）选择插值开始和停止数据点或裁剪到现有数据点。

（6）单击"执行"。

（7）保存裁剪时间序列。

3.5　打印、报告、演示

3.5.1　创建自定义表

（1）在"地图"面板中单击"工具"按钮，然后选择"项目摘要/比较"。

（2）"项目摘要/比较"窗口将提供一个摘要表格列表，包括统计、连续性和属性（默认属性表为空）。如果需要把 SWMM5 图层属性包括在自定义表中，则打开各属性汇总表（汇水区、节点、存储，分流器，管道和泵）并添加需要包含在自定义表中的属性。由于每个图层都包含许多参数，而用户可能不想报告所有参数，此时可采用创建自定义表的方法减少报告中的参数。

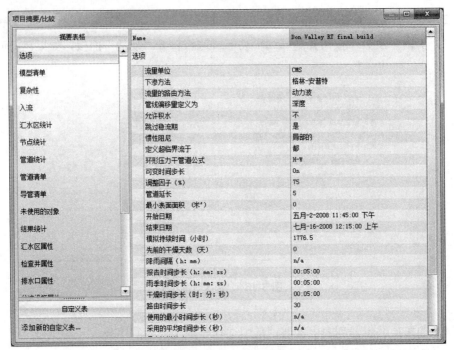

图 3-165　项目摘要/比较

（3）在完成给每个 SWMM5 图层中定义要包括的属性后，单击"自定义表..."按钮，然后选择"添加自定义表"。

（4）命名自定义表。

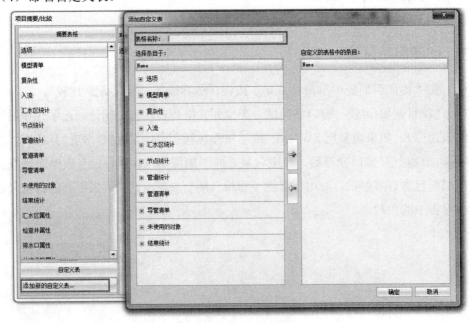

图 3-166　添加自定义表

（5）添加要包括在自定义表中的条目，单击每个表格旁边的加号，选择要添加的属性，然后单击右箭头按钮。按住 Shift 键可以一次选择多个属性。

（6）单击"确定"保存新表。

注：

- 可以通过单击"编辑表"按钮来编辑或更改表。
- 可以通过单击"导出"将数据导出为 Excel 表或单击"报告"按钮导出数据。
- 如果要比较一个或多个方案之间的属性，请单击"显示方案"。

3.5.2 使用 PCSWMM 专业版中的报告功能

PCSWMM 专业版中提供的报告功能允许用户发布地图范围、谷歌地球投影、图表、剖面、时间序列和表格。

此外，使用报告选项导出的数据可以自动更新。

（1）打开 Microsoft Excel 并打开一个新工作表。

（2）将工作表保存在一个已知位置。

（3）单击"文件"选项卡，打开 PCSWMM 的后台界面。

（4）从屏幕左侧的专业功能列表中单击"报告"选项。

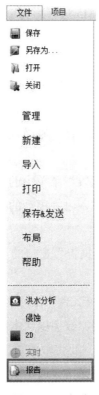

图 3-167　报告

（5）将显示一个报告窗口，显示"常规"选项卡。如果要发布图像或时间序列文件，请单击"浏览..."按钮指定时间序列的位置。

（6）如果希望在 SWMM5 运行后更新图像，请选择"SWMM5 运行后自动发布"选项。

（7）单击"其他"选项卡，然后添加要发布的项目。表 3-4 说明了如何保存待发布的图表、地图和剖面，可以在运行模型后发布这些图表。

表 3-4　创建要发布的项目

报告选项	位置
地图	在"地图"面板中指定保存的区域。保存范围在"范围"按钮上，单击"添加当前范围为收藏"
表格	通过保存表格中的所有值或使用"过滤器"按钮指定用户最感兴趣的值，创建自定义表。要保存自定义表，请单击"添加"按钮并命名表
图表	在"图表"面板中保存图形。单击"添加"按钮、命名并保存图形
剖面	在"剖面"面板中保存剖面。单击"添加"按钮、命名并保存剖面

3.5.2.1　发布时间序列

目前，PCSWMM 以.xls、.mdb 格式和.tsf 格式发布时间序列，也可以按.xls 或.xlsx 格式导出数据，并且用户在每次 SWMM5 运行后可以检查更新。

虽然用户可以选择发布到.xlsx 文件，但该文件必须事先存在于发布文件夹内，不能像.xls 一样，由 PCSWMM 直接创建。

如果发布为.xls 格式时，数据的最大行数为 65 536，但是在发布到已有.xlsx 文件时，却没有行数的限制。

如果要发布时间序列或任何数据文件，则必须先在"报告"窗口的"常规"菜单中设置"发布到"的文件夹。

（1）要发布时间序列，单击"报告"菜单中的时间序列项目。

（2）单击"目标"按钮，然后键入时间序列的类型；添加.mdb 或.tsf 扩展名，然后单击"确定"。

（3）打开 Excel，并打开位于"报告"窗口的"常规"菜单中选定的"发布到"文件夹中的文件。

注：如果选择了"SWMM5 运行后更新文件"这个选项，请务必在运行模型之前关闭该文件。

（4）打开文件时，可能会注意到，数字以文本形式存储。如不以文本形式存储，将出现无效的名称（函数名称、单位等）。要将数值更改为数字格式，请突出显示时间序列中的数字，然后单击显示所选第一个单元格（通常位于工作表顶部）旁边的警告框，并选择转换为数字。

图 3-168　发布时间序列格式设置

3.5.2.2　发布表

PCSWMM 升级后，时间序列项与表格项十分相似，便于创建 Access 或 Excel 格式的单独文件。要发布表，请从"报告"菜单中单击"表格"项。

（1）单击"创建表格"。

（2）浏览到 Excel 表的保存位置，并从"选择表"框中选择要发布的表，或者通过键入要命名工作表的命令来创建新的 Excel 表。

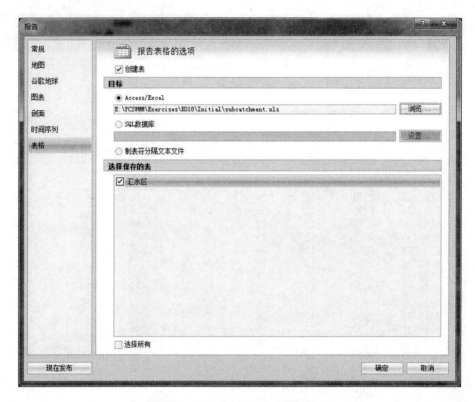

图 3-169　创建新的 Excel 表

3.6　误差分析和校准

3.6.1　SRTC 校准工具概述

PCSWMM 使用用户定义的不确定性百分比范围来校准模型。当 SRTC 校准工具运行一次时，PCSWMM 将针对不确定范围的极大值和极小值各完成一次运算。

在校准模型时，PCSWMM 提供滑块功能帮助用户更好地了解该参数对计算结果的影响，并且可通过该功能微调参数以更好地匹配实测时间序列。当移动滑块时，PCSWMM 在相应参数的两个极值之间进行线性插值。校准的参数越多，SRTC 校准时间序列的确定性越低。用户可利用"更正"按钮查看使用滑块选择参数的实际值。由于用于计算水文过程的许多方程式是非线性的，因此运行结果可能不会与估计的校准结果完全相同。验证的结果是模型依据滑块选定的参数计算后的实际运行结果，参数的最高百分比和最低百分比使用以下公式计算：

使用 SRTC 工具计算的参数最小值

$$V_{\text{Low}} = V_{\text{Current}} \times \left(\frac{1}{1+V_{\text{f}}}\right) \qquad (3\text{-}1)$$

使用 SRTC 工具计算的参数最大值

$$V_{\text{High}} = V_{\text{Current}} \times \left(1+V_{\text{f}}\right) \qquad (3\text{-}2)$$

式中：V_{Low}——参数最小值；

　　　V_{High}——参数最大值；

　　　V_{Current}——率定前参数值；

　　　V_{f}——变量计算范围的百分数。

3.6.2　用 SRTC 工具校准 SWMM5 模型

SRTC 工具可以使用观测数据校正一个 SWMM5 项目中的用户自定义属性和 SWMM5 属性。如果项目中没有可用的观测数据，这个工具同样可以用于计算属性的敏感性。SRTC 工具过滤项目中所有加载的时间序列，为校正的实体找到最佳的匹配序列。这个过滤器根据函数类型、单位、位置名称匹配时间序列。加载的观测时间序列应当与 SWMM5 具有相同的函数名称、单位名称和位置名称。

在本小节中，假设我们已经将观测的时间序列导入到"图表"面板，并且将其命名为"observed time series"。对于如何建立用于校正的时间序列，请参考相关文章：setting up observed time series.

可以用计算网格加快模型校正的运行速度。如果在网络环境中使用计算网格，需确保模型位于网络中的共享位置上。

（1）打开"表格"面板，选择需要校正属性的 SWMM5 图层。

（2）点击"渲染"按钮。

（3）选择"不确定性"按钮，可用于校正的参数列会以绿色高亮的方式显示。

（4）点击用于校正的参数列的表头，"不确定性"比例将在"表格"面板的右上方显示。点击下拉框，可以选择预置的不确定性比例或者手动定义一个比例值。

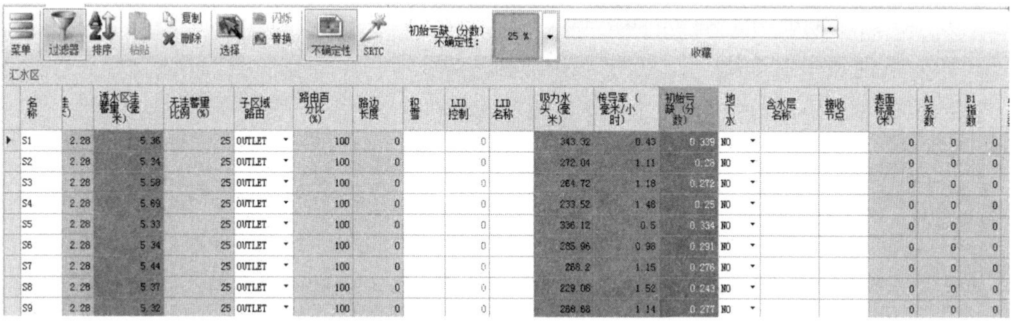

图 3-170　设置不确定性范围

（5）重复以上步骤为 SWMM 图层所有需要校正的属性赋值。

（6）如果计算机有一个以上的 CPU 核，可以用于加快运行速度。如果想要改变参与运行计算的 CPU 核数目，点击"菜单"按钮，选择"偏好设置"。

（7）在"网格"选项卡下，更改用于计算的 CPU 核数目为本计算机拥有内核的最大数目。

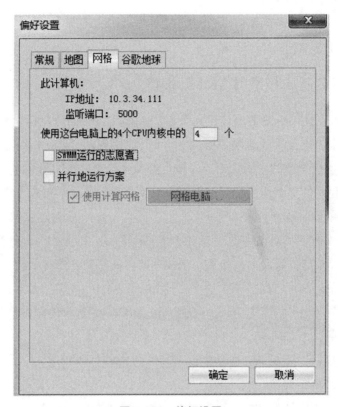

图 3-171   偏好设置

（8）点击"确定"。

（9）返回"表格"面板，点击"SRTC"工具。

（10）从列表中勾选用于校正的"不确定性参数"。

（11）为了加快运行速度，勾选"只校准实测的地点"。

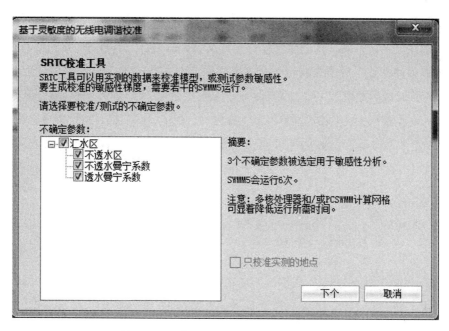

图 3-172 基于灵敏度的无线电调谐校准

（12）点击"下一步"按钮，PCSWMM 会对每一个选中的参数运行两次。运行结束后，会自动打开一个 SRTC 窗口。

（13）在左侧面板上，显示一系列被校准的位置，选择一个用于校准的位置。

观测数据和当前数据以及校准数据会出现在"图表"面板中。观测序列会以红色线的方式显示。当前数据以蓝色显示，校准数据以绿色显示。由于没有发生任何校准，因此校准和当前的线会重合。

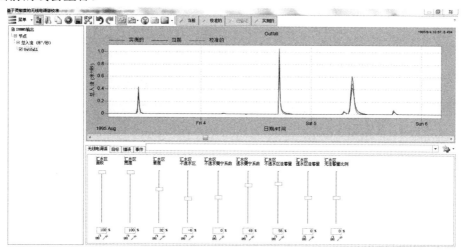

图 3-173 参数校准界面

（14）在 SRTC 窗口，选择"事件"选项卡，打开"事件分析"，如果事件已经被定义，将显示在事件表中，如果没有创建和保存事件文件，点击打开"事件"按钮并且选择文件。一旦加载了事件文件，双击查看每一个具体事件。

为了看到错误函数值，可以在菜单下勾选显示"错误"选项卡。所有的错误函数将显示在表格中，并且随着参数不确定性范围发生变化，这些错误函数包含纳什系数、均方差等。

（15）在"无线电调谐"选项卡下，点击滑条上下移动改变属性值用于校准模型，"SRTC wand"工具会自动校准模型到均方差或者纳什系数。"锁定"按钮可以用于保护已经被调整的参数。

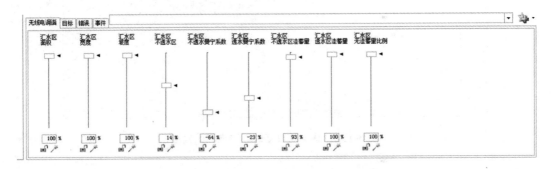

图 3-174　参数校正界面

（16）可以在"目标"选项卡下选择查看"平均值""最大值""最小值""总数"。还可以选择窗口同时显示一张图或者多张图。

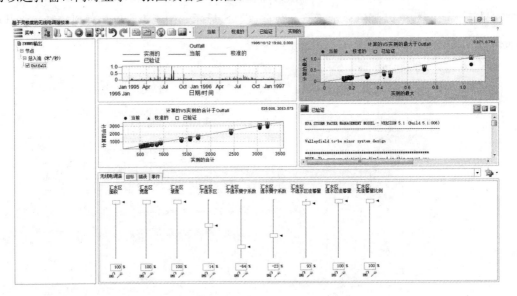

图 3-175　参数校准过程不同结果对照图

（17）调整所有参数后，点击"运行"按钮，校准模型参数。这些调整不会改变原始模型，校准模型的结果将以黑色方形框表示，并显示在"图表"面板中。

（18）为了保存校准模型的参数设置，可以点击 **Add favorite** ，保存参数设置。

（19）添加一个名称并点击"收藏"按钮。

（20）重复步骤（9）～（13）直到模型校准结果合理为止。

有两种保存结果的方法：一是保存校准参数到原始模型；二是保存校准的参数模型为一个新方案。建议选择第二种保存方法，便于日后对比查看。

（21）点击"保存"按钮。

（22）选择其中一个选项，点击"确定"。

（23）选中后，创建方案的对话框将出现，输入新项目方案的名称和细节描述，点击"创建"。

（24）关闭 SRTC 对话框。

注：在模型上次已经运行 SRTC 的前提下，当 SRTC 工具被选中，PCSWMM 将提示是否重新打开敏感性梯度。如果不再调整参数的不确定性，选择"是"。如果想要重新调整不确定性，选择"否"。设置后重新运行模型。

3.7　导入数据

3.7.1　导入测量数据

以下介绍如何导入由 X 坐标和 Y 坐标组成的测量数据图层。目前 PCSWMM 无法将测量数据导入到背景层（或非 SWMM5 层）。可以导入测量数据的图层包括汇水区、检查井、排水口、分流设施、蓄水设施、管道、水泵、孔口、堰和出口。

为了导入测量数据，当导入点坐标时，必须将点导入到 SWMM5 图层的检查井中。要实现这一目的，需要创建项目，将调查点导入到"检查井"图层，然后复制并粘贴到点背景图层。

以下使用的 Excel 表单需要包含三列数据，即点 id、X 坐标和 Y 坐标。

3.7.1.1　创建新方案

（1）打开 PCSWMM 并选择要导入新测量数据的项目。

（2）单击"方案管理器"按钮，然后单击"添加"。

图 3-176　打开方案管理器

注：创建新模型的目的是将测量数据导入新的"检查井"图层。如果用户将测量数据直接导入当前项目中，则用户可能难以区分原模型中的检查井和将用于点图层的新的检查井。

（3）将方案命名为表示方案目的的名称（比如测量导入），然后单击"保存"。

（4）单击"方案管理器"按钮并选择方案以打开新方案。

（5）在新方案中，选择"项目"面板中的"检查井"。

（6）单击"搜索" 选择所有。

（7）单击"删除" 按钮。上述操作是为了确保仅有测量点导入到此方案中，这些点即将被复制和粘贴到调查图层中。

3.7.1.2　创建并结构化点图层

（1）在新创建的方案中，单击图层管理器中的"打开图层"按钮。

（2）单击"新建…"按钮创建新图层。

（3）选择"点"作为形状类型，然后单击"确定"。

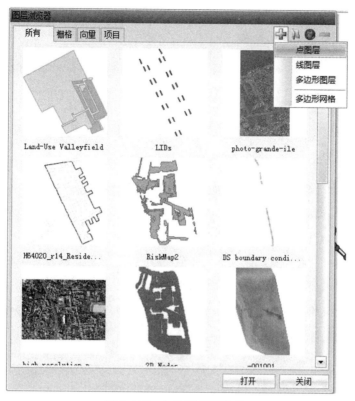

图 3-177　打开图层浏览器

（4）命名并保存新的点图层，然后单击"确定"。此处可将新的点图层命名为"点高程"。

（5）单击"图层"按钮并选择新的点图层。

（6）选择"改变"按钮，然后选择"重新构建"。

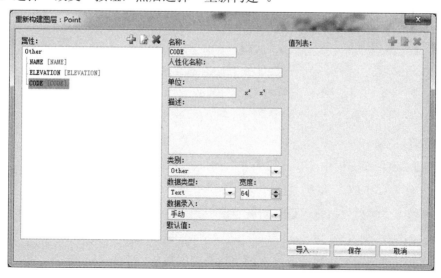

图 3-178　重新构建图层

为了填充坐标属性，需要将 X 坐标、Y 坐标、说明、标签和高程等属性添加到新点图层。为了确保坐标属性保持相同的格式，将导入检查井属性。

（7）单击"导入"按钮，然后从下拉框中选择"检查井"，单击"确定"。

（8）删除不需要的属性（在此示例仅需要 Name、X、Y、description、tag 和 invertelevation 属性），单击"保存"。

3.7.1.3 导入数据

（1）单击文件，然后选择"导入数据..."。

（2）选择导入 Microsoft Excel、Access 或 text/csv 文件，然后单击"下一步"。

（3）单击"浏览..."并导航到点图层数据表的位置。

（4）确保选择了"检查井"选项卡，并在"源图层"下选择带有要导入的数据的工作表。

（5）在属性匹配表中匹配属性字段，如图 3-179 所示。

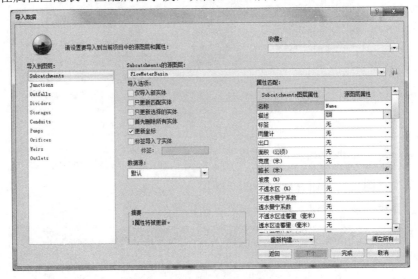

图 3-179　导入检查井数据

（6）确保不勾选任何"导入选项"，然后单击"完成"。

（7）此时将显示导入报告，单击"关闭"。节点即出现在模型中。

（8）在"项目"面板中选择"检查井"图层，然后"Ctrl + A"选择所有检查井。

（9）单击"Ctrl + C"复制"检查井"图层中所有检查井。

（10）单击"解锁"按钮，选择新创建的点图层。

（11）单击"Ctrl + V"将"检查井"图层粘贴到新的点图层。

（12）单击"图层"按钮，取消勾选"检查井"图层。

（13）打开"表格"面板，选择并查看新的点图层。

3.7.2　将 HEC-RAS 水力结构导入基于 DEM 的 PCSWMM 模型

在 PCSWMM 中，可使用 DEM 模型快速生成河道或者明渠的横断面，但是利用 DEM 模型却无法获取桥梁和涵管的横断面信息。HEC-RAS 模型可能包含这些水工构筑物的横断面信息，因此可通过导入 HEC-RAS 模型使 PCSWMM 得到这些信息。以下介绍如何将 HEC-RAS 水力结构信息导入基于 DEM 的 PCSWMM 模型。

3.7.2.1　创建基于 DEM 的 PCSWMM 模型

如果尚未建立基于 DEM 的 PCSWMM 模型，则在导入 HEC-RAS 水力结构之前需先完成以下工作：

（1）在河流线图层上，建立节点与管线网络。

（2）用 DEM 生成横断面。

3.7.2.2　导入 HEC-RAS 模型

（1）新建一个 PCSWMM 工程文件，以区别于基于 DEM 的 PCSWMM 模型。

（2）打开河流线图层。

（3）点击"文件"→"导入"→"HEC-RAS"。

（4）浏览到 HEC-RAS 几何文件的位置。

（5）选择如图 3-180 所示的所有默认选项，单击完成以导入几何数据。

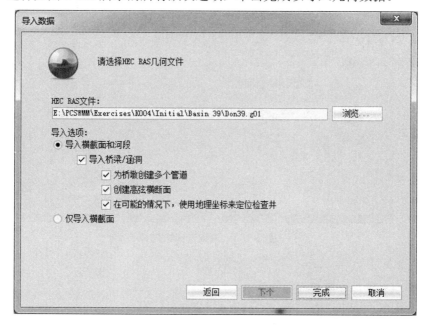

图 3-180　导入 HEC-RAS 数据

3.7.2.3 创建用户自定义属性

（1）在"地图"面板中，右键单击"图层"列表中的"检查井"图层。

（2）从"选项"列表中选择"重新构建"。

（3）添加一个名为"IMPORT"的新属性。此属性将用于跟踪应将哪些节点和管道导入到基于 DEM 的模型中。

（4）单击"保存"。

（5）按照步骤（1）～（4）为"管道"图层创建属性。

3.7.2.4 给 HEC-RAS 模型建立地理坐标

（1）使用河流线图层对 HEC-RAS 模型进行地理配准。

（2）在地理配准时，在要导入到基于 DEM 的模型水力结构的上游检查井和下游检查井的 IMPORT 属性中输入"Yes"。对于要导入的管道，进行同样的操作。

3.7.2.5 创建桥梁管道和检查井

（1）在"地图"面板中，单击"搜索"按钮。

（2）在"查询选择"窗口（如图 3-181 所示）搜索要导入的所有桥梁的检查井。

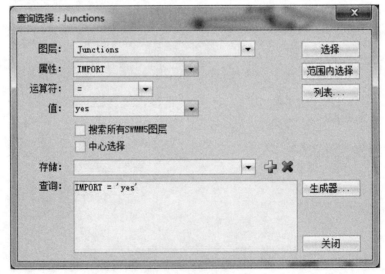

图 3-181　查询选择检查井

（3）单击"选择"按钮。

（4）在图层列表中，右键单击"检查井"图层。

（5）单击"导出…"。

（6）选中"仅选择的检查井"选项，然后单击"导出"。

（7）将文件保存为 BridgeJunctions.shp，并且存放在易找到的位置中。

（8）对"管道"图层重复上述步骤。

3.7.2.6　给 DEM 模型导入桥梁图层

（1）打开基于 DEM 的 PCSWMM 模型。

（2）单击"文件"→"导入"→"GIS/CAD"。在它们各自的选项卡中，浏览到先前创建的 Bridge Junctions.shp 和 BridgeConduits.shp。

（3）单击"完成"。

3.7.2.7　给 DEM 插入桥梁

（1）放大一个导入的桥梁。

（2）按住 Shift 键的同时选择桥接管道的上游节点和下游节点。

（3）单击"编辑"按钮，选择"插入"。

（4）在需插入桥梁的管路上，单击任意位置，将桥梁插入较大的管路中。该较大的管路将自动调整到适当的长度。桥梁实体包括两个检查井、所有涵洞和管道。

（5）重复步骤（1）～（4），直到导入所有桥梁。

注：目前，PCSWMM 不导入损耗系数和一些内联结构，包括堰和堤防信息。在导入 HEC-RAS 数据后，应检查导入的数据。

3.8　导出数据

3.8.1　从"图表"面板导出图像

可以通过复制功能导出"图表"面板中的图像，并根据导出图像的质量要求选择导出方式。PCSWMM 可以优化图像并将其用于幻灯片、绘图机打印或插入文件与报表。

可以复制"图表"面板中的图像或绘图，并将其粘贴到其他应用中，此时有三个可选项：位图图像、图元文件图像及 PowerPoint 图像。位图图像的分辨率最低，PowerPoint 图像的分辨率最高。PowerPoint 图像也有更大的字体型号以提高演示文稿的可读性。

（1）在"地图"面板中绘制要复制的图形。

（2）点击"属性" 按钮，设置绘图的标题或格式。

（3）点击"复制"按钮，选择三个选项之一，如图 3-182 所示。

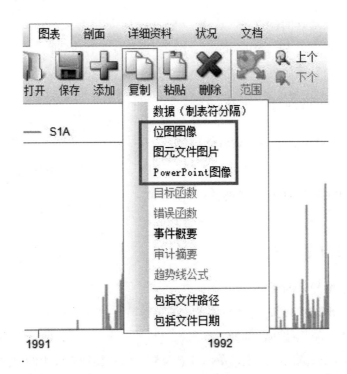

图 3-182　选择复制要素

（4）将图像粘贴至想要的应用。

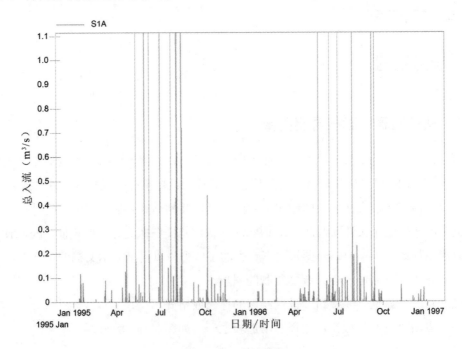

图 3-183　粘贴图像

3.8.2 从"地图"面板导出数据

使用"地图"面板工具条中的"导出" 按钮可以将任何或所有实体从矢量图层（SWMM5 图层或背景图层）导出到任何支持的图层文件格式。

利用该工具可以复制整个矢量图层，也可以将选定的子实体集导出到新图层。如果需要复制栅格图层（如 DEM 图层），则只能使用该工具进行操作（但是 DEM 可以用"裁剪 DEM 图层"工具裁剪）。

导出的图层将保持当前的坐标系。如需要转换图层到另一个坐标系（如从平面坐标到经纬度坐标），则需使用投影工具。导出的图层具有与原图层相同的图层属性（如渲染）。

如果只导出实体的子集，在点击"导出"按钮之前选择实体。

（1）在"地图"面板打开的前提下，在"图层"面板选择要导出的实体图层。

（2）点击位于"地图"面板工具条上的"导出"按钮。

（3）如果在图层中实体子集当前被选中，将出现一个对话框。要导出整个图层，选择"导出所有图层实体"选项。仅导出选择的部分实体，选择"导出选择实体"。

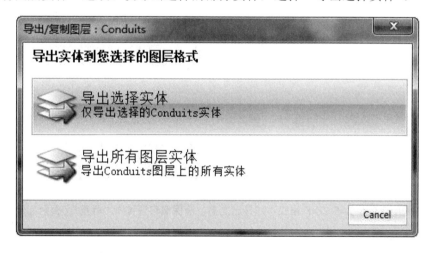

图 3-184　导出图层

（4）浏览到目标文件夹，键入文件名称，在"保存类型"的下拉菜单中指定文件类型。图 3-185 所示为导出到一个 SHP 文件。

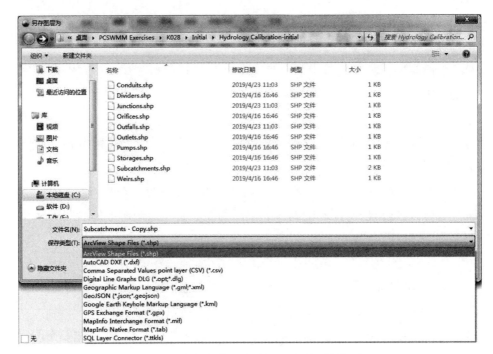

图 3-185   设置导出为 shp 文件及路径

（5）点击"保存"按钮，完成导出。

完成后，导出的图层将被自动添加到"图层"面板。

注：

- 可以使用"菜单"![菜单图标]按钮下的"导出图片"![图片图标]命令，"报告工具"或"打印预览"选项导出地图的图片。

- 当前 PCSWMM 不能重命名图层。导出图层带有一个新名称可以被使用，作为一个工作区，用于改变图层的名称。

- 当导出到 AutoCAD DXF 格式，在导出之前，确保偏移设置为"标高"，否则上沿标高的高程数据不能被导出。

图 3-186   设置偏移量显示方式

3.8.2.1　使用报告功能

要将多个绘图导出为图像格式，"报告"功能是最好的选择。运行后可以导出及更新保存过的图表。

3.8.2.2　使用打印预览工具

为了导出高质量的图表，并为绘图和最终报告提供较好的分辨率，建议使用"打印预览"选项。打印预览工具允许用户自定义绘图的字体，添加阴影和边框，并链接到打印页面上的剖面文件和地图。图表可以被导出为图像文件、PDF 文件等。

3.8.3　从"剖面"面板导出数据

可以从"剖面"面板中导出剖面文件，以便在 AutoCAD 或其他软件程序中查看。可以在保存图层文件时，在保存类型下选择剖面文件的格式。根据选定的文件格式，将创建不同的属性来存储剖面文件信息，如高程、节点、管线名称。

（1）在"地图"面板选择要导出的剖面，或在"剖面"面板选择剖面收藏。

（2）点击"菜单"按钮选择"导出"。

（3）浏览到一个位置，保存剖面，从下拉列表中选择文件类型。

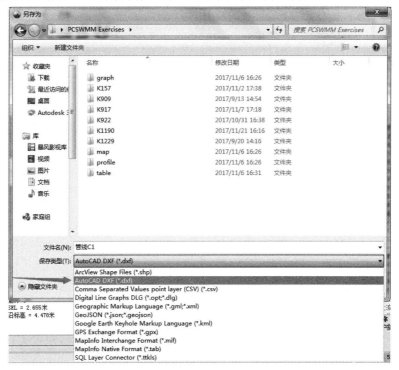

图 3-187　将剖面导出为 DXF 文件

（4）给定剖面名称，点击"保存"按钮导出。

注：

- 也可以使用几种不同的方法将剖面导出为图像格式。
- 使用"剖面"面板工具条下的"复制"按钮，以标准分辨率复制图像，或更高分辨率用于 PPT。
- 使用"打印"按钮，打印更高质量的剖面图形或图像。该方法允许 PDF 文件创建，如同创建剖面图像一样。
- 使用"报告" 功能，一次导出多个预览图像为 JPG 或 PNG 格式。

3.8.4 从时间序列编辑器导出数据

可以利用"时间序列编辑器"直接导出时间序列，以减小 SWMM5 输入文件的大小，或者在"图表"面板中查看数据。当时间序列编辑器中的数据被保存到外部时，每次打开项目，数据不会从输入文件加载到 PCSWMM 中，这就提高了加载模型的速度。

从时间序列编辑器导出的时间序列只能为*.DAT 格式。该格式兼容 SWMM5 输入文件。要将时间序列导出到另一个文件格式，在"图表"面板中打开.DAT 文件并导出到相应格式。

3.8.4.1 从时间序列编辑器导出时间序列

（1）在"项目"面板，点击"时间序列编辑器"。

（2）在时间序列编辑器中选择要导出的时间序列。

（3）点击"保存…"按钮。

（4）浏览到已知位置，并保存文件。

图 3-188 将时间序列文件导出为.DAT 文件

3.8.4.2　在 PCSWMM 中打开外部时间序列

要在 PCSWMM 的"图表"面板中打开外部时间序列，请导入时间序列，然后使用已导入的时间序列作为一个外部文件。

3.8.4.3　在 Excel 中打开导出的时间序列

可以在 Excel 或其他电子数据表程序中查看和编辑导出的时间序列。

（1）打开 Excel，点击"打开"。

（2）指定到.DAT 文件所在的位置，指定列出所有文件。

（3）选择.DAT 文件。Excel 将打开一个文本导入向导。

（4）浏览每个窗口，指定要导入数据的格式，点击"下一步"。

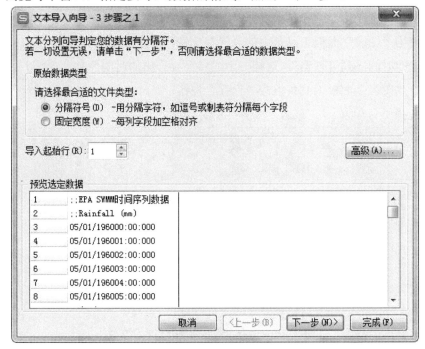

图 3-189　Excel 打开.DAT 文件设置

（5）点击"完成"，在 Excel 中查看数据。

3.8.5　从"表格"面板导出数据

可以利用"表格"面板导出数据，以便在电子数据表或其他外部应用程序中打开数据。可以导出整个表、行或列的子集。在导出之前，还可以使用"过滤"🔽 及"排序"⬆️按钮过滤和保存数据。通常，在导出之前，需要先保存表，以便确认哪些是已经导出的数据。

（1）点击"菜单"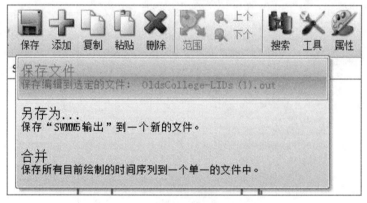按钮。

（2）勾选或不勾选"复制标题"决定导出时是否包括标题。

（3）选择要导出的行或列。Shift 键及 Ctrl 键可以用来选择部分数据。

（4）点击"复制"按钮复制数据到剪贴板。

（5）将数据粘贴（"Ctrl+V"）到一个电子数据表程序或文本编辑器，保存文件。

注："表格"面板中的数据也可以被导出，使用"报告"功能可以一次性导出几个不同的表格。在使用"报告"导出这些表之前，必须将表保存到表收藏。

3.8.6　从"图表"面板导出时间序列

利用"图表"面板可按照三种不同的方式导出时间序列。时间序列可以被独立导出，也可合并导出为一个文件，或从"图表"面板中被复制。时间序列可以被导出为几种不同的格式。下文将进一步介绍各导出方法。

可以使用"图表"面板工具条中的"保存"按钮导出时间序列。

（1）在"时间序列管理器"，选择一个或多个要导出的时间序列。

（2）在"图表"面板工具条点击"保存"按钮。

（3）选择"另存为…"，或者"合并"所有绘制的时间序列，并合并到一个文件。

图 3-190　保存合并时间序列到外部文件

（4）指定路径保存文件。

（5）命名时间序列，选择文件格式，导出时间序列为.tsb、.tsf、.dat 等格式。

（6）点击"保存"。时间序列将被添加到"时间序列管理器"。

3.8.6.1　导出时间序列

可以用后台的"导出时间序列"命令将时间序列文件导出到一个单独的文件。

（1）绘制要导出的时间序列。包含一个或多个时间序列文件。

（2）点击"文件"→"保存&发送"，选择"导出时间序列"。如果多个时间序列文件已经被选中，它们将合并到一个文件。

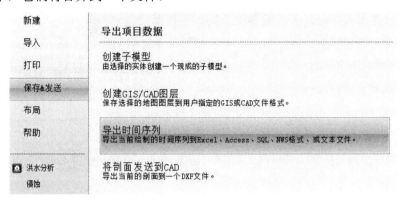

图 3-191　在"文件"面板导出时间序列

（3）指定保存文件的位置。

（4）命名文件，选择要导出的文件类型。

（5）点击"保存"。

3.8.6.2　复制数据

可以利用"图表"面板中的"复制"按钮复制时间序列。被复制的时间序列可以粘贴到 PCSWMM 的"图表"面板，同样也可以粘贴到第三方应用程序（如 Excel 或文本编辑器），然后保存为想要的格式。

该复制功能将选择的时间序列以文本格式复制到剪贴板，以便于粘贴到 Excel 或其他第三方应用程序中。可以利用复制功能同时复制多个不同的时间序列（如降雨量、流量、深度等），以及复制选定的时间段（即从连续时间序列中提取单个事件）。

	A	B	C
1	IDs:	System	System
2	Date/Time	Rainfall	Runoff
3	M/d/yyyy	in/hr	cfs
4	9/28/2015 10:05	0.049	0
5	9/28/2015 10:10	0.049	0.021445
6	9/28/2015 10:15	0.049	0.029575
7	9/28/2015 10:20	0.049	0.034017
8	9/28/2015 10:25	0.049	0.036232
9	9/28/2015 10:30	0.049	0.037292
10	9/28/2015 10:35	0.049	0.037791
11	9/28/2015 10:40	0.049	0.038024
12	9/28/2015 10:45	0.049	0.038132
13	9/28/2015 10:50	0.049	0.038182

图 3-192　复制的时间序列数据

（1）在"时间序列管理器"，勾选要导出的一个或多个时间序列。所选的时间序列将被绘制在"图表"面板。

（2）点击"图表"面板工具条中的"复制"按钮。

（3）将时间序列粘贴到第三方应用中或粘贴回 PCSWMM 的"图表"面板。

另外，"编辑时间序列"工具（"工具" ✕ 下）可以被用来将时间步长离散为相等的时间步长（如将不等的时间步长编辑为均为 5 s 时间步长的序列），以生成一个新表。该表包含多个时间序列的列，但它们具有相同的日期/时间的行（例如实测值与计算值对比绘图时）。

也可以用"复制"功能复制"目标函数""错误函数""审计时间序列""事件分析""离散图"工具的汇总统计。

3.8.7 导出 SWMM5 输入文件和输出文件

有时需要将 SWMM5 输入文件和输出文件提交给用户或监管人员。在一个 PCSWMM 项目中，保存了正式的 SWMM5 输入文件、SWMM5 输出文件及 SWMM5 报告文件，可以在程序之外直接访问这些文件。这三个文件具有相同的根文件名称，并且都是标准的 SWMM5 格式。

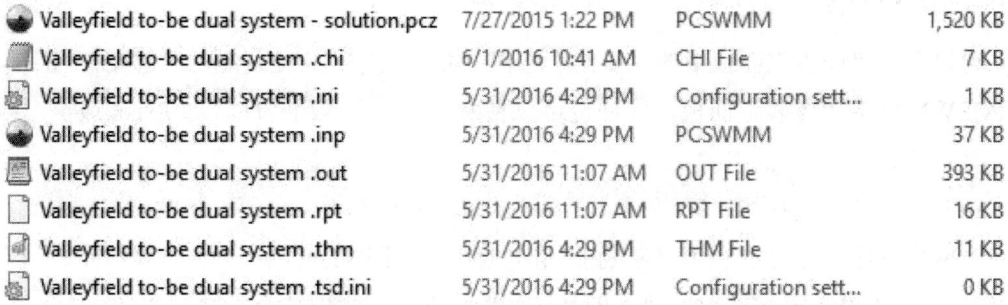

Valleyfield to-be dual system - solution.pcz	7/27/2015 1:22 PM	PCSWMM	1,520 KB
Valleyfield to-be dual system .chi	6/1/2016 10:41 AM	CHI File	7 KB
Valleyfield to-be dual system .ini	5/31/2016 4:29 PM	Configuration sett...	1 KB
Valleyfield to-be dual system .inp	5/31/2016 4:29 PM	PCSWMM	37 KB
Valleyfield to-be dual system .out	5/31/2016 11:07 AM	OUT File	393 KB
Valleyfield to-be dual system .rpt	5/31/2016 11:07 AM	RPT File	16 KB
Valleyfield to-be dual system .thm	5/31/2016 4:29 PM	THM File	11 KB
Valleyfield to-be dual system .tsd.ini	5/31/2016 4:29 PM	Configuration sett...	0 KB

图 3-193 SWMM5 项目根文件

在 PCSWMM 中，"详细资料"面板显示了输入文件，"状态"面板显示了报告文件。除此之外，可以在"属性"面板和"表格"面板查看结果文件，从报告文件的表格中提取计算结果，也可以在"图表"面板中查看分析 SWMM5 输出文件时间序列，同样可以在"剖面"面板和"地图"面板录制播放该时间序列。

用户查看输入文件和输出报告文件（尽管输出文件可能会很大）的最简单的方法就是在项目文件夹中查阅文件（.inp、.rpt 及.out），而不需要从 PCSWMM 导出这些文件。不建议从"详细资料"面板和"状态"面板复制这些文件的内容，因为软件可能会将非常大的文件进行裁剪以提高加载速度。

可以利用"详细资料"面板和"状况"面板中的"打印"功能导出数据，也可以在"图表"面板中将待输出的时间序列数据方便地复制为以制表符分隔的文本文件、Excel 兼容格式或其他时间序列格式。

注：使用"打包项目"工具是导出项目的另一个方法。

3.9 模型审核

3.9.1 创建摘要表格

利用"项目摘要/比较"工具可以审查模型参数和 SWMM5 项目的结果。通过"审计"工具生成的汇总表可以导出到 Excel、复制到剪贴板并粘贴到其他文档，也可用于打印。另外，利用"项目摘要/比较"可对比方案间的参数和结果。可以使用一个预定义的摘要表清单查看并对比结果，或者创建自定义表查看并对比结果。

可以利用自定义项目对比表查看输入文件中的参数，或者输出文件或报告文件中的结果：

（1）在"地图"面板 SWMM5 项目打开的情况下，点击"工具" 按钮。

（2）在"审计"部分，点击"项目摘要/比较"。打开"项目摘要/比较"工具对话框。

（3）点击左侧"摘要表格"清单的条目查看该条目的结果。

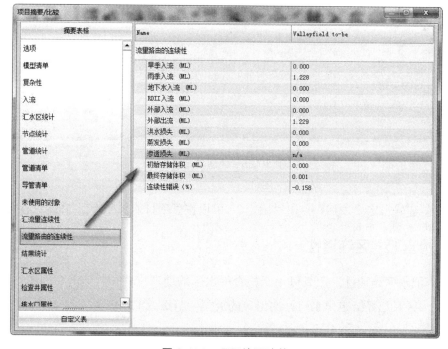

图 3-194　项目摘要清单

（4）要创建用于导出的自定义表，点击窗口顶端的"添加新的自定义表"。将出现"添加自定义表"对话框。

（5）在"表格名称"文本框中输入名称。

（6）点击左侧列的条目，点击"⇨"按钮将需要的条目移动到右侧列。可以将选中的整个类别（如节点统计）或者指定条目［如最大水深（ft)］添加到自定义表中（如图 3-195 所示）。利用星号 标记已经被添加到自定义表的条目。

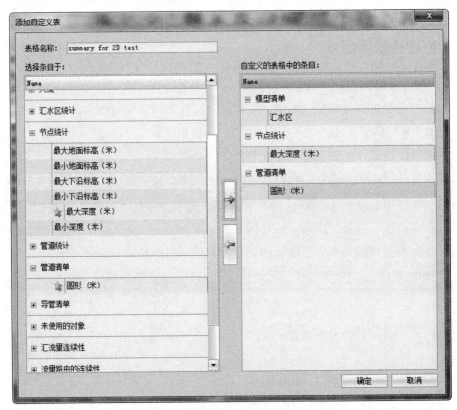

图 3-195　创建自定义表

（7）创建好自定义表后，点击"确定"。可以在"项目摘要/比较"窗口查看自定义表。

3.9.2　检查汇水区连通性

"检查汇水区连通性"工具可用于检查汇水区的地理位置和其他潜在问题。该工具也能识别汇水区（已经给定出水口）的出口的类型（节点或汇水区）。

3.9.2.1　检查汇水区连通性

（1）在"地图"面板中，点击"工具" 按钮。

（2）在"审计"部分，点击"检查汇水区连通性"。

（3）如果已经选择了汇水区，勾选"仅对选择的实体"。要分析所有的汇水区，不勾选此项。

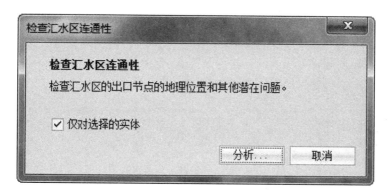

图 3-196　检查汇水区连通性

（4）点击"分析..."。

运行完成后，将弹出连通性检查的报告。报告中显示了汇水区名称、出口、出口类型及潜在的问题。

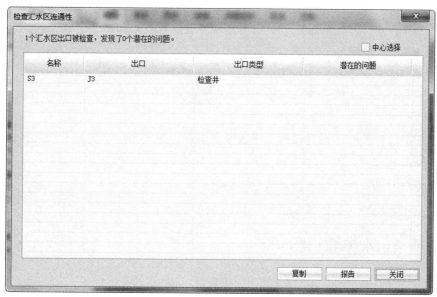

图 3-197　汇水区连通性检查报告

3.9.2.2　修改未连接的汇水区

在较大的模型中，难以在"地图"面板中找到所选的实体。此时，可利用"地图"面板中"中心选择"选项居中显示所选实体。可以根据需要移动工具对话框以便更好地编辑和查看模型。

（1）点击要修改的实体，该实体将在"地图"面板中自动高亮显示，"属性"面板也会显示出该实体的相关信息。

（2）可以在"属性"面板查看缺失或错误的连接，"选择孤立体"工具的"问题"列高亮显示实体存在问题。

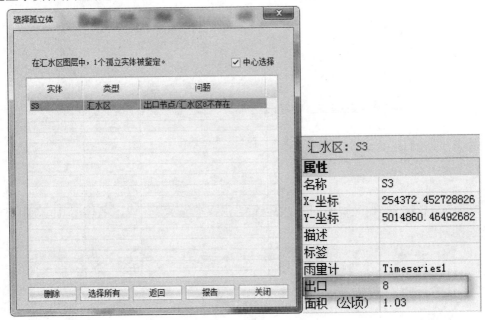

图 3-198 选择孤立实体

（3）用户可以单独编辑属性或使用替换工具同时编辑多个实体。若要选择所有实体，点击"选择所有"。

（4）要更新错误报告，点击"返回"按钮。

（5）点击"选择"按钮重新运行工具。

3.9.2.3 查看汇水区连通性

"地图"面板可直接展示汇水区和它们的出口（节点或汇水区）之间的连接线。

（1）在"地图"面板点击"菜单"▤按钮。

（2）点击"偏好设置"。

（3）点击"地图"项。

（4）勾选"显示汇水区连线"。

（5）如果需要的话，点击右侧红色框，编辑颜色。

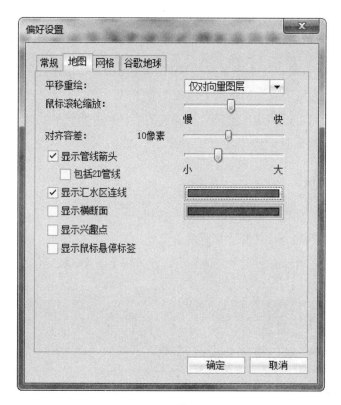

图 3-199 偏好设置

（6）点击"确定"。

在"地图"面板中将展示汇水区连接线。要隐藏连接线，则取消选择"偏好设置"中相应的选项。

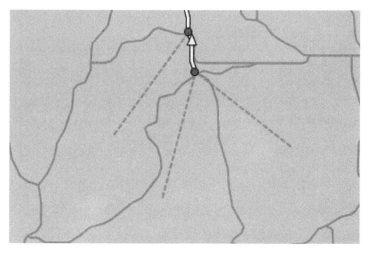

图 3-200 汇水区连接显示

3.9.3 验证 SWMM5 图层属性

"属性验证"工具可以用来确定哪些 SWMM5 图层属性值不在用户定义的期望值范围之内。PCSWMM 为每个属性的可接受范围提供了默认的缺省验证集，但用户也可以创建自定义验证集。用户可以挑选出不符合验证集的实体，并将这些实体的标签改为用户定义的标记值。在排查验证时，软件将快速忽略标记过的实体。

3.9.3.1 验证属性值

（1）在"地图"面板中，点击"工具"按钮。

（2）在"审计"部分，选择"属性验证"。

（3）选择一个之前保存过的"验证集"或者为每个 SWMM5 图层的属性输入上限值和下限值。

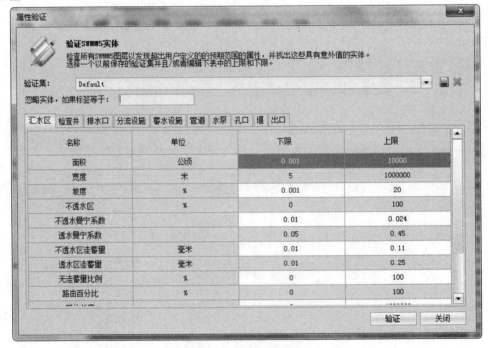

图 3-201　属性验证

（4）选择指定一个或多个"标签"值（用逗号隔开）以指定不需验证（如 WDT、2D、IgnoreMe 等）的实体。

（5）可点击"保存"按钮保存编辑的验证集，并指定验证集的名称，也可以不保存验证集，直接验证数据。

图 3-202　保存验证集

（6）点击"验证"。

运行完成后，将出现验证报告。SWMM5 图层实体属性值落于指定范围之外的，将被标记为 ✖，通过检查的图层被标记为 ✔。

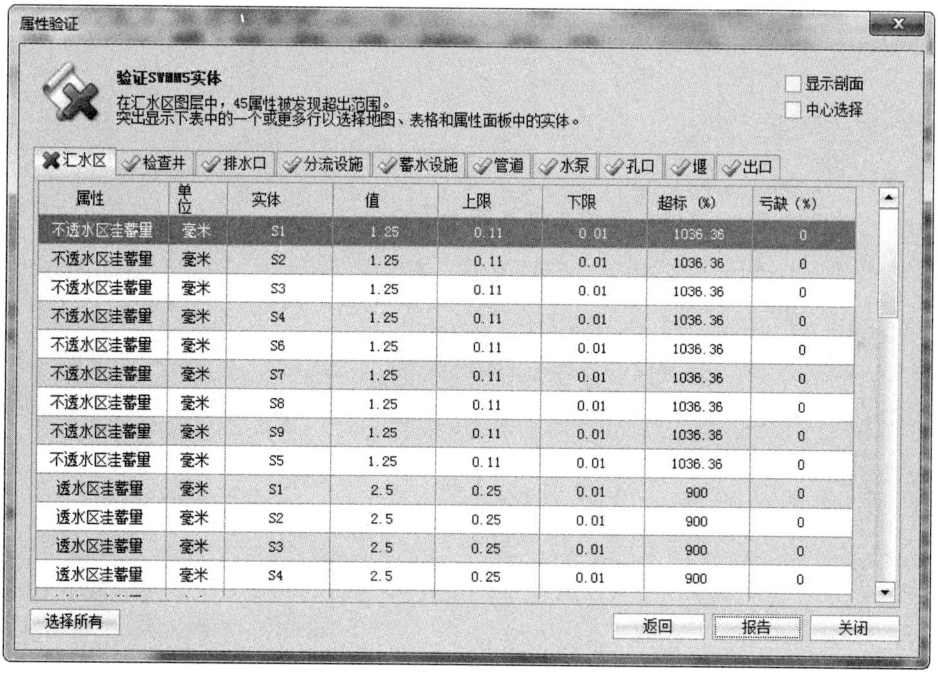

图 3-203　属性验证结果

点击"报告"生成并保存文本报告。

3.9.3.2　改正属性值

在仔细检查修改属性时，"属性验证"工具可以保持打开状态。在属性验证结果表中选择实体后，相应实体也将在"地图"面板内被选中，并且"属性"面板将展示相应的属性。

（1）在属性验证结果表中点击实体，此时该实体已被选中。

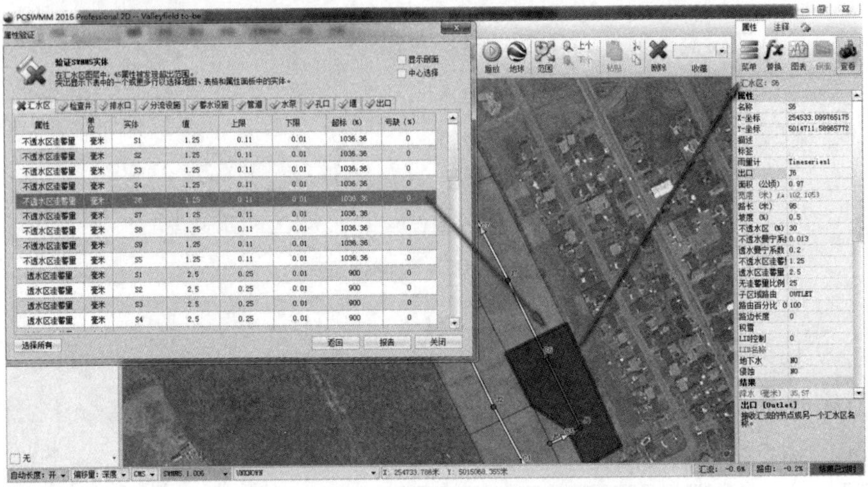

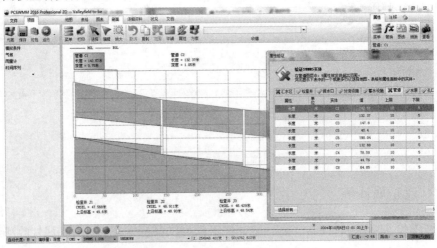

图 3-204　地图中显示所验证的实体

（2）在"属性"面板中，查找错误值，该错误值将在"属性验证"工具的"值"列中高亮显示出来。

（3）单独编辑属性或使用替换工具同时编辑多个实体。

（4）要重新验证属性或指定另外的"标签"来排除不需检查的实体，点击"返回"按钮。

（5）点击"验证"，重新运行工具。

在较大的模型中，难以在"地图"面板中找到已选定的实体，可利用"地图"面板的"中心选择"选项居中显示所选实体。要查看所选实体的剖面，勾选"显示剖面"，并在"剖面"面板查看实体剖面。

图 3-205　显示所验证实体的剖面

注:

- 保存的"验证集"被存储为 .ini 文件，保存在 C：\Users\<username＞\AppData\Roaming\ PCSWMM 下。可以在 PCSWMM 之外使用文本编辑器（如 Notepad）查看。
- 通过"标签"可以指定不需验证的实体，但目前无法指定不需验证的属性。

3.9.4　查看属性分布并出图

"属性分布"工具是评估 SWMM5 图层当前属性值的最好方法，也可以用来了解其他属性的参数值，并在方案间比较属性分布情况。

要查看属性分布：

（1）在"地图"面板中，点击"工具" 按钮。

（2）在"审计"部分下，选择"属性分布"。

（3）在一个图层旁点击"+"展开列表，查看所有属性。

（4）单击需要的属性。

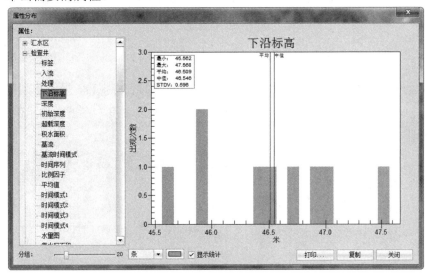

图 3-206　属性分布

（5）改变"分组"和"颜色"使得图表更利于打印。完成后，点击"打印"按钮。

（6）在"打印预览"窗口，调整打印机设置，选择合适的打印机。

3.9.5　识别并改正管道负坡度

"用斜率选择"工具可以用来识别模型中的管道坡度，查找负值的、不合法的或者小于指定值的坡度。也可利用该工具选择管道、编辑或诊断模型的洪水和超载问题。

以下使用该工具来识别模型中的负坡度，并将其修改为正确的坡度值。这一办法也可以用来改正过于平坦的坡度（坡度小于一个指定值）或无效的坡度值。当管道长度小于高程变化时，或坡度值等于 0 时，出现无效坡度值。

3.9.5.1 识别负坡度

（1）在"地图"面板中，点击"工具"按钮。

（2）在"审计"部分，点击"用斜率选择"工具。

（3）在"用斜率选择"工具，选择"仅负斜率"选项。

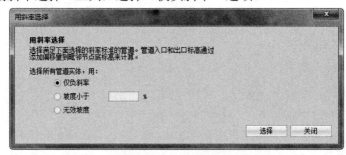

图 3-207 用斜率选择

（4）点击"选择"按钮。

（5）运行完成后，将出现一个列出所有负坡度管道的表格报告。报告将列出管道名称、入口节点、入口偏移量、出口节点、出口偏移量、长度和坡度。在下面的示例中，软件找到了一个具有负斜率的管道。

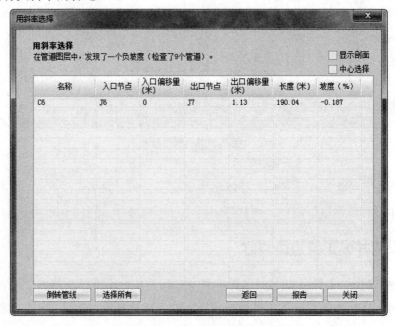

图 3-208 用斜率选择管道结果

点击"报告""复制",然后"关闭"报告窗口。

3.9.5.2　修正负坡度

在选择和修正属性时,该工具可以保持打开状态。

(1)点击要修正的管道。相应实体将高亮显示在"地图"面板中,并且"属性"面板将展示相应属性。

(2)根据"用斜率选择"工具的运行结果,在"属性"面板查找需要修正的属性值。

(3)单独编辑属性或使用替代工具同时编辑多个实体。要选择所有管道,点击"选择所有"。

(4)要更正管道方向错误,在结果窗口点击"倒转管线"按钮。

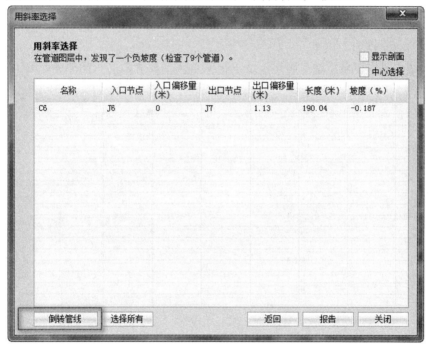

图 3-209　倒转管线

(5)如需要验证修正后的结果,点击"返回"按钮。

(6)点击"选择"按钮重新运行工具。

在较大模型中,难以在"地图"面板找到选定的管道。利用"地图"面板的"中心选择"选项可居中显示选定的管道。要查看所选管道的竖向详细情况,可勾选"显示剖面",在"剖面"面板中查看所选管道的剖面。

注:如要使用"设置坡度"工具,仅点击"选择所有"按钮,点击"关闭"。然后在"地图"面板中,点击"工具浏览器"按钮,在"管道"部分下选择"设置坡度"。

3.9.6 时间序列审计

利用"图表"面板下的"时间序列审计"工具可分析任何类型的实测时间序列，以评估数据质量。不满足用户指定标准的时间序列值被称作期望外数据，并在时间序列中高亮显示，也在表格形式中高亮列举出来。

可从多个角度评估实测数据，包括传感器性能、感应范围、通常范围、变化速度、冗余和缺少的数据。

可以按照所选的分析类型审查数据，也可全面审查数据，或对要分析的数据进行排序。期望外的数据可以作为事件被添加到"图表"面板，以便于识别和更正数据。

（1）在"图表"面板中，绘制要审计的实测时间序列。

（2）点击"工具"，打开工具浏览器，选择"审计时间序列"。

（3）点击"选项"按钮，选择"分析"。

（4）在"时间序列审计"窗口，从下拉菜单选择要分析的时间序列。菜单旁边将列出待审数据。

（5）勾选将应用于数据集的"审计"选项，包括传感器性能、感应范围、通常范围、变化速度、冗余及缺少的数据。

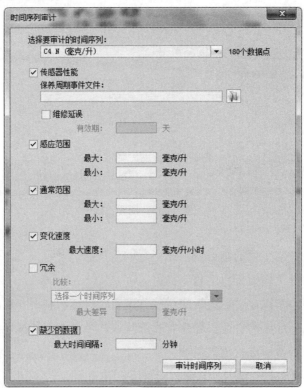

图 3-210　时间序列审计

（6）对每一个所选的选项，输入需要的文件或范围以评估数据。

（7）当确定各选项后，点击"审计时间序列"按钮。

（8）分析的结果将以表格形式显示在"图表"面板下，并在图表中以高亮形式标记有问题的数据。以橙色高亮显示可疑数据，以红色表示不正确的数据，以黄色表示缺失数据。如果一个数据点在一项分析下是可疑的，在另一项分析下是不正确的，该点将被高亮显示在"全局"项下，并以红色显示。如图 3-211 所示。

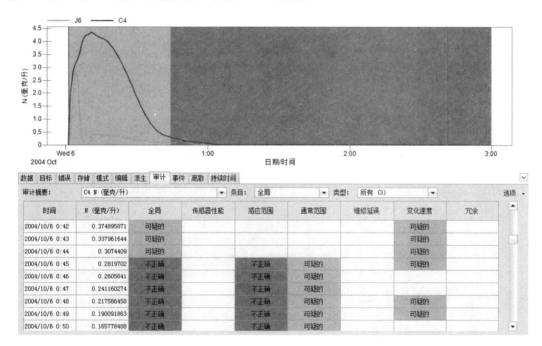

图 3-211　审计结果展示

要查看每个数据点的每个审计选项的结果，点击"选项"菜单，选择"数据表"。

要添加一个期望外数据作为一个事件，在"选项"菜单切换到"异常"表。选择一个或更多异常数据，点击"选项"菜单，选择"添加到事件。"

要修正错误的数据，在"图表"面板中点击"数据"条目。沿着时间序列将蓝色高亮线滑动到事件的位置（以灰色高亮显示），直接在表格中输入修正后的数值。

3.9.7　识别未连接的实体

模型中未连接的实体会导致模型运行错误或者路由不稳定。"选择孤立体"工具用于发现那些没有连接到其他实体的汇水区、管线和节点，如没有连接到任意管线的节点、没有入口节点和出口节点属性的管线，以及没有出口属性的汇水区。

（1）在"地图"面板中，点击"工具" ✖ 按钮。

（2）在"审计"部分，选择"选择孤立体"工具。

（3）选择要搜索当前图层，或者所有 SWMM5 图层。按下"选择"按钮。

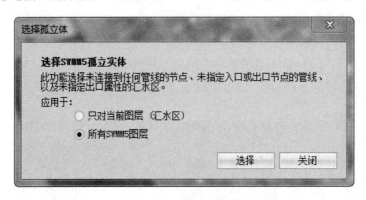

图 3-212 选择孤立体

（4）运行完成后，将弹出一个表格报告，报告识别出的孤立体。报告将列出实体名称、类型及问题。如下面的例子，仅发现了一个未连接的实体。实际建模过程中，也可能会发现孤立的管线、节点等 SWMM5 实体。

图 3-213 选择孤立体结果

（5）点击"报告""复制"，然后"关闭"报告窗口，将在"地图"面板中显示被识别的实体。

在选择及修改属性时，该工具可以保持打开状态。在较大模型中，难以在"地图"面板查找到选定的实体，利用"地图"面板的"中心选择"选项可居中显示所选实体。

（1）点击一个要修改的实体以选择它，"地图"面板将自动高亮显示该实体，"属性"面板将显示相应的属性。

（2）根据在"选择孤立体"工具下的"问题"列，在"属性"面板中查找缺失的或错误的连接。

（3）单独编辑属性或使用替代工具同时编辑多个属性。要选择所有实体，点击"选择所有"。

（4）要验证修改的结果，点击"返回"按钮。

（5）点击"选择"按钮重新运行工具。

3.10　一维-二维耦合模型

完全采用 1D 解决方案模拟地表洪水流量是存在缺陷的，例如无法描述水流通过多个流动路径围绕和通过障碍物的过程，无法描述地表水流流动路径，也无法描述不同洪水事件中水流路径的差异。可以利用 PCSWMM 建立 2D 模型，模拟城市和农村地区的洪水深度、流量和速度，也可以模拟河流洪水、大/小排水系统（双排水系统）或雨水径流路径。2D 模型中地表径流可以是来自河流的漫堤洪水，也可以是来自小排水系统的洪水或者分布式降雨。

PCSWMM 提供了一种完全集成的"2D 建模"方法，允许建模者在 1D 和 2D 之间无缝地切换，可实现动态模拟大/小排水系统，在 2D 洪泛平原内模拟多个涵洞或桥梁，溃坝和全面的 1D-2D 流域建模，其中仅对排水系统的特定部分进行"2D 建模"。此外，PCSWMM还可在 2D 模型中模拟水质、融雪、控制规则（泵、闸门、水坝等的实时控制模拟）、存储设备和分布式水文模型。

PCSWMM 用于模型构建的工具包括：

● 生成自动结构化或非结构化网格；

● 自适应/可变网格分辨率；

● 利用定向网格模拟河道径流；

● 利用边缘定义高程突变地段（即矮墙、挡土墙、路缘等）；

● 利用 DEM（网格单元采样）计算平均网格标高；

● 非点类边界条件（即定义 2D 模型边界的边界条件）。

PCSWMM 提供后处理及分析工具：

- 2D 图层的主题渲染；
- 2D 模拟结果的动画展示，显示速度矢量；
- 动画的高清视频录制，具有标准或自定义尺寸和压缩设置；
- 所有 2D 网格单元的深度和速度时间序列；
- 用户定义的断面线的流量时间序列；
- 基于用户定义的标准定义各种风险区域并绘制洪水风险图；
- 生成最大或瞬时深度或速度等值线；
- 加载谷歌地球/地图；
- 以 GIS/CAD 格式输出洪水范围、洪水风险图、等值线图等，其支持的格式包括 SHP、TAB、MIF、DXF、GML 等。

3.10.1　PCSWMM 2D 模块中的 SWMM5 模拟选项

PCSWMM 2D 涉及循环网络和回水效应的模拟，因此 PCSWMM 2D 仅适用于动力波演算（在 St-Venant 方程中具有或不具有惯性项）。用户可在设置求解动力波方程时根据需要自由选择保持、抑制或忽略惯性项。全动力波解决方案考虑了动量方程中的所有项。利用扩散波选项可以忽略惯性项（动量方程中的第二项和第三项）以达到简化求解的目的。

3.10.1.1　PCSWMM 2D 模块应用

PCSWMM 2D 可以应用于模拟城市或农村地区的地面洪水情况。它可以用于完全的 2D 模拟或 1D-2D 集成模拟。具体应用包括：

（1）城市和农村洪泛区模型。

（2）动态主/次（双排水）系统建模。

（3）降雨径流条件下的地表径流模拟。

3.10.1.2　模型限制及适用情况

PCSWMM 2D 采用 1D 圣维南方程作为控制方程，因此 PCSWMM 2D 在以下条件下可以提供更好的结果：

（1）网格单元之间的水流主要呈一维流动状态。

（2）可以忽略科里奥利力、涡流黏度和风力。

（3）波长显著大于深度。

建议对建立模型时考虑以下标准：

（1）为了使管壁糙率的影响最小，2D 网格的分辨率与水深的比应该大于 5。例如，如果水深预期达到 1 m，则网格分辨率应该大于等于 5 m。

（2）为了减少模型运行时间，应使用耦合的 1D-2D 模型，并在 2D 流动的关键区域内使用 2D 网格。

为了减少模型运行时间，2D 网格分辨率大小满足需要即可。可以根据各区域的实际需求设置网格分辨率。

在一些情况下，忽略动力波中的惯性项（即求解扩散波方程）可以减小模型不稳定性并且改善 2D 网格之间计算流量和流速的均匀性。模型运行时间取决于 2D 网格的数量、网格分辨率/路由时间步长、模拟时长以及计算机的速度。根据当前（2012 年）测试结果，推荐的最大 2D 网格数为 10 万个，建议的最小 2D 网格分辨率为 3 m。然而，为了使运行时间较短，通常网格数目多保持在 5 000～30 000，最小网格分辨率为 5 m。

使用较小的管道和大量的节点后，2D 模型可能具有较高的连续性错误。通常可采用以下方法减少路由连续性误差：

（1）检查井的最小表面积应尽量采用较小的值（建议值：0.1 m^2）。

（2）减少路由时间步长（对于高分辨率网格，甚至小于 1 s）。在一些情况下，较小的时间步长可以减少模型运行时间，因为较小的时间步长可以减少用于求解 SWMM5 控制方程的迭代次数。

可以将 2D 网格作为汇水区导入模型，以更离散的方式模拟降雨径流过程。因此，在径流过程中降雨可以下渗/蒸发。然而，当水进入水力学系统（节点和管道）时，除了存储节点，其他节点和管道处均不考虑下渗作用。作为一种变通方法，可以在节点处引入负入流，以表示渗漏损失。美国国家环境保护局表示，SWMM5 更新后将具备在开放管道中设置渗流的功能，这将产生更真实的模型结果。

3.10.1.3　最低数据需求

PCSWMM 至少需要边界图层和 2D 节点层才能建立 2D 模型。通常情况下，PCSWMM 还需要 DEM 层来定义 2D 网格的地表标高。

3.10.1.4　2D 模型图层类型

边界图层和 2D 节点层是创建 2D 模型的必备图层。可以利用边界图层自动生成节点层。利用 2D 对话框创建和定义 2D 图层。除了 DEM 之外，建议使用此对话框创建所有 2D 图层。2D 对话框中还具有速度后处理的选项。

1）边界图层

利用边界图层可定义 2D 模型的范围、2D 模型内的子区域，以及各区域的网格类型。

边界图层是封闭的多边形图层，是 2D 分析的必备图层。模型可以含有多个边界多边形（多边形间可以是内嵌的，也可以是叠加的），并且可以为不同的多边形定义特定的网格类型和样式。当存在多个边界多边形时，建议最好不要出现多边形重叠的情况，如果多边形发生重叠，将以最后创建的多边形为准定义网格类型和覆盖区域的管道属性。

注：可以使用不同的边界多边形和网格类型来表示多种土地利用类型。例如，当河流穿过城市区域时，可以用两个多边形来表示河流和城区，河流可以使用定向网格，城区可以使用六角形网格。

2）2D 节点图层

2D 节点图层是用于定义 2D 网络检查井的点状图层。利用 2D 节点层，可采取 DEM 高程数据来计算 2D 网格单元的高程属性。如果 DEM 高程数据不可用，则高程将保留默认值 0。

2D 节点层是 2D 分析的必备图层，并且只能包含点状实体。建议使用 PCSWMM 创建 2D 节点图层，但是已有的点图层也可以作为 2D 节点图层。如果用户使用已有的 2D 节点图层，则 PCSWMM 将自动创建与该层相关联的 2D 节点属性。

如果从 DEM 图层采取的高程数据不准确或者没有正确表示高程信息时，用户可以手动修改 2D 节点的高程。

如果按照指定的边界及其标高无法捕获诸如坝或堰的空间特征，可以添加额外的 2D 节点。添加的 2D 节点类型将被标记为自适应类型，表示该点不是使用创建网格工具生成的原始 2D 节点。

如果 2D 节点移动到另一个位置，则会自动更新其高程数据，并且将该 2D 节点标记为自适应类型。

注：解锁 2D 图层时，会询问用户是否希望创建图层的副本。在使用多个方案时，创建图层副本是很有用的。因为 2D 图层不是 SWMM5 图层，所以在创建方案时不会复制它们。这意味着如果用户在一个方案中编辑某个 2D 图层，则图层中的改变将影响到所有的方案。因此，在复制图层时，需要在 2D 建模对话框中设置相应的图层。

3）标高图层（可选）

标高图层是点状图层。利用标高图层的节点，可采取 DEM 高程数据以计算网格单元的平均地面高程。标高图层是可选层，建议在复杂地形条件下使用。标高图层的属性与 2D 节点图层相同。当使用标高图层时，建议标高图层采样分辨率应不小于 2D 节点采样分辨率的 2 倍。标高图层与 2D 节点图层一样，也是利用"点生成工具"生成相应的节点图层。

4）切断线图层（可选）

切断线图层是一个线图层，用于指定制高高程在模型中的位置。应在生成 2D 网格之前创建切断线图层。当仅依靠网格分辨率大小不能识别高架、高速公路、地面隆起、水库、坝和墙等地物对坡面漫流的影响时，利用切断线图层可以描述这些地物的特征。对于有切断线通过的 2D 网格，PCSWMM 将 2D 网格质心到切断线的垂足所对应的高程赋值作为相应 2D 网格的高程。

5）阻碍物图层（可选）

阻碍物图层是可选层，当存在将影响地表径流的物理结构（如水工建筑物）时，推荐使用该图层。阻碍物包括影响洪水流动的建筑物、墙壁或任何建筑结构。

6）边缘图层（可选）

边缘图层是用于表示屏障的线层，用于指定具有显著高度变化的位置。边缘图层不是必需的，使用该图层可以防止由单个高程表示具有显著高度差的区域，以提高对洪水的模拟效果。例如，可利用边缘图层区分道路与人行道或路缘。

7）中心线图层（可选）

中心线图层是用于定义主要流向并生成定向网格的线状图层。仅当使用定向网格时才需要中心线图层。中心线最好是具有最小曲率的简化流线。

8）下游图层（可选）

下游图层是用于定义非点状边界排水口的可选线状图层。当洪水达到模型边界并且用户不关心下游洪水情况时，推荐使用下游图层。PCSWMM 将在下游边界线与 2D 网格相交的位置创建边界排水口。洪水到达下游边界排水口后，水流将从系统中消失。

9）水量图图层（可选）

水量图图层是线状图层，用于指定观测位置以观测相应的水文过程。水量图图层是一个可选的图层，可以在创建网格后添加到模型中。当需要了解特定区域流量时，推荐使用水量图图层。

10）DEM 图层（可选）

DEM 可用于计算 2D 网格的下沿标高。目前 PCSWMM 支持的 DEM 格式包括 .ADF、.BT、.DEM、.DT0、.DT1、.DT2、.GRD、.ASC、.FLT 和.GeoTIFF。用户也可使用外部创建的 2D 节点图层或标高图层来获取高程数据。PCSWMM 将从 DEM 提取高程数据创建 2D 网格。

11）2D 网格图层（可选）

2D 网格图层是由多个多边形组成的图层，用于表示待模拟的地表区域。PCSWMM 根据 2D 节点层采用泰森多边形法创建 2D 网格层，并根据由 DEM 采取的高程数据为 2D 网格赋予高程属性。每个网格都代表了一部分模拟区域，PCSWMM 将计算相应区域在所选时间步长内的统计深度、体积和速度值以及瞬时深度和体积值。

表 3-5　2D 图层

图层	类型	描述	必需/可选
边界图层	面	定义 2D 模型的范围以及 2D 模型中的子区域,对于不同的多边形将定义不同网格类型	必需
2D 节点图层	点	用于定义 2D 网格的中心位置的点	必需
标高图层	点	用于在每个单元格内采样多个点的 DEM 高程,以计算每个单元格的平均地面高程	可选
阻碍物图层	面	用于定义不透水障碍物,这可能包括在洪水期间影响流动方向的建筑物或墙壁结构	可选
边缘图层	线	用于定义高程突然变化位置处的线。该层影响 2D 网格单元的形状	可选
中心线图层	线	用于在生成定向网格时定义主要的流动方向	可选
下游边界图层	线	用于定义下游边界条件。在洪水达到 2D 模型范围边界时会用到该图层	可选
水量图图层	线	允许用户绘制一条线并观察该线位置处的水文过程	可选
DEM 图层	DEM/DTM	DEM 可用于计算 2D 网格的"下沿标高"。另一个选项是使用外部创建的"2D 节点"图层或标高图层	可选

3.10.1.5　入流/出流边界条件

如果 2D 模型连接到现有的 1D 水文学/水力学模型,则径流分量将成为 2D 网格的入流。如果模型没有连接到 1D 模型,则需要直接在 2D 网格中定义边界条件。

有多个方法可为 2D 模型设置入流边界条件。第一种方法要求用户将水面高程时间序列设给一个或多个排水口,并通过管道将排水口连接到 2D 网格。利用"下游"图层和相关工具可以有效地为非点状边界条件设置水位时间序列。

分配入流边界条件的第二种方法是直接为一个或多个 2D 检查井设置入流过程。

3.10.1.6　后处理分析

运行 2D 模型以后,PCSWMM 提供了几个后处理工具,用于分析、推断和显示结果。2D 模型的计算结果包括每个 2D 网格的水深和流速时间序列。以下选项可用于后处理:

(1)渲染 2D 网格——在地图中突出显示单元标高、最大水深或查看 2D 节点、管道和网格。

(2)创建轮廓——根据特定时间内的最大水深、水深或流速,可生成相应的等值线。

(3)创建洪水风险图——通过 SQL 查询语句,基于 2D 网格的属性,如水深或流速等,生成洪水风险图。

（4）创建时间序列——为用户定义的水文曲线创建流量-时间序列。

（5）模拟动画——在平面视图中，以动画形式展现 2D 网格中的水深和流速。用户还可选择从动画中创建视频。

3.10.2　PCSWMM1D-2D 耦合模型工具

在"工具"菜单中，PCSWMM 按建议的工作顺序列出了用于创建 2D 模型的工具。这些工具从生成点开始，到 1D-2D 连接工具结束，包括了多种后处理工具（如创建轮廓和洪水风险图）；为水量图线或 2D 网格创建流量时间序列；渲染 2D 网络以突出网格中的关键特征等。

3.10.2.1　预处理工具

1）生成点

PCSWMM 利用 2D 网格描述地表地形变化，使用 2D 节点图层创建 2D 网格。PCSWMM 根据边界多边形定义的属性生成 2D 节点层，这些属性包括：网格形状（六角形，矩形，定向或自适应）、网格角度（以度为单位）、分辨率、距离公差、标高容差、粗糙度。距离公差和标高容差仅适用于自适应网格。

通过在边界多边形属性中设置网格类型和分辨率，用户可以控制 2D 节点的生成。在生成 2D 节点层之后，可以编辑、移动、删除或添加节点。一旦移动或添加了节点，标高属性将更新，并且网格类型属性将更改为自适应类型。

2）创建网格

在定义完 2D 节点层之后，即可以创建 2D 网格。"创建网格"工具在自动创建 2D 网络时，将考虑障碍物、边界、定义的边缘和 2D 节点高程。"创建网格"工具将在所有相邻单元格之间生成开放矩形管道，并自动填充其属性（如长度、宽度、粗糙度等）。

如果用户对创建的网格不满意，则可以重新生成网格。如果网格已经连接到 1D 实体，则不需要在重新生成网格后绘制连接，因为连接将被重新绘制以连接到最接近的连接点。

注：使用 2D 节点层创建 2D 网格时，网格创建后，最重要的是不要打开"自动长度"选项，如果没有"自动长度"选项，那么所有的长度都不会被更新匹配到地图长度。

3）创建边界出口

"创建边界排水口"工具是一个可选工具，它在下游边界线图层与 2D 网格的相交处创建排水口。仅在创建 2D 网格后才能使用此工具。

创建边界排水口工具的另一个用途是为模型定义水位边界条件。

4）将 1D 与 2D 连接

用户可以使用"连接 1D-2D"工具方便地将现有的 1D 模型与 2D 模型连接在一起。

PCSWMM 提供"底部孔口连接"和"直接连接"的连接方式。建议使用底部孔口连接，因为直接连接可能存在计算稳定性问题。当然，用户也可以手动添加 1D-2D 连接。具体操作步骤见 3.10.6 节。

注：

1D 模型的横截面通常包括漫滩区域，然而 2D 边界图层中也考虑了这些区域，所以当将模拟自然河道的 1D 模型连接到 2D 地表网格时，要注意不要重复建立漫滩区域的模型。

使用位于横断面编辑器中的 Truncate 选项，可以轻松地删除漫滩区域。建议将备份或原始横截面保存为截断横截面，以永久删除超出漫滩区域的部分。

建立了 1D-2D 连接后，就可以重新生成 2D 网格，此时 PCSWMM 会自动将网格重新连接到 1D-2D 连接实体，因此用户无需重新连接 1D 模型。

如果选择了底部孔口，PCSWMM 会自动计算入口偏移量和宽度。入口偏移是根据 1D 连接节点和 2D 连接节点的底部高程之差来分配，孔口的宽度是上游管道和下游管道长度的总和的一半，代表了上游管线和下游管线中一半的潜在洪量。具体介绍见 3.10.6.2 节。

3.10.2.2 后处理工具

1）创建轮廓

"创建轮廓"工具根据最大深度、深度或流速生成洪水范围内的等值线图层。利用工具中的选项，用户可以生成一个或多个部分的等值线图。

2）创建风险分布图

"创建风险图"工具使用 SQL 查询语句，并可基于 2D 网格图层的任何属性创建风险图。

PCSWMM 生成的洪水风险图层可以用于 GIS 或 CAD 软件，也可以保存为任何支持的 GIS/CAD 文件格式。风险图也可以导出为具有地理参考系的栅格图像，并且可以在谷歌地球中查看。

3）创建时间序列

使用"创建时间序列"工具创建水文过程线图层或 2D 网格的时间序列。创建时间序列有两种方法，第一种方法是使用水文过程线图层计算流量时间序列和统计量，第二种方法是使用 2D 网格图层计算 2D 网格层的速度-时间序列和深度-时间序列。

要使用第一种方法创建时间序列，必须先在 2D 建模对话框中创建水文过程线图层，并且必须为水文过程线图层分配唯一的名称，以便计算时间序列。

第二种方法是基于 2D 网格计算速度、深度时间序列并进行统计。该方法需要在定义 2D 图层的对话框内事先勾选"包括速度后期处理选项"。

3.10.2.3　2D 网格渲染

用户可使用"2D 网络渲染"工具快速地渲染 2D 图层。渲染工具选项如下。

1）显示网格

该选项通过改变图层的顺序，将 2D 模型的水力学组件置于 2D 网格层的上方，并且为了便于查看，2D 网格单元呈现为白色。此选项对于微调 2D 节点层（即重新定位、添加或删除 2D 节点）非常有用。

2）显示单元标高

该选项通过渲染 2D 网格以显示 2D 网格表面高程。此选项可用于检查是否正确绘制网格以及 2D 网格表面标高是否反映地形变化情况。

3）显示单元最大深度

此选项显示 2D 网格单元的最大计算水深。可使用该功能呈现或分析计算的洪水范围、检查边界区域与建模洪水流动过程是否匹配。若 2D 网格的最大计算水深可忽略，则相应的单元将被隐藏。

4）全部隐藏

利用此选项可隐藏 2D 管道、节点和网格。在编辑或显示 1D 模型时，此渲染功能非常有用。

3.10.2.4　动画模型

模型运行之后，可以在 PCSWMM 的平面视图（即"地图"面板）中以动画的形式展示 2D 计算结果。2D 动画模式支持的动画类型有 2D 网格中的计算水深随时间的变化、速度矢量随时间的变化，或者可以选择在动画期间同时观看水深与流速变化。在动画属性对话框中，可使用不同主题的渲染方案渲染 2D 网格和速度矢量。用户还可以创建动画视频。

在动画模式下，PCSWMM 将锁定图层，不允许选择对象或更改当前地图范围。如果用户想要放大一个区域或选择一个对象，则必须先退出动画模式。

3.10.3　创建 PCSWMM2D 模型

3.10.3.1　新建 2D 模型

利用 PCSWMM 构建 2D 模型的首要工作是定义即将使用的图层。边界图层和 2D 节点层是必备图层。DEM 层是可选图层，在没有 DEM 层的情况下，高程将取默认值 0 m。

（1）在"文件"选项卡左侧的选项列表中选择"新建"按钮，创建新项目。

（2）在新建项目列表中选择"SWMM5 项目"。

（3）命名并保存模型。

（4）单击"创建项目"按钮创建新项目。

（5）在"项目"面板中，单击"模拟条件"，将"流量单位"更改为"CMS"或"CFS"。

（6）将"路由方法"设置为"动力波"（因为 2D 模拟只能使用动力波方法）。

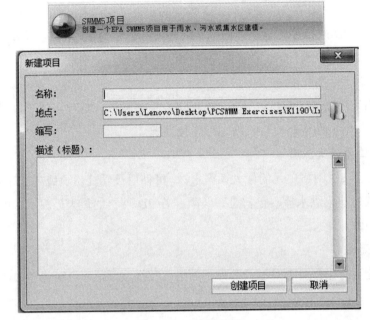

图 3-214   新建项目

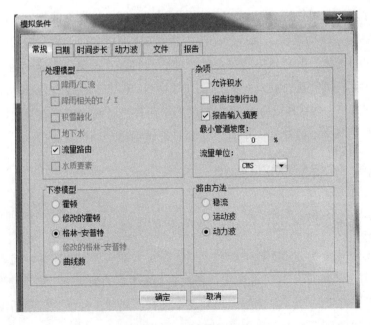

图 3-215   模拟条件设置

注：2D 模型涉及循环网络和回水效应的模拟，因此 2D 建模必须使用动力波算法。当计算水深变化时，在节点处使用的默认最小表面积为 12.556 ft^2（1.167 m^2）。这是直径为 4 ft 的检查井的面积。由于 2D 方法不将 2D 节点与表面积相关联，因此建议将最小表面积改变为 0.1 m^2。

3.10.3.2　加载/创建 2D 模型图层

（1）单击"地图"面板中的"打开"按钮。

（2）单击"浏览..."按钮。

（3）导航到 DEM 图层的位置。现在将启用"2D 建模"工具并定义 2D 图层。

（4）单击"文件"选项卡。

（5）单击位于文件菜单的"2D"按钮。

（6）选中"启用 2D 建模"以定义将用于设置 2D 模型的图层。

（7）单击"边界图层"下拉框旁边的"新建"按钮，并指定边界图层的名称和位置。

（8）单击"2D 节点图层"下拉框旁边的"新建"按钮，并指定 2D 节点图层的名称和位置。

（9）在"DEM"下拉框中选择已经打开的 DEM 层。

（10）对其他所需的图层重复以上步骤。如果需要其他创建 2D 模型的图层，请从下拉列表中选择它们（如果它们已打开）或单击下拉列表旁边的"打开"按钮。

（11）创建或定义新图层后，单击"确定"。

3.10.3.3　绘制边界多边形图层

（1）在"图层"面板中单击"边界"图层。

（2）单击"地图"面板中的"添加"按钮。

（3）绘制 2D 建模的边界。可以根据土地利用类型绘制若干个边界。

（4）接下来将定义网格类型，确定分辨率边界图层的属性。

（5）根据区域将"类型"设置为"六角形"、"矩形"、"定向"或"自适应"。

（6）设置网格的"分辨率"。最小推荐分辨率为 5 ft 或 2 m。

（7）更改曼宁糙率值以描述 2D 区域的"粗糙度"。

（8）如果边界图层被处理为边缘，编辑网格的角度。

（9）如果使用"自适应网格"，则需定义"距离公差"和"标高容差"。

3.10.3.4　生成 2D 节点

PCSWMM 使用 2D 节点图层创建 2D 网格以描述地表径流路径。用户可以在边界图层多边形属性中指定网格类型和分辨率来影响点的生成。在生成 2D 节点层之后，可以编辑节点（移动、删除或添加）。例如，要添加点，先选择 2D 节点图层，单击"地图"面板中的"添加"按钮，然后在需要的位置上添加点。

（1）单击"图层"面板中的边界图层，然后单击"锁定"按钮以解锁图层。

注：当存在多个方案时，应当谨慎地编辑多个方案共用的背景图层，因为背景图层更改会应用于所有方案。因此，在解锁图层时，PCSWMM 会显示一个消息框以确认用户的意图，并提供创建图层副本的选项。

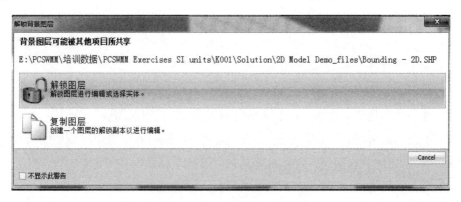

图 3-216　解锁背景图层

PCSWMM 为每个项目管理 2D 网格层，但是其他层（边界图层、2D 节点层等）只是背景层，可以由多个方案共同使用。

（2）单击"工具"按钮并选择"2D 建模"。

（3）从"2D 建模"工具选择"生成点"命令。

（4）确保已正确识别 2D 节点图层和边界图层。估计的点数应显示在生成点窗口的底部。建议模型中的最大点数不超过 100 000 点。

（5）单击"确定"以生成 2D 节点。

图 3-217　生成点图层

3.10.3.5 创建网格

（1）单击"工具"按钮并选择"2D 建模"。

（2）从"2D 建模"工具中选择"创建网格"。

（3）确保在"创建网格"窗口中使用了正确的图层，然后单击"确定"。PCSWMM 将自动创建 2D 网格。运行过程可能需要几分钟。

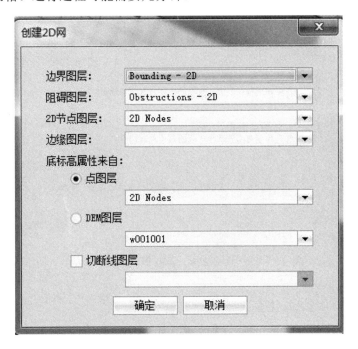

图 3-218　创建 2D 网格

（4）网格生成完成后，将出现一个报告。可以在阅读报告后关闭报告。在网格生成之后，PCSWMM 会渲染 2D 网格，以显示网格以及网格的管道和节点。

（5）在"图层"面板中，取消选中 2D 节点图层以将其隐藏（不再需要）。

（6）单击"保存"按钮保存项目。

注：创建网格后，千万不要打开"自动长度"选项，否则，所有长度都将被更新以匹配地图长度。

（7）单击"工具"按钮并选择"2D 建模"。

（8）选择"渲染 2D 网络"。

（9）选择"显示单元格标高"。注意颜色如何随着项目区域的地形变化。

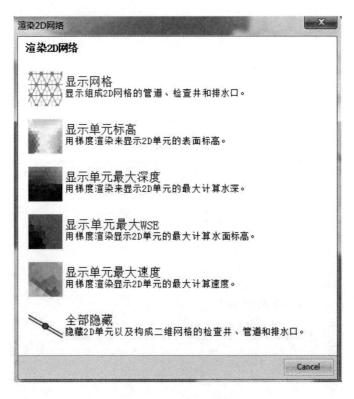

图 3-219　渲染 2D 网络

（10）单击"工具"按钮并选择"2D 建模"。

（11）从"2D 建模"子菜单中选择"渲染 2D 网络"。

（12）选择"显示网格"。

（13）取消选中"图层"面板中的 2D 网格图层以将其隐藏。

注：如果要改进网格布局，可以使用在 2D 节点图层中添加/移动/删除节点，并使用"创建网格"工具重新生成网格。创建网格工具将替换模型中的现有 2D 实体（2D 网格、节点和管道），并将网格重新连接到任何现有的 1D 实体或 1D-2D 链接。

3.10.3.6　将 1D 模型连接到 2D 地表网格上

将 1D 模型连接到 2D 网格有两种方法：第一种方法是通过选择 SWMM5 实体手动添加连接，并使用"添加"按钮从 1D 节点到 2D 节点绘制链接，第二个方法是使用"连接 1D 到 2D"工具。以下说明介绍如何使用"连接 1D 到 2D"工具。

（1）单击将连接到 2D 网格的 1D 模型中的第一个检查井。

（2）在"标签"属性下，输入"Connect2D"以指示该检查井是连接点。

（3）对其他需要进行连接的 1D 节点重复上述步骤。

（4）单击"工具"按钮，并从"2D 建模"工具列表中选择"连接 1D 到 2D"。

（5）选择"使用底部孔口"或"直接连接到 1D 节点"。

在"底部孔口"选项中，PCSWMM 创建底部孔口将 1D 检查井连接到 2D 检查井（它选择最接近的 2D 检查井）。孔口尺寸基于上游和下游 1D 管道的规模（链接长度的一半）。在"直接连接"选项中，2D 检查井与最接近的 1D 检查井合并为一个共用检查井节点。在这种情况下，1D 管道与共用检查井的底部相连，2D 管道与共用检查井的顶部相连。

3.10.3.7 指定入流/出流边界条件

如果 2D 模型连接到现有的 1D 水文学/水力学模型，则其径流分量将为 2D 部分提供入流。如果模型没有连接到 1D 组件，则需要直接定义 2D 网格的入流边界条件。

有多个方法可为 2D 模型设置入流边界条件。第一种方法要求用户将水面高程时间序列设给一个或多个排水口，并通过管道将排水口连接到 2D 网格。利用"下游"图层和相关工具可以有效地为非点状边界条件设置水位时间序列。分配入流边界条件的第二种方法是直接为一个或多个 2D 检查井设置入流过程。

以下介绍如何使用"下游"图层设置入流边界条件。"下游"图层也可以用于设置边界排水口的位置。

（1）单击"文件"选项卡打开后台选项。

（2）点击"2D"按钮创建下游图层。

（3）单击"下游图层"旁边的"新建"按钮。

（4）保存新图层位置，然后单击"保存"。

（5）当窗口询问"是否在图层中创建其他属性"时，请单击"是"。

（6）选择"下游"图层（如果图层被锁定，解锁图层）。

（7）单击"地图"面板中的"添加"按钮。

（8）绘制一条线，表示要定义边界条件的位置。

（9）完成后点击"提交更改"按钮。

（10）单击"选择"按钮退出添加模式。

（11）单击"工具"按钮，选择"2D 建模"。

（12）从"2D 建模"子菜单中选择"创建边界排水口"。

（13）检查是否从"创建边界排放"窗口的下拉框中选择了"下游"图层。

（14）选择"从 2D 单元图层"或"DEM 图层"获取底标高。

（15）如果已定义了其他边界条件，请取消选中"删除现有的边界条件实体"选项。

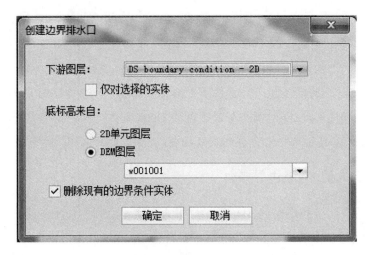

图 3-220　创建边界排水口

（16）单击"确定"按钮。PCSWMM 将在下游线图层与 2D 网格交叉点位置创建边界排水口，并将"标签"属性赋值为"2D_OUT"。

（17）通过单击"搜索"按钮选择所有边界条件位置，然后选择"查询选择"。

（18）将"图层"指定为"Outfalls"，"属性"为"标签"，"值"为"2D_OUT"，然后单击"选择"。

（19）选择所有边界条件排水口，并将出口"类型"更改为"Timeseries"，"时间序列名称"指定水位时间序列，如图 3-221 所示。

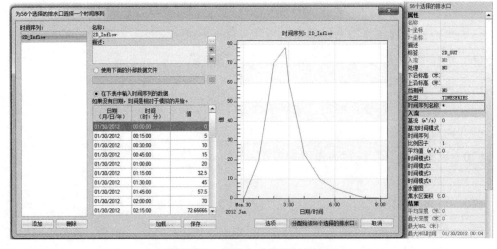

图 3-221　为排水口分配时间序列

第二种方法是：直接设置一个或多个 2D 检查井的时间序列属性。

3.10.4　2D 动画制作与视频录制的方法

（1）在"地图"面板中，选择用于查看动画的模拟范围。

注：处于动画模式时，用户不能更改地图画面或者进行界面交互。

（2）单击"工具"按钮，选择"2D 建模"，然后选择"渲染 2D 网络"。

（3）选择"全部隐藏"。

（4）单击"播放"按钮旁边的下拉箭头，打开"动画属性"对话框。

（5）在"2D"中，选中"深度"框（可选择"速度矢量"）并选择渲染方案。

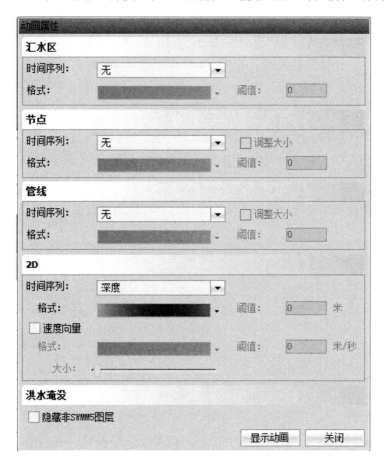

图 3-222　2D 动画属性窗口

（6）单击"显示动画"，切换到动画模式。

注：可以通过点击"地图"面板中的"播放"按钮退出动画模式。

（7）"地图"面板底部将显示动画播放栏。单击播放栏中的"播放"按钮开始播放动画。可以使用播放栏中的绿色"开始"和红色"停止"三角形按钮更改动画的持续时间。

还可以手动将播放栏拖动到动画。

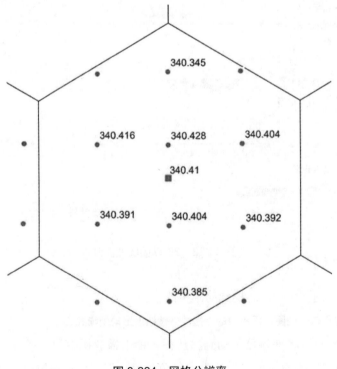

图 3-223 动画"播放"按钮

（8）要录制视频，单击"录制"按钮，然后指定文件名、位置、大小、长度和速率，然后单击"录制"按钮。

注：2D 网格图层中的深度和体积属性对应于动画关闭时的播放条时间。时间属性显示了报告对应时刻。

3.10.5 给已有 2D 模型添加标高图层

以下将介绍如何在现有 2D 模型中添加标高图层。标高图层是一个额外的点状图层，利用该图层可以在边界图层中以几倍于 2D 节点分辨率的分辨率从 DEM 标高图层提取高程数据。然后，将单元格内采样点的平均标高作为单元格的高程属性，而不是直接使用 2D 节点（通常在 2D 网格的中心）对应的高程。图 3-224 中，红色点为 2D 节点层，蓝色点为高程层。如果不使用标高图层，PCSWMM 将使用红点处（即 2D 节点）的下沿标高作为相应网格单元的高程。如果使用标高图层，PCSWMM 将单元格内的采样点（蓝色圆点）的平均高程值作为相应网格单元的高程。在这种情况下，原网格分辨率为 5 m，如果需要将高程层的采样分辨率变为原网格的 4 倍，那么高程层的分辨率将是 1.25 m。

图 3-224 网格分辨率

如果需要使用"高程"图层重新创建 2D 网格，可以进行如下操作。

（1）单击"文件"选项卡，打开 PCSWMM 后台。

（2）单击"2D"按钮。

（3）单击"标高图层"旁边白色的"新建"按钮以创建新的标高图层。

图 3-225　新建标高图层

（4）在"地图"面板中，单击"工具"按钮，然后选择"2D 建模"。

（5）选择"生成点"。

（6）从下拉框中指定新的点图层。

（7）其他图层保持不变。

（8）单击"确定"。

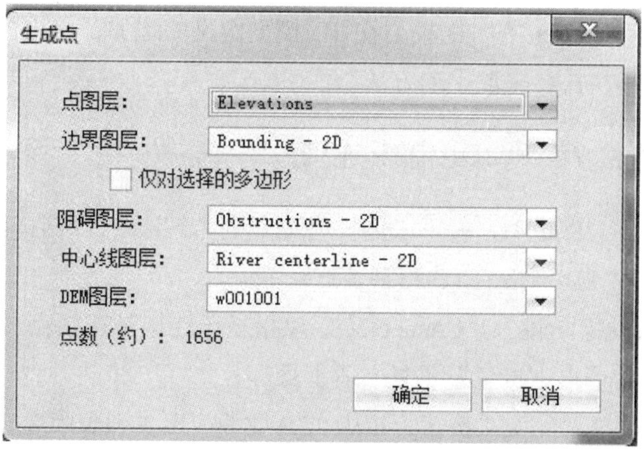

图 3-226　生成点

使用标高图层重新生成网格：

（1）单击"地图"面板中的"工具"按钮。

（2）单击"2D 建模"，然后选择"创建网格"。

（3）在"创建 2D"网窗口中，选择从标高图层获取"底标高"属性，如图 3-227 所示。

图 3-227　创建 2D 网格

3.10.6　将 1D 模型连接到 2D 网格上

根据模型的设置，可以有多个方法用于连接 2D 模型。最简单的方法是使用"工具"菜单下"2D 建模"部分的"连接 1D 到 2D"工具。要注意的是，为了使用"连接 1D 到 2D"工具，需要确保要连接的 1D 模型在 2D 模型定义的边界范围内。如果想连接位于边界范围外的 1D 实体，需要采取手动方法。

3.10.6.1　用"连接 1D 到 2D"工具连接

如果已经建立了 2D 模型，接下来需要将 1D 模型连接到 2D 网格。

（1）单击将连接 2D 网格的 1D 模型节点。

（2）在标签属性下，输入"Connect2D"以指示该连接是连接点，如图 3-219 所示。

（3）对其他 1D 节点连接位置重复上述步骤。

（4）完成后，单击"工具"按钮，并从"2D 建模"工具列表中选择"连接 1D 到 2D"。

（5）选择"使用底部孔口"或"直接连接"。

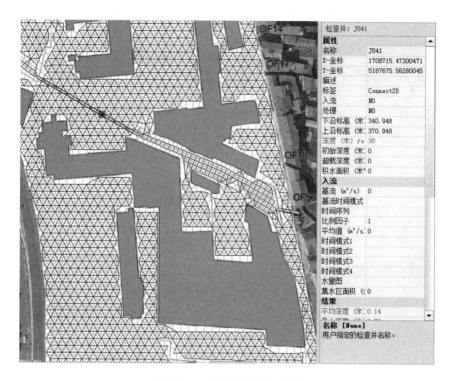

图 3-228 为检查井添加标签

在"底部孔口连接"选项中，PCSWMM 创建将 1D 节点连接到 2D 节点的底部孔口（它选择最接近的 2D 节点），其中尺寸由上游和下游 1D 管道决定（长度的一半）。这种连接方式有利于模拟洪水从超载的检修孔溢流的过程。

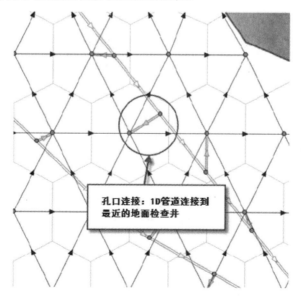

图 3-229 孔口连接

在"直接连接"选项中，最近的 2D 节点被移动到 1D 节点上以创建一个公共节点。在这种情况下，1D 管道与该节点的底部连接，同时 2D 管道在同一节点处的顶部连接。当在双排水系统或河流洪泛区建模时，此选项很有用。

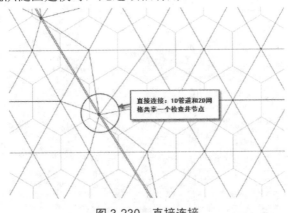

图 3-230　直接连接

注：要使用此方法，要求连接 2D 模型的所有 1D 节点必须位于边界范围内。

当为河段建立模型时，不要在 1D 和 2D 部分重复建立漫滩区域的模型。在大多数情况下，2D 模型可根据 DEM 描绘漫滩，因此 1D 模型的横截面不必包括漫滩区域。使用横断面编辑器中的 Truncate 选项，可以轻松地删除漫滩区域。

3.10.6.2　手动连接

当模型的 1D 部分位于边界范围外时，需要手动添加 2D 连接。图 3-231 中，已从 DEM 中删除河流水深，并手动添加了连接。此时 1D 节点位于边界之外（如红色所示）。

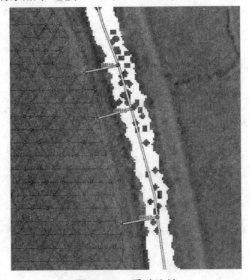

图 3-231　手动连接

在这种情况下，利用孔口将 1D 河道上的检查井节点与 2D 网格连接在一起，实现了 1D 河道模型与洪泛区的连接。孔口的宽度等于上游管道长度的一半与下游管道长度的一半的和。孔口偏移量等于相连的检查井的内底标高之差，如图 3-332 所示。

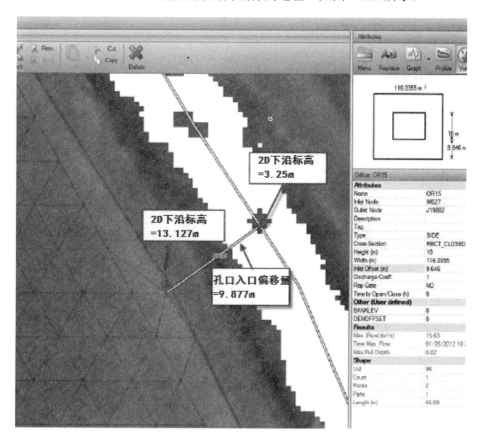

图 3-232　孔口属性

这种设置方法是十分冗长的，可以使用 Excel 电子表格计算或导入孔口参数。下面介绍了创建和导入孔口宽度值和入口偏移量的一般步骤：

（1）单击"添加"按钮手动连接，然后首先单击 1D 节点（入口），然后单击 2D 节点（出口）。

（2）打开"表格"面板，然后单击图层管理器中的"孔口"图层以显示孔口属性。

（3）单击"表格过滤器"按钮，然后单击"选择所有"后反选，以取消选中所有。

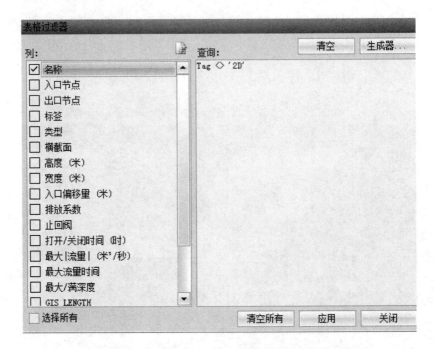

图 3-233　表格过滤器

（4）选中"名称"属性，然后单击"应用"。

（5）单击"菜单"按钮，然后选择"复制标题"。

（6）选择行标题，然后单击"复制"按钮。

（7）打开 Excel 并将数据粘贴到工作表中。

（8）添加以下列标题：上游长度、下游长度、宽度、2D 连接下沿、1D 下沿和入口偏移。

（9）在上游长度列下输入 1D 上游管道长度，在下游长度列输入下游 2D 管道长度。

（10）在宽度列中，通过取上游长度的一半和下游长度的一半来计算孔口宽度。计算公式如下：

$$W=0.5\times C_2+0.5\times D_2 \tag{3-3}$$

式中：W——孔口宽度；

　　　C_2——上游管线的长度；

　　　D_2——下游管线的长度。

（11）在 2D 下沿列，输入要连接到 1D 模型的 2D 节点的"下沿标高"。对于 1D "下沿标高"同样进行输入操作。

（12）在入口偏移量列中，从 1D 检查井下沿标高减去 2D 检查井下沿标高。

1	Name	Upstream length	Downstream length	Width	2D connection invert		1D invert	Inlet Offset
2	OR1	321.543	88.592	205.07	22.187		3.93	18.257
3	OR2	88.592	105.356	96.97				8.922
4	OR3	105.346	73.945	89.65				9.094
5	OR4	73.945	88.124	81.03				8.889
6	OR5	88.124	25.895	57.01				8.893
7	OR6	25.895	44.464	35.18				8.346
8	OR7	44.464	38.462	41.46				8.817
9	OR8	38.462	102.361	70.41				8.555
10	OR9	102.361	27.12	64.74				8.025
11	OR10	27.12	132.495	79.81				9.104
12	OR11	132.495	307.872	220.18				8.827
13	OR12	307.872	384.831	346.35	13.154		3.53	9.624
14	OR13	384.831	122.925	253.88	13.127		3.25	9.877
15	OR14	122.925	172.601	147.76	13.093		3.34	9.753
16	OR15	172.601	59.47	116.04	13.116		3.47	9.646
17	OR16	59.47	147.21	103.34	12.988		3.38	9.608
18	OR17	147.21	134.4	140.81	13.013		3.17	9.843
19	OR18	134.4	114.39	124.40	13.033		2.98	10.053
20	OR19	114.39	97.51	105.95	13.048		2.81	10.238
21	OR20	97.51	75.761	86.64	12.988		2.91	10.078

图 3-234　表格面板孔口属性

（13）填写表格后，可以通过单击"文件"选项卡并选择"导入"→"Microsoft Excel，Access 或文本/CSV"，将新的孔口参数导入 PCSWMM。

图 3-235　导入界面

如果在完成 1D 连接后需要重新生成网格，PCSWMM 将自动重新绘制具有关联属性的孔连接。

3.10.7　截断不规则横断面

当在 1D 河道上方有一个 2D 网格时，1D 横断面和 2D 网格可能会重复模拟河漫滩的水量，这时就需要根据河岸站截断不规则横断面，以消除重复计算的现象。

（1）选择待截断的横截面所在的河道。可以选择一个或多个横断面。要选择多个河道，需在选择管道时按住 Ctrl 按钮。要选择剖面，请单击下游管道，按住 Shift 键，再选择上游管道。

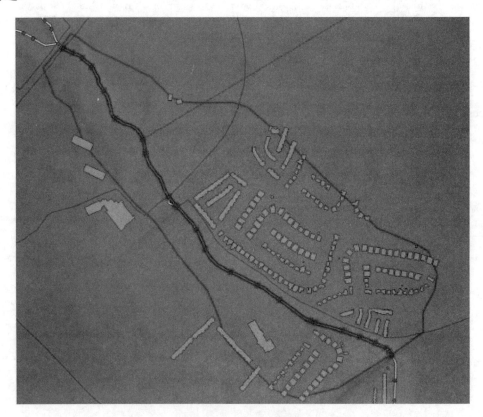

图 3-236　横断面图层

（2）选择后，单击"项目"面板中的"横断面"对象，软件将提示"已选择与当前选定管道关联的横断面。注意，这些横断面也可以与其他管道相关联。"单击"确定"。PCSWMM 将自动选择与所选河道关联的横断面，如图 3-237 所示。

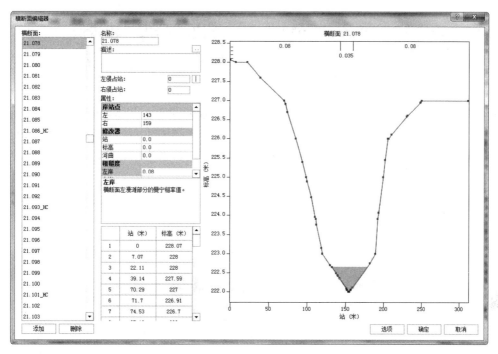

图 3-237 横断面编辑器

（3）选中所有横断面后，单击"选项"按钮并选择"截断选定的横断面"。检查新的横断面是否只包括主河道。

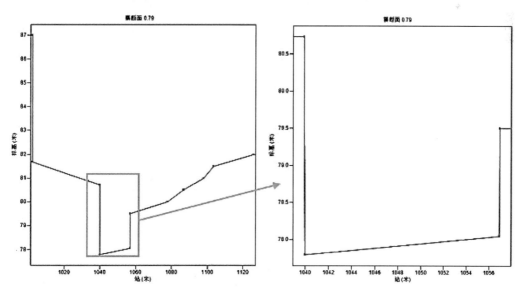

图 3-238 河道横断面检查

3.10.8　确定 2D 网格单元的瞬时水深、水位（WSE）和体积

3.10.8.1　确定 2D 网格对应水量

在 PCSWMM 中，可以使用"地图"面板中的动画功能确定任何模拟节点处的瞬时水深、WSE 和体积。如需确定单元的瞬时水深，可以：

（1）单击"工具"按钮并选择"2D 建模"。

（2）选择"渲染 2D 网络"。

（3）从"渲染"菜单中选择"全部隐藏"。

（4）在"地图"面板中，选择播放"动画"按钮旁边的箭头，显示动画属性。

（5）在属性的"2D"部分中，确保在"时间序列"下拉框下选择"深度"。

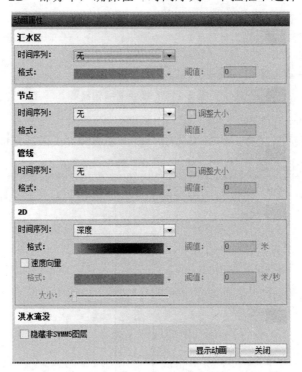

图 3-239　动画属性对话框

（6）单击"显示动画"按钮。

（7）按播放按钮显示 2D 动画。此过程可能很慢（取决于模拟和报告时间步长），不过可以将滑块拖动到感兴趣的时刻。在下例中，将滑块拖动到 11/28/2006 11:30:00 PM。

（8）从"图层"面板中选择"2D 网格"图层，然后单击"表格"选项卡以打开"表格"面板。

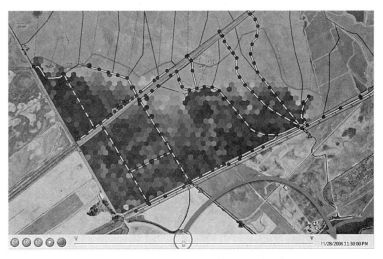

图 3-240 动画播放界面

注：当"动画"按钮打开时，报告的深度值是所选时间节点处的瞬时深度。

可以通过解锁 2D 网格图层并选择其中某个网格来查看其深度、WSE 和体积参数。在"属性"面板中，可以注意到，时间属性显示的是步骤（8）中的滑块选择的瞬时时间。现在要复制名称列、深度列和 GIS_Area 列。

（9）选择 2D 网格图层并单击"Ctrl+A"键选择所有 2D 网格。

（10）在"属性"面板中查看报告的总体积，此值表示所选网格的水量总体积。

图 3-241 网格水量查看

3.10.8.2 确定选定区域范围内 2D 网格的水量

也可以确定某些网格或特定区域的瞬时水深和总体积。步骤如下：

（1）按照上述方法中的步骤（1）～（9）。

（2）返回到"地图"面板，从"图层"面板中选择 2D 网格图层，如果图层尚未解锁，请将其解锁。

（3）选择研究区域中的 2D 网格。这可以通过几种方式完成：（a）在按住 Ctrl 按钮的同时选择多个网格；（b）使用"标尺"按钮在感兴趣区域周围绘制多边形，然后从"查找"按钮菜单中选择"用多边形选择"。

（4）在"属性"面板中查看报告的总体积，此值表示所选网格的总体积。

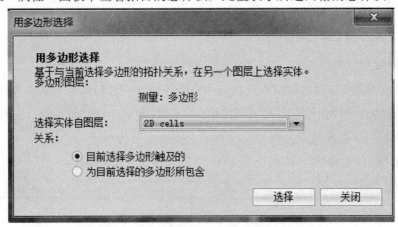

图 3-242 用多边形选择

3.10.9 添加下游图层到现有的 2D 模型

下游图层用于定义当洪水达到模拟边界时的一个非点状边界条件。下游图层是在下游边界创建边界排水口时用到的线状图层。以下步骤总结了如何添加下游图层和使用下游图层可能产生的潜在问题。添加下游边界条件的步骤如下：

（1）单击"文件"，然后从屏幕左侧的选项中选择"2D"。

（2）单击"下游图层"下拉框旁边的"新建"按钮，然后保存到已知位置，然后单击"确定"。现在需要在想要水离开系统的位置绘制线条。

（3）返回到"地图"面板。

（4）单击新的"下游"图层，然后解锁图层。

（5）在"地图"面板中，单击"添加"按钮，在想要水流离开的位置绘制线条。图 3-243 显示了一个模型的示例，该模型中水将从下游边界线流出系统。

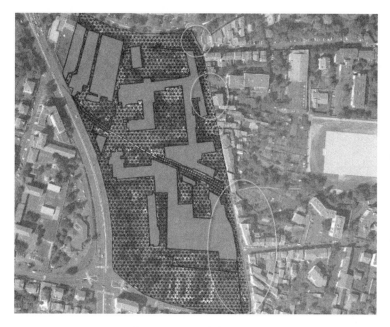

图 3-243 下游边界图层

（6）单击"工具"按钮，从"工具"选项列表中选择"2D 建模"。

（7）从"工具"列表中选择"创建边界排水口"。

（8）从"下游图层"下拉框中选择已创建的下游图层。

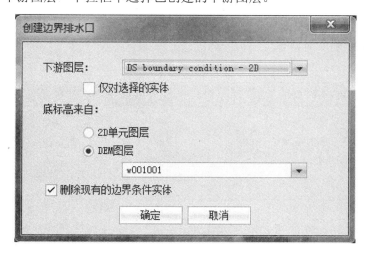

图 3-244 创建边界排水口

（9）单击"确定"按钮。

PCSWMM 将显示一条消息，报告已创建排水口和连接管道的数量。2D 排水口类型设置为"Normal"，这说明这些排水口被分配了采样地面高程。要在模型中使用这类出水口，必须使连接到排水口的管道具有正斜率。为了在模型中确保这一点，将调整具有负斜率的管道。

（10）单击"搜索"按钮，然后选择"查询选择"。

（11）将"图层"更改为"Outfalls"，将"属性"设置为"标签"，"运算符"更改为"="，"值"为"2D_OUT"。

图 3-245　查询选择边界排水口

（12）单击"选择"按钮，然后单击"关闭"按钮。

（13）单击"查找"按钮，然后选择"连接→上游"。

（14）单击"管道"图层，"属性"面板将显示选择了多少个管道。

（15）现在想要识别具有负斜率的链接。方法如下：

（16）单击"查找"按钮，然后选择按"查询选择"。

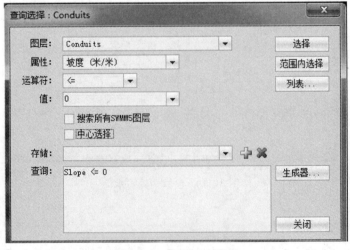

图 3-246　查询选择管道

（17）现在要使用"设置坡度"工具修复负斜率。

（18）将"图层"设置为"Conduits"，"属性"为"坡度"，"运算符"设置为"<="，"值"设置为"0"。

（19）单击"范围内选择"。

（20）在负斜率管道被选中情况下，单击"工具"按钮，然后从"工具"选项中选择"管道"。

（21）单击位于列表底部的"设置坡度"工具。

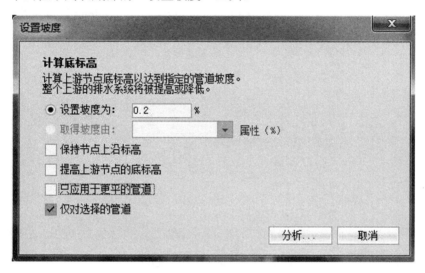

图 3-247   设置管道坡度

（22）设置坡度为 0.2%，取消选中"保持节点上沿标高"、"提高上游节点的底标高"和"只应用于更平的管道"，勾选"仅对选择的管道"。

（23）单击"分析..."按钮。

（24）单击"应用"并关闭。

现在，可以重新运行模型，渲染 2D 网格最大水深，并比较添加"下游"图层后模拟区内的洪水变化情况。

3.10.10   无汇水区条件下如何给 2D 网格分配一场分布式降雨

通过给 2D 检查井直接设置一场代表 2D 网格内降水量的降雨时间序列，可以在不使用汇水区的情况下为 2D 模型赋予一场分布式降雨。要使用的降雨过程如图 3-248 所示。

将使用"入流编辑器"将降雨时间序列添加到模型中。为此，必须首先将降水强度单位从 mm/h 转换为单位 m/s。在本例中，400 mm/h 的最大降雨强度值为 0.000 11 m/s，如图 3-249 所示。

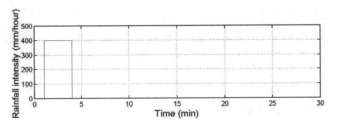

图 3-248　降雨过程示例

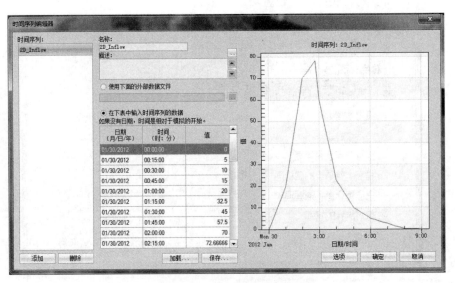

图 3-249　时间序列编辑器

在导入时间序列并将其添加到时间序列编辑器后，选择所有 2D 检查井节点（"搜索"→"查询选择"）。

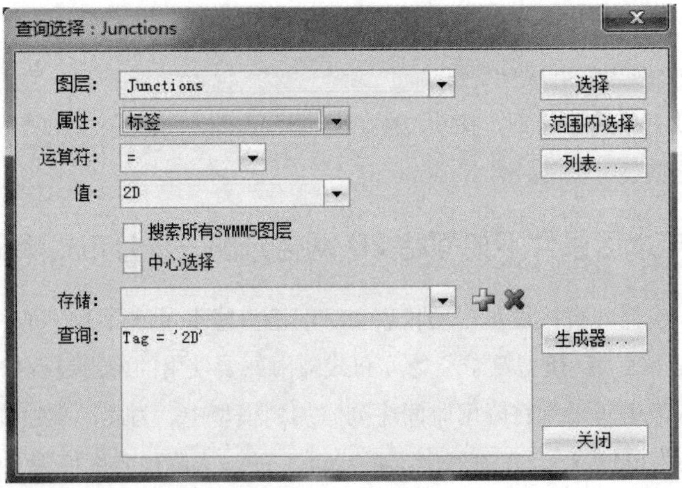

图 3-250　查询选择 2D 检查井

完成选择后，设置入流部分下的时间序列属性为转换的降雨时间序列。

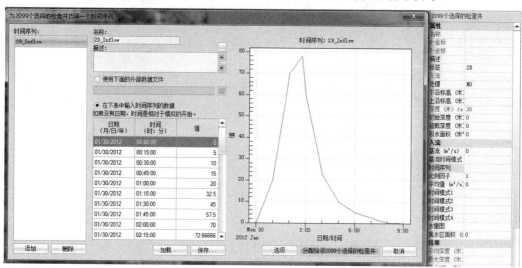

图 3-251 为检查井分配时间序列

因为将降雨量单位转换为 m/s，所以需要将降雨强度乘以网格面积才能计算流量。将每个节点的比例因子设置为相应网格的面积，再按照上述方法就可以计算出流量。可以使用"面积加权"工具将网格面积添加到检查井属性中。但是首先需要添加一个用户定义属性 Area。

（1）单击"图层"面板中的"检查井"图层。

（2）单击"改变"按钮，然后选择"重新构建"。

（3）如果要求保存更改，请单击"是"。

（4）在"重新构建图层"窗口中，单击"添加"按钮，然后选择"属性"。

（5）将"名称"更改为"Area"，将"单位"更改为"地图单位"，然后单击"保存"。

现在将执行面积加权计算。方法如下：

（6）单击"工具"按钮并选择"面积加权"（在"节点"和"汇水区"下面）。

（7）将"数据源图层"设置为"2D 网格"，将"目标图层"设置为"检查井"，然后单击"下一步"。

（8）设置"面积加权"，并按图 3-252 设置各选项。

（9）单击"计算"，这可能需要一些时间。

最后一步是将检查井比例因子属性替换为网格面积属性。方法为：

（10）在"属性"面板中，选择"替换函数"按钮。

（11）在"应用于图层"下，选择"检查井"。

（12）在"编辑属性"下选择"比例因子"。

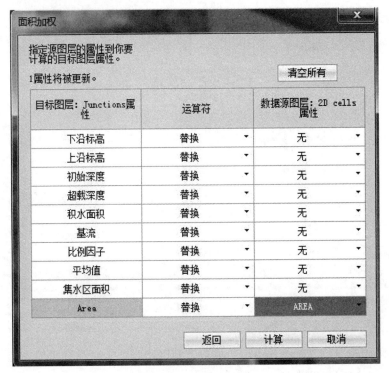

图 3-252　面积加权对话框

（13）在"收藏"列表下选择"替换"。

（14）单击"插入"并选择"Area"（将位于列表的底部，因为区域是用户定义的属性）。

（15）单击"分析..."，然后单击"应用"。

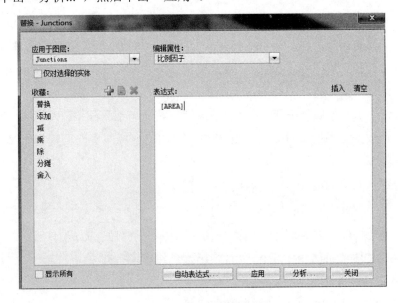

图 3-253　替换函数对话框

3.11   一维洪水模型

3.11.1   用 DEM 图层进行洪水淹没区分析

以下介绍如何利用 DEM 开展洪水淹没分析工作。首先运行模型，以创建洪水淹没分析所需要的图层。

3.11.1.1   创建 PCSWMM 横断面层

在创建横断面图层时，必须确保已有 DEM 图层，因为需要通过 DEM 图层获得横断面线上的站点高程。

（1）回到"地图"面板。

（2）单击"打开图层"按钮。

（3）找到 DEM 文件的位置。

（4）单击"打开"。

现在可以创建洪泛区横断面图层。通过使用"洪水淹没分析"工具生成用于洪水淹没分析的特定图层。

（5）单击文件菜单，然后选择"洪水分析"。

（6）在"洪水淹没分析"中，勾选"启用洪水淹没分析"。

（7）在"洪泛区横断面图层"旁边，单击"新建"按钮。

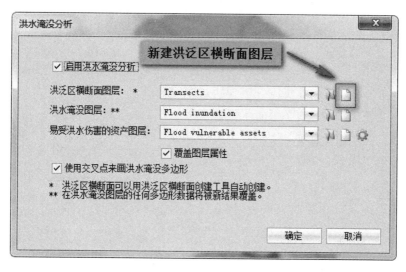

图 3-254   启用洪水淹没分析

（8）指定保存新创建的横断面图层的位置。洪泛区横断面图层名称可以根据用户需求进行更改，或者可以使用默认名称"Floodplain transects"。

（9）当系统询问是否要关闭对话框并开始添加洪泛区横断线时，单击"是"。

（10）横断面线可以手动添加，方法是点击"添加"按钮，然后在垂直于主河道中心线方向绘制线条，实现手动添加横断面，但是对于较大的模型，使用"横断面创建器"工具自动添加横断面线更为方便。

（11）单击"工具"按钮，从管道或空间细节中选择"横断面创建器"。

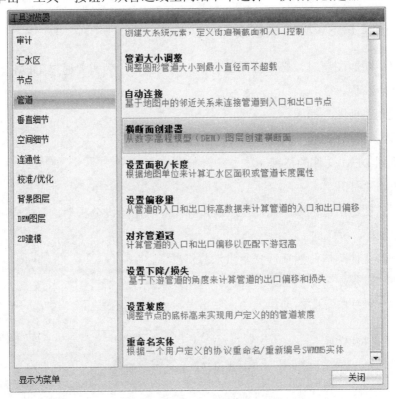

图 3-255　工具浏览器

（12）在"横断面创建器"窗口中，选择"横断面线"选项卡。

（13）单击"横断面图层"下拉框旁边的"新建"按钮。

（14）指定用于保存新创建图层的位置，名称可以更改或者可以使用默认名称。

（15）当系统询问是否要关闭对话框并开始添加横断面线时，请单击"是"。

（16）此时，可以通过点击"添加"按钮和沿着表示主河道中心线绘制线来手动添加横断面。建议中心线绘制只需要对中心通道粗略估计。而且建议在绘制中心线时，尝试减少尖锐弯曲的数量。

图 3-256　横断面创建器

（17）如果模型已经包括 SWMM5"管道"图层（包括管道和天然渠道），则可以使用连接工具快速和准确地生成中心线图层。

（18）这个步骤可能需要很多时间，然而却很重要，因为需要根据这些横断面线生成主河道的横断面，以便精确地估计该位置处的水深。图 3-257 显示了使用"横断面创建器"工具自动生成横断面线，再手动编辑横断面线的示例。

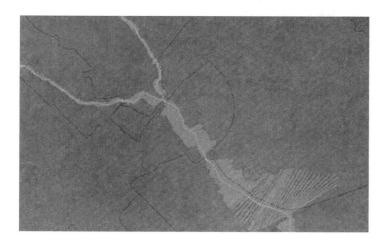

图 3-257　横断面线示意图

3.11.1.2　创建洪水淹没层

（1）单击"文件"选项卡，然后选择"洪水分析"。

（2）选中"启用洪水淹没分析"按钮，在"洪水淹没图层"下面选择"新建"按钮。

（3）浏览到已知位置并保存新创建的图层。该名称可以更改为项目特定的名称，或者可以保留默认名称。

注：如果发现 FVA（易受洪水伤害的资产）都是红色，那么需要为 FVA 层中的对象分配最近的管道。方法如下。

（4）单击"文件"选项卡，打开"后端"选项。

（5）单击"洪水分析"。

（6）在"易受洪水伤害的资产"图层下，创建或分配多边形图层或点图层。

（7）如果已创建新图层，则可以添加该多边形图层或者点图层。

（8）再次单击"文件"选项卡以打开后续选项。

（9）单击"洪水分析"项目。

（10）在"易受洪水伤害的资产"图层下，单击"选项"按钮并选择分配到管道。

（11）选择设置管道。

3.11.1.3　创建"易受洪水伤害的资产"图层

在 PCSWMM 中运行模型后，将根据最大深度渲染"易受洪水伤害的资产"图层。为了进行 FVA 渲染，需要为 FVA 层中的对象分配最近的管道。

（1）如果"洪水淹没分析"窗口已关闭，请单击"文件"，然后选择"洪水分析"。

（2）选中"启用洪水淹没分析"按钮，在"易受洪水伤害的资产"（以下简称 FVA）下选择"新建"按钮。

（3）确定"易受洪水伤害的资产"图层是否为点图层或多边形图层。

注：点状 FVA 层将具有与多边形层相同的属性，但是如果要显示房屋和建筑物轮廓，多边形层则更具优势。

（4）浏览到已知位置并保存新创建的图层。名称可以更改为项目特定的项目，或者可以使用默认名称。

（5）选择新图层的位置，然后单击"保存"按钮。

（6）单击"确定"。

（7）则将创建 FVA 图层，并将包含以下属性。

表 3-6　FVA 图层属性表

显示名称	单位	字段名称	描述
名称		NAME	"易受洪水伤害的资产"图层的名字，不包括空间信息
描述		DESCRIPTION	用户描述信息，包括空间信息
最近管道		CONDUIT	距 FVA 中地物最近的管道
洪水标高	m	ELEVATION	用户定义的水位达到此水位即可认为受洪水侵害
深度	m	TSDEPTH	计算水深
最大深度	m	MAXDEPTH	最大计算水深
最大深度时间	m	TIMEMAX	最大计算水深持续的时间
长度	m	GIS_LENGTH	PCSWMM 控制的属性
面积	hm^2	GIS_LENGTH	PCSWMM 控制的属性

注：可以通过添加用户自定义的新属性为图层添加更多需要的信息（即附加字段）。

3.11.1.4　创建用户自定义属性

（1）打开"地图"面板，然后选择"图层"按钮。

（2）单击"FVA"图层，然后单击"解锁"按钮以解锁图层。

（3）在"图层"面板仍然打开时，单击"重新构建"按钮。

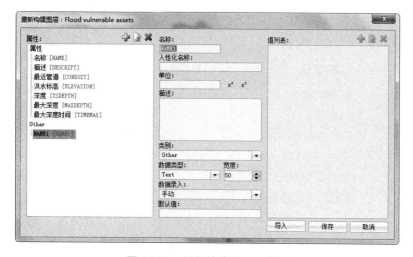

图 3-258　重新构建图层对话框

（4）在重新构建对话框中选择"添加"按钮。

（5）分配新 FVA 图层属性的名称，并根据要添加的信息选择类型。

（6）单击"保存"。

3.11.1.5 根据洪水淹没图层生成分析结果

（1）如果"洪水淹没分析"窗口已关闭，请单击"文件"，然后选择"洪水分析"。

（2）将"横断面"图层、"洪水淹没"图层和"易受洪水伤害的资产"图层与相关层进行匹配。

（3）单击"选项"按钮，然后选择分配管道。该操作将自动分配最近的管道到每个洪水易损点或多边形。然后依据管道水位来判断资产是否存在洪水淹没风险。

（4）单击"确定"按钮。

"洪水淹没"图层将显示洪水的最大估计淹没范围。"洪水淹没"层不包含关于水深的信息。"洪水淹没横断线"图层中的最大水头是根据上游节点和下游节点之间的最大水头内插得到的。可以获取从上游到下游所有节点的完整水位时间序列。

3.11.2 "洪水分析"图层

1D"洪水分析"图层包括"洪水淹没横断面"图层、"洪水淹没"图层、"易受洪水伤害的资产"图层和 DEM/DTM 层。PCSWMM 用两个不同的工具创建这些图层："文件"选项卡下的"洪水分析"对话框，以及工具菜单内的横断面创建器。建议使用这些对话框创建所有图层（DEM/DTM 图层除外），因为在创建图层时会自动生成所需属性。

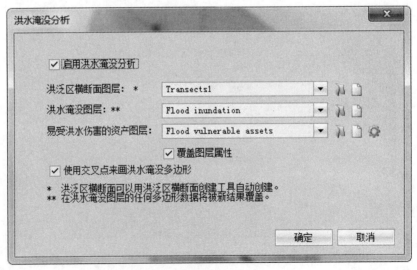

图 3-259　洪水淹没分析对话框

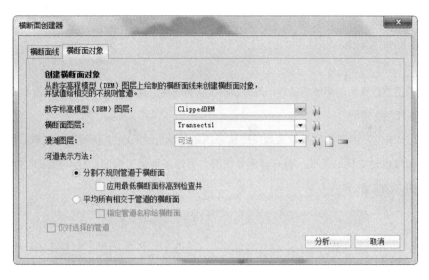

图 3-260 横断面创建器

3.11.2.1 "洪泛区横断面"图层（必需）

"洪泛区横断面"图层是一个线状图层，结合 DEM 图层和 SWMM5 模拟结果，可用于绘制洪泛淹没多边形。可以使用"地图"面板中的"添加"按钮手动添加"洪泛区横断面"图层，或使用横断面创建器工具（"工具"→"管道"→"横断面创建器"→"洪泛区横断面"）自动创建。"洪水淹没"图层不包含关于水深的信息。最大水头是根据上游节点之间的最大水头插值得出的，如图 3-261 所示。

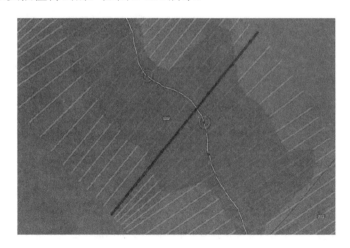

图 3-261 "横断面"图层与泛洪淹没区

建议先使用横断面创建器创建横断面，然后使用"编辑"按钮手动编辑横断面，因为手动添加横断面可能很耗时。

注：

- 如果用户选择手动添加横断线，则必须在横断面创建工具中指定横断面线图层和 DEM，以使横断面属性生效。
- "洪水淹没"图层的显示结果取决于横断面的绘制方式。为了获得最佳结果，请尽量避免横断面线出现交叉的情况。有一种例外情况，当两条河流汇聚时，横断面线可能会存在交叉，如图 3-262 所示。

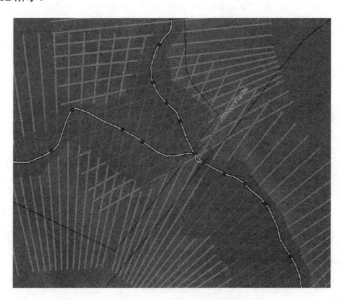

图 3-262　河流交汇处横断面线交叉情况

注：平行管道（包括桥）附近泛洪淹没区的形状可能有别于其他河段的淹没区形状。

3.11.2.2　"洪水淹没"图层（必需）

"洪水淹没"图层是一个多边形层，它显示了计算淹没范围。软件使用上游节点和下游节点计算的水头值来内插每个横断面的水头，进而得到洪水淹没多边形。

该方法假定在管道处内插的水头是管道的表面标高。PCSWMM 在"洪水分析"对话框中创建"洪水淹没"图层。

注：在低流量条件下，采样横断面可具有低于插值水头的标高。在这种情况下，即使没有流量，也将生成多边形。

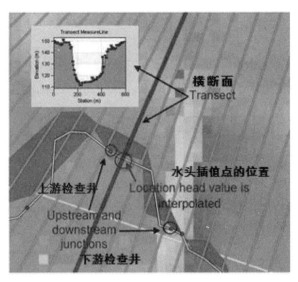

图 3-263　横断面与洪水淹没范围

3.11.2.3　"易受洪水伤害的资产"图层（必需）

"易受洪水伤害的资产"图层（FVA）是指在洪水期间易受侵袭的点或多边形建筑物或障碍物。当多边形或点添加到 FVA 图层时，需要指定构筑物的洪水标高。运行后，应根据最近河道的水面高程渲染 FVA（红色代表"淹没"，黄色代表"潜在淹没"，绿色代表"未淹没"）。可在"洪水分析"对话框中添加"易受洪水伤害的资产"图层。

注：如果 FVA 都是红色的，则可能需要为 FVA 层中的对象分配到最近的管道。可在"洪水淹没分析"对话框中完成相应的操作。

3.11.2.4　"洪泛区中心线"图层（必需）

当使用"横断面创建器"工具自动创建横断面时，需要使用洪泛区中心线。"洪泛区中心线"图层是定义要绘制的流动路径的线图层。中心线应简单，避免尖锐的弯曲和曲线。在"横断面创建器"对话框中的"洪水横断面"选项卡下创建洪泛区中心线。

3.11.2.5　DEM 层（必需）

在横断面上采集站点和高程数据时，将使用数字高程模型（DEM）。PCSWMM 当前支持的 DEM 格式包括 .ADF、.BT、.DEM、.DT0、.DT1、.DT2、.GRD、.ASC、.FLT 和 .GeoTIFF。必须在"横断面创建器"工具中的"洪水横截面"选项卡下指定 DEM/DTM 图层，以便进行洪水分析工作。

3.11.3 重新分配管道到 FVA 图层

有时用户会希望根据水力系统的水面高程显示洪水风险的可能性，这就需要将 FVA 图层与相近的河道（管道）关联在一起。在 1D 洪水淹没分析中，PCSWMM 通过将每个多边形或点分配给最近的河道，从而将每个 FVA 建筑物与河道相关联。运行模型后，PCSWMM 将比较最近河道中的水和该建筑物的洪水标高。如果发现 FVA 层中分配的河道不正确或使用了陈旧的数据，可以通过以下方式为 FVA 层重新分配河道。

（1）单击"文件"选项卡。

（2）单击"洪水分析"。

（3）在"易受洪水伤害的资产"图层下，创建或分配多边形图层或点图层。

（4）如果已创建新图层，则可以添加形状或点。

（5）再次单击"文件"选项卡。

（6）单击"洪水分析"。

（7）在"易受洪水伤害的资产"图层下，单击"选项"按钮，然后选择"指定管道"。

（8）从下拉框中选择"设置管道"。

图 3-264　设置"易受洪水伤害的资产"图层

3.11.4 用 PCSWMM 和谷歌地球展现洪水结果

可以在 PCSWMM 和谷歌地球中展示洪水分析的动态结果。

3.11.4.1 用 PCSWMM 动态呈现模拟结果

（1）确保各选项设置正确，单击"文件"选项卡并选择"洪水分析"。应该有一个"洪泛区横断面"层和一个"洪水淹没"层。

（2）在"地图"面板中，单击"播放动画"选项旁边的下拉框，勾选"动画处理洪水"。

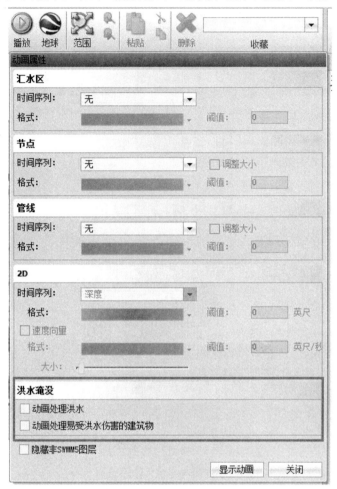

图 3-265　设置洪水淹没动画

（3）单击"显示动画"。

（4）现在可以通过单击"地图"面板左下角的"播放"按钮播放动画。

（5）可以使用"录制"按钮录制视频。

3.11.4.2　用谷歌地球动态呈现模拟结果

为了能够在谷歌地球中动态呈现"洪水淹没"层的情况，必须先按上述步骤在PCSWMM 中制作图层动画，然后再执行以下步骤：

（1）点击"谷歌地球"按钮旁边的下拉框，显示"谷歌地球"设置。

（2）向下滚动到"洪水淹没"层，然后单击导出"动画"按钮。

3.12 LID 及绿色基础设施

3.12.1 添加 LID 控制

低影响开发（LID）控制是一种可持续性的雨水管理方法，它鼓励涵养水源及水质保护。LID 也称为绿色基础设施，通常用来拦截、储存和渗透一些雨水，然后再排入排水系统中。

PCSWMM 有多种不同类型的 LID 控件可供使用。以下将以一个名为"生物滞留单元"的 LID 控件为例，说明如何添加 LID 控件。

在添加 LID 之前，最好创建一个现有项目的场景方案副本，这样便于评估 LID 的效果。

（1）在"项目"面板，点击"LID 控制"打开"LID 控制编辑器"。

（2）在 LID 控制编辑器，点击"添加"创建一个新的 LID 对象。

（3）输入名称（如"街道植物"）。

（4）在"LID 类型"下拉菜单，选择要使用的 LID 控件。选择"生物滞留单元"。

根据选定 LID 的类型，在参数控制编辑器中将显示不同的参数。如图 3-266 所示填充每个选项卡的值。本例中每个街道植物的护堤高度为 100 mm，植被覆盖率为 0.1，表面粗糙度（曼宁 n）为 0.3，表面坡度为 25%。

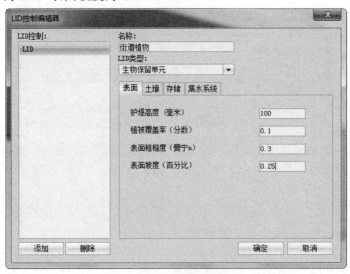

图 3-266　LID 控制编辑器

（5）当查看完所有的选项卡，并输入了所有的参数，可以：

● 点击"添加"按钮添加另一个 LID 控件（如果有多个 LID 的话）。

● 点击"确定"，关闭 LID 控制编辑器。

所有的 LID 控制都被添加后，需要将它们指定给汇水区。

注：也可以在"表格"面板下编辑 LID。在"项目"面板点击"LID 控制"旁边的"表格" ▦ 按钮，在"表格"面板，点击"所有"页，编辑各种参数值。但是不能在"表格"面板中添加新的汇水区控件。

3.12.2　汇水区内布置 LID

有两种方法将 LID 布置到 SWMM5 模型中：

- 在已有汇水区中放置一个或多个汇水区，这样将取代相同面积的非 LID 部分汇水区面积。
- 创建一个新的汇水区，并使一个单独的 LID 完全占据该汇水区，相邻汇水区的径流将路由到该 LID 汇水区中。

3.12.2.1　放置 LID 到已有汇水区

当将 LID 添加到一个汇水区，汇水区的面积包括 LID 部分和非 LID 部分。然而不透水率和宽度参数只适用于非 LID 部分。在这种方法中，一个混合的 LID 可以放置到一个汇水区，每个 LID 处理来自不同汇水区内非 LID 部分产生的径流部分。此时，LID 行为是并列的——不能使它们按顺序起作用（如从一个 LID 控制的出流变为另一个 LID 的入流）。

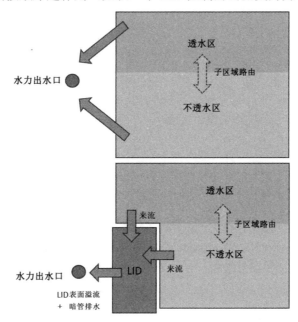

图 3-267　LID 间水量传递示意图

确保已经创建好了 LID 控制，并且 LID 使用已经被指派给每个 LID 及汇水区。

（1）从"表格"面板选择"汇水区"，展示汇水区属性。

（2）基于面积及土地利用数据，改变汇水区的不透水率，来匹配新的不透水率数值。

（3）如果宽度属性没有高亮，点击"菜单"→"偏好设置"→"常规"，勾选"计算汇水区宽度"，点击"确定"。

（4）为了重新计算宽度，必须确定流长。可将流长定义为"流路图层"或"固定长度"。

（5）通过点击"地图"卡，回到"地图"面板。

（6）点击"工具"按钮，点击"设置流动长度/宽度"工具（在"汇水区"部分）。

（7）选择"固定长度"。

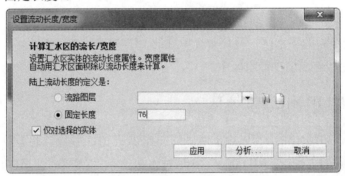

图 3-268 设置汇水区流长

（8）输入计算的流长。

（9）确保勾选"仅对选择的实体"。

（10）点击"分析"，出现一个报告。

（11）点击"应用"完成更新。

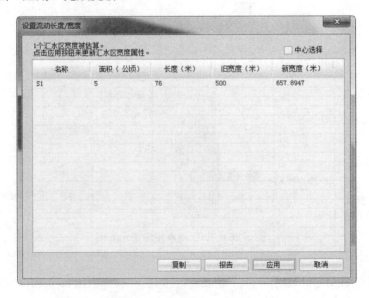

图 3-269 设置流长分析结果

3.12.2.2 为每个 LID 创建一个新的汇水区

这种方法下 LID 控件可以被连续放置，且允许上游汇水区的多个不同的径流路由到 LID 汇水区上。

如果在已有汇水区基础上添加 LID，那么有必要对汇水区进行 LID 改造之前的不透水率、宽度、面积做一些调整。

此外，不论何时 LID 占据整个汇水区，添加 LID 部分的汇水区都要更新属性值，如不透水率、坡度、粗糙度等。

3.12.3 为汇水区指定 LID

在 LID 控制编辑器中定义好 LID 控制后，必须确定 LID 位于哪些汇水区中。可以选中多个汇水区，一次将 LID 批量分配给多个汇水区。但如果需要创建 LID 的详细报告文件，最好将 LID 逐个分配给汇水区。

当 LID 被添加到汇水区后，汇水区的面积包含 LID 部分和非 LID 部分。但不透水率及汇水区宽度参数只适用于非 LID 部分。

（1）在"地图"面板中，选择要分配 LID 控件的汇水区。

（2）在"属性"面板中，点击"LID 控制"项。

图 3-270　LID 名称属性

（3）在"LID 控制"属性点击"浏览"打开"LID 使用编辑器"。

"LID 控制"属性允许用户指定 LID 类型及一个汇水区内放置的 LID 数量。"LID 名称"属性将显示指派给汇水区的 LID 的名称。

（4）在 LID 使用编辑器，点击"添加"按钮。

（5）如果 LID 占据了整个汇水区区域，勾选"LID 占据整个汇水区"。如果不是，则需指定每个单元的面积。

（6）输入每个汇水区 LID 单元的重复数目。"汇水区占用面积"将被自动计算。

（7）输入每个 LID 的表面宽度。

（8）输入 LID 的初始饱和比例。如果 LID 初始为干的，则输入"0"。

（9）输入"要处理的不透水率面积比例"，本例中假设处理 100%的不透水面积。

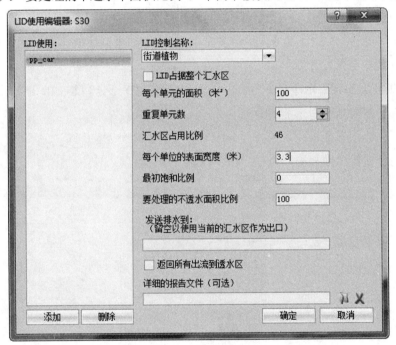

图 3-271　LID 使用编辑器

（10）"发送排水到"一个指定的节点或汇水区。输入实体名称。要使用当前的汇水区出口，则保留空白。

（11）勾选"返回所有出流到透水区"选项。

（12）指定"详细的报告文件"创建路径。点击"浏览" 按钮给定文件名称及位置。

（13）要添加另一个 LID 控件，点击"添加"按钮重复步骤（4）～（12）。

（14）为其他的汇水区重复步骤（1）～（13），确保每个汇水区有正确的 LID 数量。如图 3-272 所示。

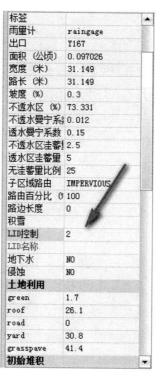

图 3-272 每个汇水区的 LID 控制数量

（15）分配好所有的 LID 后，确保根据 LID 调整汇水区的面积和流动宽度。

也可以在"表格"面板中编辑 LID 使用情况。在"项目"面板中点击"LID 控制"旁边的"表格"按钮，在"表格"面板点击"LID 使用"页，编辑各种参数值。

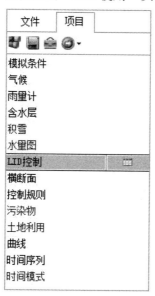

图 3-273 LID 控制的"表格"按钮

3.12.4　不适用 LID 的情形

PCSWMM 使用 8 种类型 LID 控件，涵盖了广泛的 LID 设施。在大多数情况下，LID 模拟可用于分析或设计绿色基础设施，但也可能找不到合适的 LID 控件模拟一些复杂的绿色基础设施。例如，某种雨水收集系统可能将捕获的径流分配到不同地点，以满足不同的需求，此时就无法用 LID 雨水桶控件表示这种绿色设施。

SWMM5 引擎中的 LID 模块被集成在汇水区中，能够很好地描述水文过程的变化情况，但对水力过程的刻画能力有限，只能够模拟表面溢流及暗管排水过程。此外，LID 模块没有模拟水质变化的能力，可以通过在水力模型中模拟添加 LID 之后引起的径流量变化（如径流量削减率）来间接判断 LID 引起的水质变化，而非使用 LID 模块来模拟 LID 水质变化。

一般来说，下面几种情况下不适用 LID 模块：

- 对 LID 建模有更高的细节要求；
- 希望明确模拟水质及水处理；
- 水力影响很显著的情况（如捕捉径流的时间很长或出现径流流量衰减）。

3.12.5　创建并查看 LID 详细报告文件

可以在状态报告文件中创建 LID 详细报告文件，并在"图表"面板下查看相关信息。LID 报告文件显示各种 LID 过程的时间序列。详细的 LID 报告是外部时间序列文件，因此必须在"LID 控制编辑器"中为每个汇水区指定详细报告的存储路径。

利用场景方案和 SWMM5 输出文件，可以比较汇水区径流和管线节点的流量并评估 LID 的使用效果，但不能使用方案管理器比较 LID 详细报告文件时间序列。LID 的性能通常随着降雨事件的大小而变化。LID 通常对削减小而频繁的降雨事件产生的径流更有效。

在创建 LID 详细报告文件之前，需要确保已将 LID 控件添加到模型（通过 LID 控制编辑器实现），且已将 LID 分配给每个汇水区（通过"LID 控制编辑器"实现）。

（1）在"地图"面板中，选择要被指派 LID 控制的汇水区。

（2）在"属性"面板中，点击"LID 控制"项。

（3）点击"LID 控制"属性的"浏览" ⬚ 按钮，打开"LID 使用编辑器"。

（4）要创建详细报告文件，点击"浏览" 按钮，指到已知位置，并使用一个名称保存文件。

（5）点击"确定"。

（6）点击"运行"按钮运行模型并生成文件。

（7）打开"图表"面板，点击"打开"按钮。

（8）找到 LID 报告文件的位置并选择该文件。

（9）点击"打开"。

（10）在"时间序列管理器"下，可看到详细报告文件名称。

（11）在文件名称前，点击"扩展"按钮，查看不同变量的时间序列。

（12）勾选变量名称，绘制时间序列图形。

（13）点击"目标"选项卡，查看"目标函数"或点击"事件"选项卡进行时间序列的"事件分析"。

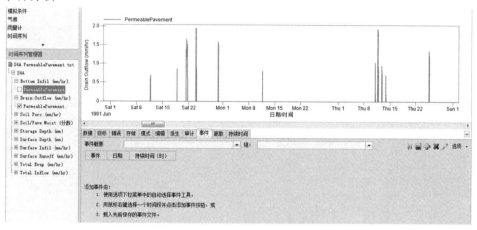

图 3-274　详细报告文件绘图

也可以在"表格"面板中编辑 LID 详细报告文件。在"项目"面板中点击"LID 控制"旁的"表格"按钮。

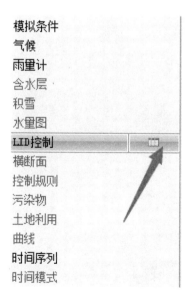

图 3-275　LID 控制的"表格"按钮

在"表格"面板中，点击"LID 使用"项，在"LID 报告文件"键入详细报告文件的文件路径。

图 3-276　LID 报告文件路径

4 典型案例

4.1 入门练习篇

4.1.1 创建第一个 PCSWMM 模型

4.1.1.1 创建项目

（1）打开 PCSWMM，点击左侧"文件"菜单下的"新建"按钮。

（2）从"新建项目"中选择"SWMM 项目"，如图 4-1 所示。

图 4-1　新建项目

（3）在打开的"新建项目"对话框中，首先将项目"名称"命名为"My first model"。

（4）在"地点"中设定项目数据的储存位置。

（5）可在"缩写"选项中填写项目的简称"Model 1"，并在描述中简述项目信息。

（6）最后点击"创建项目"，如图 4-2 所示。

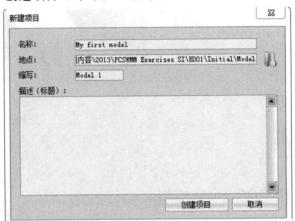

图 4-2　创建项目信息

注：当创建一个新项目时，用户可以为项目添加注释。在"属性"面板中，可以在任何时间使用项目注释标签为项目添加或者编辑其他附加信息或者一系列任务。

首先设定模型的单位，此案例使用美制单位。

（7）点击"模拟条件"。

（8）在打开的"模拟条件"对话框中，将"常规"选项卡下的流量单位设定成"CFS"。

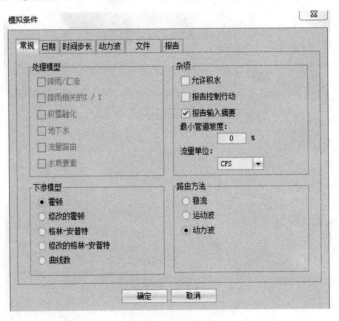

图 4-3　模拟条件

（9）点击"确定"按钮。

（10）如弹出"切换流量单位"对话框，点击"切换"按钮。

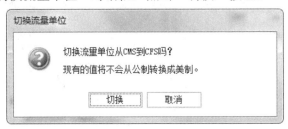

图 4-4　切换流量单位

4.1.1.2　打开背景图层

首先打开一个背景图层作为即将创建的纽约城模型的参照，此例将使用开放街道地图作为背景地图。如果用户拥有研究区的 GIS 图层，也可以打开 GIS 图层。

（1）点击"图层"面板下的"必应地图"按钮（位于面板右下角，靠近"OSM 地图"按钮）。

（2）点击"放大"按钮或者滚动鼠标滚轮，以放大显示纽约城。

图 4-5　地图

（3）继续使用"放大"功能，或者交替使用鼠标滚轮，放大显示图 4-6 中的范围（位于 9A 号高速公路和 Murray 大街附近的 Nelson A. Rockefeller 公园）。

图 4-6　公园位置

4.1.1.3　创建 SWMM5 模型

（1）点击"图层"面板中的"排水口"选项，由于目前还没有排水口实体，该选项卡显示灰色。

（2）点击"地图"面板中的"添加" 按钮。

（3）在"地图"面板需要的位置点击鼠标，添加一个排水口，位置如图 4-7 所示。

（4）点击"图层"面板上的"检查井"按钮。添加一个检查井，作为汇水区的出口。

图 4-7　检查井位置

（5）点击"添加"  按钮，在两条街道的交汇处添加一个检查井，位置如图 4-8 所示。

图 4-8 检查井位置

接着利用一根管道连接排水口和检查井这两个节点。

（6）点击"图层"面板中的"管道"按钮，点击"添加"按钮。

（7）管道内水流的流向即是连接线的方向（从上游到下游）。首先点击"检查井"，然后点击"排水口"以绘制出连接这两个实体的管道。

图 4-9 管道

（8）系统将弹出"自动长度"对话框，询问用户是否想要从地图中估计管道的长度，此时点击"是"按钮。

用户可以在"属性"面板（位于 PCSWMM 界面的右侧）中查看所选择管道的长度等属性信息。

图 4-10　打开自动长度

（9）点击"选择" 按钮，退出"添加"模式。

（10）点击并选中排水口，在"属性"面板中设置上沿标高（InvertEl.）为 10 ft，下沿标高设置为"0"。

（11）点击"检查井"，指定下沿标高和深度分别为 10 ft 和 10 ft。

（12）选择管道，设置糙率为 0.014，管径为 1～2 ft。

注：用户只可以编辑埋深和高程两项中的一项，软件将利用公式计算出另一项参数。如果要计算深度属性，选择深度属性并且点击"自动表达式" 选项，在自动表达式编辑器中，点击"计算深度"按钮。

（13）添加汇水区。点击"图层"面板中的"汇水区"图层。

（14）点击"添加"按钮，绘制 MurraySt/WarrenSt 街区轮廓（如图 4-11 所示），通过点击"地图"面板中所需要位置的顶点即可绘制出汇水区。

图 4-11　汇水区

（15）点击"提交更改"按钮或者点击"确认"键来结束编辑汇水区。

（16）点击"选择"按钮退出编辑模式。

（17）对于选中的汇水区，从"属性"面板中设置不透水率属性值为50%。

如果允许程序使用地图量测几何属性，PCSWMM 将自动分配汇水区的面积。方便起见，本例暂不设置汇水区的其他参数属性（用户可在其他练习中了解更多关于设置汇水区参数的细节）。

4.1.1.4　指定降雨并运行模型

接下来将使用设计暴雨创建器为模型设置一场暴雨事件。

（1）点击"图表"标签转换至"地图"面板。

（2）在"地图"面板中，点击"添加"按钮增加一场新的设计暴雨。

（3）选择暴雨类型为"SCS24htypeII"，设置总降雨为 5 in，降雨间隔为 5 min。

（4）点击"创建时间序列&设置模型"按钮。

可在 PCSWMM 的时间序列管理器中创建时间序列（位于"地图"面板的左侧），并设置模型的降水序列。在创建模型的过程中，PCSWMM 先利用 SWMM5 时间序列创建一个雨量器，并把雨量器水量分配到汇水区。在设置模拟时间与时间序列数据相匹配之后，就可以运行模型。

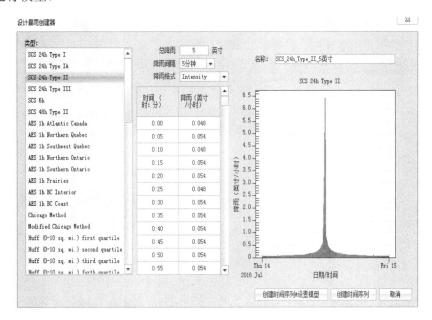

图 4-12　设计暴雨创建器

（5）点击位于"项目"面板中的"运行"按钮。

4.1.1.5 显示结果

模型成功运行后，错误信息将显示在屏幕右下角的显示框中。这些信息将依据错误程度，用红色、黄色或绿色显示。显示框呈现绿色表明模型的汇流和路由计算误差低于1%。本例中，模型可能给出一个洪水警告，提示管道中的水可能溢流到地表，这通常是由于管道的管径较小造成的。接下来将讨论如何避免出现溢流现象。

（1）点击"汇流误差"框或者"路由误差"框，或者点击"状况"选项卡，选择"连续性误差"，可以在"状况"面板中查看质量平衡报告。

（2）检查状况报告中水量平衡结果，确保其中各项取值合理。

（3）点击"图表"选项卡，转换至"图表"面板。

（4）在时间序列管理器中，选择"SWMM5 输出"→"管线输出"→"流量"→"C1"（检查 C1）。可长按鼠标左键，拖动到想要看的图表位置后再释放，即可放大查看图表中的某个区域。

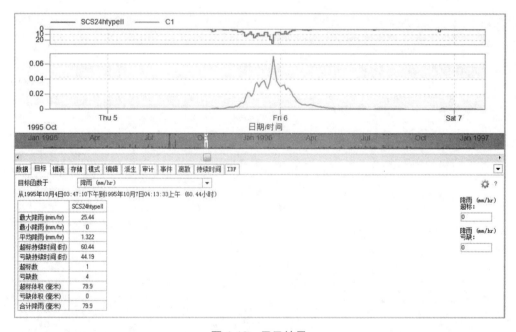

图 4-13　显示结果

此时，已经成功地创建了第一个 PCSWMM 模型。为了熟悉 SWMM5 模型的输出结果，可以浏览"状态"面板中的结果，检查"地图"面板中的实体对象的结果属性，同时查看由 SWMM 生成的其他时间系列。

还可以尝试着增加检查井、管道和汇水区，通过调整各类实体对象并再次运行模型，分析各属性的敏感性。

4.1.2 使用在线和离线的必应地图

利用 PCSWMM 自带的必应地图功能可以为模型添加背景图像。本练习演示了如何利用该功能建立模型。该功能需连接微软公司的必应地图服务,因此本练习需要连接互联网。本节末尾给出了其他可用的在线 GIS 数据资料来源。

4.1.2.1 第一部分:使用在线必应地图

1)打开项目模型

(1)打开 PCSWMM,点击左侧"文件"菜单下的"打开"按钮。

(2)找到 PCSWMM Exercises\K014\Initial 文件夹,打开文件 SearsPtas-is.inp。

(3)选择文件,保存为 SearsPtWMS。

图 4-14　SearsPtas-is

2)设置坐标系

为了使用开放街道地图,用户必须使用 GIS 图层的坐标系。在本练习中将使用的坐标系为 NAD83Californiazone2ftUS。

(1)点击"地图"面板中的"菜单"按钮,选择坐标系。

(2)在"地图坐标系"对话框中,选择"投影系统",可以看到一系列预设的投影。

(3)在"过滤器"中选择"NAD83","选择投影系统"会给出一系列筛选后的坐标系。

(4)选择"NAD83Californiazone2ftUS"作为投影坐标系。

（5）选中"应用于所有图层"，点击"确定"，然后关闭"地图坐标系"对话框。

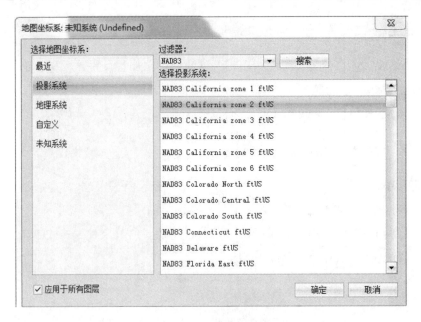

图 4-15　地图坐标系

（6）选择保留现有的坐标系。

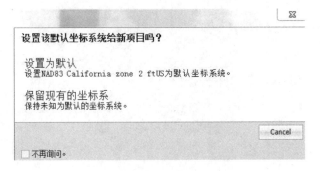

图 4-16　默认坐标系设置

设置好坐标系之后，可以打开必应地图。

（7）点击位于"图层"面板右下角的"必应地图"按钮，加载背景地图，这个过程可能需要几分钟。

图 4-17 加载必应地图

（8）如系统询问是否要更改坐标系，此时选择"最优坐标系统"。

当用户打开必应地图时，可能被询问是否要优化坐标系统。这项操作虽然可以改变地图查看器的坐标系，但是 GIS 图层的坐标系仍是 NAD83Californiazone2ftUS。图层查看器的窗口下方显示了每个图层的投影坐标系。用户可以点击"渲染"按钮来查看每个 GIS 图层，以确保 GIS 图层具有正确的坐标系。

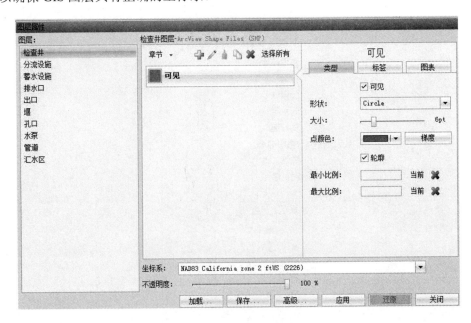

图 4-18　查看图层坐标系

4.1.2.2　第二部分：生成一张必应背景地图用于离线操作

本练习的第二部分演示了离线必应背景地图的使用方法。该方法在以下两种情况下将非常有效，一是用户的网络连接状况很差，二是由于必应地图不断实时更新，导致 PCSWMM 软件运行卡顿。

1）导出必应地图

（1）在选中"必应地图"选项的条件下，点击位于"锁定"按钮旁的"导出"按钮。

（2）浏览定位到文件夹 PCSWMM Exercises\K014\Initial\，将文件命名为 Sears Point Backdrop，指定文件格式为.png。

（3）点击"保存"。

（4）在"导出像素图层"对话框中，检查确保"地理参考"选项卡被选中，然后点击"导出"。

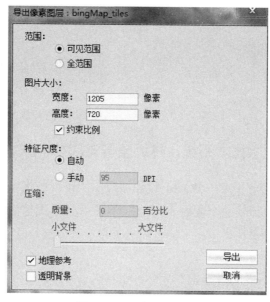

图 4-19　导出像素图层

2）打开保存图像作为背景图层

（1）点击"必应地图"按钮关闭开放街道地图。

（2）点击"地图"面板中的"打开" 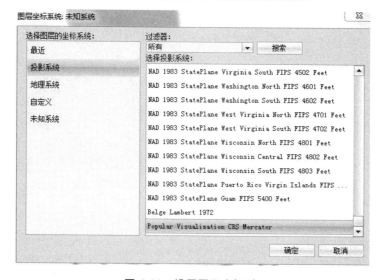 按钮。

（3）浏览定位到文件夹 PCSWMM Exercises\K014\Initial\，打开文件 Sears Point Backdrop。

（4）此时会出现一个信息框询问用户是否要将坐标系设置为 Popular Visualisation CRS Mercator，选择"是"；也可以在地图坐标系统对话框的投影系统系列中查找上述坐标系。

注：用户同样可以点击"渲染"按钮，设置坐标系或者改变图层属性。

图 4-20　设置图层坐标系

从必应地图中保存的图片文件应该存放在适当的位置，且图片的分辨率与必应地图服务商最近一次更新地图的分辨率是一致的。

4.2 起步练习篇

4.2.1 设计新的雨水排水系统，并调整管道尺寸、跌水及损失

本练习演示了如何利用 PCSWMM 设计城市雨洪排水系统[①]。该系统位于加拿大魁北克省 Valleyfield 地区，涉及一个大约 80 户的新社区。该系统包括蓄水池、检查井和管道，能够应对 10 年一遇的设计暴雨。本例也演示了设置管道尺寸及检查井下降（跌水）及损失的方法。

1）创建一个新的 SWMM 模型

首先为该地区雨水排水系统创建一个 SWMM 模型。

（1）打开 PCSWMM，点击"新建"。

（2）从"新建项目"中选择"SWMM 项目"。

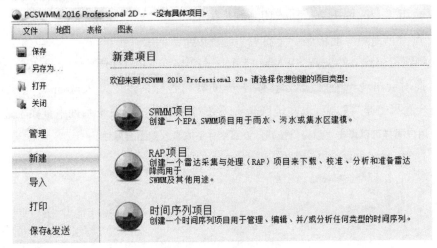

图 4-21　新建项目

（3）在打开的"新建项目"对话框中，按图 4-22 设置项目名称和储存位置，然后点击"创建项目"。

---

①实例名称：Design of a new stormwater system with pipe-sizing and junction drops and losses (Valleyfield, Quebec)。实例编号 K018。数据下载地址：https://support.chiwater.com/510/hands-on-exercise-design-of-a-new-stormwater-system-with-pipe-sizing-and-junction-drops-and-losses。

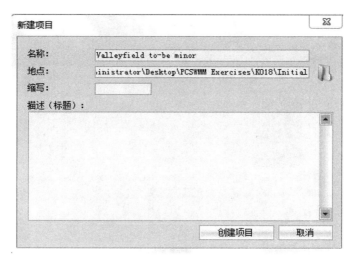

图 4-22 创建项目信息

2）设置入渗模型

（1）在"项目"面板中，选择"模拟条件"。

（2）在"常规"选项卡下，选择"格林-安普特模型"作为本例的入渗模型，点击"确定"。

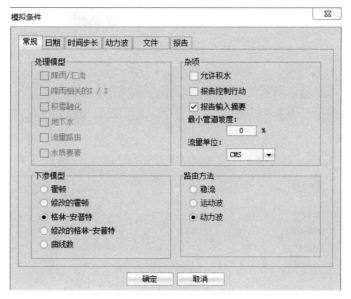

图 4-23 模拟条件

3）加载一个或多个的背景图层

（1）在"地图"面板中点击"添加" 按钮。

（2）点击"打开"按钮 找到 PCSWMM Exercises\K018\Initial 文件夹下的 photo-grande-ile.jpg 文件，然后打开。

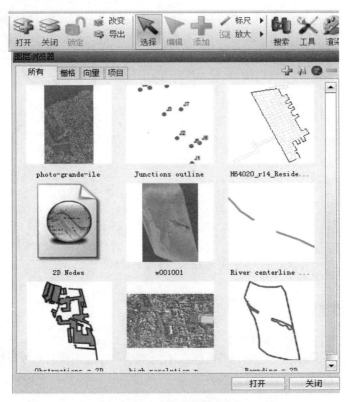

图 4-24　加载背景图层

（3）如果被询问是否设置坐标系统，选择"其他坐标系统"。

（4）在"地图坐标系"对话框中，选择"未知系统"，地图单位选择"Meter"，点击"确定"。

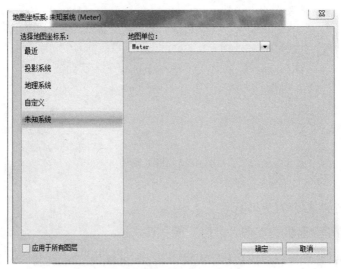

图 4-25　地图坐标系

注："图层"面板中各图层的排列顺序代表了各图层的显示顺序，SWMM 图层默认放在背景图层的上面，如果用户想调整图层的顺序，只需要在"图层"面板中拖拽该图层到所需位置即可。

（5）使用"放大"  按钮在重点关注的位置拖出一个选择框。本例中需放大的区域如图 4-26 所示。

图 4-26　目标区域

使用一个已准备好的 CAD 文件显示道路和规划住宅区位置。

（6）点击"选择" 按钮退出放大模式。

（7）在"地图"面板中点击"添加" 按钮。

（8）按照同样的方法打开 PCSWMM Exercises\K018\Initial 文件夹下的 H64020_r14_Residential.dxf 文件。

（9）坐标系统选择"未知系统"，地图单位选择"Meter"。

在这个例子中，10 年一遇的降水将在研究区域内的街道和地段形成径流。本例将构建一个简单的排水系统来输送这些径流。研究区域是较为平坦的，必须进行分级才能保证实现最小坡度。因此案例中给出了排水口的下沿标高，并将根据管道的坡度要求计算得到检查井的下沿标高。

4）渲染 SWMM 实体图层并且开启"显示管线箭头"按钮

在这部分使用渲染工具，为所有排水口、检查井和管道设置需要显示的标签。只有在图层对应的实体被添加后，图层的内容才会显示出来。

（1）点击"地图"面板中的"渲染" 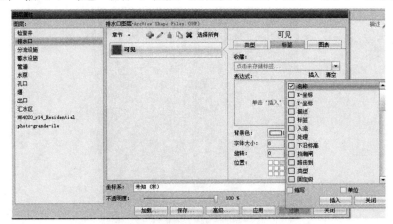 按钮。

（2）在"图层"中选择"排水口"图层。

（3）在图层属性窗口右端选择"标签"按钮。

（4）点击"插入"，勾选"名称"，在插入属性框中点击下方的"插入"（如图 4-27 所示）。

图 4-27　插入属性

（5）更改背景色为红色。

（6）点击"应用"。

现在对"检查井"图层和"管道"图层进行同样的操作设置属性。

（7）在图层属性窗口下，点击"检查井"图层。

（8）在图层属性窗口右端选择"标签"按钮。

（9）点击"插入"，勾选"名称"，在插入属性框中点击下方的"插入"。

（10）更改背景色为浅蓝色。

（11）点击"应用"。

（12）在图层属性窗口下，点击"管道"图层。

（13）在图层属性窗口右端选择"标签"按钮。

（14）点击"插入"，勾选"名称"，在插入属性框中点击下方的"插入"。

（15）更改背景色为黄色。

（16）点击"应用"，点击"关闭"。

注：用户不会在"地图"面板中看到任何改变，除非用户已经将对象实体加入图层中。一旦开始绘制实体，PCSWMM 将按设定的名字和颜色显示出已绘制的实体。现在将添加管线方向箭头以便能够看到管道中水流的方向。

（17）点击"地图"面板中的"菜单"按钮，选择"偏好设置"。

（18）在"地图"选项卡下面勾选"显示管线箭头"。

（19）在"常规"选项卡下，勾选"计算节点深度"，以便于下一步计算上沿标高。

（20）点击"确定"按钮关闭"偏好设置"对话框。

5）放置排水口以及检查井

首先，设置排水口和检查井。检查井间的最大距离为 160 m。确保在每一个交叉路口都有一个检查井以及管线走向的方向是正确的。一般可先设置排水口，本例中排水口的位置如图 4-28 所示。

图 4-28　排水口位置

（1）点击"图层"面板中的"排水口"，使之处于激活状态。用户可以发现排水口图层此时显示为灰色，这表明目前该图层不含有任何实体。

图 4-29　图层面板

（2）点击工具栏上的"添加"➕按钮。

（3）点击如图 4-30 所示位置，将排水口添加到该位置。

（4）点击"选择"按钮退出添加模式。

（5）在排水口节点被选中的状态下（蓝色高亮），在右侧的"属性"面板编辑排水口的属性信息，将其名称设置为"Outfall"，下沿标高设置为 45.6 m。

图 4-30　检查井位置

根据已准备的 GIS 背景图层放置检查井的位置。

（6）点击"打开图层"按钮。

（7）打开 PCSWMM Exercises\K018\Initial 文件夹下的检查井位置图层 Junctionsoutline.shp。

（8）如果弹出"设置坐标系"对话框，选择"其他坐标系统"。

（9）在"地图坐标系"对话框中，选择"未知系统"，地图单位选择"Meter"，点击"确定"。

注：这个"检查井位置"图层只是个背景图层，不代表 SWMM 模型中检查井实体。现在需要开启自动长度功能，用于计算管道长度和汇水区的面积，而非使用缺省长度（如图 4-31 所示）。

图 4-31 打开自动长度

（10）点击位于窗口左下角的"自动长度"选项卡，选择"开"。

（11）选择"图层"面板中的"检查井"图层。由于目前没有检查井实体加入模型中，"检查井"图层此时显示灰色。

（12）选择"添加" [╋] 按钮。

（13）点击背景图层中 J1 点，然后按住 Shift 键点击 J2 点，在添加检查井的同时管道也会自动绘制出来。

注：如果没有按住 Shift 键，连接检查井的管道不会自动绘制。这时，可以选择"图层"面板中的"管道"图层，点击"添加"按钮，按照从上游到下游的顺序点击两个端点以绘制相应的管道。

（14）同时按住 Shift 键，点击 J3 和 J4。

（15）释放 Shift 键，点击 J5。

（16）再次按住 Shift 键，点击 J6、J7 和 J8。

（17）再次释放 Shift 键，点击 J9。

图 4-32 添加管道

（18）按住 Shift 键，点击 J4、J8 和 Outfall。

注：如果用户有操作失误，可以点击"选择"工具，并选择实体，然后使用工具栏上的"删除" 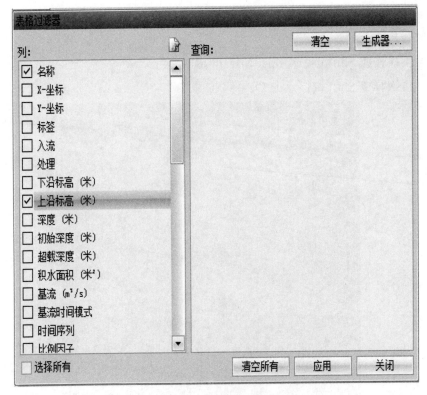 键或者键盘上的 Delete 键删除错误的实体，再按照原来的步骤重新添加检查井。

（19）点击工具栏上的"选择"按钮退出添加模式。

（20）核对管道流向是否和图一致。如不一致，可选中需调整的管道，并右击选择"反向"来更改管道水流流向。

（21）选择 Junctionsoutline.shp 图层，点击工具栏中的"关闭图层" 按钮，关闭该图层。

（22）点击"表格"选项卡打开"表格"面板。

（23）选中"检查井"图层。

（24）点击"过滤器" 按钮，取消勾选"选择所有"。

（25）勾选"名称"和"下沿标高"，点击"应用"。

图 4-33　表格过滤器

（26）输入上沿标高如图 4-34 所示。

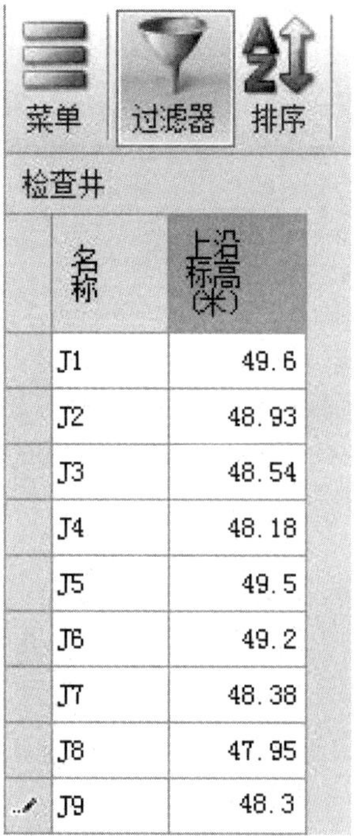

图 4-34　上沿标高

注：在 PCSWMM 中，可以直接定义检查井深度或者通过设置上沿标高来定义。通常情况下，当创建一个子汇水区模型时，检查井的深度是未知的，但是根据用户定义的上沿标高，PCSWMM 可以自动计算其深度，即深度等于上沿标高减去下沿标高。如果设置上沿标高是由计算得到的，则在深度属性中点击输入框中的"函数" fx 按钮，在自动表达式编辑器中，点击"计算深度"按钮，反之亦然。

（27）点击"保存" 🖫 按钮。

6）设置管线属性

（1）通过点击"地图"选项卡，返回到"地图"面板。

（2）点击"图层"面板中的"管道"图层。

（3）通过按住键盘上的"Ctrl+A"，选择所有的管道。

（4）在"属性"面板中将所选中管道的粗糙度设置为 0.013，横截面为圆形，Geom1（m）为 1。

（5）点击"工具" 🗡 按钮。

（6）选择"设置坡度"（位于"节点""管道""垂直细节"部分）。

（7）在"设置坡度"对话框中，设置坡度值为 0.25%。

（8）勾选"保持节点上沿标高"。

（9）勾选"提高上游节点的底标高"。

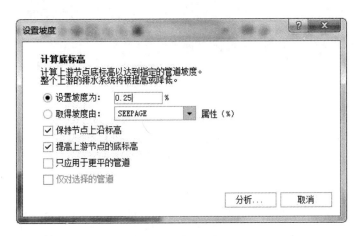

图 4-35　设置坡度

（10）不勾选"只应用于更平的管道"。

（11）点击"分析…"按钮。

（12）此时，软件将弹出检查井参数变化的结果。点击"应用"，然后点击"关闭"。

注：如果"设置坡度"窗口中没有列出 9 个节点，可能是由于管线方向不正确。在"菜单"按钮下选择"偏好设置"，勾选"显示管线箭头"，点击"确定"关闭。然后选择流向相反的管道，右击并选择"反向"。

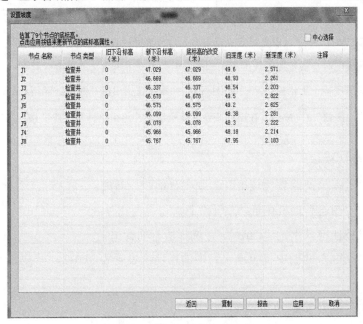

图 4-36　参数变化结果查看

（13）在"地图"面板中，点击检查井 J1。

（14）按住 Shift 键点击排水口 Outfall，一个由实体链接成的路径即被选中。

（15）点击"剖面"选项卡以查看这个剖面。

（16）点击"剖面面板"中"属性" 按钮，显示上沿标高和管道直径。

（17）在"剖面属性"对话框中，"节点"部分勾选"上沿标高"。

（18）"管线"部分勾选"深度"。

图 4-37　剖面属性

（19）点击"关闭"按钮退出。

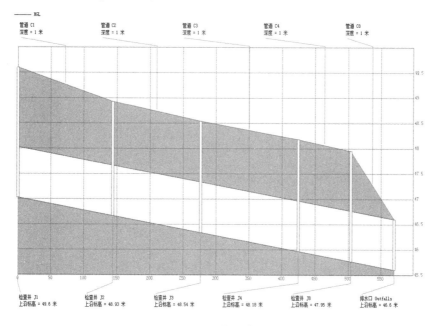

图 4-38　剖面查看

7）导入汇水区

本例中将导入一个外部 GIS 图元作为汇水区。用户同样可以使用"地图"面板上的"添加" 按钮绘制汇水区。

（1）点击"文件"按钮。

（2）点击"导入"，选择"GIS/CAD"。

（3）点击"汇水区"。

（4）浏览找到 PCSWMM Exercises\K018\Initial 文件夹下 Subcatchmentsoutline.shp 文件。

（5）点击"结束"按钮，弹出相应报告。

（6）点击"关闭"按钮。

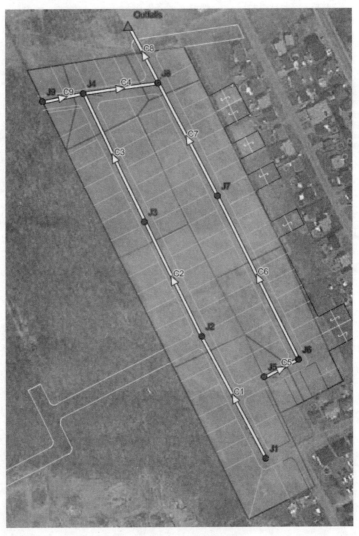

图 4-39　导入汇水区

8）设置汇水区参数

（1）返回到"地图"面板，点击"图层"面板中的"汇水区"图层。

（2）按住键盘上的"Ctrl+A"键，选择所有的汇水区。

（3）在"属性"窗口中设置汇水区属性如图 4-40 所示。

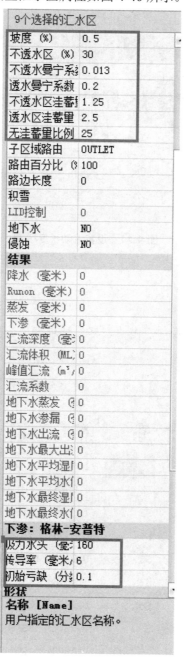

图 4-40 设置汇水区参数

　　根据粗略估计的坡面流最大流长和汇水区面积，可进一步计算汇水区的宽度属性。此例假设坡面流的平均最大流长是检查井平均深度（115 ft 或 35 m）与集水池之间的路边长度（197 ft 或 60 m）的总和，即 312 ft 或 95 m。

　　（4）点击"工具" 按钮，选择"汇水区"，设置"流动长度/宽度"。

　　（5）固定长度输入"95"。

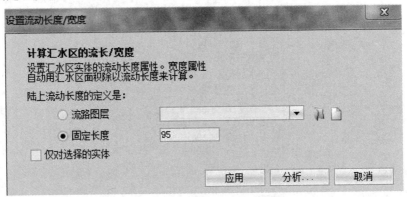

图 4-41　设置流动长度/宽度

　　（6）点击"应用"。

　　（7）点击"关闭"。

　　（8）转换到"表格"面板，点击"表格"选项卡，选择"汇水区"。此时，可以看到每个汇水区新的宽度值。

名称	面积（公顷）	宽度（米）
S1	1.4121	148.642
S2	1.0525	110.79
S3	1.0334	108.779
S4	0.5506	57.958
S6	0.9726	102.379
S7	1.4916	157.01
S8	0.2636	27.747
S9	0.2277	23.968
S5	0.1809	19.042

图 4-42　查看结果

9）添加设计暴雨作为模型的降雨时间序列

在本例中，直接利用软件内置的设计暴雨系列设置与管道尺寸相适应的降雨时间序列。使用设计暴雨创建器来自动创建设计暴雨的时间序列。步骤如下：

（1）点击"图表"选项卡。

（2）点击"添加" ➕按钮。

（3）从下拉列表中选择暴雨类型为 AES1hSouthwestQuebe。

（4）总降雨为 36 mm。确保降雨格式为 Intensity。

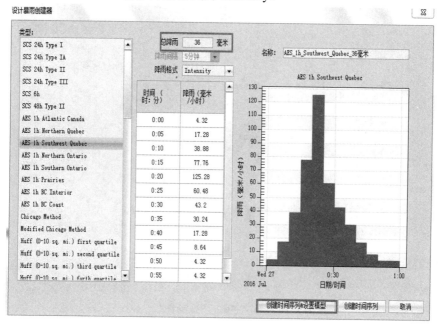

图 4-43　设计暴雨创建器

（5）点击"创建时间序列&设置模型"。此时软件会自动创建雨量计，并分配给所有的汇水区，同时更改模型中降雨的持续时间来匹配相应的降雨时间序列。

（6）返回到"地图"面板。

10）运行模型

（1）在"地图"面板中，点击项目窗口下的"模拟条件"。

（2）点击"日期"选项卡，更改持续时间为 3 h，点击"确定"。

（3）点击"运行" 🔵按钮开始模拟计算。运行成功后，将弹出来一个运行成功的提示框，并显示连续性误差等相关信息。

（4）检查连续性误差是否合理（一般要求小于 5%，依据设计精度而定）。

本例中，在设置下降（跌水）和损失后，才确定管道尺寸。因为管道尺寸是根据曼宁公式计算确定的，而曼宁公式并未考虑检查井的下降（跌水）。设置下降（跌水）损失后，重新运行模型，此时需要核查沿管线剖面以及调整后管道的输水能力。尽管下面将要介绍的操作步骤具有更高的效率，但在设置管道尺寸之前或之后设定下降（跌水）和损失对模拟结果是没有影响的。

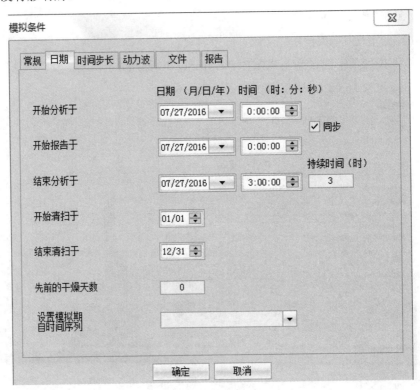

图 4-44　模拟条件

11）计算管道尺寸

PCSWMM 能够计算出一个最接近设计标准的最小管径（不满流），并把它们应用到模型中。此功能仅能用于圆形管道。模型使用曼宁公式计算管径：

$$D = \left(\frac{Q \cdot n}{0.312 \cdot S^{1/2}} \right)^{3/8} \tag{4-1}$$

曼宁公式中的粗糙度 n 和坡度 S 是管道属性，由用户定义。但是流量 Q 通过模型计算得到。如果最初设定的管径太小，则无法计算自由水流。因此用户最初应该设置一个偏大的管径以便模型计算一个最佳管径。

（1）在"地图"面板中，点击"管道"图层，按住"Ctrl+A"选中所有的管道。

（2）在"地图"面板中，点击"工具"选项卡，在"管道"选项卡下，点击"管道大小调整"。

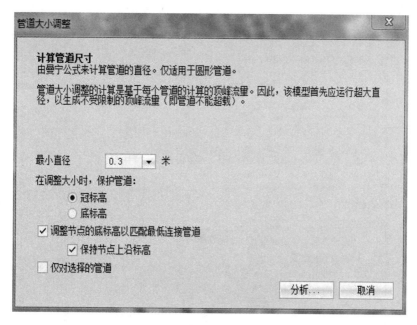

图 4-45　管道大小调整

（3）在"管道大小调整"对话框中，设置最小直径为 0.3 m，选择"保护管道冠标高"，勾选"调整节点的底标高以匹配最低连接管道"和"保持节点上沿标高"。

（4）点击"分析…"按钮。

（5）比较新旧管径的变化，点击节点可以看到管道尺寸调整后下沿标高的变化。

（6）点击"应用"，点击"关闭"退出。

12）设置管道下降和损失

接下来将在考虑弯曲度的情况下，调整检查井的下降（跌水）。本例中，当检查井下降（跌水）高度为 0.03 m 时的损失系数为 0.15（管道转弯角度小于 15°）；当下降（跌水）高度为 0.15 m 时的损失系数为 1（管道转弯角度在 45°～90°）。J4 和 J8 的弯曲角度超过 90°，因此将在上游置一个 45°的弯头。

（1）在"地图"面板中，点击"工具" 按钮，点击"设置下降/损失"（在管道或垂直细节部分）。

（2）在"设置下降/损失"对话框中，选择"计算"框中的"下降和损失"。

（3）输入角度、下降和损耗系数。

（4）选中"应用为最低标准（保持较大的下降/损失）"、"保持管道坡度"以及"保持节点上沿标高"。

（5）点击"分析…"按钮。

（6）查看下降/损失报告，确保 C3、C4、C5 的出口损失系数一致。

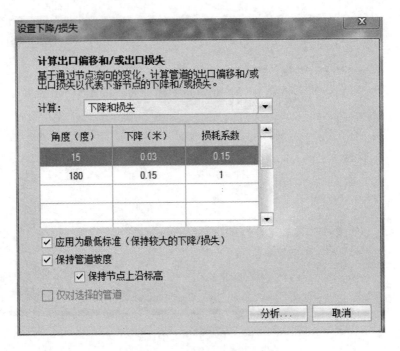

图 4-46　设置下降/损失

（7）点击"应用"按钮，点击"关闭"。

（8）点击"运行" 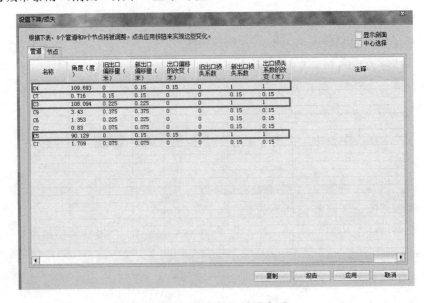 按钮重新生成运行结果。

（9）运行结束之后，用户可以检查管线的纵断面确保管道仍然有足够的能力应对超设计标准的城市暴雨（剖面→菜单→显示峰值）。

图 4-47　参数变化结果查看

13）查看和解释结果

（1）点击"图表"按钮打开"图表"面板。

（2）取消勾选"设计暴雨 AES_1h_Southwest_Quebec_36mm"。

（3）在时间序列管理器中的 SWMM5 输出栏下，选中管线-流量，绘制城市雨洪流量过程。右击"流量"选项卡选择"选择所有"。

可利用"图表"面板绘制汇水区的径流过程、管道中的流量和检查井中的流量过程。

注：用户所绘制的流量图应该与下面给出的图形相似，流速应当超过当地规定的最小冲刷速度。本例管道 C9 的一端闭塞不通，应当格外关注这类管道的泥沙淤积情况。

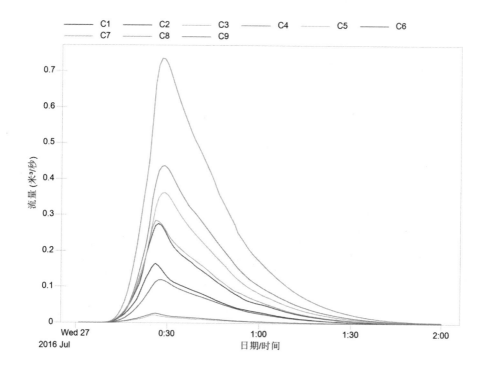

图 4-48　流量过程图

4.2.2　基于土地利用图层和土壤图层计算汇水区属性

本例演示如何使用土地利用图层和土壤图层计算汇水区的 8 个属性参数[①]。

用户可以利用土地利用图层计算汇水区的属性参数。通过在土地利用图层中定义与汇水区参数相应的属性参数，获得这些汇水区参数的面积加权平均值。本例中，用户定义的

---

① 实例名称：Estimating subcatchment attributes based on land-use and soils layers。实例编号 K022。数据下载地址：
https://support.chiwater.com/514/hands-on-exercise-estimating-subcatchment-attributes-based-on-land-use-and-soils-layers。

属性 IMPERV、NIMPERV、NPERV、PSPERV 及 DSIMPERV 已经被添加到土地利用图层之中。

"查找表格"功能是估算 SWMM 属性参数的另一种方法。在本节案例的第二部分将用土壤图层计算汇水区入渗参数，并介绍如何将土壤图层与"查找表格"相结合以计算入渗参数的方法。

1）渲染土地利用图层

（1）打开 PCSWMM。

（2）浏览到文件 PCSWMM Exercises\K022\Initial，打开 Valleyfieldto-bepond.inp，并点击"运行"按钮，运行模型。

（3）在"项目"面板，点击"文件"，选择"另存为"。

（4）更改项目名称为"ValleyfieldArea-weighting"，点击"保存"。

（5）在"地图"面板点击"打开图层"按钮。

（6）点击"打开"按钮，指定路径为 PCSWMM Exercises\K022\Initial。

（7）按住 Ctrl 键选择 H64020_r14_Park.dxf 和 Land-UseValleyfield.shp 两个文件，点击"打开"按钮。

（8）在"图层"面板中，通过拖拽调整图层位置，确保 H64020_r14_Park.dxf 覆盖住 Land-UseValleyfield.shp。

（9）在"地图"面板点击"渲染"按钮。

（10）在"图层属性"对话框中的图层栏下选择 Land-UselayerValleyfield 图层。

（11）点击"章节"按钮，打开章节创建器。

（12）点击"属性"下拉菜单，选择 LAND_USE。

（13）点击梯度颜色条，选择 wiki-2.0，点击"选择"按钮。

（14）点击"创建章节"按钮。

（15）将透明度改为 50%。

（16）点击"标签"按钮，点击"插入"。

（17）勾选"LAND_USE"。

（18）依次点击"插入"、"应用"和"关闭"按钮。

"地图"面板的显示内容和图相似（颜色可能有区别）。

图 4-49　图层渲染结果

2）根据土地利用图层，利用面积加权工具计算汇水区属性参数

（1）点击"表格"标签，打开"表格"面板，点击"表格"按钮，在菜单中选择 Land-UseValleyfield，点击"显示所有"。

在"表格"面板下，用户可以看到 8 个属性参数，使用其中的 5 个参数来计算汇水区属性参数。

LAND_USE	IMPERV	NIMPERV	NPERV	DSPERV	DSIMPERV	GIS_LENGTH	GIS_AREA
Residential	50	0.015	0.3	3.81	1.9		
Residential	50	0.015	0.3	3.81	1.9	30965628.178821713	3354.6641834884085
Residential	50	0.015	0.3	3.81	1.9	75545233.957351744	9320.3137585770219
Residential	50	0.015	0.3	3.81	1.9	59994502.317661576	14771.963979180582
OpenSpace	0	0.015	0.3	5.08	1.9	49696661.678130627	3436.8572263420397
OpenSpace	0	0.015	0.3	5.08	1.9	82664144.390864208	34026.958333324255
Transport	90	0.015	0.3	3.81	1.9	355811260.7593286	25804.162332978987
Residential	50	0.015	0.3	3.81	1.9	65948017.355433032	31551.560304676623
OpenSpace	0	0.015	0.3	5.08	1.9	124878026.42755997	295487.82422523655

图 4-50　表格面板下的属性参数

表 4-1 给出了用于进行面积加权的 5 个属性参数的名称与定义。

表 4-1　属性参数名称及定义

属性名称	属性定义
IMPERV	不透水率，即不透水面积的百分比，%
NIMPERV	不透水区曼宁系数 n
NPERV	透水区曼宁系数 n
DSPERV	透水面积上的洼蓄深度，mm
DSIMPERV	不透水面积上的洼蓄深度，mm

注：从表 4-1 中，用户可以看到这些属性参数是如何命名的。这些名称是可以被 PCSWMM 识别的汇水区的属性名称。土地利用图层的属性名与汇水区属性参数名相同。通过属性名称，面积加权工具将自动识别这些属性，并将其与汇水区图层中相应的属性进行匹配。用户也可手动将这些属性进行匹配。

（2）在"地图"面板点击"工具"按钮，打开工具浏览器。

（3）点击"面积加权工具"（面积加权工具可在汇水区、节点和管道的相应功能中找到）。

（4）在面积加权工具中，设置数据源图层为"Land-UseValleyfield"，目标图层为汇水区图层。

（5）点击"下一步"按钮。

数据源图层和目标图层存在重叠加部分，利用面积加权工具对重叠部分相匹配的属性参数进行面积加权计算，可以得到多边形图层（例如 SWMM5 汇水区图层或者其他图层）的一个或多个属性参数。

（6）确保目标图层（汇水区）属性与数据源图层的属性相匹配，如图 4-51 所示。

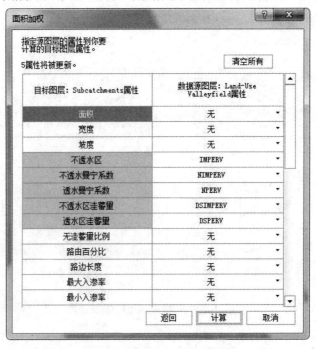

图 4-51　面积加权属性匹配

（7）点击"计算"按钮，执行面积加权运算。计算结束后，弹出运算报告，说明汇水区图层中 9 个实体的属性参数已经被更新。

在报告中，用户可以看到每个汇水区属性参数的旧数据和新数据。面积加权报告显示了每个汇水区中含有的土地利用类型的数量，以及各土地利用类型在各汇水区中所占的百分比。这些百分比之和应为 1，说明已根据 Land-UseValleyfield 图层计算了所有汇水区的属性参数。

（8）点击"关闭"按钮关闭报告。

3）打开土壤背景图层

土壤图层一般包括土壤类型在指定区域的空间分布情况。土壤图层在构建 SWMM 模型时是十分有用的，因为根据它们能够计算 SWMM 模型中汇水区的入渗参数。

（1）在"地图"面板点击"打开图层"按钮。

（2）点击"浏览"按钮，打开 PCSWMM Exercises\K022\Initial\SoilslayerValleyfield.shp（为了使土壤图层更清晰，用户可能需要移动土壤图层到图层列表的上方，或取消勾选 Land-UseValleyfield.shp 图层）。

（3）在"图层"面板中点击"SoilslayerValleyfield 图层"，右击"解锁"。

（4）点击"表格"选项卡，打开表格面板。

（5）如果没有显示出 SoilslayerValleyfield 的属性，点击"表格"按钮，选择"SoilslayerValleyfield"。

（6）查看已设定的属性，提供的属性包括 UNIT、ID、SOILTYPE、GIS 坐标。

本例选择的入渗模型为格林-安普特模型。格林-安普特模型需要 3 个输入参数：吸力水头（Ψ）、水力传导率（K）和初始亏缺（WP）。

4）根据土壤图层计算汇水区入渗参数

使用土壤图层和查找表格工具计算汇水区格林-安普特模型的入渗参数。这一过程也是用面积加权工具来实现的。

汇水区图层的入渗属性参数有吸力水头（Ψ）、水力传导率（K）和初始亏缺（WP）。

面积加权工具将使土壤图层和汇水区图层的属性匹配，并计算汇水区入渗属性参数。

（1）在"地图"面板点击"工具"按钮，打开工具浏览器。

（2）点击"面积加权工具"。

（3）在面积加权工具，设置数据源图层为"SoilslayerValleyfield"，目标图层为汇水区图层。

（4）勾选"使用查找表格"选项。

（5）点击"下一步"按钮。

（6）在"面积加权"对话框的"应用查找表"下拉框，选择"SoilcharacteristicsSI"或

"Soil characteristicsUS"（取决于用户用的是什么单位）。面积加权工具将显示默认的不同土壤类型的入渗值表格。

注：查找表格工具的默认属性参数与目标图层的参数是匹配的（比如 SOILTYPE、CONDUCT、SUCTIONHEAD 和 INITDEFICIT）。如果目标图层中没有发现查找表格工具中的默认参数名称，那么查找表格工具对话框就会出现相应的错误信息。

（7）点击"计算"按钮，面积加权工具将根据选定的查找表格进行执行面积加权运算。

面积加权报告显示了每个汇水区中含有的土壤类型的数量，以及各土壤类型在各汇水区中所占的百分比。这些百分比之和应为 1，说明已根据 Soils layer Valleyfield 图层计算了所有汇水区的入渗参数。

（8）点击"关闭"按钮，关闭报告。

（9）在"地图"面板，选择汇水区，检查格林-安普特入渗参数，确保其合理。

（10）点击"运行"按钮，运行模型，确保运算结果的连续性误差在合理范围内。

4.2.3　利用不同重现期的设计降雨评价排水系统

本例演示了如何快速设置模型，并评价模型对不同重现期暴雨的响应情况[①]。

暴雨基础设施设计应当考虑流域已有的排水模式和流域边界作为保持自然场地条件的一种手段。

本例利用 2 年一遇、5 年一遇、10 年一遇、25 年一遇、50 年一遇和 100 年一遇的设计暴雨评价实例地区城市发展对当地排水系统的影响。

1）打开现状模型和规划模型

（1）打开 PCSWMM，点击"文件"菜单下的"打开"按钮。

（2）找到 PCSWMM Exercises\K021\Initial 文件夹，选择文件 Valleyfield as-is.pcz。

（3）点击"打开"。

（4）点击"解压"，点击"确定"。

（5）打击左侧"文件"菜单下的"打开"按钮。

（6）找到 PCSWMM Exercises\K021\Initial 文件夹，选择文件 Valleyfield to-be.pcz。

（7）点击"打开"，如果需要保存，点击"保存项目"。

（8）点击"解压"，点击"确定"。

下面添加现状模型到方案列表中。

（9）点击"项目"面板中的"方案" 按钮。

---

① 实例名称：System evaluation using multiple return period design storms。实例编号：K021。数据下载地址：https://support.chiwater.com/513/hands-on-exercise-system-evaluation-using-multiple-return-period-design-storms。

（10）在方案管理器中，点击"添加" 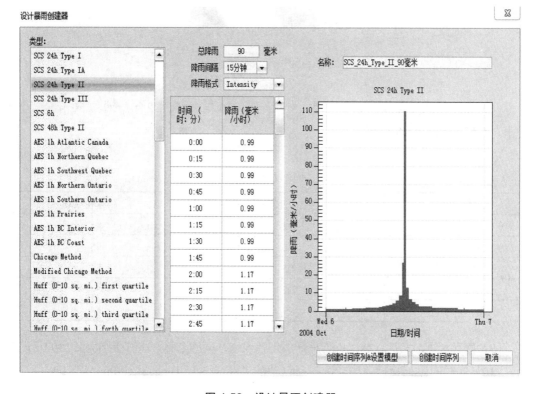 按钮，选择"添加已有项目"。

（11）找到 PCSWMM Exercises\K021\Initial 文件夹，选择文件 Valleyfield as-is.pcz，然后点击"关闭"。

2）在"图表"面板中加载设计降雨

本例将使用多个重现期的设计暴雨来评估开发前后的排水系统。首先创建一个百年一遇的设计暴雨。

（1）点击"图表"，打开"图表"面板。

（2）选择"添加"按钮，打开设计暴雨创建器。

（3）选择"SCS_24h_type_Ⅱ"。

（4）设置总降雨为 90 mm。

（5）设置降雨间隔为 15 min，降雨格式为"Intensity"。

图 4-52　设计暴雨创建器

（6）点击"创建时间序列&设置模型"。

（7）点击"SCS_24h_type_Ⅱ_90 mm"绘制降雨时间序列。

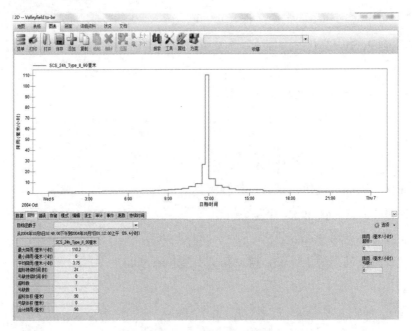

图 4-53　降雨时间序列

（8）重复上述步骤创建 2 年一遇、5 年一遇、10 年一遇、25 年一遇和 50 年一遇设计暴雨，总降雨量如表 4-2 所示。

表 4-2　不同设计降雨的总降雨量

设计降雨	美制单位/in	公制单位/mm
50 年一遇	3.2	83
25 年一遇	3.0	75
10 年一遇	2.5	64
5 年一遇	2.2	55
2 年一遇	1.7	44

（9）保存和重命名设计暴雨。为缩短所创建设计暴雨的名称，将其更名为各自的重现期。

（10）在时间序列管理器中，选择新创建的"SCS_24h_Type_Ⅱ_90mm"时间序列，双击编辑名称属性。

（11）输入名称为"100 Year"。

（12）重复步骤（10）和（11），更改其他 5 种设计暴雨（"50 Year""25 Year""10 Year""5 Year""2 Year"）。

（13）勾选每一种设计暴雨绘制相应的时间序列曲线如图 4-54 所示。

（14）点击"图表"面板上的"保存"按钮，选择"另存为"。

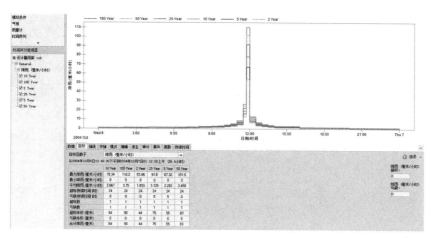

图 4-54　不同设计降雨过程线

（15）保存设计暴雨文件到 K021\Initial，命名为"设计暴雨库.tsb"。

（16）点击"保存"。

3）为规划模型生成不同重现期设计暴雨情景

PCSWMM 可以利用"图表"面板下的设计暴雨图形，或者已保存的设计暴雨文件来生成暴雨情景。这样就可以快速生成多种模型情景并进行相应的模拟计算。如果计算机有多个 CPU 核，可以利用并行计算缩短计算时间。以下将设置 PCSWMM 占用的 CPU 核数，以便充分利用 CPU 内核。

（1）打开"地图"面板，打开"菜单"按钮，选择"偏好设置"。

（2）点击"网格"选项卡，将 PCSWMM 使用的 CPU 内核数目更改为计算机上可用 CPU 内核总数目。

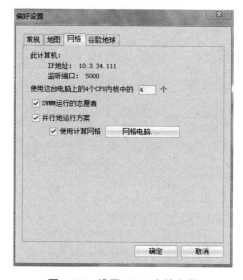

图 4-55　设置 CPU 内核个数

在本例中，将生成 6 个模型情景，每个情景对应 1 种设计暴雨类型。

（3）在"项目"面板中点击"方案"按钮。

（4）点击"添加"，选择"创建设计暴雨方案"。

图 4-56　创建设计暴雨方案

（5）在"创建设计暴雨方案"对话框中，选择"新方案的目标文件夹"为"K021/Initial"。

（6）选择"设计暴雨来源"为"从文件"，选择设计暴雨库.tsb 文件。

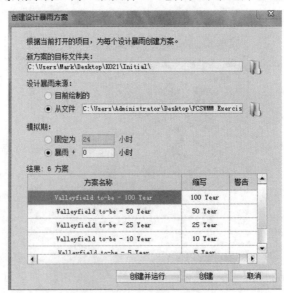

图 4-57　设计暴雨来源设置

（7）设置模拟期为"暴雨+"，输入"0"小时。

（8）点击"创建并运行"。

这时 PCSWMM 会为规划模型创建并计算 6 个降雨情景。如果用户的计算机有多个 CPU 核，PCSWMM 将并行计算各个方案，以节省计算时间。

4）为现状模型生成不同重现期设计暴雨情景

下面将为现状模型创建设计暴雨情景。首先从规划模型切换到现状模型，然后重复上述步骤，为现状模型创建设计暴雨情景。

（1）点击"项目"面板上的"方案"按钮打开方案管理器。

（2）在方案管理器中，双击打开"Valleyfield as-is"方案。

（3）一旦加载"Valleyfield as-is"方案，再次点击"方案"按钮，打开方案管理器。

（4）使用"添加"按钮创建并运行这 6 种设计暴雨情景。具体方法可参照上述步骤。

5）结果评价

现在已经生成并模拟了所有的设计暴雨情景。接下来将通过 PCSWMM 的一组工具来对比分析模拟结果。此处仅以对比分析水文曲线为例。

（1）点击"项目"面板上的"方案"按钮，选择其中 1 种设计暴雨情景。

（2）切换到"图表"面板。

（3）在时间序列管理器中，打开扩展 ➕ 按钮，依次勾选"节点"→"总入流"→"Outfall"。

（4）点击"图表"面板中的"情景"按钮。

（5）根据各设计暴雨对应的情景，为各设计暴雨加上"规划"或"现状"前缀。

（6）点击"图表"面板中的"方案"按钮，不勾选当前方案，选择所有的"100 Year"方案。

（7）在"图表"面板中点击"目标"选项卡。

（8）通过屏幕下方的"目标函数"选项卡比较两个方案的最大总入流变化。

（9）重复步骤（4）～（6）比较其他设计暴雨情景的模拟结果。

如果需要调整模型，可在最初的规划方案中进行调整，然后重新生成设计暴雨情景，并覆盖原模型情景。

4.2.4　评估不同气候变化情景对排水系统的影响

区域气候模型表明未来南非部分地区的降雨强度将会增加（International Panel on Climate Change，2007）。虽然气候变化对于当地水文情势的影响尚不明确，但在考虑建设长寿命期暴雨基础设施时，任何一项全面的设计或研究都应考虑降雨强度增加的可能性。鉴于气候变化的影响，有研究建议将 Cape Town 地区的设计降雨增加 15%（Schulze et al.，2010）。

Salt River 流域（流域面积为 215 km²，位于 Cape Town 地区）的 PCSWMM 模型被用于当地开发情景分析、基础设施和资本投资规划、成本计算和优化设计、高潮线的确定以及洪水风险管理规划。

Black River 模型是 Salt River 模型的子模型。本例将以 Black River 模型为例，利用 PCSWMM 模型将气候变化因子添加到设计暴雨中，将多种现状和未来的设计暴雨组成不同的情景方案，通过模拟并对比这些方案的结果，评估 Black River 流域的小排水系统是否能够应对 21 世纪中后期 5 年一遇的降雨[①]。

1）打开现状模型

（1）启动 PCSWMM，打击左侧"文件"菜单下的"打开"按钮。

（2）找到 PCSWMM Exercises\K044\Initial 文件夹，选择文件 Black_River_SA.pcz。

（3）点击"打开"按钮。

（4）点击"解包"按钮，点击"确定"。

2）在"图表"面板中创建设计降雨事件

（1）选择"图表"面板上的"添加"按钮，打开设计暴雨创建器。

（2）选择暴雨类型为"South Africa SCS 24h Type 1"。

（3）总降雨为"59.9 mm"。

（4）降雨格式为"Intensity"。

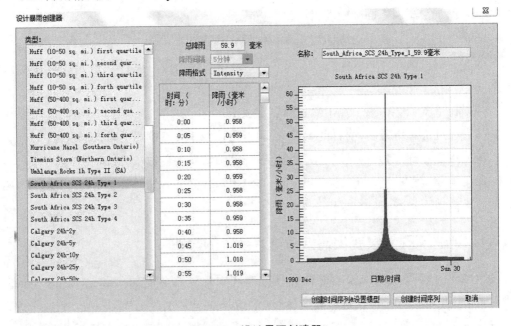

图 4-58　设计暴雨创建器

---

①实例名称：Hands-on exercise: Evaluating Climate Change Scenarios。实例编号：K044。数据下载地址：https://support.chiwater.com/536/hands-on-exercise-evaluating-climate-change-scenarios。

（5）点击"创建时间序列&设置模型"，创建 2 年一遇时间序列。

（6）重复步骤（1）～（5）创建 5 年一遇、10 年一遇降雨事件序列，降雨类型同上，总降雨量见表 4-3。

表 4-3　不同设计降雨的总降雨量

设计降雨	总降雨量/in	总降雨量/mm
2-Year	2.36	59.9
5-Year	3.17	80.4
10-Year	3.75	95.3

（7）在时间序列管理器下勾选 3 场降雨，绘制降雨曲线。降雨曲线如图 4-59 所示。

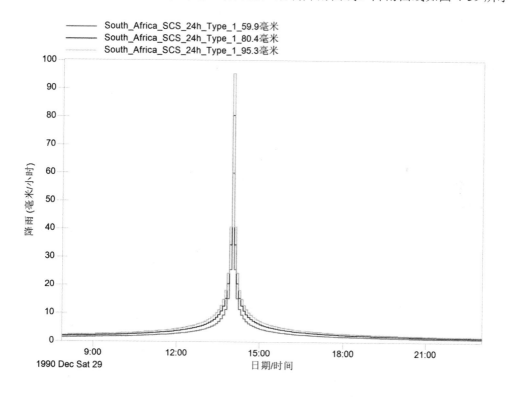

图 4-59　三场降雨曲线

3）保存降雨时间序列

首先更改刚才创建设计降雨的名称，以在名称中显示重现期。

（1）在时间序列管理器中，选择新创建的"South_Africa_SCS_24h_Type_1_59.9mm"时间序列，双击时间序列名称进入编辑状态。

（2）更改名称为"2yearpresent"，点击回车键。

（3）重复步骤（1）～（2），更改 5 年一遇和 10 年一遇设计降雨名称。

（4）点击"保存"按钮，选择"合并"。

（5）保存位置为 PCSWMM Exercises\K044\Initial，保存名称为 presentdesignstorms.tsb。

4）生成未来降雨时间序列

（1）右击时间序列管理器中的 presentdesignstorm.tsb，选择"另存为"。

（2）文件名称为 futuredesignstorms.tsb，点击"保存"。

（3）点击"打开"按钮，选择 presentdesignstorms.tsb，重新打开文件。

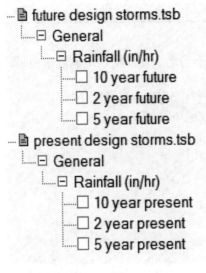

图 4-60　查看 tsb 文件

（4）按照上述方式和图 4-60 所示名称样式对 futuredesignstorms.tsb 中的暴雨时间序列命名。

（5）点击 futuredesignstorms.tsb，点击"保存"。

接下来根据气候变化的研究成果，调整未来降雨时间序列。

（6）在"图表"面板中，选择"菜单"按钮，选择"清空图表"。

（7）点击 futuredesignstorms.tsb 中的 2 年一遇、5 年一遇和 10 年一遇的设计降雨时间序列。

（8）点击"工具"，选择"编辑时间序列"。

（9）在"编辑"按钮下选择"乘"。

（10）在"应用于"下拉列表中选择"应用到所有绘制的降雨"。

（11）设定乘时间序列"值"为 1.15。

图 4-61 对所选时间序列作乘运算

（12）点击"执行"。

（13）在时间序列管理器中勾选所有降雨时间序列，在"图表"面板中对比分析所有的序列。时间序列如图 4-62 所示。

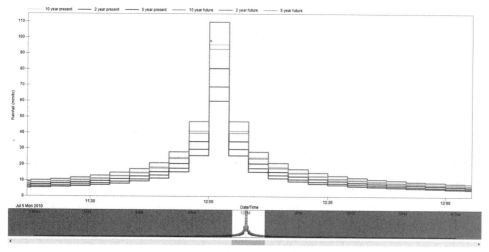

图 4-62 所有降雨时间序列

5）创建设计暴雨情景

将创建 6 个设计暴雨情景。

（1）在"地图"面板中点击"项目"面板下的"方案" 按钮。

（2）点击"添加" 按钮，选择"创建设计暴雨方案"。

（3）在"创建设计暴雨方案"对话框中，选择"设计暴雨来源"为"目前绘制的"。

（4）"模拟期"为"暴雨+"，输入"0"小时。

（5）点击"创建并运行"。

PCSWMM 开始模拟计算上述 6 个情景模型。如果用户的计算机中有多个内核，PCSWMM 将并行计算 6 个情景模型以大大缩短计算时间。

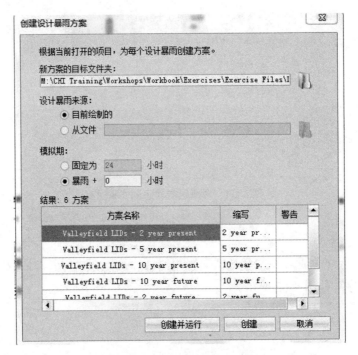

图 4-63　设置设计暴雨来源

6）结果评价

至此已创建了现状和未来的设计暴雨方案，并完成了相应的模拟计算，接下来将利用 PCSWMM 的分析工具比较两种情况下的结果。首先考察一下当前的排水系统是否能够应对现状和未来 5 年一遇的设计暴雨。

（1）在"地图"面板中，点击"工具" ✕ 按钮，选择"审计"选项卡下的"项目摘要/比较"。

（2）点击"方案"按钮，选择现状和未来条件下 5 年一遇的设计降雨，点击"刷新"。

可见	缩写	项目名称
☐	Valleyfield to-be	Valleyfield to-be
☐	Valleyfield LIDs	Valleyfield LIDs
☐	2 year present	Valleyfield LIDs - 2 year present
☑	5 year present	Valleyfield LIDs - 5 year present
☐	10 year present	Valleyfield LIDs - 10 year present
☐	10 year future	Valleyfield LIDs - 10 year future
☐	2 year future	Valleyfield LIDs - 2 year future
☑	5 year future	Valleyfield LIDs - 5 year future

图 4-64　勾选现状和未来条件下 5 年一遇设计降雨方案

（3）在"项目摘要/比较"对话框中，选择结果统计，比较洪水节点数、超载管道数等参数。同时比较两个方案的河段最大水深，或小排水系统的水力梯度线（HGLs）等。

图 4-65 项目摘要/比较下的结果统计

4.2.5 设计雨水双排水系统

前面例子建立了"as-is"模型，模拟了开发前的暴雨径流过程，并在 10 年一遇设计暴雨条件下，设置了 1 个蓄水池来减小开发后的径流峰值与开发前径流峰值的比值。本例将设计 1 个对应百年一遇设计暴雨的双排水系统[①]。

1）为添加双排水系统创建新项目

使用双排水系统创建器创建大排水系统中的地表排水系统。

（1）打开项目 PCSWMM Exercises\K020\Initial\Valleyfieldto-bepond-solution.pcz，点击"运行"按钮。

（2）点击"方案"按钮，点击"添加"按钮，选择"复制当前项目"，基于 Valleyfieldto-bepond 方案创建新方案。

（3）命名新方案为"Valleyfieldto-bedualsystem"，清空"描述"文本框。

---

①实例名称：Design of a stormwater dual drainage system (Valleyfield, Quebec)。实例编号：K020。数据下载地址：https://support.chiwater.com/512/hands-on-exercise-design-of-a-stormwater-dual-drainage-system-valleyfield-quebec。双排水系统（Dual drainage systems）：双排水系统由大排水系统和小排水系统组成。大排水系统主要用于地表河渠、街道等排水。小排水系统用于传输较小的径流，通常以圆形管道模拟。https://support.chiwater.com/79149/about-dual-drainage-systems。

（4）点击"创建"按钮。

（5）在方案管理器中，双击"Valleyfieldto-bedualsystem"，转到 Valleyfieldto-bedualsystem 方案下。在"保存项目"对话框，点击"保存项目"。

2）创建双排水系统

现在使用双排水创建器工具创建一个大排水系统。

（1）在"地图"面板中，点击"工具"按钮，点击"双重排水创建器"工具（该工具位于"工具"菜单中"节点和管道"部分）。

水流从大排水系统经由集水槽（catch basins）进入小排水系统。集水槽是 SWMM5 出口实体，用户可以为出口指定流量曲线，表示经过出口的流量。

（2）取消勾选"仅针对选择的管道"，如果用户没有选择任何管道，那么这个选项是灰色的。

（3）在"街道"旁边点击"编辑"。

（4）点击"选项"按钮，选择"创建街道"。

注： 用户可以通过建立不规则的管道创建大系统管线（比如街道、排水沟或渠道）。利用街道创建器工具可以简化街道横断面的创建过程。

（5）在街道创建器中，街道名称为默认的 Street1。选择"整个街道"，显示整个街道宽。

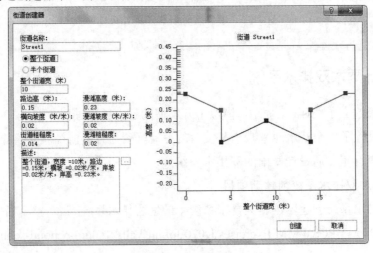

图 4-66 街道创建器

（6）查看街道横断面各组成部分的数值，确保新创建的断面数据有意义，保留默认的数据，点击"创建"。

（7）点击"分配给街道"，回到双排水创建器（在美制单位和公制单位下数值是不同的）。

（8）为避免新创建的大系统在"地图"面板中覆盖已有的管网，偏移值输入"10"像素。

（9）在"入口控制"下，选中"出口"，勾选"连接汇水区到大系统节点"。

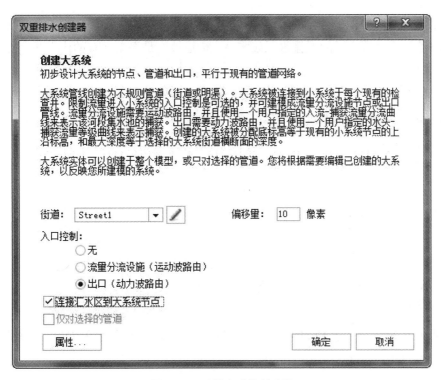

图 4-67　双排水系统创建器

（10）点击"属性…"按钮，选择"应用"，展示道路管道，为绿色的虚线。

（11）点击"确定"来创建大系统网络。

（12）查看双排水创建器日志，然后点击"关闭"，在"地图"面板中查看变化。

图 4-68　创建日志

为清晰地了解模型中搭建的大排水系统实体，可在"地图"面板中放大并拖动鼠标平移排水网络，查看放大后的大排水系统实体。街道坡度是根据已有的检查井上沿标高来计算得出的。

注：本例中，已经预先创建了第二个蓄水池（Pond-S）作为大排水系统的一部分。因为本例中小系统的蓄水池同样收集街道溢出的水流，所以需要删除第二个蓄水池（Pond-S），并将街道（C8-S）连接到之前创建的蓄水池。

（13）在"地图"面板，选择管道 C8-S（即在蓄水池前的最后一个大系统管道），在"属性"面板，改变"出口节点"，将"Pond-S"改为"Pond"。

（14）改变管道 C8-S 的出口偏移为 2 m，使街道水流流向 Pond 的顶部。

（15）在"地图"面板，点击蓄水设施实体 Pond-S，按住 Delete 键，点击"是"，删除蓄水池。同时 Pond-S 及所有相连接的管线都被删除。

3）小系统和大系统之间的水流交换量的表示

现在给"出口"分配一个曲线来控制小系统和大系统之间的水流交换量。注意：对于连接蓄水池（Pond）和排水口的出口实体（PondOutlet），不需要编辑它们的曲线。

（1）在"图层"面板点击"出口"图层，按住"Ctrl+A"全选出口。

（2）通过按住 Ctrl 键，取消选择 PondOutlet。即只选择在检查井位置的出口。

（3）在"属性"面板，将所有被选出口的曲线类型改为"TABULAR/DEPTH"。

（4）在"属性"面板，点击"曲线名称"栏旁的"浏览"按钮，打开曲线编辑器。

（5）在曲线编辑器中，点击"添加"按钮，创建一个新的曲线，命名为 Catchbasin。

（6）在第一行水头/流量表格，在水头列输入 0，在出流一列输入 0。注意数据值应从 0 开始，以避免数据错误。

（7）在第二行，水头输入 0.003 m，流量输入 0.05 m^3/s。

（8）在第三行，水头输入 0.23 m（大系统的最大深度），流量输入 0.05 m^3/s。

（9）点击"分配给 9 个所选的出口"按钮，关闭曲线编辑器（注意在公制单位和美制单位下数值是不同的）。

4）利用暴雨事件评估大系统

为了评估大系统，将运行百年一遇 SCStype2 暴雨事件模型。首先，利用设计暴雨创建器来创建设计暴雨。

（1）点击"雨量计"，打开雨量计编辑器。

（2）点击"设计暴雨"选项卡，选择 SCS 24h Type Ⅱ。

（3）在"总降雨"栏，输入 50.8 mm，选择降雨间隔为 5 min，降雨形式为"Intensity"（注意在公制单位和美制单位下数值是不同的）。

（4）点击"创建雨量计"。

（5）点击"OK"，关闭雨量计编辑器。

下面给所有的汇水区分配雨量计。

（6）转到"地图"面板，选择所有的汇水区，点击汇水区图层，按住"Ctrl+A"全选汇水区。

（7）在"属性"面板，点击"雨量计"，从下拉列单选择"SCS_24h_Type_Ⅱ"。

（8）在"项目"面板点击"模拟"选项卡，点击"日期"选项卡。

（9）在"设置模拟时间序列"的下拉列单选择"SCS_24h_Type_Ⅱ_50.8mm"（公制单位）或"SCS_24h_Type_Ⅱ_2in"（美制单位），确保持续时间为 24 h，点击"确定"。

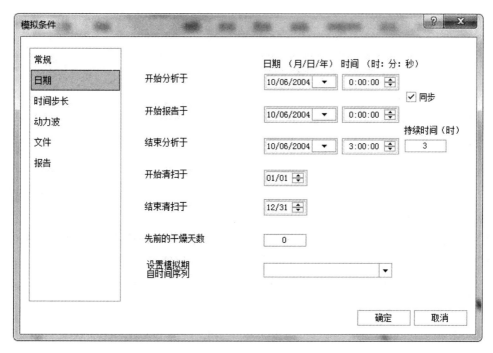

图 4-69 设置模拟条件

现在准备开始模拟，并检查模拟结果。

（10）点击"运行"按钮，运行 SWMM5。

注：此时路由的连续性误差很高。这种情况下，高的连续性误差与代表集水槽的曲线有关。

（11）在"项目"面板，点击"曲线"选项卡。

（12）在曲线编辑器，选择"等级曲线"标签。

（13）选择集水槽曲线，将第二行改为水头 0.01 m、流量 0.05 m，点击"确定"。

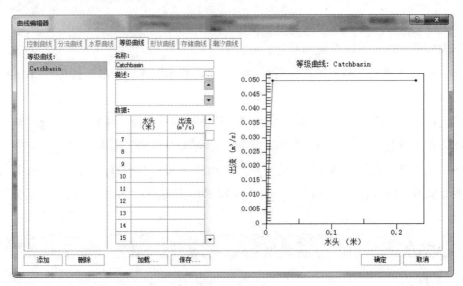

图 4-70 创建等级曲线

（14）点击"运行"按钮，此时连续性误差减少到 0.1%以下。

（15）完成运行后，从 J1 到排水口选择小系统路径，点击"剖面"选项卡，查看剖面。此时管道不应出现超载现象。

（16）从 J1-S 到排水口选择大系统路径，查看剖面。此时可查看到水流在街道上的输送情况。

现在检查大系统的计算水流和流速。模型中所有大排水系统的检查井下沿标高等于小系统的对应检查井的上沿标高。如 J2-S 的下沿标高等于 J2 的上沿标高。

（17）确保"地图"面板中的路径被选中。在"图层"面板，点击"管道"。

（18）在"属性"面板点击"图表"按钮。

（19）在"管线"选项，勾选"流量"和"速度"，点击"显示图表"。

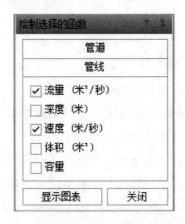

图 4-71 勾选图表面板下显示的内容

现在比较大排水系统和小排水系统的流量和流速。

（20）在"图表"面板下的时间序列管理器中，依次选择"管线""流量"，勾选小系统的对应的管道名称（C1、C2、C3、C4及C8）。

现在比较三个方案下小系统的模拟结果。当用户对比多个方案的结果时，软件只能绘制一个实体的结果曲线。

（21）在"图表"面板点击"方案"按钮。

（22）选择两个方案，点击"比较方案"，即得到两个方案（to-bepond 和 to-bedualsystem）下的管道 C1 的流量和流速过程线图。还可以按相同的方法查看其他管道的计算结果。

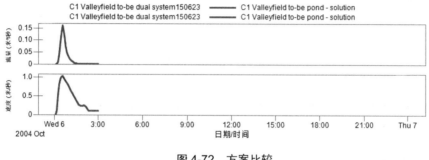

图 4-72　方案比较

4.2.6　设计一个内嵌滞洪池使开发后区域满足开发前的径流条件

"as-is"模型（现状模型）是用于评估开发前区域径流状况的模型，然而一个新开发的地区通常缺乏现状条件的流量观测数据。本例通过修改"to-be"模型（未来模型）构建了一个现状模型，并评估了现状径流状况。本例将演示如何构建一个滞洪池以减小未来模型与现状模型径流状况的差距[①]。

为了节约时间，简化这类问题的分析步骤，本例将从一个已经构建好的未来模型入手，通过去除其中的小排水系统，将其修改为一个现状模型。

1）创建一个现状模型以评估开发前径流状况

首先，运行当前项目（未来模型），并生成结果，同时修改项目标题以便更清晰地表明项目的目的。为确保练习数据不出现错误，将使用先前调试好的 solution 文件。

（1）打开项目：PCSWMM Exercises\K019\Initial\Valleyfieldto-beminorsystem-solution。

（2）点击"项目"面板上的"运行"按钮。

（3）确保没有地图实体被选中，点击"注释"面板上的"添加"按钮以添加一条新的项目注释。

---

①实例名称：Design of an in-line stormwater pond to meet pre-development conditions。实例编号：K019。数据下载地址：https://support.chiwater.com/511/hands-on-exercise-design-of-an-in-line-stormwater-pond-to-meet-pre-development-conditions。

（4）输入以下描述：Valleyfield to-be minor system design（10y hydrotech design storm），点击"保存"。

图 4-73　添加项目注释

在未来模型的基础上，将创建一个新的方案作为现状模型。一个方案本质上是一个新 SWMM5 项目，利用项目管理器，可以方便地切换项目，并可使用一系列方案比较工具对比分析不同的方案。

（5）点击"项目"面板中的"方案" 按钮。

（6）在方案管理器中，点击"添加" 按钮，选择"复制当前项目"。

（7）在"创建方案"对话框中，项目名称为"Valleyfield as-is"。

（8）指定项目存储位置为 PCSWMM Exercises\K019\Initial。

（9）输入缩写信息"As-is"。

（10）输入描述：Predevelopment peak flow estimation（10y hydrotech design storm）。

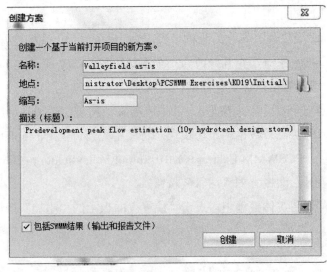

图 4-74　创建方案

当前项目（"as-is"模型）将出现在项目管理器中，而从 PCSWMM 界面上方显示出的项目名称可以看出当前加载的模型仍是"to-be"模型。

（11）点击"方案"按钮。

（12）选择"Valleyfield as-is"，点击"打开"转换到新的方案。

图 4-75 在"方案管理器"中转换方案

（13）点击"保存项目"按钮。

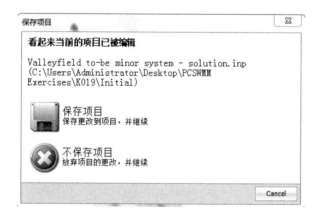

图 4-76 保存项目

（14）如弹出"保存时间序列"对话框，选择"不要保存时间序列"。

为构建"as-is"模型，本例将移除一些小排水系统实体（管道和检查井），并调整汇水区水流路径和不透水面积，最后运行模型生成"as-is"模型的排水口径流过程线。删除检查井后，系统会自动删除连接检查井的管线。

（15）选择"图层"面板中的检查井图层，按住"Ctrl+A"选中所有的检查井。

（16）点击"删除" ✖按钮或者键盘上的 Delete 键。

可以使用两种方法模拟开发前的水文状况：①将所有汇水区合并为一个汇水区；②不改变已有汇水区，设定水流从一个汇水区流入相邻的汇水区，最终排入排水口。第二种方法在模拟坡面流通过不同水文特性的区域时是非常有用的，例如径流从不透水区流入透水区域的情况。在本例中，不同区域的水文特性是一致的，因此选择将不同汇水区合并为一个汇水区的方法。

（17）在"图层"面板中点击汇水区图层。

（18）按住"Ctrl+A"选中所有的汇水区。

（19）点击"地图"面板中的"编辑" ▽按钮。

（20）从中选择"连接" 按钮。

图 4-77　汇水区"编辑"界面

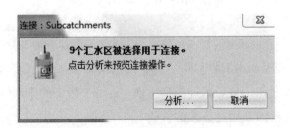

图 4-78　已连接多个汇水区

（21）点击"分析"按钮，然后点击"应用"按钮，点击"关闭"。

如果各汇水区的边界是吻合的，汇水区合并的结果应该与图 4-79 是一致的。在"as-is"模型中存在的实体应该包括一个汇水区和一个排水口。

图 4-79　模型实体布局

如果用户的模型中有偏移的节点，用户可以通过编辑汇水区形状清除这些偏移的节点。这些修整工作只是为了让汇水区看起来更美观，由于汇水区的修整对 PCSWMM 计算区域的影响较小，因此也不会对 SWMM5 的径流计算结果产生显著的影响。

为合并后的新汇水区设置属性，包括：核对汇水区面积，计算坡面流流长，并将与汇水区直接相连的不透水面积设定为 0。

（22）点击"地图"面板上的"菜单" 按钮，选择"偏好设置"，在"常规"选项卡下，选中"计算汇水区宽度"。

（23）点击"确定"，关闭偏好设置。

（24）选中汇水区，核对"面积"属性是否接近 7 hm^2（17 acre）。

（25）在"属性"面板中，设置汇水区出口为"Outfall"。

（26）设置"流长"为 150 m。

（27）设置"不透水区比例"为 0。

接下来，将运行"as-is"模型，并比较其与"to-be"方案径流状况的差异。

（28）点击"运行" 按钮。

（29）运行结束之后，在屏幕右下方的运行状态框中可看到计算的连续性误差在合理的范围内（小于 1%）。

（30）在"图表"面板中绘制排水口的总入流曲线。点击"图表"选项转换到"图表"面板。

（31）在时间序列管理器中，依次展开右侧列表："SWMM5 输出结果→节点→总入流→排水口"。勾选"排水口"前的选框。

（32）在"图表"面板中，点击"方案" 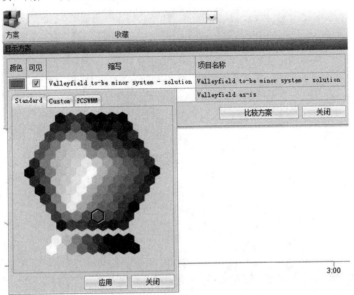 按钮，检查一下两个方案是否可见，点击"比较方案"选项。用户可以通过点击"方案"按钮和颜色框更改每个方案的颜色。

图 4-80　更改所勾选方案的颜色

在图表中将呈现不同方案的结果。对于频繁的降雨，"as-is"方案的计算结果与"to-be"方案的相应计算结果差距较大。

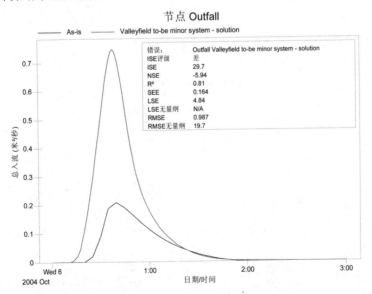

图 4-81　"as-is"和"to-be"两个方案下的排水口总入流过程对比

（33）在"图表"面板中，点击"工具"选项下的"目标函数"。

（34）"目标"选项卡将出现在"图表"面板的下方。针对"图表"面板中正在显示的时间序列，目标函数工具将计算相应的统计值。

（35）在"目标"选项卡中，记录"as-is"方案的最大总入流值（大约为 0.21 m³/s）。

2）估算滞洪池的蓄水量

现在准备在"to-be"模型的排水系统中增设一个滞洪池，并使用"图表"面板中的"存储溢流塘计算器"确定滞洪池的容积。

（1）点击"项目"面板中的"方案"按钮，选择"Valleyfield to-be minor"，点击"打开"，点击"保存"，保存项目。

（2）点击"图表"选项，打开"图表"面板。

（3）点击"图表"面板中的"方案"按钮，点击"退出方案模式"。

（4）在时间序列管理器中，依次展开右侧列表："SWMM5 输出结果→节点→总入流→排水口"。

（5）勾选"排水口"前的选框。

（6）在"图表"面板中，点击"工具"按钮，选择"存储溢流塘计算器"。

（7）在"存储"选项卡中，在"最大设计外流"框中输入之前记录下来的洪峰流量（约 0.21 m³/s）。

（8）确保"流出前的可用存储"为 0。

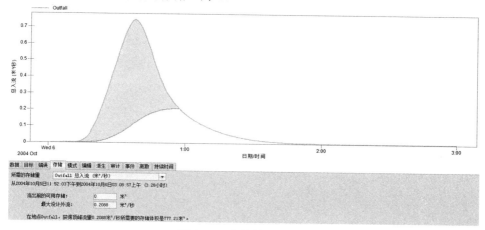

图 4-82 存储溢流塘计算

图 4-82 中阴影部分表示为满足开发前洪峰流量条件所需蓄水体积的估算值。"存储溢流塘计算器"粗略地估算了一个蓄水体积的值，它对蓄水设施的出流做一些简单的假设（如阴影部分底端曲线所示，假设出流随着存储设施的储水体积线性增加），该工具对于首次估算储水量是有用的。

（9）记录所需的储水量，大约为 800 m³。

3）创建含有滞洪池的新方案

将创建含有滞洪池的新方案。在方案管理器中，新方案是当前加载方案的复制版本，因此需要确认当前的方案是 Valleyfield to-be minor system 项目。

（1）确认当前的方案是 Valleyfield to-be minor 方案。

（2）点击"项目"面板中的"方案" 按钮。

（3）在方案管理器中，点击"添加" 按钮，选择"复制当前项目"。

（4）在"创建方案"对话框中，输入项目名称"Valleyfield to-be pond"。

（5）输入描述：Valleyfield minor system detention pond design（10y hydrotech design storm）。

（6）点击"创建"。方案管理器中应出现新的 SWMM5 模型。

（7）在方案管理器选择新方案并点击"打开"，以切换到新方案，点击"保存"，保存项目。下一步，将在当前模型排水口的位置设置一个滞洪池。

（8）打开"地图"面板，单击排水口实体，以选中它。

（9）在排水口上右击，选择"转换"菜单下的"蓄水设施"。

（10）在滞洪池的"属性"面板下，手动输入滞洪池的"深度"属性，因此需将滞洪池的属性计算方式从自动计算深度改为自动计算上沿标高。选中滞洪池实体后，点击"深度"属性。在"属性"面板中查看"深度"属性是否为灰色。如果不是灰色，可直接进入步骤（12）操作。如果是灰色，说明深度是根据上下沿标高差计算得出的。在这种情况下，点击打开自动表达式 *fx* 编辑器。

（11）在自动表达式编辑器中点击改为"计算上沿标高"，说明上沿标高是由深度值加下沿标高值计算得到。这样用户就可以自己编辑深度而不是自动计算深度。

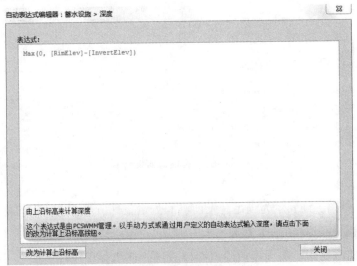

图 4-83　自动表达式编辑器

（12）在蓄水设施实体的属性窗口中，进行如下设置：

名称：Pond

下沿标高：44.5 m

深度：2 m

通常会建立一个水位-面积曲线来定义这个蓄水设施，但为了节省时间，使用一个简单函数关系定义蓄水设施（如果练习结束后用户有足够的时间，也可尝试使用 TABULAR 曲线工具，输入深度-面积曲线）。

由上述步骤可知，需要一个总存储量为 800 m^3 的滞洪池，用总储水量除以滞洪池深度即得到滞洪池的面积。

（13）在蓄水设施属性表里进行如下设置：

存储曲线：FUNCTIONAL

系数：0

指数：0

常数：400 m^2

本例中，希望流入蓄水池的管道具有与排水管网其他管道相同的坡度，因此将这些管道连接到蓄水池顶部。由于本项目的偏移量是深度偏移量而不是标高偏移量（偏移量设置位于 PCSWMM 主窗口左下角的状态栏中），需要确定蓄水池下沿到排水管道与蓄水池相接位置的深度。这样设置深度后，管道 C8 的出口高程将与添加滞洪池之前的高程保持一致。可以在"地图"面板中做这些工作，也可以在"剖面"面板中完成这些设置。

（14）在"地图"面板中，可以通过选中最上游的检查井 J1，按住 Shift 键并点击蓄水设施 Pond 选择一条剖面线。此时，所有的中间节点和管道都被选中了（以蓝色高亮显示）。

（15）点击"剖面"选项卡转换到"剖面"面板，查看所选的排水系统剖面图。

如果出现警告提示用户没有可用的计算结果，选择"无论如何继续"。用户可以发现管道 C8 出口的偏移量是 0，管道目前坡度较陡并连接到蓄水池的底部。如果"偏移量"选项设置为"高程"，则不会出现这种情况。

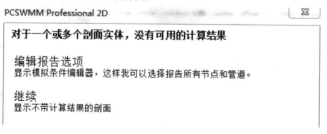

图 4-84 没有计算结果的提示

（16）在"剖面"面板中，点击并选中剖面图中的管道 C8，当管道线变成红色，相关属性信息将显示在"属性"面板中。

（17）在 C8 的属性面板中，设置出口偏移为 1.1 m。如果在设置偏移量后，管道坡度变为负值，则可能是因为用户没有在步骤（12）中将蓄水池的下沿标高设置为 44.5 m。

（18）点击 Enter 键或者离开出口偏移属性项（点击另外一个属性或者剖面图）以完成这些更改。

注：用户也可以在"属性"面板中利用图形方式编辑管道的出口偏移量。建议用户在编辑前保存项目。在这种操作方法中，首先进入编辑模式（点击工具栏中"编辑"按钮），点击并选中剖面图中的管道 C8，通过上下拖拽最右端把手（红点）设置出口偏移量。这种方法可能并不特别精确，但是更为快捷。

在滞洪池下方创建一个排水口，并创建一个出口实体以便将滞洪池与排水口连接在一起，同时定义蓄水设施出口结构的水头-出流流量关系。

注：孔口和堰的组合也可模拟出流装置，并作为定义水头-出流流量关系的另一种方式。这种方式的优点是可以更准确地模拟逆流条件或者由蓄水池下游水面标高引起的回水效应（在练习结束后，如果用户仍有时间，可以尝试把出口实体替换为孔口和堰的组合。用户也可以创建另一个更高、更大的堰来模拟溢洪道，如创建一个孔口和两个堰同时向滞洪池中排水）。

（19）在"地图"面板上，切换到"排水口"图层，点击"添加"按钮。

（20）在蓄水设施的北边增加一个排水口，设置其属性如下：

名称：Outfall

下沿标高：44 m

类型：FREE

（21）切换到"出口"图层，继续点击"添加"按钮。此时，由于目前模型中还没有出口实体，所以"出口"图层显示灰色。

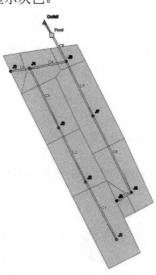

图 4-85 添加"出口"图层

（22）绘制一个出口将蓄水设施和排水口连接在一起，属性信息如下：

名称：PondOutlet

流量曲线：TABULAR/DEPTH

（23）点击"属性"面板中曲线名称，一个省略号按钮随即出现，点击该按钮打开流量曲线编辑器。

（24）在流量曲线编辑器中，点击"添加"创建一条新曲线。

（25）曲线名称：PondOutlet，输入图 4-86 所示的数据。

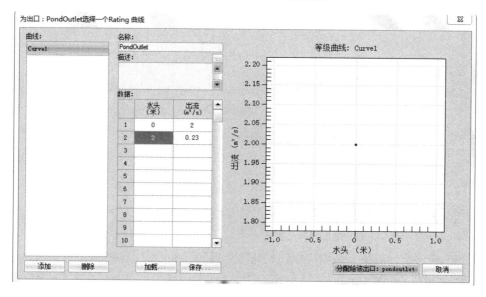

图 4-86 添加一条曲线

（26）点击"分配给该出口：pondoutlet"。

注：一般情况下蓄水设施的出口流量曲线要复杂于现在定义的曲线。

下面开始运行模型来评估蓄水设施的效果。

（27）点击"选择"按钮退出编辑模式。

（28）点击"运行"按钮。

（29）在运行结束之后，切换到"图表"面板。

（30）在时间序列管理器中，绘制如下曲线：

（a）管线→流量→PondOutlet；

（b）节点→体积→Pond；

（c）节点→深度→Pond。

本例中，希望滞洪池的出流量能较好地吻合开发前的目标，并且滞洪池的水面标高不能达到河岸标高。可以使用方案模式来比较三个方案的排水口径流过程。

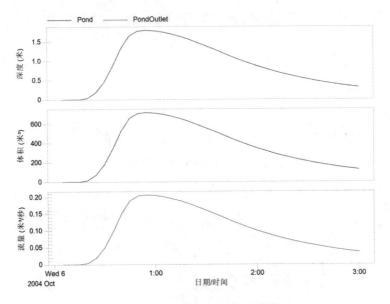

图 4-87　查看时间序列过程线

（31）在"图表"面板中，点击"菜单"选项卡▤，选择"清空图表"。

（32）绘制排水口总入流过程线：节点→总入流→Outfall。

（33）点击"图表"面板中的"方案"按钮。

（34）在"显示方案"编辑器中，勾选三个方案，必要时调整颜色。

（35）点击"关闭"退出。

三个方案的对比曲线应与图 4-88 相似。可通过图形下方的目标函数查看各方案对应的时间序列的统计信息，包含峰值信息。

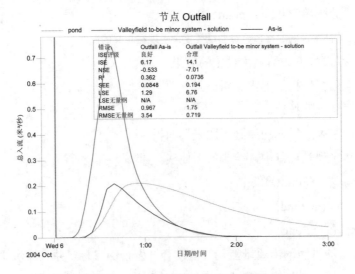

图 4-88　三个方案排水口总入流过程对比

（36）点击"状态"选项卡，切换到"状态"面板。

（37）点击"状态"面板右上角的"垂直分割窗口" 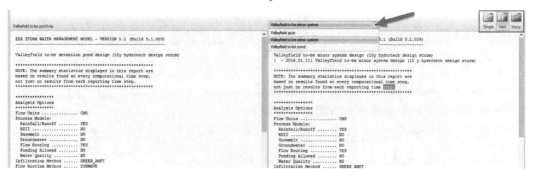按钮或者根据自己喜好选择"水平分割窗口" 。

（38）点击"方案"下拉框，选择"Valleyfield to-be minor"方案。

图 4-89　垂直分割窗口下两个方案对比

（39）在"项目"面板下部左侧的"章节"列表中，选择"排水口加载"。

图 4-90　"章节"列表下"排水口加载"

"状态"面板将显示两个方案的出流量峰值信息（在排水口加载摘要表中）。

（40）点击"地图"面板，点击"工具" ✖ 按钮。

（41）在"审计"工具中选择"项目摘要/比较"。

（42）在"项目摘要/比较"工具中，点击"显示方案" ⬢ 按钮，选中所有方案。

（43）在"项目摘要/比较"对话框中选择结果统计，向下滚动查看结果。在结果统计表格中，核查以下内容：最大总径流量、最大峰值流量、最大径流系数、超载管道数量、最大满存储百分比、最大排水口峰值流量、总排水体积。

（44）在"摘要列表"中选择"径流连续性"。

（45）比较水量平衡数值，查看是否合理。

（46）关闭"项目摘要/比较"工具。

最后，利用动画动态显示蓄水设施剖面上的水位变化过程。

（47）切换到"地图"面板，选择从 J1 到 Outfall 的剖面线。

（48）点击"剖面"面板下的"菜单"按钮，在下拉菜单选择"显示峰值"查看图形中的水位峰值。

（49）点击左下角的"播放" ▷ 按钮回放剖面图中的 HGL 的变化过程。

4.3　LID 建模篇

4.3.1　模拟 LID 设施

低影响开发（Low Impact Development，LID）是描述可持续雨洪管理方法的术语，它强调水资源的涵养与水质保护。LID 设施多被用于新开发的地区，而在已开发的旧城区，LID 也被用于促进入渗、削减暴雨径流和提高水质。LID 设施通常多用于降水进入排水系统前截留、存蓄降水或促进降水渗入到土壤中。本例将模拟道路绿化带对暴雨径流的削减作用，并演示如何评价其对暴雨径流的削减潜力[①]。

1）打开模型

（1）运行 PCSWMM，打开路径 PCSWMM Exercises\K031\Initial 下 Valleyfieldto-be.inp 文件。

（2）点击打开 ⬛ 按钮，启动 PCSWMM Exercises\K031\Initial.路径下的 H64020_r14_Residential.dxf 和 photo-grande-ile.jpg 图层。

---

①实例名称：Modeling LIDs (Valleyfield, Quebec)。实例编号：K031。数据下载地址：https://support.chiwater.com/523/hands-on-exercise-modeling-lids-valleyfield-quebec。

2）创建一个长期模拟

连续的时间序列有助于评估 LID 的性能，本例用到 5 年连续降水时间序列。

（1）在"项目"面板中，打开雨量计编辑器，点击"添加雨量计"，并输入名称"1991-1996"，降雨格式为"Intensity"，时间间隔为"0:15"，数据源选择"FILE"，选择 PCSWMM Exercises\K031\Initial 路径下的文件 6158733_1991-1996_disaggregated_following_intensity.dat，雨量站 ID 为"6158733"，单位为 mm。

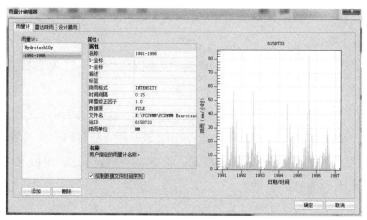

图 4-91 雨量计编辑器下创建雨量计

（2）点击"确定"保存数据。

（3）在"图层"面板选中汇水区图层，点击"Ctrl+A"选中全部汇水区，"属性"面板中设置雨量计为"1991-1996"。

（4）在"项目"面板中，点击"模拟条件编辑器"，设置时间如图 4-92 所示。

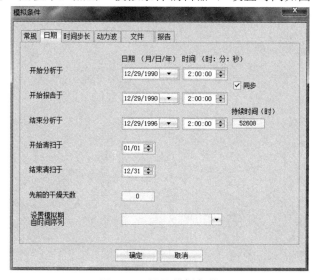

图 4-92 设置模拟条件

（5）在"时间步长"选项卡中设置路由为 60 s。

（6）运行模型。

3）创建 LID 方案

（1）点击"项目"面板下的"方案管理器" 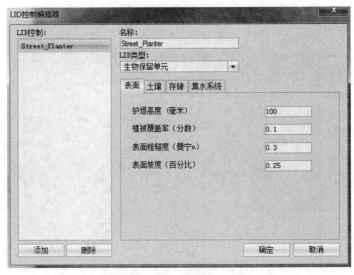，选择"添加→复制当前项目"。

（2）命名新方案为 Valleyfield LIDs，点击"创建"，并打开新项目。

（3）在"地图"面板中打开路径 PCSWMM Exercises\K031\Initial 下的 LIDs.shp 图层。

（4）解锁 LIDs.shp 图层并将其拖至各图层的最上方。

4）定义 LID 属性

每种 LID 设施是由一系列垂直排列的功能层组合而成的。在为 LID 参数赋值时，需要针对不同的功能层分别对相应的参数进行赋值。例如，在模拟透水铺装时，需要为表面层、铺装层和存储层的参数赋值，而在模拟植物洼地时，则只需为表面层的参数赋值。

可以从 PCSWMM 网站的参数表、设计图纸、水文文献资料中获得各功能层参数的取值。参数表中包括表面糙率和土壤入渗参数，而 PCSWMM 网站中的 LID 相关文献提供了阻塞因子和排水系数等 LID 参数。

本例中模拟的道路绿化带与生物滞留单元具有相同特性。生物滞留单元包括 3 个功能层，即表面层、土壤层和存储层。

（1）在"项目"面板中点击"LID 控制"按钮。

（2）点击"添加"按钮，将新 LID 命名为"Street_Planter"，LID 类型设置为"生物滞留单元"。

（3）按图 4-93～图 4-96 所示设置 LID 各层参数，参数设置完后，点击"确定"关闭对话框。

图 4-93　LID 控制编辑器

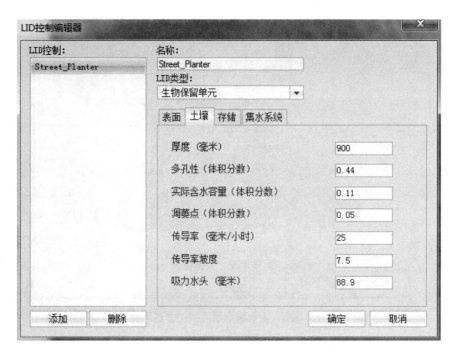

图 4-94 设置土壤层的参数取值

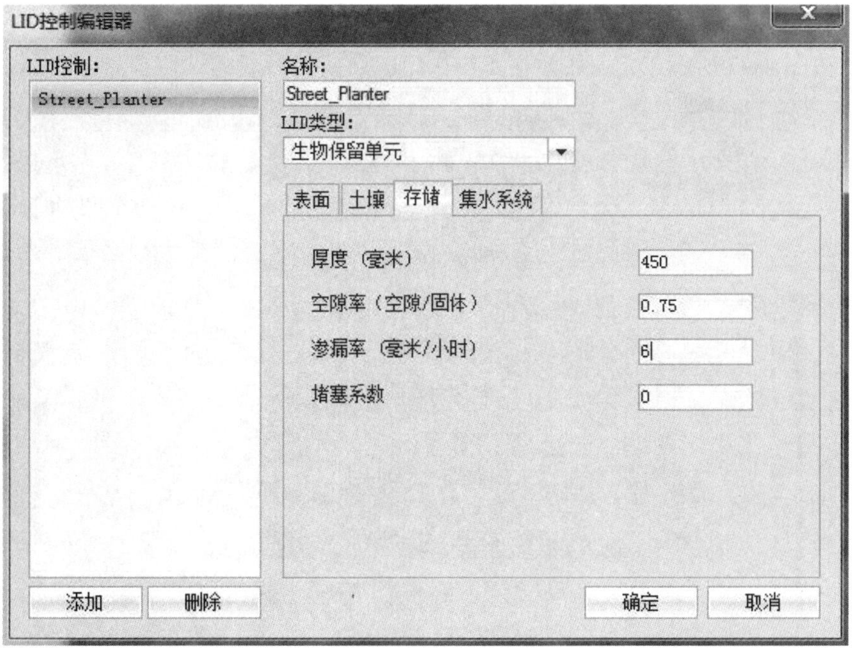

图 4-95 设置存储层的参数取值

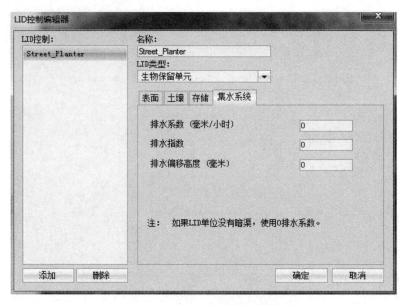

图 4-96 设置集水系统层的参数取值

5）为汇水区添加 LID 设施

（1）选择汇水区 S1，在"属性"面板中点击"LID 控制"，弹出 LID 使用编辑器。

（2）在 LID 编辑器中点击"添加"。

（3）按图 4-97 所示，定义汇水区 S1 中 LID 设施的参数。

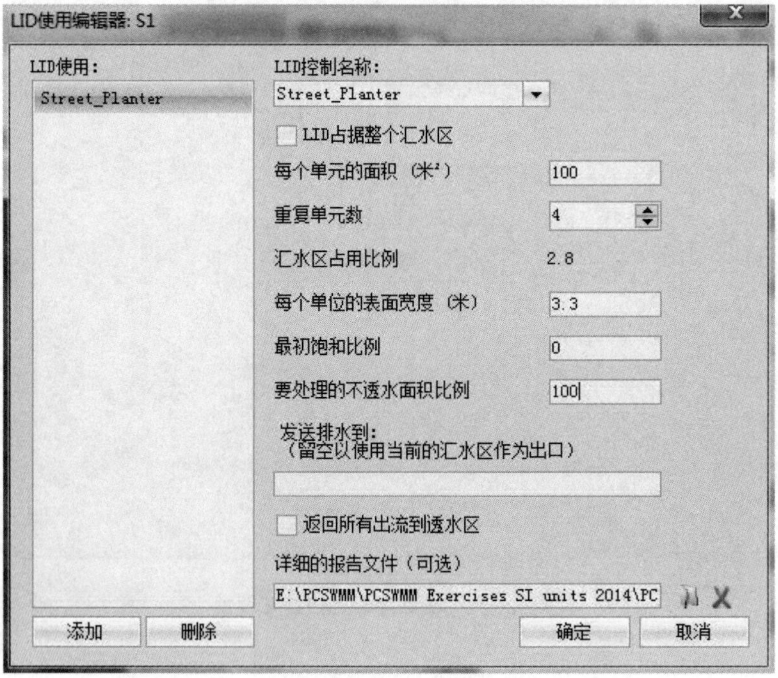

图 4-97 LID 使用编辑器

（4）按上述方法为其他汇水区添加 LID 设施。

表 4-4　各汇水区 LID 单元数量

汇水区	LID 单元数量	汇水区	LID 单元数量
S1	4	S5	1
S2	4	S6	4
S3	4	S7	6
S4	1	S8	1

（5）在"图表"面板中选择"汇水区属性"，按表 4-5 设置汇水区的不透水率（S5 和 S9 未变）。

表 4-5　各汇水区不透水率对比　　　　　　　　　　　　　　　单位：%

名称	原不透水率	新不透水率	名称	原不透水率	新不透水率
S1	30	27.1	S6	30	25.8
S2	30	26.2	S7	30	25.9
S3	30	26.2	S8	30	25.9
S4	30	28.2	S9	30	30.0
S5	30	30.0			

（6）假定汇水区汇流长度为 76 m，调整汇水区特征宽度。在"地图"面板中选择工具→汇水区→设置流动长度/宽度，按图 4-98 设置参数，点击"分析"后，分析结果出现后，点击"应用"，最后运行模型。

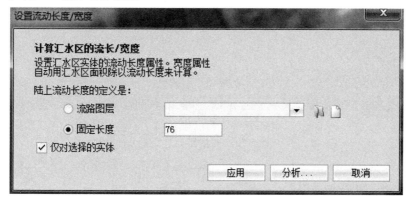

图 4-98　设置汇水区流长

6）比较 LID 结果

（1）在时间序列管理器中依次选择"管线"→"流量"→"C8"，在"图表"面板中选择"多方案对比"。

图 4-99　勾选要比较的方案

（2）选中模拟期开始阶段较小的降雨事件，观察 LID 设施对径流的削减作用。

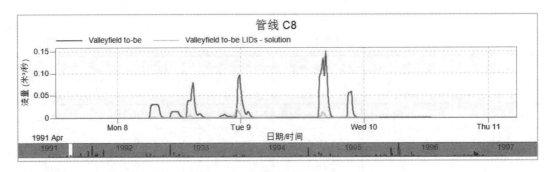

图 4-100　比较两个方案下的 LID 结果

（3）选择模拟前期较大的降雨事件，可以发现 LID 对峰值和总径流量削减效果降低。

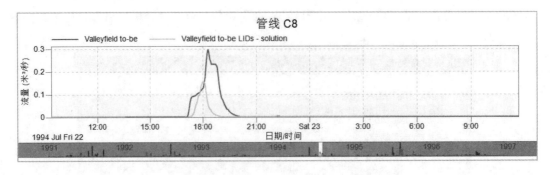

图 4-101　放大至前期降雨时段下查看

7）比较 LID 阻塞因素影响

随着时间的推移，颗粒阻塞可能影响 LID 设施的入渗能力。将新建一个考虑阻塞作用的方案，对比分析阻塞作用的影响。

（1）在"项目"面板中选择"方案管理器"，选择"添加"→"复制当前项目"，命名为 Valleyfield LID clogging。

（2）打开新项目，在 LID 控制编辑器中"存储"选项卡中的阻塞系数设置为"100"，运行模型。

（3）在"图表"面板中的时间序列管理器中依次选择"管线"→"流量"→"C8"，在"方案管理器"中选择另外两个方案。

（4）放大显示模拟初期较小的降水事件，可以发现 LID 阻塞作用对径流的削减没有明显的影响。

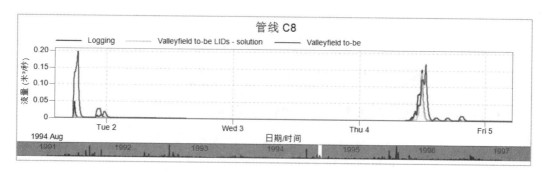

图 4-102　放大至模拟初期对比三个方案结果

（5）对模拟期内后期较小的降水事件进行放大显示，可以发现随着时间的推移 LID 阻塞作用增强，LID 设施已无法像模拟初期一样起到显著削减径流的作用。

8）打开 LID 报告

（1）在"图表"面板中启动 PCSWMM Exercises\K031\Initial\LIDs 选择 S1-LIDs。

（2）在时间序列管理器中依次选择 S1→Storage Depth→Street_planter，查看各时段的储水深度。

4.3.2　多种 LID 设施作用下的水量模拟

本例目的是说明如何在 PCSWMM 中构建不同的 LID 设施，并评价 LID 的作用。模型中有 9 个汇水区，每个汇水区代表 1 个独立的 LID 或均一的下垫面条件。在本练习中，径流将从不透水表面（街道、屋顶及停车场）传输到透水表面及场地层面 LID 汇水区。

1）打开 PCSWMM 模型

本例模型的汇水区已经绘制好，并已给定汇水区的参数。但是必须首先定义汇水区的连通性（即汇水区径流的流向）。

（1）启动 PCSWMM，在"文件"菜单下选择"打开"。

（2）浏览到 PCSWMM Exercises\K026\Initial\并打开 OldsCollege-LIDs(1).pcz，点击"解

包"。该模型将在 PCSWMM Exercises\K026\Initial 下解包。

（3）点击"解包"后面的"确定"按钮。

2）设置雨水桶 LID

本例使用 LID 编辑器定义 3 种不同的 LID：雨水桶、生物滞留单元、透水铺装。

本模型连通性设置如下：

● 汇水区 S3（屋顶）的径流由一个雨水桶系统收集后，经管道流入雨水池。

● 汇水区 S1A（屋顶）的径流首先流入汇水区 S1B，再从 S1B 流入汇水区 S7（生物滞留单元），最后流入雨水池。

● 汇水区 S2（街道）的径流经由汇水区 S7 流入雨水池。

● 汇水区 S5（停车场）的径流首先流入一个油沙分离器，然后再流入雨水池。

● 汇水区 S4A（停车场）的径流经由 S4A（透水铺装）流入雨水池。

本例中，已经预先创建模型并设置连通性。将从设置 LID 设施开始建立模型。首先定义雨水桶 LID。

（1）在"项目"面板点击"LID 控制"，打开 LID 编辑器。

（2）点击"添加"按钮创建"LID 控制"。

（3）将新建的 LID 命名为 RainwaterHarvesting。

（4）选择 LID 类型为"雨水桶"。

（5）按表 4-6（雨水桶 LID 属性取值）所示的内容，输入"存储"层及"集水系统"层的属性值（注意美制单位和公制单位不同）。

表 4-6　雨水桶参数

存储层	
高度	2 000 mm
集水层（暗管排水层）	
排水系统	25.4 mm/h（假设值）
排水指数	0.5（《SWMM5 用户手册》第 138 页）
排水偏移高度	10 mm（假设值）
排水延迟	48 h（假设值）

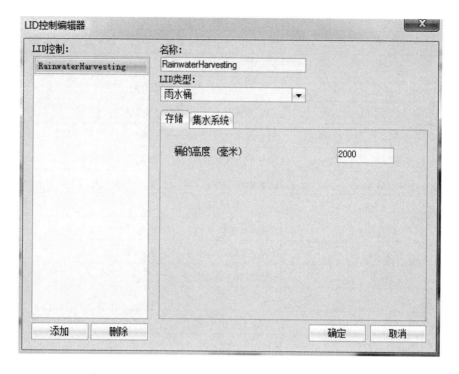

图 4-103　设置存储层参数取值

3）设置生物滞留单元 LID

（1）如果已经关闭 LID 编辑器，那么在"项目"面板下点击"LID 控制"。

（2）在 LID 编辑器中再次点击"添加"按钮添加第二个 LID。

（3）将新建的 LID 命名为 BioretentionArea。

（4）选择 LID 类型为"生物滞留单元"。

（5）如表 4-7（生物滞留单元 LID 属性取值）所示，输入表面层、土壤层、存储层及集水系统层属性值（注意美制单位和公制单位不同）。生物滞留单元 LID 的属性如表 4-7 所示。

表 4-7　生物滞留单元参数

表面层	
护坡高度	50 mm（假设值）
植物覆盖面积比	0.1（假设值）
表面糙率	0（《SWMM5 用户手册》第 135 页）
表面坡度	0（《SWMM5 用户手册》第 135 页）

土壤层	
厚度	450 mm（《SWMM5 用户手册》第 136 页）
孔隙率	0.5（假设值）
田间持水量	0.23（壤土 FC——《SWMM5 用户手册》第 816 页）
凋萎点	0.12（壤土 WP——《SWMM5 用户手册》第 816 页）
传导率	3.3 mm/h（壤土 *K*——《SWMM5 用户手册》第 816 页）
传导率坡度	10.0（《SWMM5 用户手册》第 136 页）
吸力水头	88.9 mm（壤土 SH——《SWMM5 用户手册》第 816 页）
存储层	
高度	200 mm（假设值）
孔隙率	0.75（《SWMM5 用户手册》第 137 页）
传导率	10 mm/h（假设值）
堵塞因子	0
集水层（本模型未使用）	
排水系数	0 mm/h
排水指数	0.5
排水偏移高度	0 mm

4）设置透水铺装 LID

（1）如果已经关闭 LID 编辑器，那么在"项目"面板点击"LID 控制"。

（2）在 LID 编辑器中再次点击"添加"按钮，添加第三个 LID。

（3）将新建的 LID 命名为 PermeablePavement。

（4）选择 LID 类型为"透水铺装"。

（5）按表 4-8（透水铺子 LID 属性取值）所示内容，输入表面层、路面层、存储层及集水系统层属性值（注意美制单位和公制单位不同）。透水铺装 LID 的属性如表 4-8 所示。

表 4-8　透水铺装参数

表面层	
护坡高度	20 mm（假设值）
植物覆盖面积比	0（假设值）
表面糙率	0.02（《SWMM5 用户手册》第 818 页）
表面坡度	1.0（假设值）

路面层	
厚度	150 mm（《SWMM5 用户手册》第 135 页）
孔隙率	0.21（《SWMM5 用户手册》第 135 页）
不透水表面比例	0（假设连续的透水铺装系统）
渗透率	2 000 mm/h（假设使用《SWMM5 用户手册》第 134 页的建议值）
堵塞因子	83（假设 Y_{clog}=5 a，P_a=300 mm，CR=0.7）
存储层	
高度	300 mm（假设值）
孔隙率	0.75（《SWMM5 用户手册》第 137 页）
传导率	10 mm/h（假设值）
堵塞因子	0（模型没有存储层堵塞因素）
集水层（本模型未使用）	
排水系数	0.2 mm/h（排水系数方程见《SWMM5 用户手册》第 138 页，假设 n=0.5 a，H_d=30 mm，q=3.3，壤土 K——《SWMM5 用户手册》第 816 页）
排水指数	0.5（假设值）
排水偏移高度	30 mm（假设值）

（6）点击"确定"关闭"LID 编辑器"。

（7）在"项目"面板点击"保存" ▬ 按钮保存模型。

5）为汇水区设定 LID

从新建的 LID 中选择需要的 LID 设施并将其设置在相应的汇水区中。先从汇水区 S3 开始设置 LID 设施。汇水区 S3 代表整个加装了集雨装置的建筑物屋顶，该集雨装置以雨水桶 LID 表示。注意本例假设建筑物的绿色屋顶占屋顶面积的 20%，因此汇水区的不透水率为 80%。

（1）从"地图"面板的"汇水区"图层中选择 S3。

（2）在"属性"面板点击"LID 控制"，点击"省略" ⬚ 按钮。

（3）点击"添加"按钮。

（4）在"LID 控制名称"的下拉列中选择"RainwaterHarvesting"。

（5）指定"每个单元的面积"为 161 ft^2（15 m^2），假设一个 2 m 高的雨水桶具有 15 m^2 的表面积。

（6）"每个单位的表面宽度"在雨水桶不起作用，所以保留默认值 0。

（7）将"最初饱和比例"改为 15，"要处理的不透水比例"改为 100。

（8）勾选"返回所有出流到汇水区"（注意美制单位和公制单位不同）。

通过将出流输送到透水区，PCSWMM 模拟将收集的雨水用于在汇水区内灌溉的情景。如果雨水桶收集的水用于其他目的，用户可以使用蓄水单元和泵的组合来模拟相应情景。现在指定汇水区 S3 的详细 LID 报告的存放位置。

（9）在 LID 使用编辑器，点击"详细的报告文件（可选）"旁的"打开"按钮。

（10）点击浏览到 PCSWMM Exercises\K026\Initial 并创建一个新的文件夹名为 LIDreports，并双击该文件夹。PCSWMM 将文件自动命名为 S3RainwaterHarvesting.txt。

（11）点击"保存"及"确定"按钮，关闭 LID 使用编辑器。

注：在以上步骤中，指定了 LID 详细报告的存放位置，但在 SWMM5 运行之后，才能创建 LID 详细报告文件。

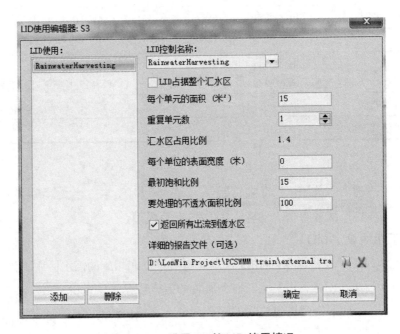

图 4-104　设置 S3 的 LID 使用情况

以下将为汇水区 S7 或生物滞留区域设置 LID 属性。

（12）在"地图"面板下"汇水区"图层中选择 S7。

（13）在"属性"面板点击"LID 控制"，点击"省略" ⬚ 按钮。

（14）点击"添加"按钮。

（15）从"LID 控制名称"下拉列表选择"BioretentionArea"。

（16）勾选"LID 占据整个汇水区"。这样就会改变 LID 占面积比例为 100%。

（17）改"初始饱和比例"为"15"（注意美制单位和公制单位不同）。

以下需要为 S7 指定保存详细 LID 报告的位置。

（18）在 LID 使用编辑器点击"打开"按钮，浏览到 PCSWMM Exercises\K026\LIDreports，PCSWMM 将报告文件命名为 S7BioretentionArea.txt。

（19）点击"保存"关闭浏览窗口，点击"确定"关闭 LID 使用编辑器。

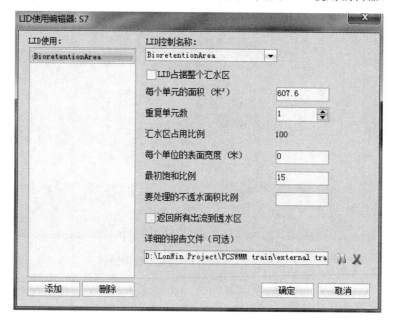

图 4-105　设置 S7 的 LID 使用情况

以下将为汇水区 S4A（透水铺装区域）设置 LID 属性。

（20）在"地图"面板的"汇水区"图层中选择汇水区 S4A。

（21）在"属性"面板点击"LID 控制"，点击"省略" ⬚ 按钮。

（22）点击"添加"按钮。

（23）从"LID 控制名称"下拉列表中选择"PermeablePavement"。

（24）勾选"LID 占据整个汇水区"。

（25）改变"每个单元的表面宽度"为 66 ft（20 m），"最初饱和比例"为"15"，"要处理的不透水面积比例"为"100"。具体设置如图 4-106 所示（注意美制单位和公制单位下数值不同）。

以下将指定一个位置以保存 S4A 的详细 LID 报告。

（26）在 LID 使用编辑器点击"打开"按钮，浏览到 PCSWMM Exercises\K026\LIDreports。

（27）点击"保存"关闭浏览窗口，并点击"确定"关闭 LID 使用编辑器。

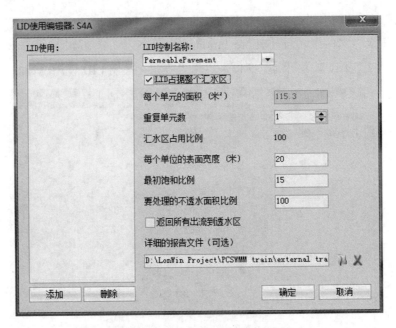

图 4-106 设置 S4A 的 LID 使用情况

6）加载连续雨量计时间序列数据

运行模型时使用一个连续长期的时间序列文件。因为原始降雨数据的单位为 mm，所以本例降雨单位为 mm。现在开始创建一个雨量计。

（1）在"项目"面板点击"雨量计"项。

（2）在雨量计编辑器下的"雨量计"标签下点击"添加"按钮。

（3）改名称为"RG3031093"。

（4）设置降雨格式为"Intensity"（默认），设置时间间隔为"1:00"（默认）。

（5）在数据源下，选择"文件"。

（6）在文件名旁点击"省略"按钮，指向 PCSWMM Exercises\K026\Initial\Timeseries。

（7）在"打开"对话框，改变"过滤器"显示所有文件。

（8）选择 GRPextractor_calgary-123_15122011_125824.txt 并点击"打开"按钮。

（9）在站 ID 部分键入"3031093"。

（10）设置降雨单位为 mm（美制单位下也是 mm）。

（11）勾选"绘制数据文件时间序列"，在预览窗口展示时间序列。

（12）点击"确定"按钮，关闭雨量计编辑器。

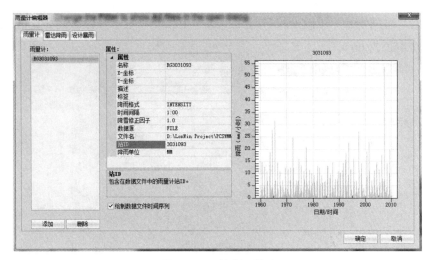

图 4-107　创建雨量计

注：本例直接使用源文件夹中的加拿大环境雨量计数据。

（13）点击"图层"面板中的"汇水区"。

（14）使用"Ctrl+A"选择所有的汇水区。

（15）点击"属性"面板中的"雨量计"属性，在下拉列表中选择"RG3031093"，即为所有汇水区设定了雨量计。

7）模型模拟

现在将模拟时间设置为 4 年（1991—1994 年）。

（1）"项目"面板点击"模拟条件"。

（2）在日期项设置开始分析于"01/01/1991"，结束分析于"11/30/1994"。

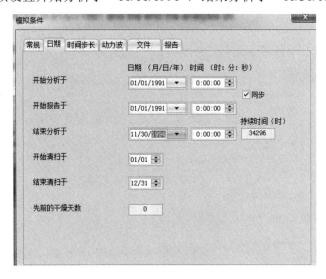

图 4-108　设置模拟条件

（3）在"时间步长"项改变报告时间步长为 10 min，旱季径流时间步长为 30 min，雨季径流时间步长为 60 s。

（4）点击"确定"按钮，关闭"模拟条件"。

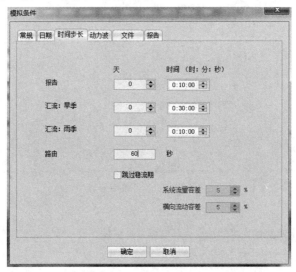

图 4-109　设置模拟时间步长

（5）在"项目"面板点击"运行" 按钮以运行模型。

8）结果对比

（1）点击"状况"选项卡打开"状况"面板。

（2）在"状况"面板列表部分点击"LID 结果"。

（3）查看 LID Performance Summary 并检查报告的损失是否合理。

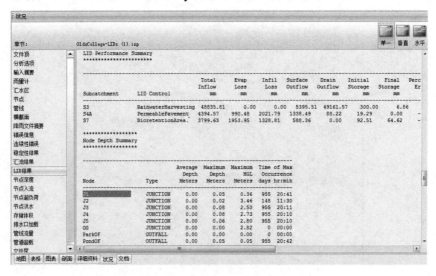

图 4-110　在状况面板下查看 LID 结果

每个 LID 减少的径流量可由总入流与表面出流计算得出，具体计算公式如下。这些结果可以用于水质模拟。

$$流量减少百分比 = \frac{总入流量 - 表面出流量}{总入流量} \times 100\% \qquad (4\text{-}2)$$

（4）点击"图表"选项卡打开"图表"面板。

（5）通过点击"打开"按钮打开"LID 报告文件"，进入 PCSWMM Exercises\K026\LIDreports。

（6）按住 Shift 键依次点击各报告文件，选择三个 LID 报告。

（7）点击"打开"按钮打开 LID 报告。

（8）展开"汇水区"→"径流"，并选择"S1A"与"S1B"，绘制径流时间序列图。

（9）点击"工具"→"目标函数"。

（10）比较 LID 在峰值流量和径流量的区别。因为从汇水区 S1A（不透水率 100%）流入汇水区 S1B（不透水率 0%），所以 S1B 径流将明显减小（约减小一半）。

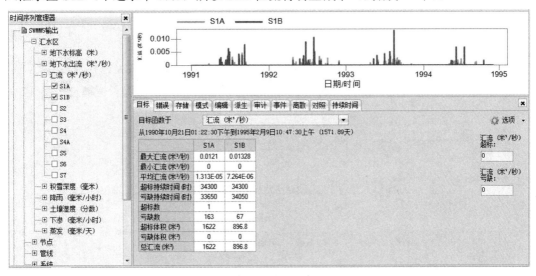

图 4-111 比较 S1A 和 S1B 的汇流结果

（11）在"图表"面板中点击"菜单"按钮，选择"清空图表"。

（12）绘制 S1B、S2 和 S7 对应的径流。S7 处理的总径流等于来自 S1B 和 S2 的总径流之和（1 560 m³ 或 55 980 ft³）减去来自 S7 的总径流（808.5 m³ 或 12 360 ft³）。

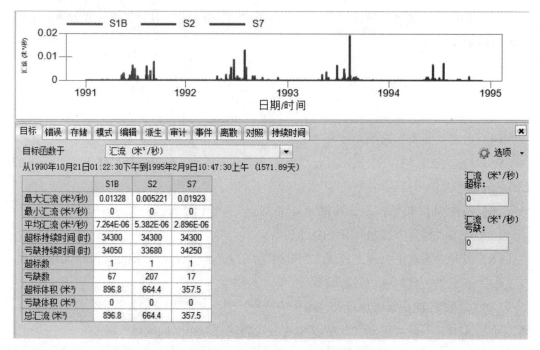

图 4-112　S1B、S2、S7 的汇流结果比较

（13）对汇水区 S4 和 S4A 重复步骤（11）～（12）。本例中 S4A 接收来自 S4（停车场）的所有径流。用户可发现 S4 的径流明显大于 S4A 的径流，因为径流被透水铺装吸收掉了。

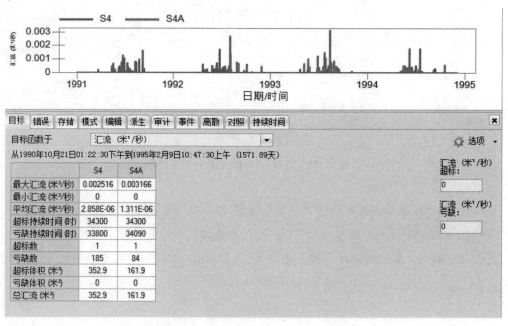

图 4-113　比较 S4 与 S4A 的汇流结果

（14）通过展开"系统"→"降雨"绘制"系统降雨"。注意在大降雨事件期间汇水区 S4A 比 S4 的径流量大。这是在高降雨强度时 LID 发生溢流而引起的。

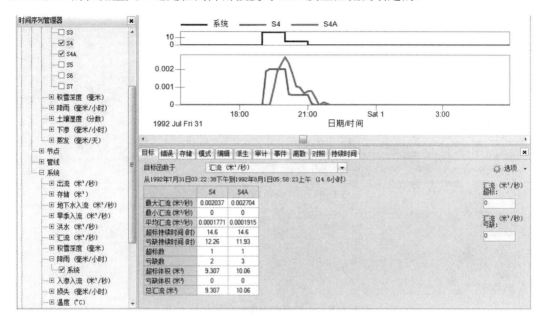

图 4-114　比较大降雨事件期间 S4A、S4 的汇流结果

现在通过与没有 LID 的方案进行对比，来评价 LID 在水量处理方面的效果。

（15）在"项目"面板点击"方案" 按钮。

（16）在项目管理器，点击"添加"按钮，选择"复制当前项目"。

（17）命名项目为 OldsCollege-NoLIDs。

（18）在"描述"文本框，输入文本"OldsCollege water quantity analysis-NoLIDs"。

（19）点击"创建"按钮，关闭"创建方案"窗口。

（20）在项目管理器仍打开的同时，点击新创建的方案"OldsCollege-NoLIDs"，并点击"打开"。

（21）如果出现对话框，选择"保存项目"。

（22）在"项目"面板点击"LID 控制"。

（23）选择所有 LID，并点击"删除"按钮。

（24）当被问到是否从汇水区删除 LID 控制，选择"是"。现在该方案模型中不存在任何 LID。

（25）在"项目"面板点击"运行"按钮，运行模型。

（26）在时间序列管理器，展开"节点"→"总入流"→"PondOF"查看进入水池的流量。

（27）点击“方案”按钮，选择两个方案，利用“比较方案”展示场景方案结果。

	PondOF OldsCollege-LIDs (1)	PondOF OldsCollege-NoLIDs - Solution
最大总入流 (米³/秒)	0.005237	0.009979
最小总入流 (米³/秒)	0	0
平均总入流 (米³/秒)	1.435E-05	2.035E-05
超标持续时间 (时)	34310	34310
亏缺持续时间 (时)	13390	14220
超标数	1	1
亏缺数	13	12
超标体积 (米³)	1773	2514
亏缺体积 (米³)	0	0
合计总入流 (米³)	1773	2514

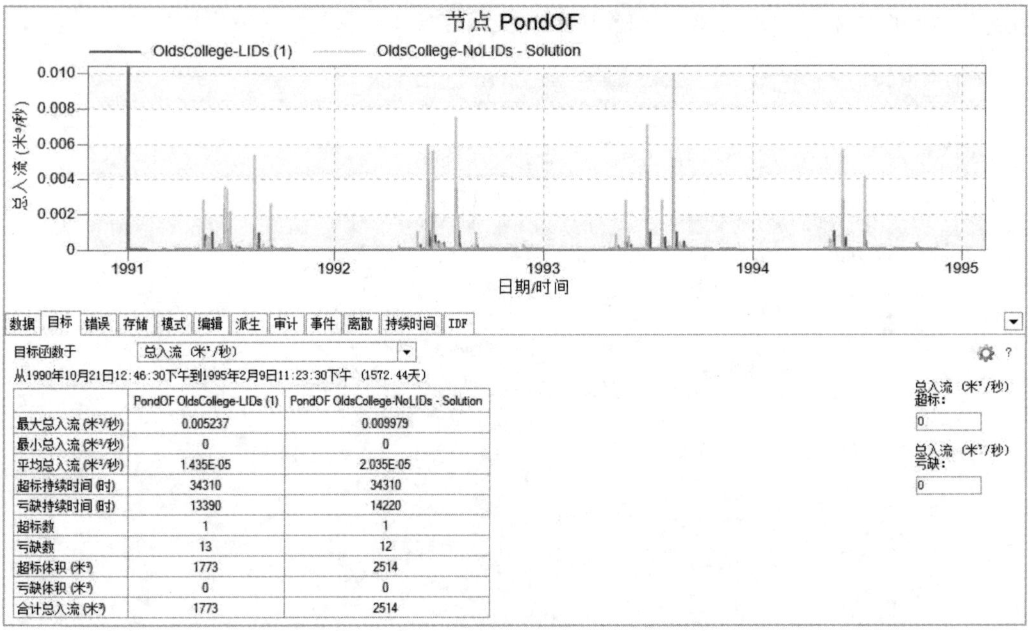

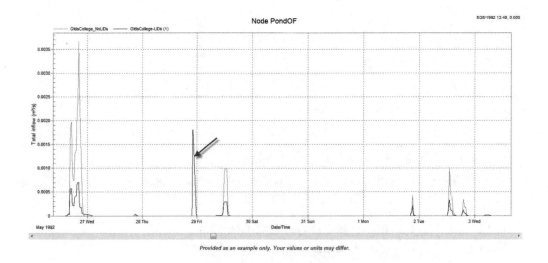

图 4-115　比较两个方案的排水口总入流

图 4-116　局部放大显示

可将时间序列缩放到一个独立的降水事件，以便确认 LID 对流量的削减情况。可以观察到仅在有 LID 的方案中才会有附加流量产生，也可以通过绘制汇水区 S3 的径流过程线来检查存蓄水源的排放情况（雨水桶在延迟 48 h 后放水）。

（28）在时间序列管理器中，依次选择“汇水区”→“径流”→“S3”。

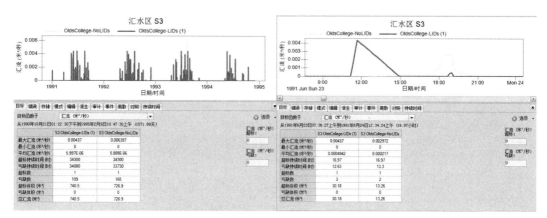

图 4-117 比较两个不同方案下 S3 的汇流结果

（29）也可以通过使用"项目摘要/比较"工具比较模型结果。在"地图"面板，点击"工具"✕按钮，选择"项目摘要/比较"。

（30）在"项目摘要/比较"窗口，点击"显示方案"按钮。勾选"OldsCollege-LIDs"与"OldsCollege_No_LIDs"方案，点击"刷新"。

（31）在"摘要"表格中，通过选择"径流连续性""结果统计""汇水区属性"等对比两种方案的差异。

4.4 一维-二维耦合模型篇

4.4.1 1D-2D 耦合城市洪水模拟

欧洲城市通常是由蜿蜒的街道和石墙组成的人口密集的城市化区域。地表开放的排水系统和地下管道共同组成了城市的排水系统。由于城市沿着河流泛洪平原建设和发展，建筑物墙体成为妨碍洪水流动的阻水体，这些城市常具有一个共同的问题，即在暴雨时常发生河流洪水。

本例将模拟法国一所医院附近的洪水过程。这所医院计划改造其房屋建筑，这就需要知道流速和水位方面的准确信息，以便采取最佳防洪减灾策略。

本例根据河流上游的边界条件，计算可能出现的洪水深度和流速[①]。

1）创建模型并定义 2D 图层

利用 PCSWMM 建立二维模型时，定义要使用到的图层是十分重要的。二维模型所需的图层至少应包括边界图层和 2D 节点图层。PCSWMM 使用 DEM 定义模型区域的表面高

---

①实例名称：Combined 1D-2D urban flood analysis。实例编号：K001。数据下载地址：https://support.chiwater.com/491/hands-on-exercise-combined-1d-2d-urban-flood-analysis。

程。本例会用到 4 个图层：边界、阻碍物、河道中心线和 DEM。

（1）打开 PCSWMM，在"文件"选项卡中点击"新建"。

（2）选择"SWMM5 项目"。

（3）将该模型命名为"2d model"。

（4）保存至路径 PCSWMM Exercises\K001\Initial\。

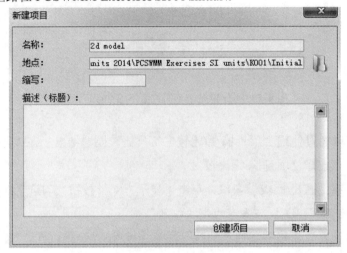

图 4-118　新建项目

（5）点击"创建项目"按钮。

（6）本例使用国际单位制，所以首先要统一单位。点击"项目"面板下的"模拟条件"。

（7）点击"常规"选项卡中的"杂项"，将流量单位改为"CMS"，点击"OK"。

（8）点击"地图"面板中的"菜单"按钮，选择"坐标系"。

（9）选择"投影系统"，在过滤器中输入"RGF93"，选择"RGF93 CC46"投影系统。

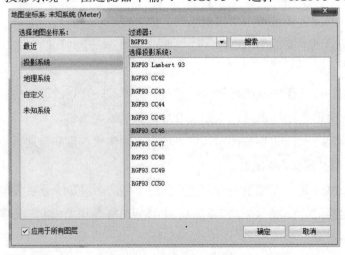

图 4-119　选择投影系统

（10）选择"应用于所有图层"，点击"确定"。

（11）如果系统提示"是否作为默认坐标系"，选择"保持已有的坐标系"选项。

（12）点击"地图"面板中的"打开" 按钮。

（13）点击"打开图层" 按钮。

（14）选择 PCSWMM Exercises\K001\Initial\GISlayers 路径下的 highresolutionphoto.png，Bounding-2D.shp，Obstructions-2D.shp，Rivercenterline-2D.shp，w001001.adf。

（15）点击"打开"按钮。

（16）设置坐标系为"RGF93 CC46"（3946）。

以下将加载 2D 模型组分，并定义 2D 图层。

（17）点击"文件"选项卡。

（18）点击"2D"按钮。

（19）选择"启用 2D 建模"。

（20）边界图层选择"Bounding-2D"。

（21）阻碍物图层选择"Obstructions-2D"。

（22）河道中心线图层选择"Rivercenterline-2D"。

（23）DEM 图层选择"w001001"。

（24）点击"2D 节点图层"右侧的"新建"按钮，创建 2D 节点图层。

（25）将保存路径设置为 PCSWMM Exercises\K001\Initial\GISlayers，默认名字"2D Nodes"。

（26）勾选"包括速度后期处理"。

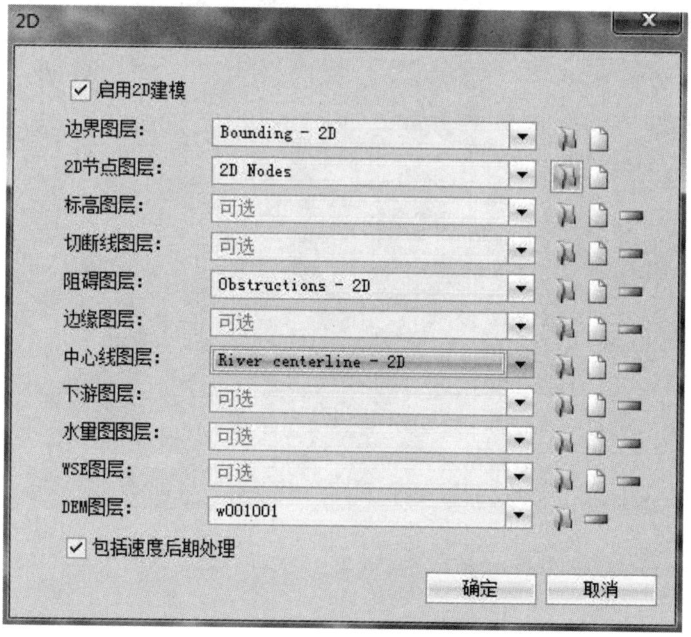

图 4-120　设置 2D 建模所需图层

（27）点击"确定"，保存修改。

（28）在"图层"面板将 DEM 图层拖至最下方位置。

（29）点击"保存" 📄 按钮。

2）创建节点

PCSWMM 通过 2D 节点图层创建 2D 网格。用户可以通过定义边界图层属性中的网格类型和分辨率来控制节点的生成。2D 节点生成后，可以对节点进行移动、删除、增加等操作。

本项目的边界图层包括 3 个部分，即 1 个包括整个研究区域的大多边形和 2 个代表河道的小多边形。采用六角形网格剖分洪泛区（大多边形），采用定向网格剖分河道（小多边形）。

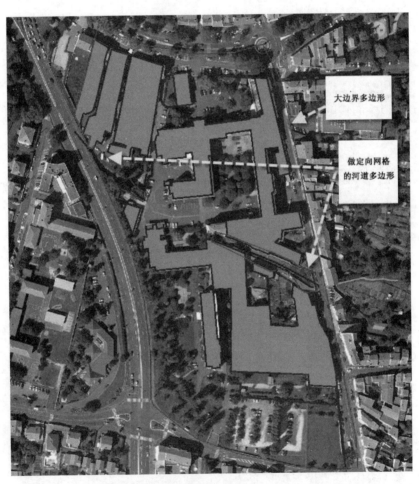

图 4-121　研究区域的 3 个多边形（用于做网格）

（1）点击"图层"面板中的 Bounding-2D 图层，右击"解锁"。

（2）选择 Bounding-2D 图层中大的多边形。

（3）在属性表的"类型"中选择"六角形"。

（4）设置分辨率为 5 m。

（5）设置取样因子为 1。

（6）设置糙率为 0.033。

（7）设置边缘为"YES"。

（8）其他属性如图 4-122 所示。

Bounding - 2D	
属性	
类型	六角形
角度（度）	0
分辨率（米）	5
采样因子	1
距离公差（米）	0
标高容差（米）	0
粗糙度	0.033
边缘	YES
Other	
LENGTH	0
WIDTH	0
形状	
Uid	1
计数	1
点	38
部分	1
面积（米²）	61161.02
面积（公顷）	6.1161

图 4-122　设置边界图层的属性

（9）按住 Ctrl 键，点击并选中 2 个小边界多边形。

（10）在属性表中将"类型"设置为"定向"。

（11）设置分辨率为 3 m，设置取样因子为 1。

（12）设置糙率为 0.04。

（13）设置边缘为"YES"。

图 4-123   选中两个小多边形

（14）保存项目。

（15）选择"地图"面板下的"工具"按钮。

（16）从下拉菜单中选择"2D 建模"。

（17）在"2D 建模"菜单中选择"生成点"。

（18）"生成点"的界面如图 4-124 所示，确保每项设置均正确。

生成点		X
点图层：	2D Nodes	▼
边界图层：	Bounding - 2D	▼
□ 仅对选择的多边形		
阻碍图层：	Obstructions - 2D	▼
中心线图层：	River centerline - 2D	▼
DEM图层：	w001001	▼
点数（约）： 3009		
	确定	取消

图 4-124   设置"生成点"所需图层

（19）点击"确定"，生成节点后的界面如图 4-125 所示。

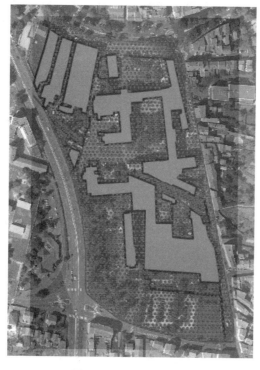

图 4-125　生成的节点

3）创建河道中的收敛/发散点

本例研究区内的河流分为两个河段，均由定向网格剖分，并由一个下穿停车场的涵管连接在一起。水流从西侧河段上游节点进入模型，经由下穿涵管流入东侧河段。为将剖分的网格与涵管相连接，需要创建 2D 节点使网格收敛。

（1）放大至西侧河道上游位置。

图 4-126　在西侧河道上游找到聚散点

（2）选择"图层"面板中的"2D Nodes"图层。

（3）右击并解锁该图层。

（4）在"地图"面板中点击"添加" ✚ 按钮。

（5）在上游处添加一个点，位置如图 4-127 所示。

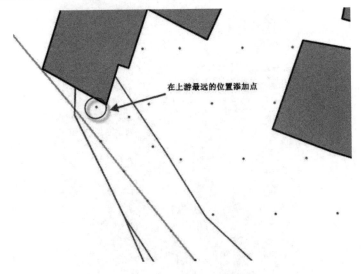

在上游最远的位置添加点

图 4-127   在上游最远位置添加点

（6）点击"选择" ↖ 按钮，退出添加模式。

（7）缩放至西侧河流的下游位置。

（8）确保最远端下游位置有个孤立的节点（通过删除或移动点调整节点）。

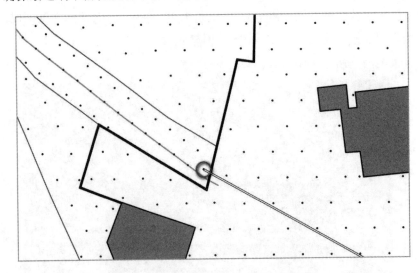

图 4-128   在西侧河道下游位置做出孤立点

（9）缩放至东侧河流上游位置，通过移除点达到上游有孤立节点。

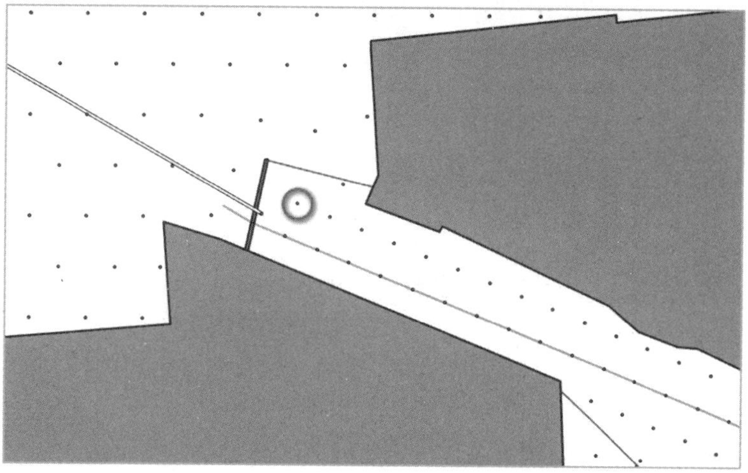

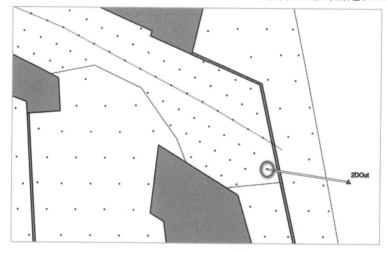

图 4-129 在东侧河道上游位置做出孤立点

（10）最后缩放至东侧河流的下游位置，通过添加或移除点达到创建孤立节点的目的。

图 4-130 在东侧河道下游位置做出孤立点

4）创建网格

在创建 2D 节点之后，将要创建 2D 网格。在生成 2D 网格时，模型将从 DEM 中提取 2D 节点位置上的高程值。首先将关闭"显示管线箭头"选项，以避免显示的网格过于密集。

（1）在"地图"面板下菜单中选择"偏好设置"。

（2）取消选择"显示管线箭头"。

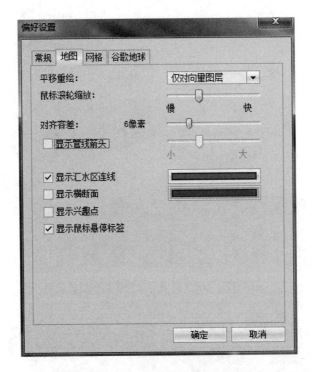

图 4-131 取消勾选"显示管线箭头"

（3）在"地图"面板下选择"工具"按钮下拉菜单中的"2D 建模"。

（4）选择"创建网格"。

（5）确保界面如图 4-132 所示。

图 4-132 设置"创建 2D 网"所需图层

（6）点击"确定"创建网格。

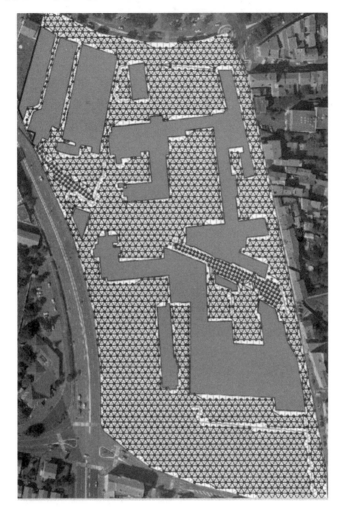

图 4-133 创建的网格

（7）网格创建后会生成相关报告，查看报告内容后关闭报告。

（8）在"图层"面板中取消勾选 2DNodes 图层。

（9）保存项目。

（10）点击"工具"按钮，选择"2D 建模"。

（11）选择"渲染 2D 网格"。

（12）选择"显示单元标高"，可查看各单元的标高。

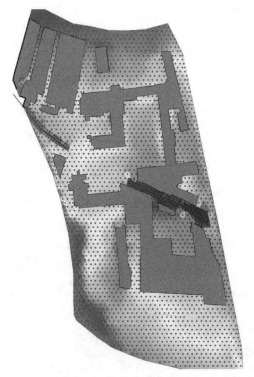

图 4-134　网格高程渲染

5）添加 1D 涵管

创建连接两河段定向网格的涵管。

（1）选择管道图层。

（2）点击"添加"按钮。

（3）涵管连接位置如图 4-135 所示。先点击西侧河道下游位置的网格检查井，然后点击东侧河道上游位置的网格检查井，创建涵管。

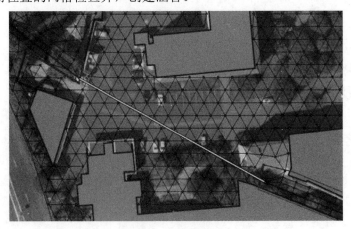

图 4-135　添加管道

（4）系统提示是否从地图中估算汇水区面积和管道长度，选择"不估算"。

（5）点击"选择"按钮，退出添加模式。

（6）在"属性"面板中，设置管道长度为 77 m，糙率为 0.033。

（7）在"横截面属性"中点击"省略" ⬚ 按钮。

（8）在横截面编辑器中将管道横截面设置为"封闭矩形"。

（9）横截面最大深度设为 1.5 m。

（10）横截面底宽设为 5 m。

（11）点击"确定"按钮。

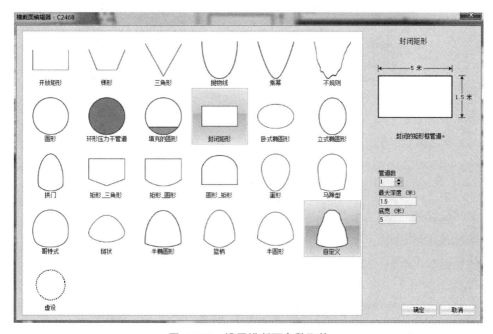

图 4-136　设置横断面参数取值

6）创建排水口

排水口是研究区域的下游边界。将在下游河段的出口位置创建排水口。

（1）选择排水口图层。

（2）点击"添加"按钮。

（3）在图 4-137 所示位置添加排水口。

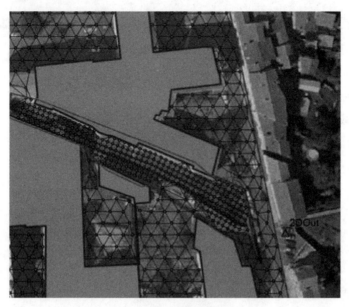

图 4-137　添加排水口

（4）将排水口名称改为"2DOut"。

（5）在属性表中设置下沿标高为 338.15 m。

（6）在属性表中设置上沿标高为 348.15 m。

（7）设置类型为"free"。

（8）选择管道图层。

（9）点击"添加"按钮。

（10）在图 4-138 所示位置添加管道。

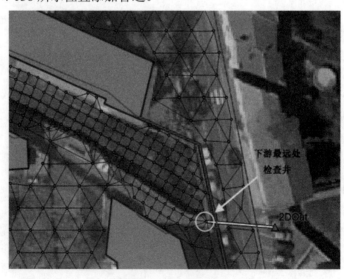

图 4-138　添加管道

（11）系统提示"是否从地图中估算汇水区面积和管道长度"，选择"不估算"。

（12）在"属性"面板中将管道长度修改为 12 m。

（13）设置糙率为 0.033。

（14）管道类型选择"封闭矩形"。

（15）最大深度设为 1.5 m。

（16）底宽设为 5 m。

（17）点击"确定"按钮。

7）赋值入流时间序列

（1）在"项目"面板中选择"时间序列"选项。

（2）点击"添加"按钮。

（3）将时间序列命名为"2D_Inflow"。

（4）点击"加载"按钮，在 PCSWMM Exercises\K001\Initial\Timeseries 路径下选择 2DInflowTimeseries.dat。

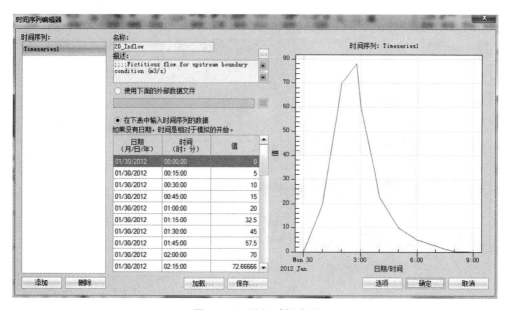

图 4-139　添加时间序列

（5）点击"确定"按钮关闭时间序列编辑器。

（6）选中检查井图层。

（7）选择上游远端检查井，如图 4-140 所示。

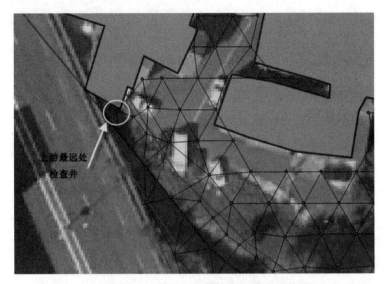

图 4-140　选择上游最远处的检查井

（8）在检查井"属性"面板内"时间序列"中点击"省略" 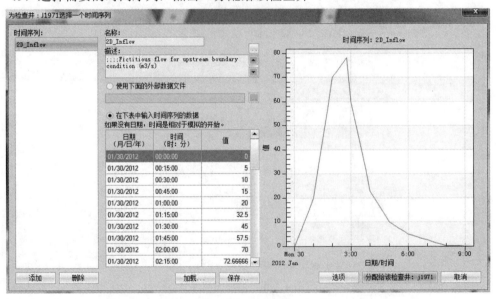 按钮。

（9）选择需要的时间序列，点击"分配给该检查井"。

图 4-141　将时间序列分配给检查井 j1971

8）模拟运行

（1）点击"项目"面板中的"模拟条件"。

（2）在"日期"选项卡下设置"模拟期自时间序列"中选择"2D_Inflow"，可以快速设置模型计算的起止时间。

（3）将"持续时间"改为 12 h。

（4）在"时间步长"选项卡中将"报告时间步长"设为 30 s。

（5）"路由时间步长"设为 0.5 s。

（6）在"动力波"选项卡中，选择"忽略"惯性条款。

（7）线程数选择允许的最大值。

（8）点击"确定"关闭模拟条件编辑器。

（9）点击"运行"开始模拟计算。

（10）系统提示"对于 2D 项目，建议最小表面积为 0.1 m² 或更少"，选择"改变最小表面面积"。

（11）将"最小节点面积"改为 0.1 m²。

（12）点击"确定"保存修改。

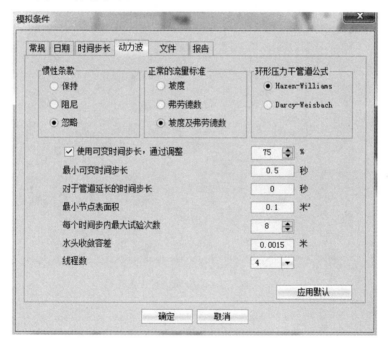

图 4-142　设置模拟条件

（13）点击"运行"开始模拟计算。

（14）系统提示"不建议 2D 项目的输出摘要"，点击"无论如何进行"。

9）渲染模型并显示最大水深

（1）点击"工具"按钮，选择"2D 建模"。

（2）选择"渲染 2D 网格"。

（3）选择"显示网格最大水深"。

图 4-143　渲染网格最大水深

10）添加下游边界

　　由模拟结果可看出洪水积蓄在下游边界处。这是因为模拟区内的洪水只能从唯一的排水口排出。为防止发生这种情况，将改变模型下游边界条件，利用"创建边界排水口工具"在下游边界上创建排水口，使得积蓄的洪水通过下游边界排水口流出模型区。这一工具将根据用户绘制的线段，在与线段相交的管渠处创建排水口。本例将使用已绘制好定义边界排水口的线段。

　　（1）点击"文件"面板下的"2D"按钮。

　　（2）下游边界处打开 PCSWMM Exercises\K001\Initial\GISlayers 路径下的 DS boundary condition-2D.shp 文件。

（3）点击"打开"按钮并"确定"。

此时屏幕中在下游边界附近显示出6条绿色线段。这些线段表示出将设置下游边界的位置。

（4）点击"工具"按钮，选择"2D建模"。

（5）选择"创建边界排水口"。

（6）将下游图层选为"DS boundary condition-2D"图层，界面如图4-144所示。

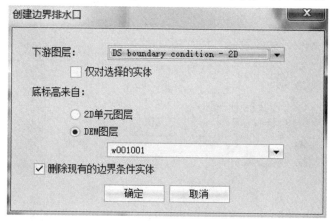

图4-144 创建边界排水口

（7）点击"确定"按钮。

（8）点击"搜索" 按钮，选择"查询选择"。

（9）在"图层"中选择"Outfalls"，"属性"选择"标签"，"运算符"选择"="，"值"选择"2D_OUT"。

（10）点击"选择"并"关闭"。

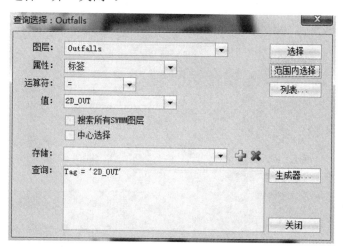

图4-145 按"标签"属性查找排水口

（11）点击"搜索"按钮，选择"选择连接的"→"上游"。

（12）点击管道图层，从"属性"面板中可看出已经选择的管道。

（13）点击"搜索"按钮，选择"查询选择"。

（14）在"图层"中选择"Conduits"，"属性"选择"坡度"，"运算符"选择"<="，"值"选择"0"。

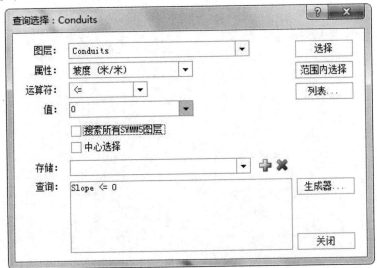

图 4-146 查找坡度≤0 的管道

（15）点击"范围内选择"，关闭窗口。

（16）点击"工具"按钮。

（17）在"管道"选项中选择"设置坡度"。

（18）设置坡度为 0.2%，其他选项如图 4-147 所示。

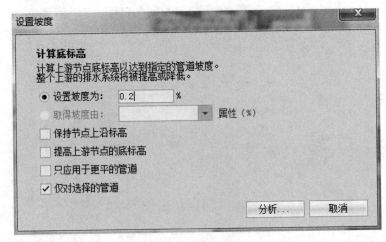

图 4-147 设置管道坡度

（19）点击"分析"按钮。

（20）点击"应用"后关闭。

（21）重新运用模型，利用渲染工具显示"网格最大水深"，并观察调整下游边界后洪水模拟结果的变化情况。

图 4-148　渲染网格最大水深

4.4.2　1D-2D 耦合城市洪水分析的后处理

本例演示了 PCSWMM 后处理功能，包括动画播放、生成洪水风险图、视频制作和流速分析。

1) 后处理

本例将利用渲染工具分析最大洪水影响范围和最大水深。

（1）打开 PCSWMM Exercises\K002\Initial 路径选择 2DModel.pcz，解包至路径 PCSWMM Exercises\K002\Initial\。

（2）点击"运行"。

（3）点击"工具"按钮，选择"2D 建模"。

（4）选择"渲染 2D 网格"。

（5）选择"显示单元最大深度"。

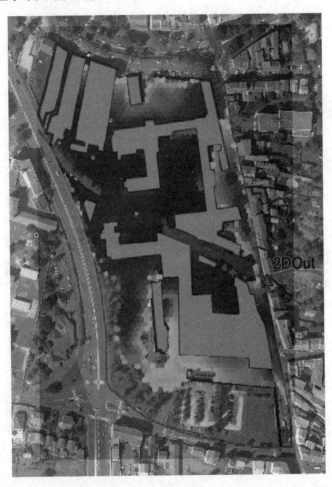

图 4-149　显示网格最大水深

2) 动画仿真

PCSWMM 模型可以利用 2D 动画显示洪水淹没的过程。通过动态绘制水深分布图显示模拟过程中的瞬时水深。

（1）点击"播放"按钮右侧下拉菜单。

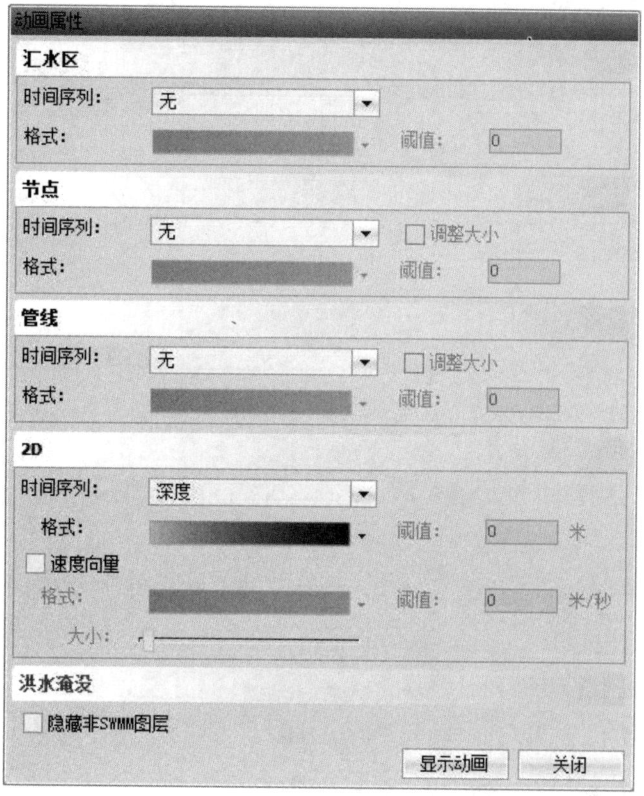

图 4-150　播放动画设置

（2）确保只渲染"深度"。

（3）点击"显示动画"。

（4）点击"播放" 按钮。

（5）点击"暂停"按钮可暂停视频。

（6）可以拖曳进度条查看不同时刻的动画。

（7）将进度条拖曳至"01/30/2012 2：30 上午"附近。

（8）再次点击"播放"按钮退出播放模式。

3）创建风险分布图

（1）点击"工具"按钮，选择"2D 建模"。

（2）选择"创建风险分布图"。

（3）点击"新建" 按钮，创建风险分布图。

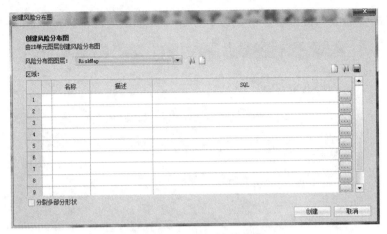

图 4-151　创建风险分布图

（4）保存至路径 PCSWMM Exercises\K002\Initial，名称可以直接用默认的名称"RiskMap"。

（5）在区域中点击第 2 行第 2 列处，进行区域 1 风险图颜色选择。

（6）选择亮黄色。

（7）点击区域 1 的名称列，输入"Low"。

（8）点击区域 1 的描述列，输入"Low risk"。

（9）点击区域 1 的 SQL 列，点击 [···] 按钮。

（10）为低风险区选择限制条件，在该条件限制内的区域均属于低风险区域。

（11）点击"添加"按钮，"属性"列选择"MaxDepth"，"运算符"选择"＞"，"值"选择"0"，同理添加"MaxDepth<1"以及"MaxVelocity<0.5"，点击"应用"。

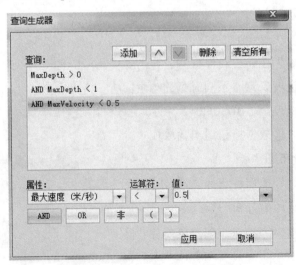

图 4-152　区域 1 SQL 语句

（12）重复上述步骤，在区域 2 设置风险图颜色为橘色，名称为"Medium"，描述为"Medium risk"，SQL 语句如图 4-153 所示。

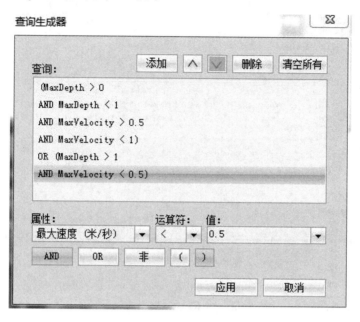

图 4-153　区域 2 SQL 语句

（13）重复上述步骤，在区域 3 设置风险图颜色为红色，名称为"High"，描述为"High risk"，SQL 语句如图 4-154 所示。

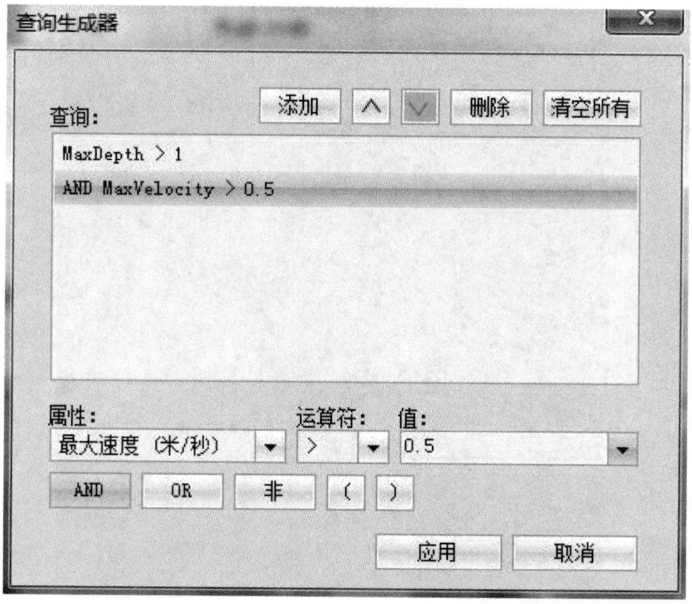

图 4-154　区域 3 SQL 语句

（14）点击"创建"按钮。

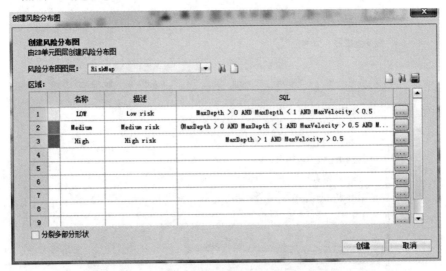

图 4-155　创建风险分布图

（15）创建完成后，生成如图 4-156 所示风险图。

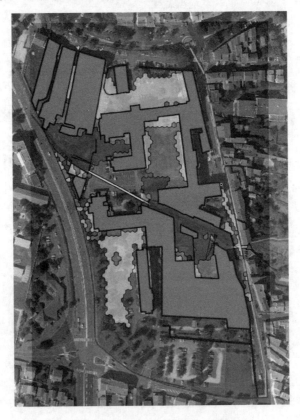

图 4-156　创建完成的风险图

4）创建视频

PCSWMM 提供了视频制作工具，可制作"地图"面板中的视频以及剖面视频。

（1）在"图层"面板取消选择风险图图层。

（2）点击"工具"按钮，选择"2D 建模"。

（3）选择"渲染 2D 网格"。

（4）选择"全部隐藏"，隐藏检查井、管道、排水口。

（5）点击"动画"按钮右侧下拉菜单，确保已选择"深度"。

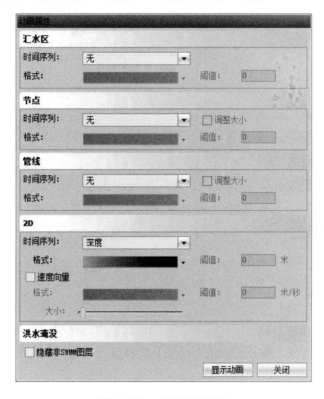

图 4-157　动画属性设置

（6）点击"显示动画"。

（7）选择视频的开始点及结束点。

图 4-158　选取视频

（8）点击"录制"按钮。

（9）按图 4-159 所示设置录制视频参数。

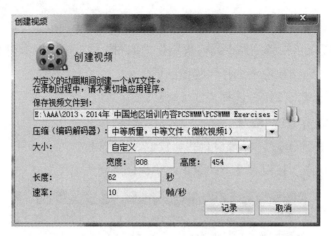

图 4-159　录制视频参数设置

（10）点击"记录"。

5）播放包含速度矢量的动画

（1）点击"播放"按钮右侧下拉菜单。

（2）勾选"速度矢量"，点击"更新视频"。

4.5　水质模拟篇

4.5.1　水质模拟

本例演示了如何建立城市居住区雨水排水系统的水质模型。本例将定义污染物，设定汇水区的土地利用方式，模拟雨水池中污染物的移除过程[①]。

1）建立模型

首先，将创建一个新的方案，并命名当前项目。

（1）打开 PCSWMM Exercises\K023\Initial\选择 Valleyfieldto-bepond-solution.inp。

（2）点击"项目"面板中的"方案" 按钮。

（3）在方案管理器中，点击"添加" 按钮，并选择"复制当前项目"。

（4）命名该项目为"Valleyfieldto-bewaterquality"。

（5）在描述框中输入"Valleyfieldwaterqualityanalysis"。

（6）点击"创建"按钮关闭创建方案对话框。

（7）点击新创建的 Valleyfieldto-bewaterquality 方案，点击"打开"。

2）在污染物编辑器添加污染物

以下将模拟固体悬浮物（TSS）、磷（P）和氮（N）的迁移过程。

（1）在"项目"面板中，点击"污染物"，出现"污染物编辑器"对话框。

（2）点击"添加"按钮，在名称属性类型下输入"TSS"，选择单位为"MG/L"。

（3）重复步骤（2）添加 P 和 N，单位均为"MG/L"。

（4）完成后点击"确定"按钮关闭污染物编辑器。

图 4-160 添加污染物

（5）通过点击"项目"面板中的"保存" 按钮，保存对模型的更改。

3）在土地利用编辑器设置土地利用方式

（1）在"项目"面板点击"土地利用"。出现"土地利用编辑器"窗口。

（2）在"常规"选项卡下点击"添加"按钮，在名称属性文本框输入"Residential"。

（3）在"冲刷"选项卡的"污染物"下拉菜单选择"N"。

（4）在属性表中确保"函数"为"EMC"，并设置系数为"1.075"，如图 4-161 所示。

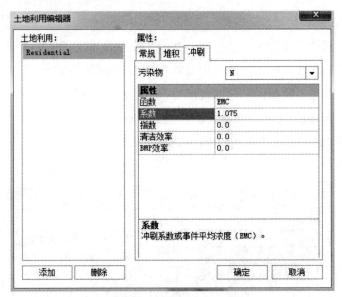

图 4-161   土地利用类型设置

（5）在"冲刷"选项卡下，选择"P"，设置"系数"为 0.28，如图 4-162 所示。设置 TSS 系数为 72。

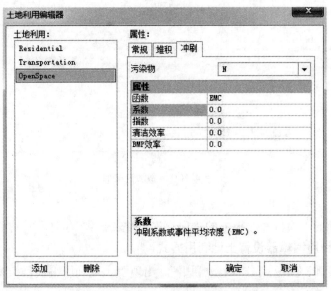

图 4-162   冲刷系数设置

（6）点击"添加"按钮两次，创建两个新的土地利用方式（如果提示"保存更改"，选择"是"）。

（7）命名两个新的土地利用为"Transportation"和"OpenSpace"。

（8）按照表 4-9 提供的信息，为这两个土地利用方式设置"冲刷系数"。

表 4-9 冲刷系数

污染物	冲刷系数		
	Residential	Transportation	OpensPace
N	1.075	1.16	0
P	0.28	0.3	0.3
TSS	72	67	100

注：以上数值仅仅适用于该例子，不代表试用用户所研究的区域条件。

4）为汇水区指定土地利用方式

将在以下内容中介绍 PCSWMM 面积加权工具的功能。本例使用土地利用图层计算在各汇水区中不同土地利用方式所占的百分比。首先添加土地利用图层到模型中，再利用面积加权工作计算所需数据。

（1）在"地图"面板中点击"打开图层" 按钮。

（2）点击浏览按钮，打开 PCSWMM Exercises\K023\Initial\andselectLand-UseValleyfield.shp。

（3）点击"渲染" 按钮，确保选中 Land-Use Valleyfield 图层。

（4）点击"章节"按钮旁边的下拉框，选中"LAND_USE"作为渲染的属性。

（5）选中"wiki-2.0"为颜色条渲染所使用的色彩。

（6）勾选"随机采样"选框，并点击"创建章节"按钮。

（7）拖动不透明度的控制条到 60% 的位置，点击"应用"，点击"关闭"。

图 4-163 利用"LAND_USE"属性渲染图层

（8）在"图层"面板中选择 Land-Use Valleyfield 图层，确保该图层已解锁。

（9）在"地图"面板中点击"改变"![改变按钮]按钮选择"重新构建"。

（10）点击"添加"![添加按钮]按钮，在下拉列表中选择"属性"。

（11）在"名称"下输入"RESIDENT"，在"数据类型"下选择"Number"，如图 4-164 所示。

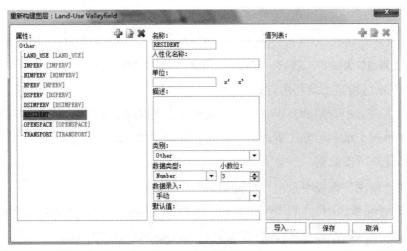

图 4-164　重新构建图层

（12）通过重复步骤（10）和步骤（11），添加另外两个属性，并将两个新属性命名为 "OPENSPACE"和"TRANSPORT"，数据类型为"Number"。

（13）点击"保存"按钮，即增加了用户自定义的属性，并关闭对话框。

（14）在"地图"面板点击"搜索"![搜索按钮]按钮，选择"查询选择"，在"图层"下选择 "Land-Use Valleyfield"，在"属性"下选择"LAND_USE"，"操作"选择"="，"值"选择 "Residential"，点击"选择"。

（15）在"属性"面板可看到 5 个被选中的对象，且这 5 个对象土地利用方式是住宅 区。点击"关闭"按钮，关闭查询选择窗口。在"属性"面板中，设置"RESIDENT"为 "100"（表示该区域 100%的面积为住宅区）。其他属性为 0。

5个选择的Land-Use Valleyfield	
Other	
LAND_USE	Residential
IMPERV	50
NIMPERV	0.015
NPERV	0.3
DSPERV	3.81
DSIMPERV	1.9
RESIDENT	100
OPENSPACE	0
TRANSPORT	0

图 4-165　为所选的 5 个土地利用图层实体设置 RESIDENT 属性值

（16）点击"搜索"🔍按钮，选择"查询选择"。在"图层"下选择"Land-UseValleyfield"，在"属性"下选择"Land_Use"，"操作"选择"="，"值"选择"OpenSpace"，点击"选择"。

（17）点击"关闭"按钮，关闭"查询选择"对话框，在"属性"面板中，设置属性"OPENSPACE"为100。其余属性为0。

（18）再次点击"搜索"🔍按钮，选择"查询选择"，在"图层"下选择"Land-UseValleyfield"，在"属性"下选择"Land_Use"，"操作"选择"="，"值"选择"Transport"，点击"选择"。

（19）点击"关闭"按钮关闭"查询选择"对话框，在"属性"面板，设置"Transport"为100。其他属性为0。

将利用面积加权工具根据各土地利用方式的百分比计算各汇水区的属性。

（20）在工具浏览器点击"工具"✖按钮。

（21）选择"面积加权工具"（在汇水区、节点、管道部分）。在"面积加权工具"中，设置数据源图层为"Land-Use Valleyfield"，设置目标图层为"Subcatchments"，点击"下一步"。

（22）点击"清空所有"按钮，清除假定的参数。

（23）使用目标图层中的"居民地"与"RESIDENT"相匹配，"开放空间"与"OPENSPACE"相匹配，"道路"与"TRANSPORT"相匹配。

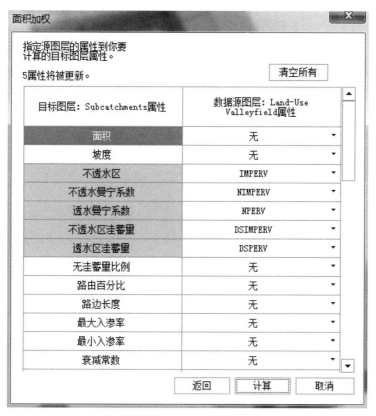

图 4-166　计算各汇水区属性

（24）点击"计算"，利用面积加权工具计算汇水区属性。

（25）点击"关闭"，关闭运行摘要。

（26）在"图层"面板中，选择汇水区图层，选择不同的汇水区，在"属性"面板中确定各汇水区的土地利用属性均已赋值。

5）模拟污染物在蓄水池中的消减过程

通过在处理编辑器中编辑"处理函数"建立污染物消减模型，PCSWMM 能够模拟污染物在蓄水设施或检查井节点的消减过程。

将为各污染物赋予蓄水池中的移除系数。

（1）在"地图"面板中选中"蓄水池"实体。

（2）在"属性"面板中点击"处理属性"旁边的"省略"![...]按钮，打开处理编辑器。在处理编辑器窗口下方有如何输入蓄水池水处理表达式的简要说明。

（3）为在处理编辑器中输入移除系数，点击"Nitrates"旁的文本框并输入"R=0"。这表示在蓄水池中雨水里将有 0%的"Nitrates"被移除。

（4）按步骤（3）设置"Phosphorous"的移除系数为"R=0.2"，设置"TSS"的移除系数为"R=0.5"。处理编辑器界面如图 4-167 所示。

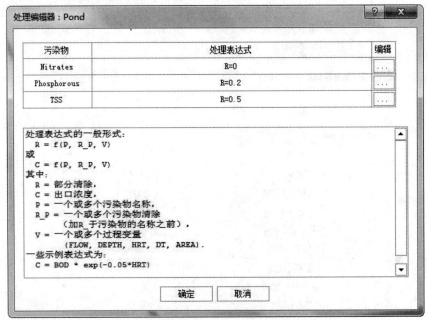

图 4-167　移除系数设置

（5）设置完成后，点击"确定"，关闭处理编辑器。

（6）在模拟条件编辑器中，点击"日期"选项卡，按图 4-168 所示设置对应的参数，并点击"确定"。

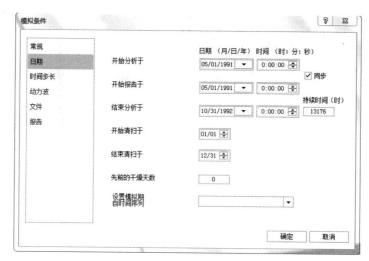

图 4-168　模拟条件设置

（7）点击"运行"按钮。

当模型运行时，PCSWMM 会自动保存工程文件。

6）结果分析

（1）在状态报告中检查水量连续性误差（径流与路由）。

（2）切换到"图形"面板。

（3）在时间序列管理器中依次选择"管线"、"C8"及"PondOutlet"。

（4）重复步骤（3）比较 Phosphorous 和 TSS 的浓度差异。放大查看个别降水事件，以查看相应的污染物浓度变化。

图 4-169 描述了在个别降水事件中蓄水池内的污染物浓度的消减过程。

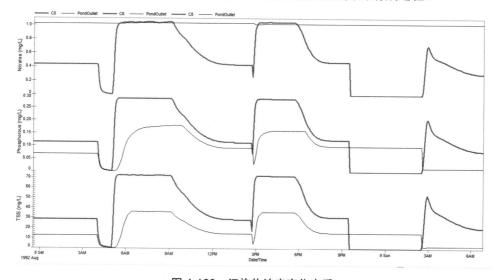

图 4-169　污染物浓度变化查看

4.5.2 模拟系统内蓄水池中 TSS 去除过程

水质是雨洪管理实践的一个重要的设计标准。总悬浮固体（TSS）的去除能力是蓄水池有效性的评价指标之一。《多伦多及地区环保局（Toronto and Region Conservation Authority，TRCA）暴雨管理标准（2012）》的 4.2 节中要求在 TRCA 的管辖范围内河道与水体具有更高的水质保护标准，相当于去除 80%的 TSS。TRCA 的规定是在《安大略环保署雨洪管理、规划与设计手册（2003）》[1]的基础上制定的，它为达到长期去除悬浮物的目标而提出了水质存蓄要求。

本练习演示了如何使用 PCSWMM 确定蓄水池入口、出口处的加载速率，以及如何确定考虑蓄水池中颗粒沉淀条件下 TSS 的去除率[2]。

1）打开并运行"to-be"模型

（1）打开路径 PCSWMM Exercises\K024\Initial\，选择 ValleyfieldpondTSSremoval.inp 文件。

（2）打开"地图"面板下"SWMM 引擎"选项。

（3）选择"SWMM5.1.010 引擎"。

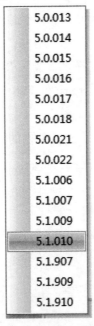

图 4-170　SWMM 引擎选择

---

①Ontario Ministry of the Environment Stormwater Management Planning and Design Manual (2003).
②实例名称：Evaluation of in-line stormwater pond TSS removal。实例编号：K024。数据下载地址：https://support. chiwater.com/516/hands-on-exercise-evaluation-of-in-line-stormwater-pond-tss-removal。

（4）点击"运行"按钮。

2）评价蓄水池性能

为明确满足长期去除悬浮物目标的水质存蓄要求，需要估算汇水区的总面积和不透水率。

（1）选择汇水区图层，点击"Ctrl+A"选中所有汇水区。

（2）在"属性"面板的"形状"属性显示出了所选汇水区的统计信息，利用 SWMM 面积和不透水区面积计算不透水率。

形状	
计数	9
总点	52
平均顶点	5.78
总部分	9
平均部件	1
总面积（米²）	71848.81487
平均面积（米²）	7983.20165
总面积（公顷）	7.185
平均面积（公顷）	0.7983
SWMM面积（公顷）	7.17
不透水区（公顷）	2.151

图 4-171　汇水区统计信息

（3）根据表 4-10 确定水质存蓄要求。表中数据仅供参考，数据使用国际单位制。

表 4-10　存蓄水质等级及要求

保护等级	SWMP 类型	不透水面积比例对应的储水量/（m³/hm²）			
		35%	55%	70%	85%
加强去除，80% 长期 SS 去除	渗渠	25	30	35	40
	湿地	80	105	120	140
	混合湿塘及湿地	110	150	175	195
	湿塘	140	190	225	250
正常去除，70% 长期 SS 去除	渗渠	20	20	25	30
	湿地	60	70	80	90
	混合湿塘及湿地	75	90	105	120
	湿塘	90	110	130	150
基本去除，60% 长期 SS 去除	渗渠	20	20	20	20
	湿地	60	60	60	60
	混合湿塘及湿地	60	70	75	80
	湿塘	60	75	85	95
	干塘（连续流）	90	150	200	240

3）派生 TSS 负荷估算

（1）打开"状况"面板，检查水质汇流和路由连续性误差是否在可接受的范围内。

通过式（4-3）预测系统 TSS 移除百分比。

$$\text{TSS移除百分比} = \frac{\text{反应的TSS负荷质量}}{\text{雨季TSS总入流质量}} \times 100\% \qquad (4\text{-}3)$$

SWMM5 输出的水质时间序列是浓度（mg/L），需将浓度与流量相乘以获得污染物负荷。接下来，将生成蓄水池上下游的 TSS 负荷时间序列。

（2）在"地图"面板中选择管道"C8"，点击"搜索"按钮→"选择下游"。

（3）在"图表"面板中点击"工具"按钮，选择"派生时间序列"。

（4）选择左侧"污染物负荷"选项。

（5）在"地点"栏点击"添加"→"选定的地图实体"。

（6）在"污染物"栏选择"TSS"。

（7）点击"创建"按钮。

（8）在"时间序列管理器"中选择生成的序列。

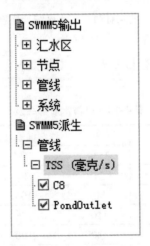

图 4-172　序列选择

4）基于 TSS 负荷的长期 SS 去除模拟

（1）在"图表"面板中依次点击"工具""目标函数"。

（2）选择"目标函数于 TSS（mg/s）"。

（3）放大某一个降水事件，观察在此独立事件中蓄水池的性能。

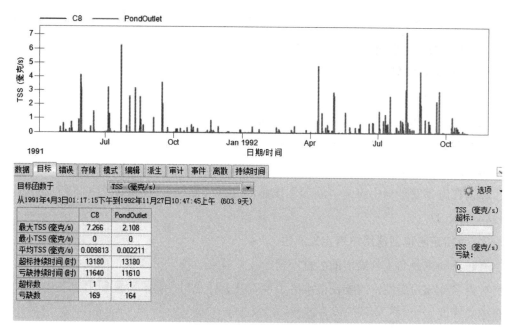

图 4-173　TSS 目标函数查看

（4）SS 去除率由蓄水池入口、出口的总 TSS 负荷决定，具体可由式（4-4）计算。

$$蓄水池SS去除率 = \frac{入口SS负荷 - 出口SS负荷}{入口SS负荷} \times 100\% \tag{4-4}$$

因为长期去除率是本例所要达到的目标，所以 SS 负荷应从整个模拟期选取，而不是由单个降水事件决定。如果蓄水池不只有一个入口或出口，在计算 SS 去除率时需要考虑到这些入口或出口的作用。当前蓄水池的 SS 去除率可能未达到去除率要求（将近 60%）。

（5）返回"地图"面板，选中蓄水池。

（6）在"属性"面板中改变蓄水池蓄水量曲线，将蓄水函数的常数由 400 m² 调整至 800 m²（扩大蓄水池面积，降低蓄水池水深）。

（7）运行模型。

（8）切换到"图表"面板，重新计算 SS 去除率，可以发现去除率由 60% 左右增加至 70% 左右。

4.6　PCSWMM 工具篇

4.6.1　利用 PCSWMM 重命名模型实体

本例使用了南非奥兰治自由邦（Orange Free State）伯利恒（Bethlehem）附近的 Saulsport

坝的集水流域模型，该模型主要用于卫星降水数据的应用研究[①]。模型的河道与汇水区是根据 DEM 数据计算生成的。该模型的分辨率与公开数据的粗糙度相适应。

1）加载项目并复制项目

（1）打开 PCSWMM，点击"打开"按钮。

（2）在路径 PCSWMM Exercises\K036\Initial 下打开文件 c83a-v4.5wjS.pcz。

（3）将文件解压至路径 PCSWMM Exercises\K036\Initial 下。

（4）点击"确定"按钮。

（5）在方案管理器中点击"添加"按钮，选择"复制当前项目"，并将新项目命名为"c83a-v4.5wjS2"。

2）为特定名称创建用户自定义属性

有时自动重命名工具给出的名称不符合用户需要，用户可能会使用某些特定名称。为了使特定名称成为属性，需要在汇水区、检查井、排水口、蓄水设施和出口图层中定义用户自定义属性。

（1）点击"汇水区"图层。

（2）点击"地图"面板下"改变" 按钮，选择"重新构建"。

（3）点击"添加"按钮，选择"属性"。

（4）在"名称"中输入"ORIGNAME"。

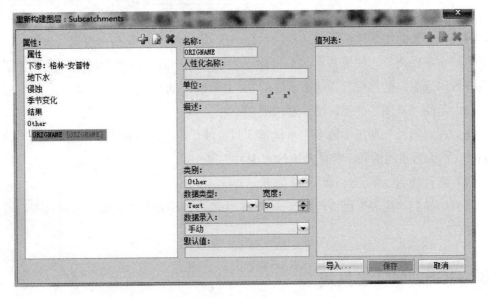

图 4-174　用户自定义属性

---

①实例名称：Renaming entities using PCSWMM (Lesotho, South Africa)。实例编号：K036。数据下载地址：https://support. chiwater.com/528/hands-on-exercise-renaming-entities-using-pcswmm-lesotho-south-africa。

（5）"数据类型"选择"Text"。

（6）点击"保存"按钮。

在定义自定义属性后，需要用 ORIGNAME 属性填充 NAME 属性。

（7）在"图层"面板中选择"汇水区"图层。

（8）点击"Ctrl+A"选择所有的汇水区。

（9）点击"属性"面板中的"替换" *fx* 按钮。

（10）在"应用于图层"中选择"Subcatchments"，在"编辑属性"中选择"ORIGNAME"属性。

（11）在"收藏"列中选择"替换"。

（12）在"表达式"中插入"Name"。

（13）点击"分析"按钮。

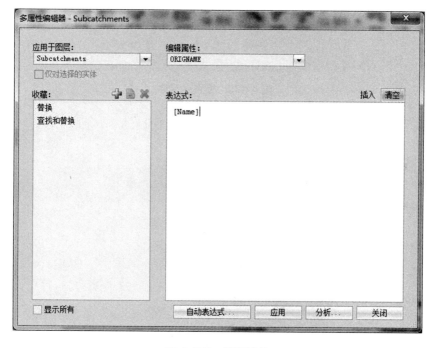

图 4-175　编辑属性

（14）重复步骤（1）～（13），确保检查井、排水口、蓄水设施、管道、堰图层实体均已添加相应属性。

（15）点击"保存"按钮。

3）实体重命名

（1）点击"工具"按钮，选择"汇水区"→"重命名实体"。

（2）按图 4-176 设置前缀。

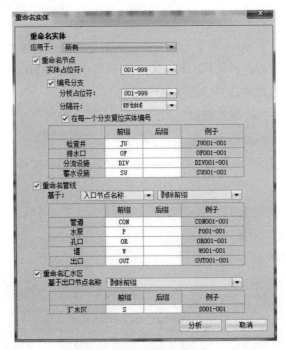

图 4-176　重命名实体

（3）在"应用于"中选择"所有"。

（4）其他设置如图 4-176 所示。

（5）点击"分析"按钮。

（6）根据弹出的对话框查看实体重命名情况。

（7）点击"应用"。

图 4-177　实体重命名结果

4.6.2 利用 SRTC 校准工具率定模型

本例展示了如何利用 SRTC[1]工具率定汇水区水文参数。本例利用实测数据率定模拟城区暴雨收集系统的简单模型。PCSWMM 提供了平方误差积分、纳什效率系数、标准差、方差等多种评价模型率定结果的方法[2]。

1）打开 PCSWMM 模型

（1）启动 PCSWMM，点击左侧"文件"菜单下的"打开" 按钮，在路径 PCSWMM Exercises\K028\Initial 下，打开并解压文件 HydrologyCalibration-initial.inp。

（2）为工程添加背景图像。在"地图"面板中点击"添加" 按钮，打开路径 PCSWMM Exercises\K019\Initial 下的文件 photo-grande-ile.jpg。

2）创建长历时模拟

（1）本例使用了历时 2 年的连续降雨序列进行模型率定。在"项目"面板中点击"雨量计"按钮，弹出雨量计编辑器，点击"添加"，设置名称为"1995—1996"，"降雨格式"为"INTENSITY"，"时间间隔"为"0：15"，"数据源"为"FILE"，"文件名"选择 PCSWMM Exercises\K028\Initial 路径下的 6158733_1995-1996.dat 文件，"站 ID"为"6158733"，"降雨单位"为"mm"，勾选"绘制数据文件时间序列"，点击"确定"关闭窗口。

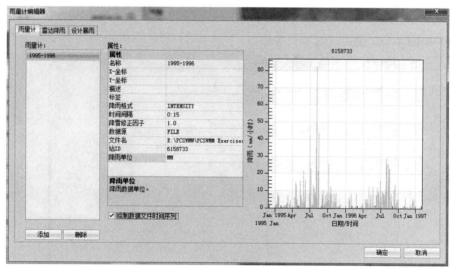

图 4-178 添加雨量计

（2）选中汇水区图层，点击"Ctrl+A"选择所有汇水区，在"属性"面板中加载 1995—

---

[1]Sensitivity-based Radio Tuning Calibration（SRTC）：基于灵敏度的无线电调谐校准。
[2]实例名称：Model calibration using the SRTC tool。实例编号：K028。数据下载地址：https://support.chiwater.com/520/hands-on-exercise-model-calibration-using-the-srtc-tool。

1996 雨量计。

（3）点击"模拟条件"按钮，按图 4-179 设置日期参数。

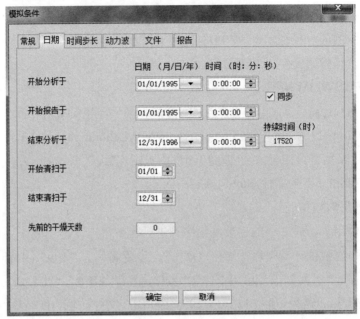

图 4-179 日期设置

（4）按图 4-180 设置时间步长参数。

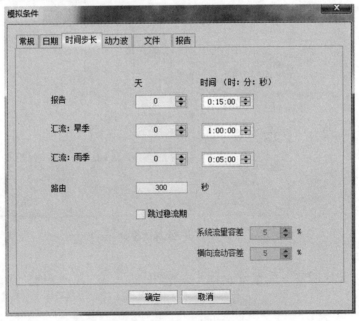

图 4-180 时间步长设置

（5）点击"确定"按钮，并在"项目"面板中点击"运行"。

3）比较观测值与计算值

（1）在"图表"面板中依次选择"SWMM5 输出"→"节点"→"总入流"→"Outfall"，点击"打开" 按钮，在路径 PCSWMM Exercises\K028\Initial\下，选择 Outfall（obs）文件。

（2）计算值与实测值的对比图如图 4-181 所示，可放大至具体事件查看。

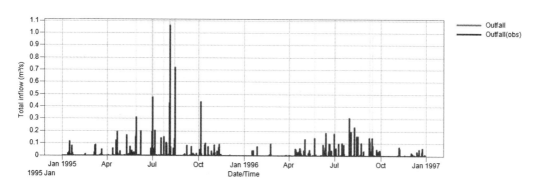

图 4-181　实测值与计算值对比图

4）选择模型率定的事件

（1）在"图表"面板中点击"打开"按钮，打开 PCSWMM Exercises\K028\Initial\路径下的 6158733_1995-1996.dat 文件。

（2）依次点击"工具""事件分析"，点击"选项"按钮，点击"自动选择事件"。

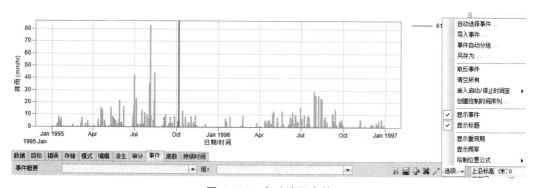

图 4-182　自动选择事件

（3）按图 4-183 所示设置参数，其中"限制事件到"5 月 1 日至 10 月 1 日，点击"创建事件"，将有 22 个事件被创建。

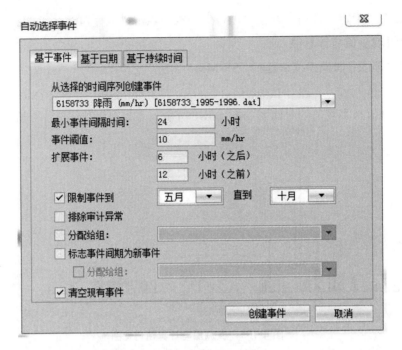

图 4-183　事件参数设置

（4）为了进一步筛选，可删除小于 10 mm 的降雨。按从小到大的顺序排列合计降雨列中的数据，选择小于 10 mm 的事件，点击"删除"按钮，删除小于 10 mm 的事件。

事件	(mm/hr)	平均降雨 (mm/hr)	超标持续时间 (时)	亏缺持续时间 (时)	超标数	亏缺数	超标体积 (毫米)	亏缺体积 (毫米)	合计降雨 (毫米)
19	0	0.3178	18.25	18	1	2	5.8	0	5.8
20	0	0.3178	18.25	18	1	2	5.8	0	5.8
17	0	0.3507	18.25	18	1	2	6.4	0	6.4
11	0	0.3562	18.25	14.75	1	5	6.5	0	6.5
18	0	0.4274	18.25	17.5	1	3	7.8	0	7.8
6	0	0.4384	18.25	17	1	2	8	0	8
12	0	0.4658	18.25	16.25	1	3	8.5	0	8.5
5	0	0.526	18.25	17.5	1	3	9.6	0	9.6
8	0	0.7243	18.25	17.5	1	4	13.4	0	13.4

图 4-184　事件筛选

（5）点击"保存"按钮，保存事件，并将其命名为"event"。

5）设置参数的不确定性

PCSWMM 提供 SRTC 工具自动率定模型参数。首先需要确定率定哪些参数，并估计这些参数的不确定性。参数不确定性是指参数的合理变化范围，这一范围通常用当前参数值的正、负百分比偏差来表示。在 PCSWMM 中，可以在"表格"面板中定义任一模型参数的不确定性。本例将率定一些汇水区的水文参数。

（1）在"地图"面板选中"汇水区"图层，点击"表格"面板。

（2）在"表格"面板中点击"渲染"按钮，选择"不确定性" 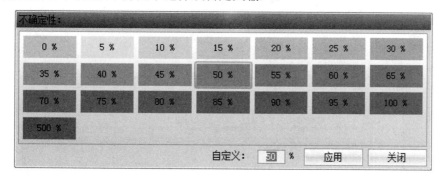 按钮，按表 4-11 所示输入各参数不确定性范围。

表 4-11　各参数不确定性汇总

参数	不确定性/%
宽度	500
坡度	25
不透水率	20
不透水曼宁系数	10
透水曼宁系数	50
不透水区洼蓄量	20
透水区洼蓄量	50
吸力水头	50
水力传导率	50
初始亏缺	25

不确定性范围可在以下界面中选择或自定义输入。

图 4-185　定义不确定性范围

6）利用多核并行计算节省运算时间

（1）在"文件"面板中选择"偏好设置"。

（2）在"偏好设置"对话框中，点击"网格"选项卡，输入这台计算机上 CPU 数量的最大值，选中"并行地运行方案"。

（3）点击"确定"按钮，并保存设置。

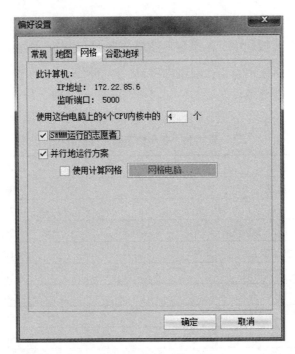

图 4-186 多核并行计算

7）使用 SRTC 工具率定模型

（1）在"表格"面板中点击"SRTC 工具" 。

（2）选中 Subcatchments 下所有设置了不确定性的参数，勾选"只校准实测的地点"，点击"下个"按钮。

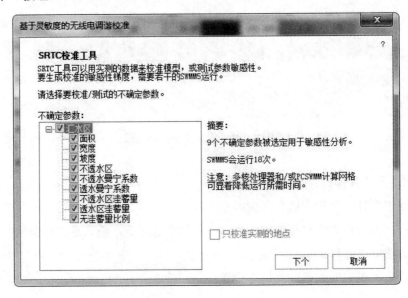

图 4-187 SRTC 校准工具

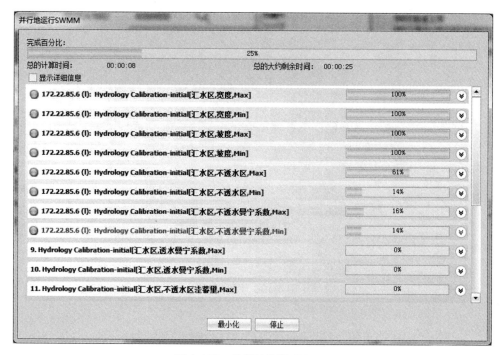

图 4-188 并行地运行 SWMM

（3）运行结束后，查看计算和实测过程线，并通过下方调节按钮，上下调节参数值，观察对率定结果的影响（可同时调整多个参数）。

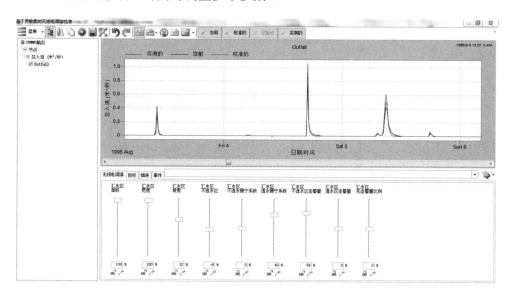

图 4-189 参数调整

（4）在"事件"选项中可选取不同事件反复调整参数。

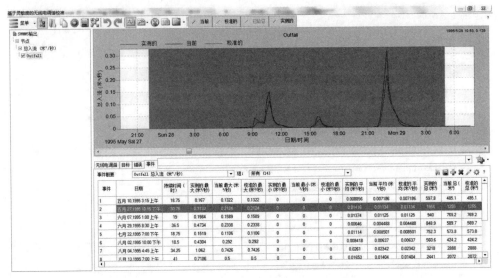

图 4-190　调参结果

（5）点击"选择绘图的数目"按钮可选择绘制多种情景图。

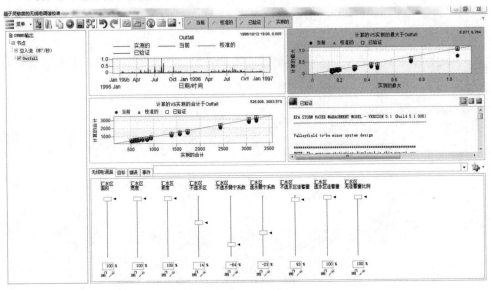

图 4-191　多情景图绘制

（6）当调整到合适的参数后，可点击"验证"按钮运行模型，并观察和对比分析当前值、实测值、验证值及校验值。

（7）点击"保存"按钮可将现有参数取值保存至本方案，也可选择保存成新方案。

4.6.3 导入 HEC-RAS 模型并配准坐标系

本例导入一个缺少地理信息的模型，并利用两种地理信息工具（重新定位和移动工具）为模型设置地理信息①。

1）打开 PCSWMM 并创建新模型

（1）启动 PCSWMM，在"文件"面板中点击"新建 SWMM 项目"，并将其命名为"Geo-referencing1"，保存至路径 PCSWMM Exercises\K056\Initial 中。

（2）点击"创建项目"，关闭窗口。

2）导入 HEC-RAS 模型

（1）在"文件"面板中点击"导入"按钮，选择"HEC-RAS"，在路径 PCSWMM Exercises\K056\Initial 下打开文件 HBCatchment7.g01。

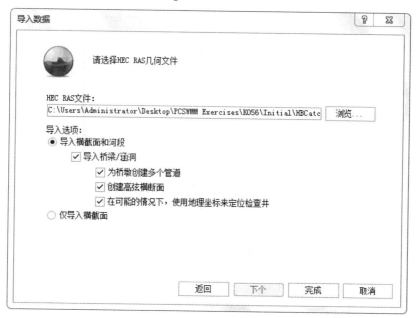

图 4-192 导入数据

（2）点击"完成"按钮关闭窗口，关闭错误报告和导入报告。

3）打开背景图片和河流图层

（1）点击"打开图层" 按钮，打开 PCSWMM Exercises_SI\K056\Initial 路径下的 Hum_89_Geo.DXF、Hum_101_Geo.DXF、Hum_102_Geo.DXF、Hum_103_Geo.DXF 以及 Rivers-simplified.shp 文件。

---

①实例名称：Geo-referencing an imported HEC-RAS model。实例编号：K056。数据下载地址：https://support. chiwater.com/549/hands-on-exercise-geo-referencing-an-imported-hec-ras-model。

（2）点击"范围" 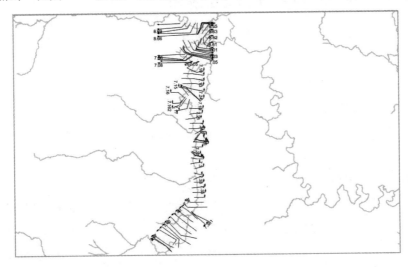 按钮，在图层范围列表中选择"Rivers-simplified"视角。

图 4-193　范围选择结果

（3）点击"放大" 按钮，拖动放大选框，放大显示河流断面所在位置。

（4）点击"范围" 按钮，点击"添加当前范围"，并将此范围命名为"Georeferenced location"。

（5）点击"确定"，并关闭范围管理器。

图 4-194　范围管理器

（6）点击"范围" 按钮，点击"SWMM5 model"按钮，回到 SWMM 模型范围。在"图层"面板中选择"排水口"图层，然后选中模型中的排水口，按住 Shift 键选中模型最上边的检查井，以选中整个河道。

（7）点击"范围" 按钮，选择"Georeferenced location"视角。

（8）点击"编辑" 按钮选择"重新定位"，选择红线部分定位模型。

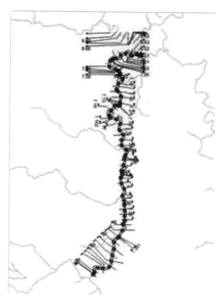

图 4-195 自定义视角显示

4）利用滑动编辑器定位检查井

（1）在"地图"面板中点击"图层属性" 按钮。

（2）选择检查井图层，在标签中插入 NAME 属性，点击"应用"。

（3）选中上游检查井 J7.472，右击，点击"编辑"菜单下的"滑动"，根据 CAD 中给出的背景图层位置，滑动检查井到合适位置（若提示"是否创建 GEOREF 属性"，选择"是"）。

（4）在"地图"面板中点击"图层属性" 按钮。

（5）选中"检查井"图层，选择"章节"下拉列表中的"GEOREF 属性"，点击"创建章节"。此时作为地理参考的检查井的 GEOREF 属性值会变为"是"。

（6）利用以上方法滑动并调整其他检查井，并点击"保存"按钮进行保存。

4.7 一维淹没模型篇

4.7.1 创建基于 DEM 的河道模型

本例基于 DEM 数据，创建南非爱德华港附近的 Sandlundlu 河的一段的河道模型，涉及流域土地面积为 $7\,km^2$，植被覆盖主要是小型灌木和农田，已经通过水文研究确定了峰值流量。简单起见，本河道模型中不包括任何水工建筑物[①]。

---

① 实例名称：Hanels-on exercise:Creating a DEM-based river model (Sandlundlu River, South Africa)。实例编号：K055。数据下载地址：https://support.chiwater.com/548/hands-on-exercise-creating-a-dem-based-river-model-sandlundlu-river-south-africa.

1）创建项目并加载 DEM

（1）启动 PCSWMM，点击"文件"选项卡，然后点击"新建"。

（2）选择"SWMM5 项目"。

（3）将项目命名为"Sandlundlu 河"，并将其保存在用户的 PCSWMM Exercises\K055\Initial 路径下。

（4）点击"创建"项目。

（5）点击"地图"面板下的"添加" 按钮。

（6）点击"打开" 按钮。

（7）找到 PCSWMM Exercises\K055\Initial，选择 ERF 189 BANNER REST 2014_FromTOT.tif，然后点击"打开"。

注：如果用户的坐标系统设置为"未知"时，DEM 应按照其默认投影正确显示在屏幕中央。如果 DEM 不能正常显示，将其坐标系更改为 Hartebeesthoek94Lo31，方法是在"地图"面板上依次选择"菜单"→"坐标系"→"变更"，并应用于所有图层。如果弹出"是否设置此地图坐标系统为默认坐标系"的对话框，点击"否"。

图 4-196   打开的 TIFF 文件

2）渲染 DEM

（1）点击"地图"面板下的"渲染"按钮。

（2）从列表图层选择"ERF 189 BANNER REST 2014_FromTOT"，点击图层特性管理器底部的"高级"按钮。

（3）从标签 Raster 窗口选择"Grid"。

（4）点击"Wizard..."按钮。

（5）选中"Createnewramp"，选择"Apply"按钮。

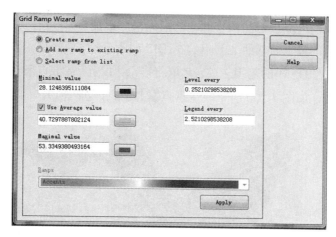

图 4-197　渲染 DEM

（6）点击"Apply"，应用渲染。

（7）点击"OK"，关闭窗口。

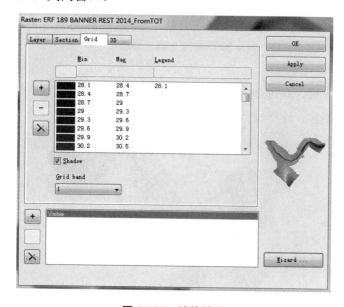

图 4-198　渲染结果

3）放置检查井和管道

（1）点击位于 PCSWMM 窗口状态栏底部的"开启自动长度"按钮。

（2）选择"开"选项。该"自动长度"选项变为绿色。

图 4-199　打开自动长度

（3）选择"图层"面板中的检查井，然后点击"添加" 按钮。

（4）找到河道的最上游（西北）点。在 DEM 图层上移动光标，窗口的底部显示海拔"Z 值"（如果光标在 DEM 的范围之外，Z 值将显示"0"）。在节点所在的位置单击鼠标，添加一个新的节点，如图 4-200 所示（注意点在 DEM 的范围内）。

图 4-200　在河道最上游添加节点

（5）按住 Shift 键，在每个河道拐点处点击放置一个检查井（共 17 个，如图 4-201 所示），管道将自动创建、连接检查井。

图 4-201　检查井位置

4）为检查井设置下沿标高

（1）在 PCSWMM 窗口的状态栏，点击"偏移"按钮并选择"深度"。

（2）在"地图"面板中，点击"工具"按钮，选择"节点"，设置 DEM 标高。

（3）在"设置 DEM 标高"窗口，设定 DEM 层为"ERF 189 BANNER REST

2014_FromTOT.tif"，设置"点图层"为"Junctions"，"DEM 标高属性"为"下沿标高"。

图 4-202 设置 DEM 标高

（4）点击"分析..."按钮并确认所有新的反转高程在 28～33 m 范围内。

（5）点击"应用"，然后"关闭"。

（6）选择模式下，右击最下游检查井，依次选择"转换""排水口"，将其更改为一个排水口。

图 4-203 检查井转换为排水口

5）创建管道横截面

使用 PCSWMM 内置的横截面创建器工具，可以快速生成并分配管道断面。

（1）点击"工具" 按钮，选择"管道"，然后选择"横断面创建器"。

（2）点击"横断面线"。

（3）横断面图层下拉菜单中点击"创建"按钮。

（4）指定到 PCSWMM Exercises\K055\Initial，输入"Floodplain transects"作为文件名。

（5）如果弹出"是否要开始添加断面线"对话框，点击"不"，点击"保存"按钮。

（6）设置流路图层为"管道"。

（7）确保 DEM 图层为"ERF 189 BANNER REST 2014_FromTOT.tif"。

（8）横断面间距为 100 m。

（9）站间距为 2 m。

（10）横断面长度为 80 m。

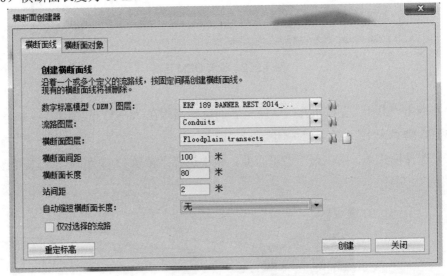

图 4-204　创建横断面

（11）点击"创建"，然后关闭。基于 DEM 的断面将自动分配给各个管道。

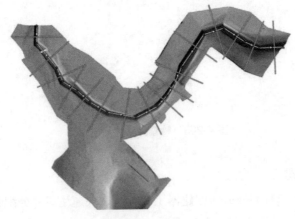

图 4-205　结果展示

（12）点击"工具"按钮，选择"管道"，然后选择"横断面创建器"。

（13）点击"横断面对象"选项卡。

（14）确保 DEM 图层为"ERF 189 BANNER REST 2014_FromTOT.tif"。

（15）横断面图层为"Floodplain transects"。

（16）保持漫滩图层空白。

（17）对于河道表示方法，选择"平均所有相交于管道的横断面"。

（18）勾选"指定管道名称给横断面"。

（19）点击"分析"。如果"横断面创建器"对话框通知用户相交管道有不规则形状的（例如，如果默认管道类型为圆形）管道，选择"更改管道类型"。

（20）弹出详细的分析结果。点击"应用"，然后"关闭"。

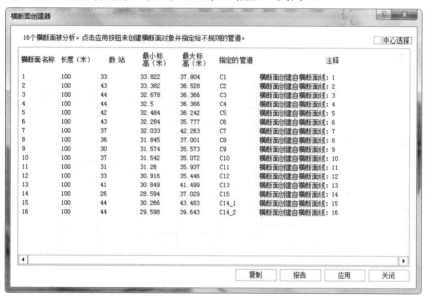

图 4-206　创建横断面分析结果

注：要指定横断面不同部分（主河槽、漫滩等）的粗糙度系数，用户可以通过横断面编辑器定义漫滩等图层。

6）给检查井分配入流

（1）点击选中最上游的 J1 检查井。

（2）在检查井的"属性"面板，依次点击"入流部分"→"时间序列"→"省略"。

（3）点击"添加"按钮，创建一个新的时间序列。

（4）命名时间序列为"JunctionInflow"。

（5）点击"加载..."按钮并指定到 PCSWMM Exercises\K055\Initial，选择 Inflowtimeseries.dat。

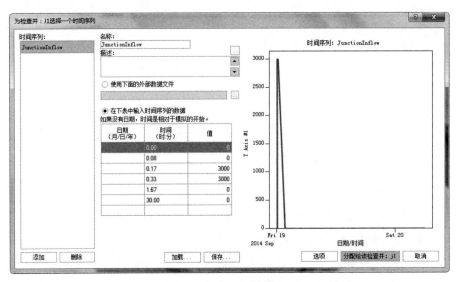

图 4-207　将时间序列分配给检查井

（6）点击"分配给检查井：J1"按钮。

（7）点击"运行"按钮。

7）设置洪灾淹没分析与创建淹没多边形

（1）点击"文件"选项卡。

（2）点击"洪水分析"。

（3）勾选"启用洪水淹没分析"。

（4）选择洪泛区横断面图层为"Floodplain transects"。

（5）洪水淹没图层选择"新建"。

（6）使用"Floodplain inundation.SHP"作为文件名，然后点击"保存"。

（7）勾选"使用交叉点来画洪水淹没多边形"。

（8）点击"确定"。

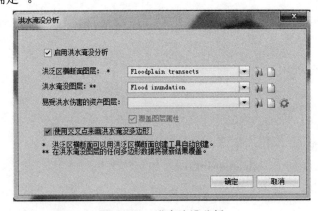

图 4-208　洪水淹没分析

"图层"面板中的洪水淹没图层将显示本次 70 m³/s 洪水事件对应的洪水淹没范围。

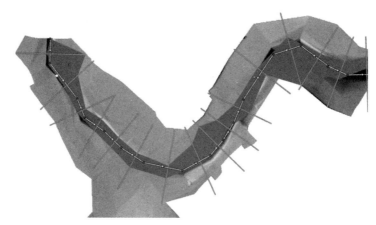

图 4-209　洪水淹没范围

8）播放洪水淹没图层动画

（1）在"图层"面板上点击"关闭 Floodplain transects 图层"。

（2）在"地图"面板点击"播放（动画）" ⊙ 按钮。

（3）在"动画属性"对话框中，勾选洪水淹没下的"动画处理洪水"选项。

（4）点击"显示动画"。

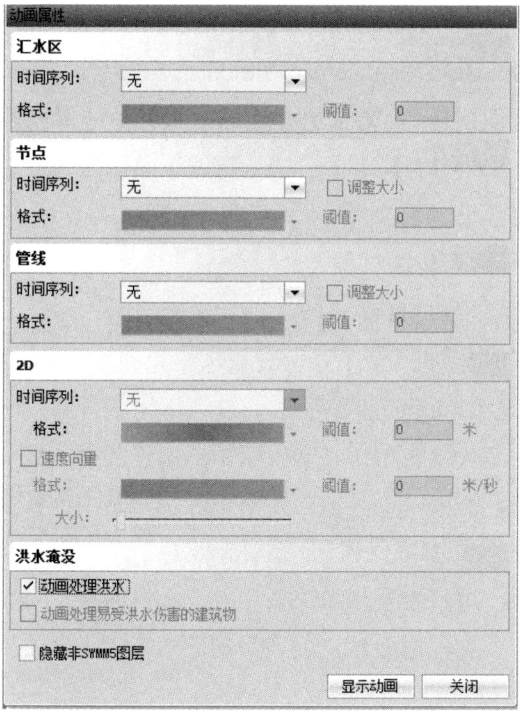

图 4-210　动画属性设置

（5）动画栏出现在"地图"面板底部以显示处于动画模式。点击"播放"按钮查看洪水动画。用户也可拖动时间线快进播放动画。

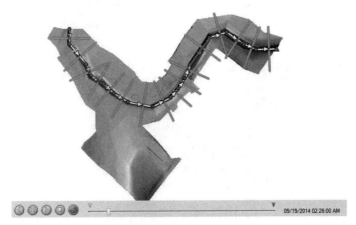

图 4-211　动画播放

4.8　农村 SWMM 模型篇

4.8.1　使用农业最佳管理措施建立农村 SWMM 模型

农业最佳管理措施（Best Management Practices，BMPs）是为了减少侵蚀和削减污染而采取的耕作及土地管理措施[①]。为了更好地描述农村地区暴雨径流过程和应用于农村流域中的各种 BMPs，PCSWMM 提供了一些特定的工具，用户可以利用这些工具开展以下工作：

- 用 MUSLE 模拟地表侵蚀过程；
- 模拟溪流内的水处理过程；
- 模拟各种参数的季节性变化；
- 模拟暗沟排水（tile drainage）。

在 PCSWMM 农业 BMPs 模型中，常用农田图层作为背景图层。该图层是一个多边形面状图层，描述了农田、地块以及其他重要的小区块。利用面积加权工具，从该图层提取参数并为 SWMM5 汇水区的参数赋值。

当运行模型的时候，用户会发现 PCSWMM 运行了两次。这是因为模型使用 MUSLE 方程计算地表侵蚀，这个过程需要独立的、最初的 SWMM 水文模型来计算 MUSLE 方程

---

① 实例名称：Introduction to rural SWMM modeling using agricultural BMPs。实例编号：K120。数据下载地址：https://support.chiwater.com/621/hands-on-exercise-introduction-to-rural-swmm-modeling-using-agricultural-bmps。

所需的区域径流，然后将 TSS 或其他的基于侵蚀的污染物负荷加入汇水区出水口，最终作为整个 SWMM 运行的入流条件。

1）打开模型

（1）启动 PCSWMM，点击"打开"按钮。

（2）在路径 PCSWMM Exercises\K120\Initial 下，选择 MB_water_quantity_20140912.pcz，点击"解压"并"确定"。

（3）点击"运行"按钮开始模拟。

2）创建新的方案

（1）点击"方案"按钮，打开方案管理器。

（2）点击"添加"按钮，选择"复制当前项目"，命名为"MB_AGBMPs"，设置路径为 PCSWMM Exercises\K120\initial，点击"创建"按钮。

（3）点击"方案"按钮，双击"MB_AGBMPs"并打开。

（4）解锁 MB_Fields 图层，点击任一个分割田地，查看"属性"面板里的 AgBMP's 部分。此处用来定义田地的农业 BMPs。

注：**本例 AgBMP's 部分列出了 8 个农业最佳管理措施，预先建立好了图层属性。用户需要查看这些措施和图层属性的定义方式。**

（5）在"地图"面板，点击"改变"按钮，选择"重新构建"。

（6）双击"属性"部分的"AgBMP's"，点击"Conservation Cover"。数据类型选择"Boolean"，即可以设置属性为"true"或"false"。

（7）点击"Conservation Tillage"，属性数据类型为"Text"，数据录入为强制值列表，在编辑器的右边有设置好的数据供用户选择。

（8）点击"取消"按钮，关闭"重新构建"窗口。

可以对 PCSWMM 模型中的任何图层（包括 SWMM5 图层）自定义其属性。

3）将农业 BMPs 添加到农田图层中

以下将分析农业 BMPs 组合对径流和污染物路由的影响。将 BMPs 添加到汇水区 TC53-07 内的农田图层中，并比较两种方案的结果。首先，要确定该汇水区的位置。

（1）在"地图"面板中点击"查找"按钮，选择"查询选择"。

（2）设置"图层"为"Subcatchments"，设置"属性"为"Name"，设置"运算符"为"="，设置"值"为"TC53-07"，勾选"中心选择"。

（3）点击"选择"按钮，并关闭对话框。

接下来编辑农田图层。这个图层使用自动表达式计算一系列的水文属性参数。因为该农田图层是 GIS 背景图层，所以需要先复制这个图层，以确保不改变原有的农田图层。

（4）在"图层"面板中点击"MB_Fields"图层，点击"解锁"图层按钮。

（5）点击"复制"图层。

（6）指定保存路径为 PCSWMM Exercises\K120\Initial，名称为"MB_Fields-Copy.SHP"。

（7）点击汇水区 TC53-07 里面的任何一个田地多边形。在"属性"面板中，拖动滚动条到"Modified parameters"部分。

（8）在"属性"面板中点击"Tillage"属性，并点击"Tillage"属性右侧的"函数"按钮，打开自动计算编辑器。

在自动计算编辑器中，用户定义的表达式中独立的属性发生变化时，PCSWMM 会根据所建表达式自动计算相关属性值。

这个表达式是一个条件语句，它根据 AgBMP's 部分的"Conservation Tillage"属性定义了"tillage"属性。

（9）点击"关闭"按钮，关闭自动表达式编辑器。

（10）点击"糙率"属性，点击位于"tillage"属性框中的"函数"按钮，打开表达式编辑器。该表达式将根据 AgBMP's 部分定义的 BMPs 计算田地糙率值。

（11）点击"关闭"按钮。

（12）点击位于汇水区内的任一块田地，点击 AgBMP's 中"Conservation Tillage"属性。

（13）在下拉列表中选择"Conservation"，注意"Modified Parameters"发生了变化。

（14）点击"Conservation Cover"属性，将属性变为"True"。注意"Modified Parameters"是如何根据所选的 AgBMP's 发生变化的。

现在对 TC53-07 汇水区中所有的田地进行相同的设置。

（15）在"图层"面板中点击"MB_Fields-Copy"图层，通过长按 Ctrl 键选择 TC53-07 汇水区中所有的田地。总共选择 8 块田地。

（16）在"属性"面板中滚动到 AgBMP's 部分。

（17）在"Conservation Tillage"下面选择"Conservation"。

（18）在 8 块田地仍然被选中时，将"Conservation Cover"属性改为"True"。

（19）点击地图中任一位置，取消选择田地。

4）用面积加权工具重新计算汇水区参数

现在已经设定了 AgBMP's，并重新计算了 Modified Parameters 部分的 SWMM5 水文参数。以下将使用面积加权工具根据农田图层计算 SWMM5 汇水区图层的属性。

（1）在"地图"面板中点击"工具"按钮。

（2）在"汇水区"部分选择"面积加权工具"。

（3）数据源图层设定为"MB_Fields-Copy"，目标图层设定为"汇水区"。

（4）不要勾选"使用查找表格"，点击"下一步"按钮。

（5）在"面积"旁，将数据源图层改为"none"。

（6）确保"slope"的匹配项为"SLOPE"，"NPerv"的匹配项为"NPERV"，"DstorePerv"的匹配项为"DSPERV"，"P"的匹配项为"PUSLE"，"LS"的匹配项为"LEUSLE"。可能还存在其他自动匹配的属性，对于这些自动匹配的属性，点击下拉单选择"none"。

（7）点击"计算"按钮。

（8）查看并关闭面积加权报告，点击"关闭"按钮。

（9）点击"运行"按钮。

（10）在"图层"面板，选择"汇水区"，在"地图"面板中点击汇水区 TC53-07。

（11）在"属性"面板中点击"查看图表"按钮。

（12）选择"径流"、"NO_2"径流和"NO_3 径流"，不勾选其他的选框。

（13）点击"显示图表"按钮。

（14）在"图表"面板中点击"展示场景"按钮。

（15）选择两个方案，改变方案对应颜色。

（16）点击"比较方案"按钮。

（17）点击"工具"按钮，选择"目标函数"。

（18）放大图形中一个降水事件，比较径流和污染物径流的区别。在"目标函数"面板中查看每个径流值的统计信息。

现在比较汇水区 TC53-07 下游的水文过程线。

（19）点击"地图"按钮，回到"地图"面板。

（20）选择位于 TC53-07 汇水区下游的 C54-06 管道。

（21）点击"显示图表"，依次选择"流量"、"流速"和"Clay"。

（22）放大图形中一个降水事件，比较径流和污染物径流的不同。在"目标函数"面板中查看每个目标函数的统计信息。

4.9 卫生系统建模篇

4.9.1 设计一个含有压力干管的污水排放系统

本例利用 PCSWMM 设计污水排放系统。该系统为加拿大魁北克 Valleyfield 地区约 80 个家庭的居民区提供服务，主要用来应对旱季入流和入渗的流量，系统包括检查井、管道和泵站，并含有压力干管[1]。

---

[1]实例名称：Design of a sanitary sewer system with a force main (Valleyfield, Quebec)。实例编号：K027。数据下载地址：https://support.chiwater.com/519/hands-on-exercise-design-of-a-sanitary-sewer-system-with-a-force-main-valleyfield-quebec。

1）建立启动一个新的 SWMM 项目

首先，打开一个带有背景图层的 Valleyfield 污水排放设计项目。

（1）启动 PCSWMM，在"文件"选项卡点击"打开"按钮。

（2）浏览到 PCSWMM Exercises\K027\Initial\Valleyfield_sanitary.pcz，并点击"打开"。

（3）将文件"解压"到 PCSWMM Exercises\K027\Initial\。

（4）点击"打开"按钮。

图 4-212　打开项目文件展示

CAD 图形出现在绘图区内，它以黄色线段描绘了地块和道路的位置。

注：本例水流流量较小，所以模型单位采用 GPM|LPS。

本例中，将建立污水管网，以便将污水从各地块运输到指定的地点。该区域地形相对平坦，所以必须将地形分段以确保满足最小坡度的要求。以下将输入下游位置的底部高程，并利用"设置坡度"工具计算各检查井的底部高程。

2）确定污水排放系统检查井的位置

将设置一个排水口（用来模拟泵站湿井）和检查井的位置。检查井的最大间隔为 160 m，并且需要确保管道相交和管道拐弯的位置都存在检查井。首先，创建一个排水口。

（1）在"图层"面板中点击"排水口"选项。

（2）点击"添加" ➕ 按钮，在地块西侧（蓝色 CAD 边界以外），创建一个排水口（如图 4-213 所示）。

（3）点击"选择" ➴ 按钮，退出添加形状模式。

（4）此时排水口仍被选中，设置其底部高程为 147.6 ft（45 m）。

图 4-213　排水口位置

接下来，根据 GIS 背景底图确定为检查井的位置。

（5）在"地图"面板中点击"打开图层" 按钮，点击"打开" 按钮。

（6）在路径 PCSWMM Exercises\K027\Initial 下选择 Junctionsoutline.SHP，点击"打开"。

此处添加的 Junctionsoutline.SHP 仅是一个背景节点图层，不是 SWMM5 模型的检查井。我们将复制这些 Junctionsoutline.SHP，把它们粘贴到 SWMM 检查井图层中，并绘制连接检查井的管道。

（7）在"图层面板"中选择"Junctionsoutline.SHP"。

（8）右击图层，选择"解锁"。点击"解锁图层"。

（9）按下"Ctrl+A"全选"Junctionsoutline.SHP"。

（10）按住"Ctrl+C"复制检查井。

（11）在"图层"面板中选择"检查井"图层。

（12）按下"Ctrl+V"粘贴到"检查井"图层。

（13）右击"Junctionsoutline.SHP"，点击"关闭" ，关闭该图层。

现在添加管道将检查井连接在一起。

（14）在"图层"面板中点击"管道"图层。

（15）点击"添加" 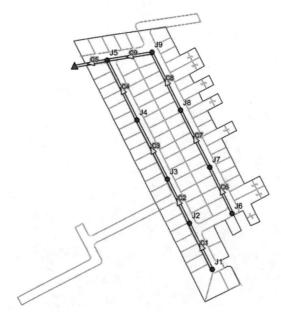 按钮。

（16）点击"J1"然后点击"J2"，弹出"是否自动计算管道长度"对话框，点击"是"。

（17）重复以上步骤，连接 J2 到 J3、J3 到 J4、J4 到 J5 等。

图 4-214　管道连接情况

　　如果操作出错，点击"选择" 按钮，选择实体，点击"删除" 按钮，或者按 Delete 键。然后用户点击"添加" 按钮，继续创建检查井。如果按照图 4-214 显示的内容命名这些节点，在接下来的建模工作中将会比较方便。用户可以双击实体，然后把它拖动到需要的位置上。

（18）点击"选择" 按钮，退出添加形状模式。

（19）在"地图"面板中点击"菜单"按钮，选择"偏好设置"。

（20）在"地图"标签下勾选"显示管道箭头"。

（21）点击"确定"关闭对话框。

（22）检查管道流向箭头是否与图 4-214 中的方向一致。如果用户需要改变管道方向，点击"管道"选中管道后右击鼠标，在弹出的菜单中点击"转换箭头"。

　　注：在 PCSWMM 中，可以通过深度定义检查井深度，也可以通过设置顶部高程来定义。一般来说，创建模型时，检查井的深度是未知的，可以先定义上沿标高，利用自动表达式功能自动计算深度（深度为上沿标高减去下沿标高）。如果需要利用深度属性计算（但未启动利用深度计算功能），选择深度属性，点击自动表达式按钮 fx，在自动表达编辑器，点击"改为计算上沿标高"按钮，切换为利用深度计算上沿标高。

本例中检查井深度为 2 m，下沿标高将根据恒定的坡度计算出来。

（23）在"图层"面板中选择"检查井"图层，按下"Ctrl+A"全选。

（24）在"属性"面板中输入深度 2 m。如果深度属性是灰色的，选择"深度"属性，点击"自动表达式"按钮fx，在自动表达编辑器，点击"改为计算上沿标高"按钮，最后输入深度值。

（25）点击"保存" 按钮。

3）设置管道属性

（1）在"图层"面板中点击"管道"图层。

（2）按住"Ctrl+A"选择所有管道。

（3）按下列参数调整管道属性：

糙率=0.013（新混凝土管道）

断面形状=圆形

Geom1=1 m

现在需要给系统内所有检查井分配下沿标高。系统内最小管道坡度为 1%，排水口的下沿标高为 45 m，PCSWMM 将根据这些要求自动计算出其他所有检查井的下沿标高。

（4）点击"工具" 按钮。

（5）在"节点、管道、顶点"部分点击"设置坡度"。

（6）在"设置坡度"工具，设置"坡度"为 1%。

（7）确保"保持节点顶部高程"选项已关闭。

（8）确保"提高上游节点的顶部高程"选项已开启。

（9）确保"只应用到更平的管道"选项已关闭。

（10）确保"仅应用于选择的管道"应为灰色或已关闭。

（11）点击"分析"按钮。

（12）当计算结果表出现后，点击"应用"，点击"关闭"按钮。

注：如果在设置坡度对话框没有列出 9 个节点，原因可能是水流方向有错误。此时需要显示流向箭头，以便检查流向是否正确。

（13）在"地图"面板中点击检查井"J1"。

（14）按下 Shift 键，点击"OF1"，选择 J1 至 OF1 的路径。

（15）点击"剖面"选项卡查看剖面。

（16）在"剖面"面板点击"属性" 按钮。

（17）在剖面属性编辑器的"节点"部分勾选下沿标高。

（18）在"管线"部分，勾选"深度"。

（19）点击"关闭"按钮，退出剖面属性。

4）给检查井分配入流

污水排放系统接受的入流来自集水区域产生的废水，以及由降雨引起的入流或入渗（RDII）。这与雨水收集系统不同，雨水收集系统的入流来自降雨或者融雪。对于污水系统，入流发生在每一个检查井，并受到各检查井的纳污区（sewershed）的影响。子汇水区（subwatershed）产生地表径流的集水区域，纳污区（sewershed）是产生污废水和 RDII 的集水区域。

入流	
基流 (L/s)	0
基流时间模式	
时间序列	
比例因子	0
平均值 (L/s)	0
时间模式1	
时间模式2	
时间模式3	
时间模式4	
水量图	
集水区面积	0

图 4-215　入流参数

图 4-216　入流编辑器

入流可分为直接入流（恒定流或时间序列）、旱季入流（时间模式平均流量）和使用水量图的 RDII。首先，需要划分每个节点的纳污区。用户可以创建一个空的 shp 文件，然后创建多边形来代表纳污区。

注：要创建一个新的 GIS 图层，在"地图"面板点击"打开"按钮，点击"新建"按钮，选择"多边形 shp"类型，"保存"图层。在"图层"面板点击已经创建好的图层。点击"添加"　　按钮来绘制每一个独立的纳污区多边形。

在划分好纳污区之后，可通过多种方式确定污水量和废水量。最常用的计算污、废水量的方法是以该地区的人口数量乘以平均每日每人废水产生量。可以根据每个纳污区内建筑物数量乘以平均每个建筑物容纳的人数得到人口总数，或者将城市面积乘以人口密度得到人口总数。计算污、废水量时也可能考虑不同的土地利用方式。另一个方法是利用耗水量（以用水计量数据乘以某个百分比）估算产生的污、废水量。

本例中，将导入外部 GIS 图层，图层包括每一个节点的纳污区。将计算 SHP 图层中的污、废水量，并将污、废水量分配到相应的节点上（注意，为了便于导入数据，纳污区的名称与节点名称相匹配，比如节点名称为 J6，相应的 sewershed 名称也为 J6）。将在 shp 文件中创建另外两个属性，以计算平均污水产生率和入流/入渗量，另一种方法是从 Excel 或 txt 文件中导入入流数据。

（1）在"地图"面板点击"打开图层" 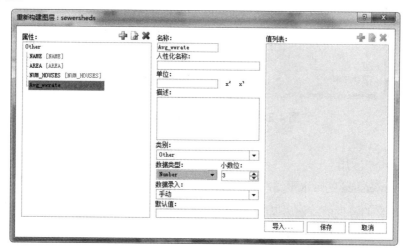 按钮。

（2）在路径 PCSWMM Exercises\K027\Initial 下，选择"Sewersheds.SHP"，点击"打开"。

（3）点击"表格"面板，点击"sewershed"图层，用户会看到 AREA 属性和 NUM_HOUSES 属性，分别代表了各纳污区的区域面积和房屋数量。

（4）点击"地图"选项卡，打开"地图"面板。

（5）点击"sewershed"图层，右击"解锁"。

（6）点击"解锁"按钮。

（7）右击"sewershed"图层，选择"重新构建"。

（8）点击"添加"按钮创建一个新的属性。输入名称为"Avg_wwrate"，选择"Number"作为数据类型。

图 4-217　添加属性

（9）再次点击"添加"按钮，创建另一个属性，命名为"Infil"，选择"Number"作为数据类型。

（10）点击"保存"按钮。

现在使用替换工具计算两个创建的属性。平均污水产生率的计算如下：假定每一个房屋容纳 3.5 个人，单位污水产生率为 350 L/（人·d）[污水产生率介于 225～425 L/（人·d）]。这个数值可以作为旱季入流的平均值。假定入渗率是一个直接入流常数，取值为 0.2 L/（s·幢）。入流和入渗量由降雨量与入渗率相乘得出，或者由 RDII 算法得到。建议使用研究区雨季和旱季水流监测数据计算这些参数。

（11）使用替换工具计算两个新建的属性。点击"sewershed"图层，点击"Ctrl+A"选择所有 sewershed 多边形。

（12）在"属性"面板点击"替换" **fx** 按钮。

（13）确保 sewershed 图层被选中，在"编辑属性"下选择"AVG_WWRATE"，"收藏"下点击"替换"，选择本图层的其他属性，设置"源属性"为"NUM_HOUSES"。

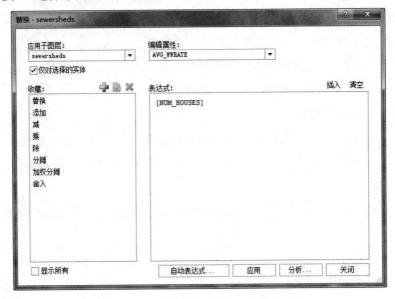

图 4-218　利用替换工具计算新建属性

（14）点击"应用"。

每一个 sewershed 的污水平均产生率（AVG_WWRATE）已被其范围内的房屋数量所代替。现在将使用同样的替换函数使房屋数量乘以 0.014 L/（s·幢）[350 L/（人·d）×3.5 人/幢]。

（15）如果用户已经关闭了多属性编辑器，再次点击"替换"按钮。

（16）确保 sewershed 图层被选中，将"编辑属性"选为"AVG_WWRATE"，"收藏"下点击"乘"，输入用户指定值 0.014。

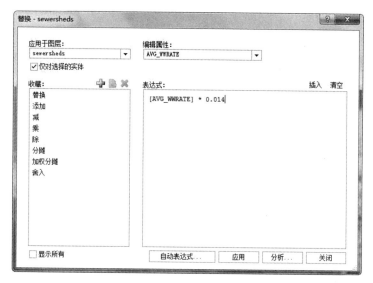

图 4-219 计算表达式

（17）点击"应用"。

按照同样的方法，使用替换工具设置 INFIL 属性。

（18）确保 sewershed 图层被选中，将"编辑属性"选为"INFIL"，"收藏"下点击"替换"，点击"乘"，然后选择该图层的其他属性，设置源属性为"AREA"。

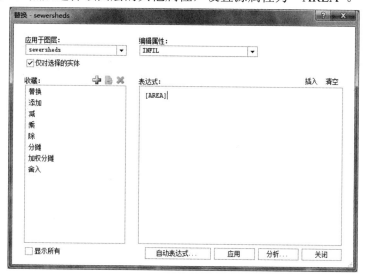

图 4-220 计算属性值

（19）点击"应用"。

（20）确保 sewershed 图层被选中，设置编辑属性为 INFIL，"收藏"下点击"乘"，输入用户指定值"0.2L/（s·hm^2）"。

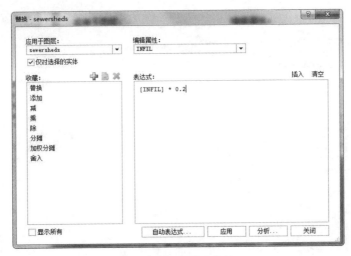

图 4-221　计算属性值

（21）点击"应用"。

（22）点击"关闭"，关闭多属性编辑器。

5）为检查井分配入流

现在使用替换工具从 sewershed 的 GIS 图层导入入流数据。

（1）点击"图层"面板的"检查井"图层，点击"Ctrl+A"选择所有检查井。

（2）点击"替换工具"。

（3）确保"检查井"图层被选中，设置"图层"为"检查井"，在"编辑属性"下选择"基流"，点击"插入"，点击"函数"，选择"LLOOKUP"，在表达式文本框中按图 4-222 填入函数变量。

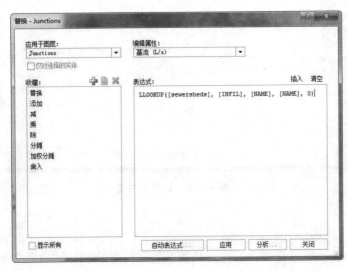

图 4-222　利用函数计算属性

（4）点击"应用"。弹出"替换"结果对话框，如图 4-223 所示。

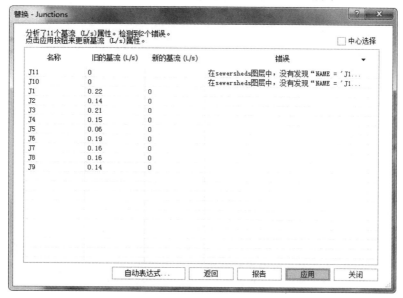

图 4-223　计算结果分析

（5）按同样方法，设置"图层"为"检查井"，"编辑属性"为"AverageValue"，点击"插入"，点击"函数"，选择"LLOOKUP"，在表达式文本框中按图 4-224 填入函数变量。

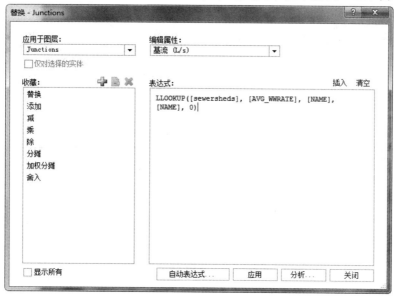

图 4-224　利用函数计算属性

（6）点击"应用"。弹出"替换"结果对话框，并再点击"应用"，完成属性替换（如图 4-225 所示）。

图 4-225 计算结果分析

6）设置时间模式

有多种方式可以确定检查井的入流。如果没有准备好含有 sewershed 的 GIS 图层，可以手动输入数据，或者从 Excel 文件导入数据，也可以从含有水量计读数或土地利用方式/人口密度等信息的 GIS 图层中提取数据。

（1）在"项目"面板点击"时间模式"。

（2）点击"添加"按钮，键入名称为"Diurnal"，设置类型为"HOURLY"。

（3）按表 4-12 所示，在时间模式编辑器输入数据。

表 4-12 时间及相应乘数

时间	乘数	时间	乘数
12:00AM	0.85	12:00PM	0.9
1:00AM	0.65	1:00PM	0.9
2:00AM	0.5	2:00PM	1
3:00AM	0.2	3:00PM	1.05
4:00AM	0.1	4:00PM	1.15
5:00AM	0.2	5:00PM	1.3
6:00AM	0.95	6:00PM	1.3
7:00AM	2.4	7:00PM	1.6
8:00AM	1.3	8:00PM	1.8
9:00AM	1.15	9:00PM	1.1
10:00AM	0.7	10:00PM	1.1
11:00AM	0.8	11:00PM	1

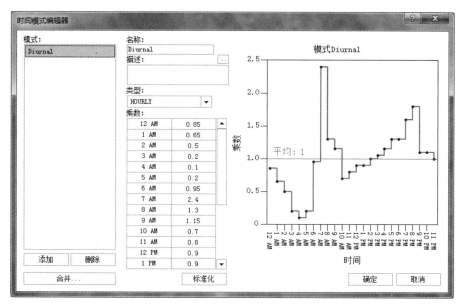

图 4-226　时间模式设置

（4）点击"确定"。

（5）如果没有选中所有的检查井，可点击检查井图层，并选择所有检查井。

（6）在"属性"面板点击"浏览"，将"时间模式 1"改为"Diurnal"。

注：污水平均产生率和时间模式依赖于纳污区的地理位置和相应的土地利用方式。所以，同一个模型可以有不同的平均值和时间模式。如果有足够的数据可用，可以分析多个时间模式下的逐日或逐月的变化情况。

7）运行模型

（1）点击"模拟条件"。

（2）点击"日期"选项卡，设置"持续时间"为 150 h。

注：因为本例只进行水力学计算（本例中没有汇水区，不进行水文学计算），所以当用户查看"常规"选项卡时，会发现只勾选了"流量路由"。

（3）点击"运行"⬤ 按钮。

（4）检查连续性误差是否合理（小于 5%，取决于设计精确度要求）。

接下来设置跌水，即穿过检查井前后管道的下降（简称"下降"）和损失。前面在设计管道尺寸时使用的曼宁公式没有考虑检查井下降。另外，在确定管道尺寸之后设置最小管道下降可以减少重复的操作步骤。在设置下降并重新运行模型后，就可以沿着剖面查看管道的容量，并对管道尺寸做出必要的调整。

8）设置管道直径

PCSWMM 将计算未达满流的最小管道直径，给出最相近的标准管道直径，并将此直径应用到模型中（相应地更新输入数据文件）。

（1）在"图层"面板点击"管道"图层。

（2）按住"Ctrl+A"，选择所有管道。

（3）点击"工具" ✖ 按钮，点击"设置管道尺寸"工具。

（4）设置"最小直径"为 0.2 m，选择"保持管道底部高程"。

（5）点击"分析"按钮。

（6）在"计算管道尺寸"对话框中比较原来的直径和新直径，点击"节点"选项卡，可发现根据管道尺寸的变化，底部高程也发生了变化，大多数管道都调整到了最小管径。

（7）点击"应用"，点击"关闭"。

9）设置下降/损失

模型中检查井与一条或多条管道相连，当水流流经检查井进入与其相连的下游管道入口前可能会发生跌水（下降），本例需要对下降进行调整。本例设置流经检查井引起的下降为 0.1 ft（0.03 m）；检查井处弯曲角度为 45°～90°，对应的下降为 0.49 ft（0.15 m）。

（1）在"地图"面板点击"工具" ✖ 按钮，点击"设置下降/损失"。

（2）在"计算"下拉框选择"下降和损失"。输入角度、下降和损耗系数，如图 4-227 所示。

注：本例使用两个角度的数据说明设置参数的方法，然而在实际问题中建议根据实际角度输入下降和损耗系数。

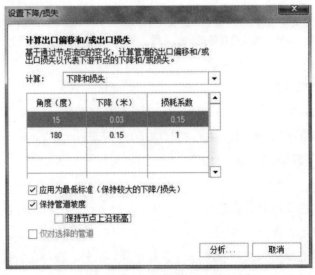

图 4-227　下降和损失计算

（3）确保勾选"应用为最低标准（保持较大的下降/损失）"，确保勾选"保持管道坡度"。

（4）点击"分析"。

（5）检查管道 C4 和 C8 的出口偏移和出口损失系数是否相同。

（6）点击"应用"。

（7）按住"Ctrl+A"，选择所有管道。

（8）设置"入口损失系数"为0.1。

（9）点击"运行" 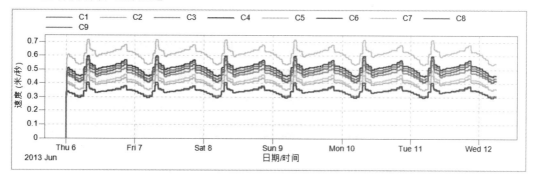 按钮，保存项目并重新生成结果。

10）查看并分析结果

现在查看模型是否满足最小流速标准的要求。

（1）点击"图表"选项卡，打开"图表"面板。

（2）如果用户不能看到时间序列管理器，点击"序列"按钮来展开时间序列管理器。

（3）在时间序列管理器，依次选择"管道""流速"，右击"流速"，选择所有管道（C1～C9），查看所有管道的流速。

图 4-228　流速过程线图

"图表"面板还可以用于绘制所有汇水区径流过程线、所有管道流量过程线及所有节点水深过程线。

注：用户的流速过程线应该与图4-228的过程线图相似，流速峰值应该超过指定的最小流速。

（4）点击"状态"面板并检查连续性误差在5%以下。

11）设置泵站及压力干管

本例假设废水被收集到一个污水池中并由水泵抽送到一个污水处理厂，所以在模型中需要增加一个泵站和一条将废水运送到污水处理厂的有压干管。有压干管公式选择Hazen-Williams方程（模型可选Hazen-Williams、Darcy-Weisbach或simple Mannings方程）。

（1）切换到"地图"面板。

（2）右击排水口OF1并选择"转换"，在子菜单选择"蓄水单元"。

（3）在"属性"面板改变"名称"为"SU1"，"下沿标高"为131.2 ft（40 m），"深度"为 23 ft（7 m），"蓄水曲线"为"FUNCTIONAL"，"系数"为 0，改变"常数"为 40 ft²（4 m²），具体参数如表4-13所示。

表 4-13　蓄水单元参数

名称	SU1
下沿标高	131.2 ft（40 m）
深度	23 ft（7 m）
蓄水曲线	FUNCTIONAL
系数	0
指数	0
面积常数	40 ft² （4 m²）

（4）选择管道 C5，将"出口偏移"更改为 16.4 ft（5 m）。

添加一个排水口代表污水处理厂。

（5）滚动鼠标滚轮，放大到用户可以看到河流。

（6）在"图层"面板选择"排水口"图层，并点击"添加" 按钮。

（7）在河道旁边点击添加一个排水口，如图 4-229 所示。

图 4-229　排水口位置

（8）在"属性"面板改变排水口的名称为"Outfall"，并设置"底部高程"为 144 ft（44 m）。

（9）点击"选择" 按钮退出编辑模式。

现在创建一条压力干管。

（10）在"图层"面板点击"检查井"图层，点击"添加" 按钮。

（11）在蓄水单元 SU1 旁边绘制一个节点，然后按住 Shift 键，点击 SU1H 和排水口中间的地方，绘制另一个节点及一根管线，如图 4-230 所示。

图 4-230 添加管道

注：新的检查井 J10 代表泵站的起始端，J11 是压力干管的中间位置。连接 J10 和 J11 的管道 C10 代表半条压力干管。

现在添加第二根管线，连接 J11 和 Outfall。管道 C10 和 C11 代表整条压力干管。

（12）在"图层"面板点击"管道"图层，点击"添加" 按钮。

（13）点击 J11 然后点击"Outfall"来添加一根管线。

（14）点击"选择" 按钮退出编辑模式。

（15）选择管道 C10，按下 Ctrl 键，选择 C11，这样选中两根管道。

（16）在"属性"面板中改变长度为 2 450 ft（750 m）。

（17）在"属性"面板点击"断面"属性，点击"浏览" 按钮，打开横断面编辑器。

（18）改变"横断面"为环形压力干管，"最大深度"改为 0.5 ft（0.15 m）。

（19）在"粗糙度"框输入数值 120，粗糙度数值代表 Hazen-Williams 方程中的 C 因子。

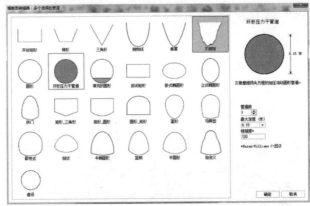

图 4-231　管道参数设置

注：PCSWMM 默认的压力干管方程为 Hazen-Williams 方程。用户可以在"项目"面板下的"模拟条件"选项卡，选择"动态波"选项卡，选择"压力干管方程"为 Darcy-Weisbach 方程。

（20）按住 Ctrl 键，选择节点 J10 和 J11，更改"超载深度"为 50 m。指定一个大的超载深度允许压力流在节点处不发生洪水。

（21）点击 J10，指定"下沿标高"为 138 ft（42 m）。

（22）点击 J11，指定"下沿标高"为 164 ft（50 m）。

在节点 SU1 和 J10 之间添加一个泵站。

（23）点击"放大"　按钮，在 J10 和 SU1 周围画一个方框。

（24）在"图层"面板选择"泵站"图层，点击"添加"　按钮。

（25）首先点击 SU1，然后点击 J10，绘制泵站。

（26）在"属性"面板指定"启动深度"为 13 ft（4 m）。

（27）指定"关闭深度"为 1.6 ft（0.5 m）。

（28）在"泵站曲线"点击"浏览"　按钮。

（29）在泵站曲线编辑器点击"添加"按钮。

（30）更改"名称"为 Pump1，选择"泵站类型"为 TYPE3。

（31）输入以下数据。表 4-14 是公制单位下的数据。注意美制单位和公制单位下的不同。

表 4-14　泵站曲线数据

水头/m	流量/（L/s）	水头/m	流量/（L/s）
1	10.5	8	8.5
2	10.25	12	6
4	10	16	0

（32）点击"分配给泵站 P1"按钮。

注：也可以使用控制规则功能编辑修改泵站运行规则。

12）运行模型

（1）点击"运行" 按钮，保存项目并开始模拟。因为有泵站和压力干管，模型可能出现不稳定和高的连续性误差，用户可以试着减小路由步长，得到可以接受的结果。

（2）点击"状态"选项卡，进入"状态"面板检查连续性误差（一般认为小于 5%可取，取决于设计精度要求）。

（3）切换到"图表"面板，展开时间序列管理器，依次选择"管线"→"流量"→"P1"，绘制泵站结果流量曲线（如图 4-232 所示），查看泵站是如何运行的。

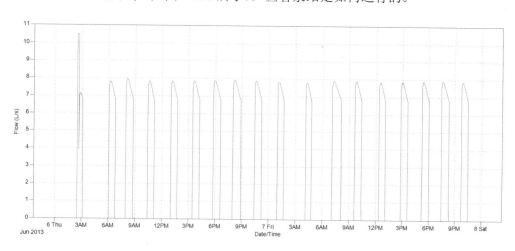

图 4-232　泵站流量曲线图

4.10　调度控制建模篇

4.10.1　使用控制规则建立模型实现水量平衡

本例矿区已实施了暴雨管理规划（Stormwater Management Plan，SWMP），模型中不同阴影的汇水区代表了污水区和净水区。模型中包括红色和黄色的管道，其中红色代表污水管渠，黄色代表净水管和导流护堤。本练习的目的是评估污染控制坝的运行等级，进一步理解控制规则的功能和作用[①]。

---

①实例名称：Using control rules to model water balance operational procedures。实例编号：K992。数据下载地址：https://support.chiwater.com/1505/hands-on-exercise-using-control-rules-to-model-water-balance-operational-procedures。

1）打开一个已有的矿区模型

（1）打开一个新的 PCSWMM 项目，点击"打开" 按钮。

（2）在路径 PCSWMM Exercises\K922\Initial 下，选择 MineControlRules.pcz。

（3）点击"解包"按钮。

（4）选择"合并并更新已有表格"。

（5）点击"确定"。"地图"面板将显示 SWMM5 模型及背景图层。

2）添加泵站

以下将在该区域添加几种泵站。事实上，泵站流量会根据泵站曲线随着水头和外部条件的变化而变化。为了便于说明问题，假设每个泵的流量都为平均流量。

泵站是没有长度值的线状实体。首先添加一个泵站用于在降雨事件期间排掉露天矿坑的水。

（1）点击"地图"选项卡。

（2）在"地图"面板，点击"搜索" 按钮，在下拉列表中选择"查询选择"。

（3）设置"图层"为"Storages"，"属性"为"Name"，"运算符"为"="，"值"选择"Pit"。

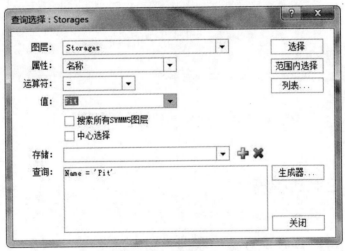

图 4-233　查询选择

（4）点击"选择"按钮。

（5）如果用户看不到所选的蓄水单元，可以在"属性"面板下点击"菜单" 按钮，然后选择"闪烁" 。

现在需要定位第二个蓄水单元并将其作为泵的上游端点。

（6）在"地图"面板点击"搜索" 按钮，选择"查询选择"。

（7）设置"图层"为"Storages"，"属性"为"Name"，"运算符"为"="，"值"为"Silt1"。

（8）点击"选择"按钮，然后点击"关闭"按钮。

（9）如果用户不能看到所选的蓄水单元，可以在"属性"面板下点击"菜单" 按钮，然后选择"闪烁" 。

（10）在"图层"面板点击"泵站"图层。泵站图层呈灰色表示当前泵站图层没有实体。

（11）点击"添加" 按钮，选择 Silt1 蓄水单元，然后选择 Pit 蓄水单元，如图 4-234 所示。

（12）点击"选择" 按钮，退出绘制模式。

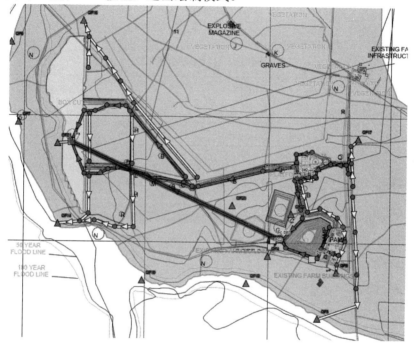

图 4-234　泵站位置

（13）在"属性"面板设置属性如下："名称"为"P1"，"初始状态"为"OFF"。"开启深度（米）"为"0.5"，"关闭深度（米）"为"0.05"。

水泵：P1

属性	
名称	P1
入口节点	Silt1
出口节点	Pit
描述	
标签	
水泵曲线	Pit_Dewatering
初始状态	OFF
启动深度（米）	0.5
关断深度（米）	0.05

图 4-235　水泵参数设置

（14）在“属性”面板下点击“泵站曲线”框，点击“浏览”...按钮，打开泵站曲线编辑器。

（15）点击“添加”按钮，更改“名称”为“Pit_Dewatering”，更改“水泵类型”为“Type4”。

模拟的平均泵站流量为 600 m^3/h，而 PCSWMM 要求泵的流量单位为 m^3/s，换算后的流量为 0.167 m^3/s。

（16）按表 4-15 输入水深和流量值。

表 4-15 P1 泵站曲线数据

深度/m	流量/（m^3/s）
0	0.167
7	0.167

（17）点击“分配给该水泵：P1”按钮。

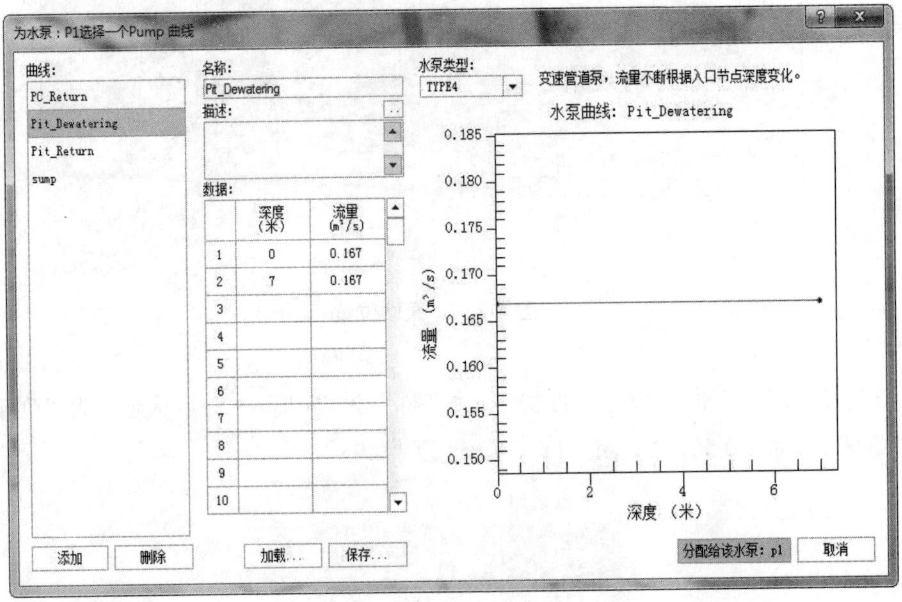

图 4-236 添加泵站曲线

现在为模型添加第二个泵站，从新设计的污染控制（PC）坝将水抽送到已有的污染控制坝（PCD_Exis）。

（18）在“地图”面板点击“搜索”按钮，选择“查询选择”。

（19）设置“图层”为“Storages”，“属性”为“Name”，“运算符”为“=”，“值”为

"PCD_Exis"。

（20）点击"选择"按钮。

现在需要定位第二个蓄水单元的位置并将其作为泵站的上游节点。

（21）如果用户看不到所选的蓄水单元，在"属性"面板点击"菜单" 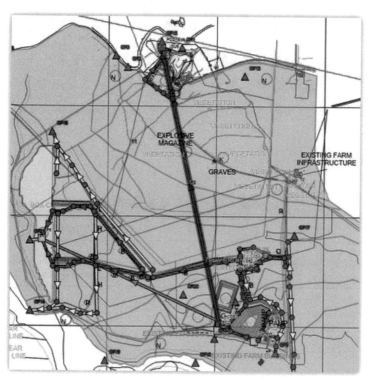按钮然后选择"闪烁" 。

（22）在"地图"面板点击"搜索" 按钮，选择"查询选择"。

（23）设置"图层"为"Storages"，"属性"为"Name"，"运算符"为"="，"值"为"PC1"。

（24）点击"选择"按钮，然后点击"关闭"按钮。

（25）如果用户看不到所选的蓄水单元，在"属性"面板点击"菜单" 按钮，然后选择"闪烁" 。

（26）在"图层"面板点击"泵站"图层。

（27）点击"添加" 按钮，选择 PC1 蓄水池，然后点击 PCD_Exis 蓄水池，如图 4-237 所示。

（28）点击"选择" 按钮，退出添加模式。

图 4-237　第二个泵站位置

（29）在"属性"面板下设置"名称"为"P2"，"初始状态"为"OFF"，"开启深度（米）"为"0.2"，"关闭深度（米）"为"0.01"。

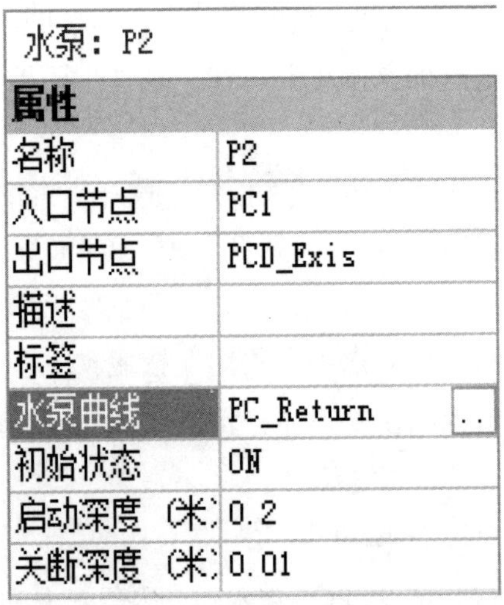

水泵：P2	
属性	
名称	P2
入口节点	PC1
出口节点	PCD_Exis
描述	
标签	
水泵曲线	PC_Return　...
初始状态	ON
启动深度（米）	0.2
关断深度（米）	0.01

图 4-238　水泵参数设置

（30）在"属性"面板点击"泵站曲线"栏，点击"浏览"□按钮，打开泵站曲线编辑器。

（31）点击"添加"按钮，添加第二个泵站曲线，更改"名称"为"PC_Return"，更改"水泵类型"为"Type4"。

要模拟的平均泵站流量为 200 m^3/h，而 PCSWMM 要求泵的流量单位为 m^3/s，换算后的流量为 0.055 5 m^3/s。

（32）按表 4-16 所示数值输入深度和流量值。

表 4-16　P2 泵站曲线数据

深度/m	流量/（m^3/s）
0	0.055 5
3.8	0.055 5

（33）点击"分配给该水泵：P2"按钮。

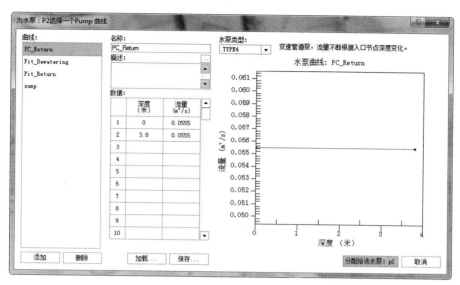

图 4-239　添加泵站曲线

现在将创建第三个泵站，以连接 PC2 和 PCD_Exis，并使用已被定义好的 Pit_Return 曲线描述其流量变化。

（34）在"地图"面板点击"搜索" 按钮，选择"查询选择"。

（35）设置"图层"为"Storages"，"属性"为"Name"，"运算符"为"="，"值"为"PCD_Exis"。

（36）点击"选择"按钮。

（37）如果用户看不到所选的蓄水单元，在"属性"面板点击"菜单" 按钮，然后选择"闪烁" 。

现在需要定位第二个蓄水单元并将其作为泵站的上游节点。

（38）在"地图"面板点击"搜索" 按钮，选择"查询选择"。

（39）设置"图层"为"Storages"，"属性"为"Name"，"运算符"为"="，"值"为"PC2"。

（40）点击"选择"按钮，然后点击"关闭"按钮。

（41）如果用户看不到所选的蓄水单元，在"属性"面板点击"菜单" 按钮，然后选择"闪烁" 。

（42）在"图层"面板点击"泵站"图层。

（43）点击"添加" 按钮，选择 PC2 蓄水单元，然后选择 PCD_Exis 蓄水单元。

（44）点击"选择" 按钮，退出绘制模式。

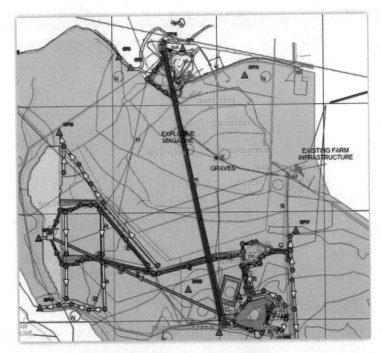

图 4-240   第三个泵站位置

（45）在"属性"面板设置"名称"为"P3"，"初始状态"为"OFF"，"开启深度（米）"
为"0.2"，"关闭深度（米）"为"0.01"。

水泵：P3	
属性	
名称	P3
入口节点	PC2
出口节点	PCD_Exis
描述	
标签	
水泵曲线	PC_Return
初始状态	OFF
启动深度（米）	0.2
关断深度（米）	0.01

图 4-241   水泵参数设置

（46）在"属性"面板点击"泵站曲线"框，点击"浏览" ... 按钮，打开泵站曲线编
辑器。

（47）选择 PC_Return 点击"分配给泵站 P3"。

接下来需要创建一个连接现有 PCD（PCD_Exis）和排水口 OF1 的泵站，模拟从现有
的 PCD 到附近矿区的流量。

（48）在"地图"面板点击"搜索" 按钮，选择"查询选择"。

（49）设置"图层"为"Outfalls"，"属性"为"Name"，"运算符"为"="，"值"为"OF1"。

（50）点击"选择"按钮。

（51）如果用户看不到所选的蓄水单元，在"属性"面板点击"菜单" 按钮，然后选择"闪烁" 。

现在需要定位第二个蓄水单元并将其作为泵站的上游节点。

（52）在"地图"面板点击"搜索" 按钮，选择"查询选择"。

（53）设置"图层"为"Storages"，"属性"为"Name"，"运算符"为"="，"值"为"PCD_Exis"。

（54）点击"选择"按钮，然后点击"关闭"按钮。

（55）如果用户看不到所选的蓄水单元，在"属性"面板点击"菜单" 按钮，然后选择"闪烁" 。

（56）在"图层"面板点击"泵站"图层。

（57）点击"添加" 按钮，选择 PDC_Exis 蓄水单元，然后选择 OF1 排水口，如图 4-242 所示。

（58）点击"选择" 按钮，退出添加模式。

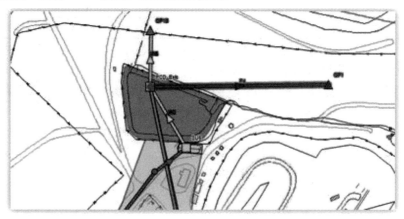

图 4-242 与排水口连接泵站位置

（59）在"属性"面板设置"名称"为"P4"，"初始状态"为"OFF"，"开启深度（米）"为"0.2"，"关闭深度（米）"为"0.01"。

（60）在"属性"面板点击"泵站曲线"框，点击"浏览" 按钮，打开泵站曲线编辑器。

（61）点击"添加"按钮，添加第三个泵站，更改"名称"为"Mine_Outflow"，更改"水泵类型"为"Type4"。

水泵: P4	
属性	
名称	P4
入口节点	PCD_Exis
出口节点	OF1
描述	
标签	
水泵曲线	Pit_Return
初始状态	OFF
启动深度（米）	0.2
关断深度（米）	0.01

图 4-243　水泵参数设置

将模拟已有 PCD 的两个流量，该流量为 150 m³/h，即 0.041 667 m³/s。

（62）按表 4-17 所示输入为深度和流量值。

表 4-17　P4 泵站曲线数据

深度/m	流量/（m³/s）
0	0.041 667
2.5	0.041 667
3.8	0.041 667

（63）点击"分配给该水泵：P4"按钮。

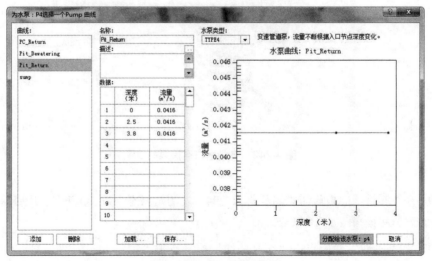

图 4-244　添加泵站曲线

创建最后一个泵站，该泵站连接 HardsStockpile 污水池（SumpA）和截砂器（Silt Trap），用于向 PC1 和 PC2 注水。

（64）在"地图"面板点击"搜索" 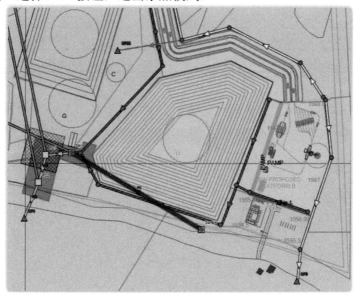按钮，选择"查询选择"。

（65）设置"图层"为"Storages"，"属性"为"Name"，"运算符"为"="，"值"为"Silt1"。

（66）点击"选择"按钮。

（67）如果用户看不到所选的蓄水单元，在"属性"面板点击"菜单"按钮，然后选择"闪烁"。

现在需要定位下一个蓄水单元的位置并将其作为泵站的上游节点。

（68）在"地图"面板点击"搜索"按钮，选择"查询选择"。

（69）设置"图层"为"Storages"，"属性"为"Name"，"运算符"为"="，"值"为"SumpA"。

（70）点击"选择"按钮，然后点击"关闭"按钮。

（71）如果用户看不到所选的蓄水单元，在"属性"面板点击"菜单"按钮，然后选择"闪烁"。

（72）在"图层"面板点击"泵站"图层。

（73）点击"添加"按钮，点击 SumpA 蓄水单元，然后选择 Silt1 蓄水单元，如图 4-245 所示。

（74）点击"选择"按钮，退出添加模式。

图 4-245　泵站位置

（75）在"属性"面板设置"名称"为"P5"，"初始状态"为"OFF"，"开启深度（米）"为"0.1"，"关闭深度（米）"为"0.01"。

水泵: P5

属性	
名称	P5
入口节点	SumpA
出口节点	Silt1
描述	
标签	
水泵曲线	sump
初始状态	OFF
启动深度（米）	0.1
关断深度（米）	0.01

图 4-246　水泵参数设置

（76）在"属性"面板点击"泵站曲线"框，点击"浏览" ⬚ 按钮，打开泵站曲线编辑器。

（77）点击"添加"按钮，更改"名称"为"Sump"，更改"水泵类型"为"Type4"。平均流量为 50 m³/h，即 0.013 88 m³/s。

（78）按表 4-18 输入深度和流量值。

表 4-18　P5 泵站曲线数据

深度/m	流量/（m³/s）
0.1	0.013 88
5	0.013 88

（79）点击"分配给该水泵：P5"按钮。

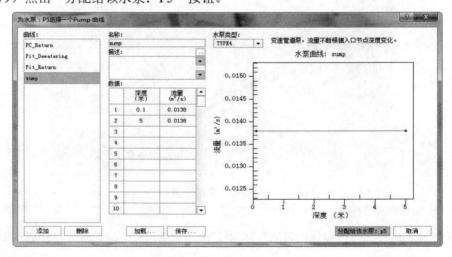

图 4-247　添加泵站曲线

3）设置控制规则

本例不允许污水溢出控制坝，所以必须确保通过合理的泵站启停规则防止污水溢流到周边环境中。将利用控制规则编辑器设置不同条件下泵站启停规则，并设置不同规则的优先级别，以避免规则间出现相矛盾的情况。

首先，先为补给现有 PCD 水量的两个泵站建立启停规则。最大坝高为 3 m，水面以上超高 0.8 m。因此坝内的水位不能超过 3 m。为此，规定当坝内水位达到 2.9 m 时，两台泵停止向 PCD 内输水（在编辑控制规则时，控制规则编辑器是区分大小写的）。

（1）在"项目"面板点击向下箭头展开编辑器列表，选择列表中的"控制规则"。

图 4-248　控制规则位置

（2）复制下面的控制规则并粘贴至控制规则编辑器的"详细"窗口中。

RULER1

IFNODEPCD_ExisDEPTH＞2.9

THENPUMPP2STATUS=OFF

ANDPUMPP3STATUS=OFF

PRIORITY1

PC1 和 PC2 串联连接在一起，从 PC1 溢出的污水流入 PC2 中，但不允许这两个坝内的污水溢流到周围环境中。

两个坝最大坝高均为 3 m，超高均为 0.8 m，所以当 PC2 的水位达到 2.9 m 时，补给 PC1 和 PC2 的泵站（P1 和 P5）将停止运行。

（3）如果用户关掉控制规则编辑器，通过点击"项目"面板下的"控制规则"重新打开它。

（4）复制以下控制规则，并粘贴至"详细"窗口中，然后点击"控制规则"列表。

RULER2

IFNODEPC2DEPTH＞2.9

THENPUMPP1STATUS=OFF

ANDPUMPP5STATUS=OFF

PRIORITY2

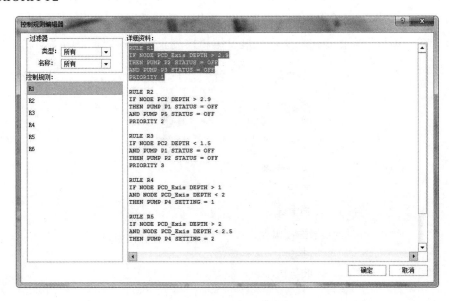

图 4-249　控制规则示例

　　本例希望 PC1 始终蓄有污水，同时 PC2 处于使用状态。当 PC1 发生溢流时，PC2 接收大部分从 PC1 溢出的污水。本例要创建一个控制规则禁止泵站 P2 抽干 PC1 中的污水。必须注意 PC 坝中最大的污水来源是来自矿坑的排水。

　　（5）如果用户关掉了控制规则编辑器，通过点击"项目"面板下的"控制规则"重新打开它。

　　（6）复制以下控制规则，并粘贴至控制规则编辑器下的"详细"窗口中，然后点击"控制规则"列表。

RULER3

IFNODEPC2DEPTH<1.5

ANDPUMPP1STATUS=OFF

THENPUMPP2STATUS=OFF

PRIORITY3

图 4-250 控制规则示例

最后，希望当现有污水坝内水深增加时，从 PCD_Exis 流入附近矿区的水流也会增加。要实现这一目的，可以利用泵站曲线编辑器使水泵在更高水深时具有更大的提升流量。要体现控制规则的作用，则采用如下方法：

当在执行语句中用到控制规则编辑器的 SETTING 选项时，它对于泵站是一个乘数因子。即泵站流量等于泵站曲线的流量值（本例统一流量为 150 m³/h）与该乘数因子的乘积。

按照下列运行要求设置控制规则：

1～2m：Flow=150 m³/h

2～2.5m：Flow=300 m³/h（SETTING=2；150 m³/h×2）

2.5m+：Flow=450 m³/h（SETTING=3；150 m³/h×3）

（7）如果用户关掉了控制规则编辑器，通过点击"项目"面板下的"控制规则"重新打开它。

（8）复制以下控制规则，并粘贴至控制规则编辑器下的"详细"窗口中，然后点击"控制规则"列表。

RULER4

IFNODEPCD_ExisDEPTH＞1

ANDNODEPCD_ExisDEPTH＜2

THENPUMPP4SETTING=1

RULER5

IFNODEPCD_ExisDEPTH＞2

ANDNODEPCD_ExisDEPTH＜2.5

THENPUMPP4SETTING=2

RULER6

IFNODEPCD_ExisDEPTH＞2.5

THENPUMPP4SETTING=3

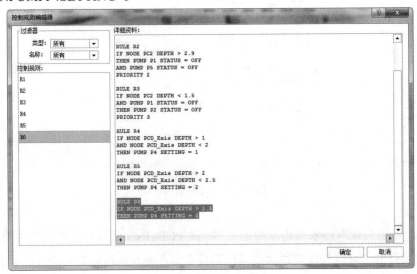

图 4-251　控制规则示例

（9）点击"确定"关闭控制规则编辑器并保存更改。

4）设置雨量计

本例要分析排水系统在超过 24 小时的更长时间内的运行情况，所以事先准备好了一个 4.5 年的时间序列雨量计。降雨强度大时，需要关注污染控制坝的水深和蒸发。从外部 Excel 文件导入雨量计数据，该 Excel 文件已被保存为.csv 格式。

（1）点击"图表"选项卡，打开"图表"面板。

（2）点击"打开" 按钮。

（3）在路径 PCSWMM Exercises\K922\Initial 中选择 ExtendedRainfall.xls，点击"打开"按钮。将弹出"导入自定义时间序列格式"对话框。

（4）选择"跳过最初：1 行"。

（5）将"日期格式"设置为"yyyy/M/d"。

（6）在第一列的顶部表格选择下拉箭头，设置第一列为"日期"。

（7）在第二列的顶部表格选择下拉箭头，设置该列为"值"。

（8）选择"函数"为"降雨"，输入"单位"为"mm"。

（9）输入"名称"为"Mine_Extended_Rainfall"。

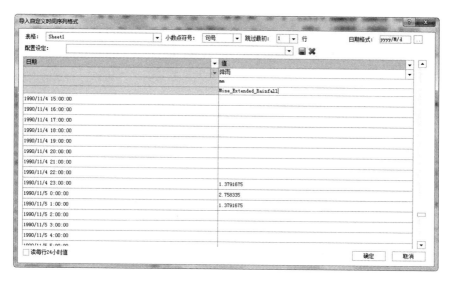

图 4-252　导入雨量计

（10）选择"确定"按钮，完成导入。

（11）将会出现"提示空值"对话框，选择"设置空值为 0"。

（12）弹出"保存当前配置"对话框，选择"是"。

（13）将此配置集命名为"Mine Extended Rainfall"。这便于以后更快地导入同样格式的时间序列数据。

（14）如果弹出"是否保存文件"对话框，选择"保存"，并指定保存路径为 PCSWMM Exercises/K0922/Initial，点击"保存"。

将新导入的时间序列添加到时间序列编辑器中，并在时间序列编辑器中创建一个雨量计。

（15）在"图表"面板点击"菜单" ≡ 按钮选择"添加到时间序列编辑器"。

（16）弹出时间序列编辑器，点击"选项"按钮，选择"创建雨量计"。

（17）将弹出"定义雨量格式"窗口，从下拉框中选择 Volume 格式，点击"确定"，然后点击"关闭"。

（18）点击"确定"按钮，关闭时间序列编辑器。

现在给模型中的汇水区添加雨量计。

（19）点击"地图"选项卡，打开"地图"面板。

（20）在"图层"面板中选择"汇水区"图层。

（21）点击"Ctrl+A"，选择所有汇水区。

（22）在"属性"面板中将"雨量计"属性设置为"Mine_Extended_Rainfall"。

图 4-253 雨量计属性设置

5）使用气候编辑器设置蒸发

本例需要分析在延长的时间内污染控制坝的蒸发情况。为达到这一目的，本例设置月蒸发值单位为 mm/d。

（1）在"项目"面板点击向下的箭头展开该面板，在列表中选择"气候"。

（2）在气候编辑器下选择"蒸发"标签，选择"月平均"选项。

（3）按表 4-19 内数值输入月蒸发值。

表 4-19 蒸发数据

月份	蒸发值/（mm/d）	月份	蒸发值/（mm/d）
一月	5.29	七月	2.77
二月	5.04	八月	2.77
三月	4.45	九月	5.03
四月	3.70	十月	5.74
五月	3.10	十一月	5.60
六月	2.57	十二月	5.52

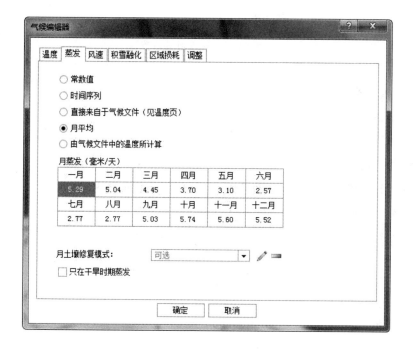

图 4-254　气候编辑器

（4）点击"确定"关闭编辑器。

（5）选择"蓄水单元"图层，按住"Ctrl+A"选择所有的蓄水单元。

（6）在"属性"面板设置"蒸发系数（分数）"为 1。

图 4-255　蒸发系数设置

6）设置模拟条件

设置模拟条件与雨量计的日期和时间步长相一致。

（1）在"项目"面板选择"模拟条件"。

（2）选择"日期"选项卡。

（3）在"设置模拟期自时间序列"选择"Mine_Extended_Rainfall"。

（4）改变"开始分析时间"为"01/01/1989"。

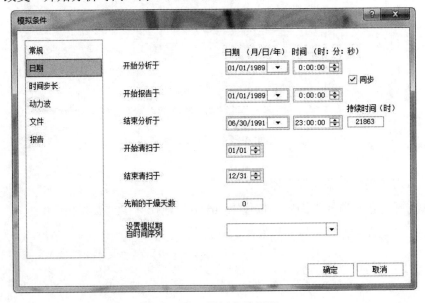

图 4-256　模拟条件设置

（5）选择"确定"，关闭"模拟条件"。

（6）点击"运行" 按钮，运行模型。

（7）运行结束后，检查路由误差，检查模型是否有洪水出现。如果出现洪水，用户可以增加蓄水单元的深度重新运行一次模型。

（8）在"图表"面板查看泵站时间序列。

5 附录

5.1 PCSWMM 术语

PCSWMM 和 EPA SWMM5 中术语、概念和文件格式的定义。

5.1.1 属性

属性在本质上是描述实体的相关信息。更专业的定义为：属性是通过一个数字或者文本值来描述地理实体的特征，通常存储在表格中，并连接到数据库的相关部分。

例如，点状实体检查井的属性可能包括序号、深度、下沿标高、上沿标高、最近检修日期、检修状况等。大多数矢量图层都有一系列的属性条目，用来描述实体的相关信息。

实体的属性同时在"属性"面板和"表格"面板中展示，建模人员可以输入、编辑、计算、查询属性值，也可将其用于主题渲染。如果选中多个实体，则可在多属性编辑器中编辑它们的属性。对于每一个图层，都可以添加、删除或者重命名其属性条目。值得注意的是，对于 SWMM5 图层，软件指定了一些 SWMM5 引擎计算所必需的属性字段以及用于存储模拟运行结果的结果属性。

5.1.2 实体

实体是一种关联属性信息的地理形状，对实体更专业的定义为：实体是占据地理空间的特征对象，含有属性数据及空间位置数据。实体是一个离散化的对象类别，拥有一个单独的数据集，具有一定的连通性和独立性。例如土地利用作为一个类别，存储的独立实体包括住宅用地、商业用地、工业用地以及农业用地等。此时土地利用就是一系列地理实体的集合，这些实体都具备空间特征和结构信息属性，例如所有权、交叉点和街道信息等。

实体在"地图"面板中展示，并根据其类别汇总到"图层"面板中（只有矢量图层含有实体）。例如，将一个汇水区实体存储到汇水区图层中。

无论是 SWMM5 图层还是其他矢量图层，其实体都可被创建、删除、编辑、复制、查询、主体渲染、导入和导出。PCSWMM 及 SWMM5 中包含 9 类实体。此外，SWMM5 模型还包括一些没有地理空间信息的对象。

5.1.3　GIS

地理信息系统（GIS）是一个基于计算机的信息系统，用于整合、存储、编辑、管理、共享以及展示地理参考信息的工具。

概括来讲，GIS 可以应用于协助用户交互式查询（用户创建搜索）、分析空间信息、编辑数据、地图以及展示所有操作结果的工具。地理信息系统可以用于科学调查、资源管理、资产管理、环境影响评估、城市规划、地图制作、犯罪学、地理历史、销售以及物流等领域。

PCSWMM 是一个完整的、独立操作的、与 GIS 可以兼容对接的软件，支持 GIS 应用中的多种数据格式以及绝大多数常见的 GIS 标准数据格式。此外，PCSWMM 支持所有通用的投影以及数据单位，并且可以将矢量图层重投影到任何一种支持的投影系统中，同时 PCSWMM 还嵌入了一些专门的 GIS 功能工具，用于流域和城市排水系统模拟和分析。

5.1.4　图层

"地图"面板上展示的对象信息将被划分为几种不同类型的图层，每种图层包含一类实体类型，图层将以各种支持的图层文件格式存储在硬盘驱动器上，通常来讲，图层包含地理参考信息以正确定位其在地图坐标中的位置。图层可以是矢量格式也可以是栅格格式。

可以按主题渲染图层，也可查询、重投影图层，也可在不同对象间转换图层。对于图层中含有的对象实体，在对其进行编辑或者删除等操作前，需要先解锁相应的图层。

在 PCSWMM 的"图层"面板中，包含两类图层类型：SWMM5 图层和其他图层。

5.1.5　对象

与实体相反，SWMM5 对象不包含地理参考信息，也不包含在 SWMM5 图层以及其他图层中，但是对象中包含了一系列用于模型设计、加载以及操作的信息。SWMM5 利用非可视化的对象类来描述研究区其他特征以及过程。

5.1.6　其他图层

PCSWMM 可以在"地图"面板中展示多种矢量图层或者栅格图层，这些图层的位置可以置于 SWMM5 图层上面、下面或者之间。其他图层具有以下用途：提供可视化参考信息、用于计算 SWMM5 图层相关属性值。常见的其他图层包含街道地图、公共设施地图、地形图、土壤图、地区开发计划图、卫星或者航拍影像图，或者任何一种 GIS 或者 CAD

数据格式的地图。例如，当重点需要对排水系统的检查井和管线进行数字化的时候，使用街道地图可以帮助建模人员简化手动添加污水管线的过程。另外，土壤图层可以用于计算汇水区面积加权的入渗参数。这些图层通常来讲都是有地理参考信息的，并且所有的图层共用一套坐标系统。

PCSWMM 不限制打开的其他图层的数目，但是其他图层打开的数目以及复杂程度会影响滚动和缩放的速度。所有的其他图层都可以被创建、查询、编辑、主题渲染、重投影并且在不同文件格式间转换。

5.1.6.1 图层显示

PCSWMM 可以控制矢量图层和栅格图层的透明度，控制矢量图层的颜色、形状以及大小，主题渲染任何矢量图层、展示每个实体的标签。

5.1.6.2 栅格图层

栅格图层即位图，也称为点阵图像，由像素组成。位图的文件类型很多，如*.bmp、*.pcx、*.gif、*.jpg、*.tif 等；可以在 PCSWMM 中改变栅格图层的位置和范围。

5.1.6.3 矢量图层

矢量图是根据几何特性来绘制图形，是用线段和曲线描述图像，矢量可以是一个点或一条线，矢量图只能靠软件生成，矢量图文件占用内在空间较小，因为这种类型的图像文件包含独立的分离图像，可以自由无限制地重新组合；矢量图形格式很多，如*.dwg、*.dxf、*.shp 等。

矢量图与位图最大的区别是矢量图不受分辨率的影响，可以任意放大或缩小图形而不会影响出图的清晰度，精度不会改变。可以在 PCSWMM 中从头开始创建矢量图层，矢量图层相关的实体及其属性都可以在 PCSWMM 中被编辑、创建、删除及移动等。

5.1.7 参数

参数实质上就是用于描述一个对象的信息，这与实体和属性之间的关系有点类似。例如，水泵曲线的参数包含水泵的类型以及用于定义水泵曲线的列表数据。建模人员可以在各种编辑器以及"表格"面板中编辑对象的参数。

5.1.8 栅格图层

栅格图层是一种数字影像图，一般用像素来定义。栅格图层通常来源于卫星影像或航拍图。

栅格图层通常拥有自己的地理坐标系统用于确定其位置和范围。根据不同的文件格式，栅格图层的地理空间信息有时候存储在栅格文件中，有时候存储在一个附属文件中，通常是一个 Word 文档中。建模人员通常会将几个栅格图像拼接成一个较大的覆盖范围，这时候栅格图层的空间参考信息就能帮助建模人员实现不同栅格图层的无缝拼接。可以在"地图"面板中使用地理参考工具重新定位栅格图层或划定栅格图层范围。

栅格图层代表一个连续的空间范围，因此不包含明显的实体及属性。由于缺乏属性字段，因此栅格图层不可以进行主题渲染，但是可设置图层的透明度。

5.1.9　SQL 查询

SQL 查询即标准查询语言，可以返回一系列符合查询条件的记录。SQL 查询可以用于任何矢量图层（SWMM5 图层或者其他矢量图层），返回的结果是一个满足查询条件的位于一个或者多个图层上的实体子集。根据一定条件选择待编辑实体是 SQL 查询功能最典型的应用。

5.1.10　SWMM5 图层

SWMM5 图层包含所有 SWMM5 可视对象类（例如检查井、管道、排水口等）的实体和属性信息。在 SWMM5 工程项目中包含 9 类图层，每一种图层都对应着一种可视化对象。这些图层不能从 SWMM5 项目中移除。SWMM5 图层属于矢量图层，其实体代表排水系统中的物理对象。此外，SWMM5 图层的属性包含要求的 SWMM5 输入参数、每一个实体的 SWMM5 计算结果，还有一些用户自定义的属性信息。

对于每一个 SWMM5 项目文件，SWMM5 图层在 PCSWMM 中都是自动生成和管理的。当 SWMM5 项目保存或者运行时，SWMM5 图层中实体和属性将填充 SWMM5 输入文件的相关部分。

在 PCSWMM 中，可以创建、删除、编辑、输入、主题渲染、查询和分析 SWMM5 图层中实体和其属性数据。SWMM5 图层可以重新构建以添加额外的属性字段，例如对于管道实体来讲，可以通过重新构建功能，添加管材、管龄、最近一次检修日期等属性字段。

5.1.10.1　SWMM5 图层文件

在 SWMM5 项目中，用于 SWMM5 图层的 GIS 文件一般存储于一个子文件夹中。子文件夹一般被给予一个与 SWMM5 项目相同的名称。每个 SWMM5 图层可能有一系列的文件与 SWMM5 图层相关联，这取决于 SWMM5 图层的文件格式。例如，如果 SWMM5 图层存储为 shape 文件格式时，相应的图层文件将包含 4 个类型的文件。所有的 SWMM5 图层文件遵从相同的命名约定：[layername].[ext]。

5.1.10.2　SWMM5 图层类型

SWMM5 包含 9 类图层：汇水区、检查井、排水口、分流设施、蓄水设施、管道、水泵、孔口和堰。

5.1.11　SWMM5 项目

SWMM5 工程项目包含 SWMM5 模型构建、运行和分析所需要的文件和数据。一个 SWMM5 工程项目包含一组文件类型，具体包括 SWMM5 输入文件，SWMM5 计算结果文件、"项目"面板中展示的图层信息以及一些后期添加的便签信息，例如兴趣点数据库、项目文档链接、参数不确定性评估、数据源跟踪等。

SWMM5 工程项目包括标准的 SWMM5 文件（输入、结果、报告等），因此已有的 SWMM5 模型可以在 PCSWMM 中直接打开，无需导入。此外，SWMM5 工程可以在 SWMM5 GUI 打开、编辑、运行和保存，无需导出。

SWMM5 项目是 PCSWMM 所支持的四种项目类型中的一种，其他三种类型为雷达采集与处理（RAP）项目、EPANET2 供水建模项目和时间序列项目。

5.1.11.1　SWMM5 项目包含的文件类型

建模人员常在 SWMM5 项目中看到下列文件，这些文件有相同的文件名称，但扩展名有所不同。SWMM5 图层文件都储存在同一个子文件夹中，子文件夹的名称与上述文件名称相同，都是以项目命名的。

- SWMM5 输入文件（.inp）；
- SWMM5 结果文件（.out）；
- SWMM5 报告文件（.rpt）；
- SWMM5 初始化文件（.ini）；
- PCSWMM 初始化文件（.chi）；
- SWMM5 图层文件（.shp，.shx，.dbf）。

5.1.11.2　被 SWMM5 项目引用的文件

SWMM5 项目引用的文件是否存在于 SWMM5 项目中，取决于该项目的设置情况。这些文件可能不属于一个特定的 SWMM5 项目，但可能是由多个 SWMM5 项目共享的。此外，在没有打开具体的 SWMM5 项目时，也可以在 PCSWMM 中打开和编辑图层及时间序列文件。

- SWMM5 热启动文件；

- SWMM5 接口文件；
- SWMM5 时间序列数据文件（.dat）；
- 各种图层文件；
- 各种时间序列文件。

5.1.11.3 项目中的方案

在一个 SWMM5 项目中设定的方案并不被作为该 SWMM5 项目的一部分，方案实质上是独立的 SWMM5 项目。将独立 SWMM5 项目作为方案添加到该 SWMM5 项目中，就可以利用方案比较工具对比分析不同的方案。

5.1.12 SWMM5 度量单位

表 5-1　主要参数及度量单位汇总

参数	美制单位	公制单位
面积（汇水区）	acre	hm^2
面积（蓄水设施）	ft^2	m^2
面积（人工池塘）	ft^2	m^2
毛细水吸力	in	mm
浓度	mg/L	mg/L
	μg/L	μg/L
	个/L	个/L
衰减常数（入渗）	1/h	1/h
衰减系数（污染物）	1/d	1/d
洼地蓄水	in	mm
深度	ft	m
直径	ft	m
排放系数（孔口、堰）	量纲一	量纲一
标高	ft	m
蒸发	in/d	mm/d
流量	in^3/s	m^3/s
	gal/L	L/s
	mgal/L	mL/d
水头	ft	m
渗透系数	in/h	mm/h
入渗率	in/h	mm/h

参数	美制单位	公制单位
长度	ft	m
曼宁系数 n	$s/m^{1/3}$	$s/m^{1/3}$
污染物堆积	mg/L	mg/L
	mg/acre	mg/hm^2
降雨强度	in/h	m/h
降雨量	in	mm
坡度（汇水区）	%	%
坡度（横截面）	%	%
街道清扫间隔	d	d
体积	ft^3	m^3
宽度	ft	m

5.1.13 不确定性

模型不确定性体现了真实值和估算值间的差异。在计算估算值时，软件综合考虑了所有可能误差来源，因此模型不确定性带有一定的主观性。需要注意的是尽管模型代码中的一些漏洞会产生模型结构的不确定性，但这些误差并不包含错误。

软件以百分比的形式表达不确定性。参数或者属性的不确定性范围可以衡量一个建模者对于模型中设置参数和属性取值的自信程度。为了率定模型参数，软件量化参数值的可能取值范围，并利用其模拟确定性过程以便寻找到合理的模型参数。

5.1.14 矢量图层

矢量图层是由矢量形状构成的，典型的有点图层、线图层以及面图层。点图层有一个独立的 x-y 坐标，而线图层和面图层至少有两个顶点用于在坐标系中确定矢量形状的位置。每种形状代表一个实体。矢量图层包含有属性表，用于存储每一个图层实体所对应的属性信息。GIS 类型的矢量图层在一类图层中只含有一种矢量形状格式，例如只含有点或者只含有多边形。CAD 矢量图层可以由多种形状格式组成，SWMM5 图层是 GIS 格式的矢量图层。可以对矢量图层进行重投影，来改变其坐标系。

5.1.15 外部文件

外部文件是 GIS 用于匹配栅格地图图层的 ASCII 文本文件。外部文件必须与图像文件拥有相同的根文件名称，并且两种文件必须位于同一个文件夹下。外部文件的扩展名取决于图像文件类型（详见表 5-2）。外部文件的扩展名通常的命名规则是取对应图像文件扩展名的第一个和第三个字母作为前两个字母，第三个字母默认为"W"。

表 5-2　图像文件类型与其外部文件扩展名汇总

图像文件类型	外部文件扩展名
BMP	BPW
TIF	TFW
JPG	JGW
PNG	PGW

一些图像文件格式自身包含空间参考信息，例如 GeoTIFF 格式。

外部文件可以在文本编辑程序中直接打开和编辑，例如使用记事本编辑。在 PCSWMM 中，可以直接利用可视的方式调整大小和重定位栅格图层。

外部文件有 6 行用十进制表示的文件信息，外部文件不指定坐标系，因此外部文件参数的一般含义如下：

- 第一行为 A：以地图单位/像素表示的 x 方向上的像素尺寸；
- 第二行为 D：y 轴方向上的旋转（不支持）；
- 第三行为 B：x 轴方向上的旋转（不支持）；
- 第四行为 E：以地图单位/像素表示的 y 方向上的像素尺寸，几乎都是负值；
- 第五行为 C：左上角像素中心的 x 坐标；
- 第六行为 F：左上角像素中心的 y 坐标。

例如，使用通用横轴墨卡托投影坐标系统（UTM）的外部文件：

- D 行和 B 行总是 0；
- C 行是以东为正方向的 UTM 坐标；
- F 行是以北为正方向的 UTM 坐标；
- 每个像素的单位为 m。

UTM 坐标系统的例子如下：

0.3048

0.0

0.0

−.3048

725390.28

137892.22

5.1.16　方案

每个方案代表一个 SWMM5 项目，可能与另一个项目相关或者是另一个项目的变体。方案通常用于在同一个物理模型基础上运行多场设计暴雨事件，以便评估开发前和开发后的项目，或者比较不同假设条件下的方案。

在 PCSWMM 中，方案间没有固有的继承关系或者有一个基本方案，也就是说方案不会自动继承其他方案的特点。PCSWMM 利用简单的推送功能将一个方案的变化转移到其他方案中，这使得可在 PCSWMM 中十分灵活自由地调整方案。

可在方案管理器中创建、管理和校准方案，并利用"图表"面板、"剖面"面板中的"方案工具"按钮和"地图"面板的"项目摘要/比较工具"对比分析不同的方案。

5.2　PCSWMM 文件类型

以下介绍 PCSWMM 和 SWMM5 兼容的常用文件类型。

5.2.1　SWMM5 输入文件（.inp）

输入文件".inp"包含 SWMM5 引擎所需的所有信息。它包括模型中所有物理实体及其连通性的信息、驱动模型所需的雨量计或水文时间序列以及运行时间信息（如时间步长、模拟周期和报告时间步长）。

5.2.2　SWMM5 报告文件（.rpt）

报告文件".rpt"是在 SWMM 引擎运行后创建的文本文件，它包含了运行结果的状态报告。可以在"状况"面板中查看或直接从 PCSWMM 外部访问报告文件。

如果运行失败，报告文件将包含一个或多个错误消息的列表。如果模型成功运行，报告文件将包含：

- 径流量、水质计算结果，以及流量和水质路由的连续性误差；
- 所有排水系统节点和管线计算结果的汇总表；
- 动力波条件下路由分析所需的时间步长和迭代次数。

报告文件由 SWMM5 引擎生成，是正式的 SWMM5 报告文件。该文件位于项目文件夹中，具有与项目相同的根文件名，其扩展名为.rpt。

5.2.3　SWMM5 输出文件（.out）

输出文件".out"是一个二进制文件，其中包含 SWMM 计算出的时间序列数值结果。

可以在"图形"面板中显示、分析此文件中的时间序列。利用此文件中的时间序列结果，可在"配置文件"面板中显示和设置水力坡降线，或在"地图"面板中进行渲染时间序列结果。

输出文件由 SWMM5 引擎生成，是正式的 SWMM5 输出文件。该文件位于项目文件夹中，具有与项目相同的根文件名，扩展名为.out。

输出文件中包含以下变量在各时间节点的计算结果：

汇水区变量

- 降雨（in/h 或 mm/h）；
- 积雪深度（in 或 mm）；
- 损失（入渗+蒸发，in/h 或 mm/h）；
- 汇流（流量单位）；
- 地下水出流（流入排水网，流量单位）；
- 地下水标高（ft 或 m）；
- 每种污染物的冲刷浓度（mg/L）。

管线变量

- 流量（流量单位）；
- 平均水深（ft 或 m）；
- 流速（ft/s 或 m/s）；
- 弗汝德数（量纲一）；
- 容量（深度与全深度的比率）；
- 每种污染物的浓度（mg/L）。

节点变量

- 水深（高于节点下沿标高的深度，ft 或 m）；
- 水头（垂直基准面的绝对高程，ft 或 m）；
- 蓄水量（积水量，ft^3 或 m^3）；
- 侧向流入（径流及所有其他外部流入，流量单位）；
- 总入流（侧向入流及上游入流，流量单位）；
- 表面洪水（当节点处于最大深度时的溢流，流量单位）；
- 处理后每种污染物的浓度（mg/L）。

系统变量

- 气温（华氏度或摄氏度）；
- 蒸发速率（in/d 或 mm/d）；
- 总降水量（in/h 或 mm/h）；

- 总雪深（in 或 mm）；
- 平均损失（in/h 或 mm/h）；
- 总径流量（流量单位）；
- 旱季入流（流量单位）；
- 总地下水入流（流量单位）；
- 汇流（流量单位）；
- 总直接入流（流量单位）；
- 总外部入流（流量单位）；
- 总洪水（流量单位）；
- 排水口总出流（流量单位）；
- 节点总存储（ft^3 或 m^3）。

一般可以查看项目中的所有实体（汇水区、节点和管线）的详细时间序列结果。如果使用模拟条件编辑器中的"报告"选项卡自定义要呈现的特定实体，则只能查看特定实体的时间序列结果。

5.2.4 SWMM5 热启动文件（.hsf）

热启动文件".hsf"是 SWMM5 创建的二进制文件，保存研究区域地下水和运输系统在运行结束时的状态。运行后保存的热启动文件可作为模型后续运行的初始条件。

以下信息将被保存到热启动文件：

- 系统各节点上每种污染物的水深和浓度；
- 系统各管线中每种污染物的流量和浓度；
- 各汇水区内含水层中不饱和带含水量和水位标高。

SWMM5.1 引擎可以保存模型的水文和水力系统的完整状态，包含热启动文件，在此之前的 SWMM4 引擎不能保存热启动文件。

热启动文件主要在以下情况中使用：

- 将长期的连续模拟拆分成更易于管理的多个阶段；
- 为避免动力波路由条件下的初始数值不稳定性，通常先对模型施加恒定的一组基流（对于自然管网）或一组干燥天气污水流（对于下水道管网），运行得到热启动文件，随后将其作为用户感兴趣的模拟阶段的初始条件；
- 为实时洪水预报模拟分配初始条件；
- 进行不同季节的建模。在不同季节的模型中，可以利用不同的参数来表示实际的季节条件。

可以在单次运行中使用和保存热启动文件，所得到的文件可以用作后续运行的初始条件。

在 PCSWMM 中，可在模拟条件编辑器中设置热启动选项（"项目"面板→"模拟条件"→"文件"选项卡）。

- 如果需要 SWMM 在运行结束时保存热启动文件，请使用"保存文件"选项并指定目标文件路径来添加 HOTSTART 类型接口文件。SWMM 将覆盖任何具有相同名称的现有文件。

- 如果需要 SWMM 在运行开始时读取热启动文件，请使用"使用文件"选项并指定源文件路径来添加 HOTSTART 类型的接口文件。

5.2.5 LID 报告文件（.txt）

LID 报告文件".txt"提供汇水区中选定的 LID 控制的流量和参数值的整个时间序列。可以在 PCSWMM "图表"面板中打开这些文件。

LID 控制中各参数的含义如下：

总流入量（mm/h）——降雨和径流进入 LID 区域的流量；

总蒸发量（mm/h）——积水和土壤层的蒸发总量；

表面径流（mm/h）——从表面层流失或溢出速率；

表面渗透（mm/h）——从表层到土壤层的渗透速率；

土壤层/铺层水分（分数）——土壤层或多孔路面层中的水分含量；

土壤渗透（mm/h）——从土壤层到存储层的渗透速率；

存储深度（m）——存储层中水的深度；

排水流量（mm/h）——暗渠中的流量；

底部渗透（mm/h）——从存储层到天然土壤的渗透速率。

5.2.6 气候文件

SWMM 可以使用包含每日空气温度、蒸发和风速数据的外部气候文件。目前可识别的格式包括：

- 从美国国家气候数据中心（NCDC）获得的 DSI-3200 或 DSI-3210 文件，www.ncdc.noaa.gov/oa/ncdc.html。

- 从加拿大环境网获取，www.climate.weatheroffice.ec.gc.ca。

- 用户准备的气候文件，其中每行包含记录站名称、年、月、日、最高温度、最低温度以及可选的蒸发速率和风速。如果在给定日期没有这些项目的任何数据可用，则应以星号代替。

当气候文件具有缺失值的天数时，SWMM 将使用最近一天的值和记录值代替缺失数据。对于用户准备的气候文件，其数据单位必须与正在分析的项目相同。对于美制单位，温度单位为℉，蒸发量单位为 in/d，风速单位为 mile/h。对于公制单位，温度单位为℃，蒸发量单位为 mm/d，风速单位为 km/h。

5.2.7 降雨文件

可以将存储在外部降雨文件中的降雨数据导入 SWMM 的雨量计对象中。目前识别的数据格式包括：

- DSI-3240 和相关格式，记录美国国家气象局（NWS）和联邦航空局站点的每小时降雨量，可从美国国家气候数据中心在线获取，www.ncdc.noaa.gov/oa/ncdc.html。
- DSI-3260 和相关格式，记录 NWS 站的 10 分钟降雨量，也可从美国国家气候数据中心在线获取。
- HLY03 和 HLY21 格式，加拿大站每小时降雨量，可从加拿大环境网获取，www.climate.weatheroffice.ec.gc.ca。
- 加拿大站每 15 分钟降雨量的 FIF21 格式，也可从加拿大环境网上获得。
- 用户准备的标准格式，其中文件的每一行包含记录站的站号、年、月、日，小时、分钟和非零降水读数，所有数据以一个或多个空格分隔。

用户准备的标准格式摘录如下：

STA01 2004 6 12 00 00 0.12

STA01 2004 6 12 01 00 0.04

STA01 2004 6 22 16 00 0.07

此格式也适用于多个站，即一个文件中可以包含多个站点数据。

将降雨量数据导入雨量计时，用户必须提供文件的名称和文件中引用的记录站名称。对于用户准备的文件，还必须提供降雨量类型（例如强度或体积）、记录时间间隔和深度单位作为雨量计属性。对于其他文件类型，这些属性由它们各自的文件格式定义，并由 SWMM 自动识别。

5.3 常用参数取值

以下是 SWMM5 汇水区和管道的各种参考取值表。这些数据来源于 SWMM 帮助系统，仅供一般参考。用户应尽可能使用测量值或当地经验值，用户应在选择最具代表性的参数值时结合工程实际进行判断。

5.3.1 排水渠入口损耗系数

表 5-3 排水渠入口损耗系数

入口结构和设计的类型	描述	系数
管道和混凝土	从内部突出，接头端（槽端）	0.2
	从内部突出，正方形（切割端）	0.5
顶墙或翼墙	管接头端（槽端）	0.2
	方形边缘	0.5
	圆角（半径为 $D/12$）	0.2
	适应填充坡度	0.7
	端部符合填充斜率	0.5
	斜边，33.7°或45°斜面	0.2
	侧面或斜面锥形入口	0.2
管道或管拱（波纹金属）	从内部突出（无顶墙）	0.9
	顶墙或顶墙和翼墙为方形边缘	0.5
	适应填充坡度，铺砌或未铺砌的坡度	0.7
	端部符合填充斜率	0.5
	斜边，33.7°或45°斜面	0.2
	侧面或斜面锥形入口	0.2
钢筋混凝土箱涵〔顶墙平行于路堤（无翼墙）〕	3 个方形边	0.5
	3 个边缘处圆角化，半径为 $D/12$，或 $B/12$，或在 3 个边缘为斜边	0.2
钢筋混凝土箱涵（翼墙 30°~75°斜角）	顶部为方形边缘	0.4
	顶部边缘为半径 $D/12$ 的圆形或斜面	0.2
钢筋混凝土箱涵（翼墙 10°~25°斜角）	顶部为方形边缘	0.5
钢筋混凝土箱涵〔翼墙平行（侧面延伸）〕	顶部为方形边缘	0.7
	侧面或斜面锥形入口	0.2

资料来源：联邦公路管理局，2005. Hydraulic Design of Highway Culverts，Publication No. FHWA-NHI-01-020，出版号 FHWA-NHI-01-020。

5.3.2　洼地蓄水

表 5-4　洼地蓄水量

表面	洼地蓄水/in
不透水面	0.05~0.10
草坪	0.10~0.20
牧场	0.20
森林凋落物	0.30

资料来源：ASCE，1992. Design & Construction of Urban Stormwater Management Systems，New York.

5.3.3　曼宁公式中的糙率——封闭管道

表 5-5　封闭管道糙率

管道材料	分类	糙率
石棉水泥管		0.011~0.015
砖		0.013~0.017
铸铁管	水泥衬里和密封涂层	0.011~0.015
混凝土（整体）	光滑的形式	0.012~0.014
	粗糙的形式	0.015~0.017
	混凝土管	0.011~0.015
波纹金属管（1/2 in×2~2/3 in 波纹）	平整	0.022~0.026
	倒置铺砌	0.018~0.022
	沥青蔓延排列	0.011~0.015
	塑料管（光滑）	0.011~0.015
陶瓷黏土	管道	0.011~0.015
	衬板	0.013~0.017

资料来源：ASCE，1982. Gravity Sanitary Sewer Design and Construction，ASCE Manual of Practice No. 60. New York.

5.3.4 曼宁公式中的糙率——开放管道

表 5-6 开放管道糙率

管道类型	分类	糙率
内衬管道	沥青	0.013～0.017
	砖	0.012～0.018
	混凝土	0.011～0.020
	瓦砾或碎石	0.020～0.035
	植物	0.030～0.400
挖掘或疏浚	土地，平直	0.020～0.030
	土地，有风	0.025～0.040
	石头	0.030～0.045
	不维护	0.050～0.140
自然通道 （小流，洪水阶段顶部宽度＜100 ft）	相当规则的部分	0.030～0.070
	不规则的部分与水池	0.040～0.100

资料来源：ASCE，1982. Gravity Sanitary Sewer Design and Construction，ASCE Manual of Practice No. 60. New York.

5.3.5 曼宁公式中的糙率——地表径流

表 5-7 不同径流表面糙率

地表	糙率
光滑的沥青	0.011
光滑的混凝土	0.012
普通混凝土衬砌	0.013
木质	0.014
砖混合水泥砂浆	0.014
陶瓷黏土	0.015
铸铁	0.015
波纹金属管	0.024
水泥瓦砾表面	0.024
休耕土壤（无残留）	0.05

地表	糙率
耕地	
残留物覆盖率<20%	0.06
残留物覆盖率>20%	0.17
范围（自然）	0.13
草地	
短，草原	0.15
稠密	0.24
百慕大草	0.41
木头	
稀疏的草丛	0.40
浓密的草丛	0.80

资料来源：McCuenR，1996. Hydrology，FHWA-SA-96-067，Federal Highway Administration. Washington，DC.

5.3.6 NRCS 水文土壤参数组定义

表 5-8 NRCS 水文土壤参数及定义

编号	水文土壤参数组定义	饱和水力传导率/（in/h）
A	低径流潜力。即使在完全润湿并且主要包括排水性能良好的砂和砾石的情况下，具有高渗透速率的土壤	≥0.45
B	土壤完全润湿时具有中等的渗透率，主要包括中等深至深，中等至良好排水，具有中等细至中等粗糙质地的土壤。例如浅黄土、砂壤土	0.30~0.15
C	土壤在完全润湿时具有缓慢的渗透速率，主要包括具有阻止水向下运动的土壤颗粒的土壤，或具有中等细至微细结构的土壤。例如黏土、浅砂壤土	0.15~0.05
D	高径流潜力。土壤在完全润湿时具有非常缓慢的渗透速率，主要包括具有高溶胀潜力的黏土，具有永久性高水位的土壤，具有在表面处或附近的黏土层或黏土层的土壤，以及几乎不渗透的材料	0.05~0.00

5.3.7 SCS 曲线数[①]

表 5-9 SCS 曲线数

土地利用	描述	水文土壤组[①]			
		A	B	C	D
耕地	缺少保护措施	72	81	88	91
	缺少保护措施	62	71	78	81
牧场	不佳的环境	68	79	86	89
	良好的环境	39	61	74	80
树林或森林	稀疏，覆盖差，无护盖	45	66	77	83
	覆盖好[②]	25	55	70	77
露天场所、草坪、公园、高尔夫球场、墓地等	良好的条件：草覆盖 75%以上的面积	39	61	74	80
	一般的条件：草覆盖 50%～75%的面积	49	69	79	84
经济贸易区域（85%不透水）		89	92	94	95
工业区（72%不透水）		81	88	91	93
住宅区[③]面积（%不透水[④]）	1/8acre 或更小（65%）	77	85	90	92
	1/4acre（38%）	61	75	83	87
	1/3acre（30%）	57	72	81	86
	1/2acre（25%）	54	70	80	85
	1acre（20%）	51	68	79	84
铺设的停车场、屋顶、车道等		98	98	98	98
街道和道路	铺有路缘和暴雨下水道[⑤]	98	98	98	98
	碎石	76	85	89	91
	污垢	72	82	87	89

注：①前期土壤含水条件Ⅱ；
②覆盖保护免受放牧、垃圾和上覆土的影响。
③曲线数据假设房屋和车道的径流指向街道，最少的屋顶水流向草坪，在那里可能发生额外的渗透。
④对于这些曲线数据，其余的透水区域（草坪）被认为处于良好的牧场条件。
⑤在一些较暖的气候区域中，曲线数参数取值为 95。
资料来源：SCS Urban Hydrology for Small Watersheds，2nd Ed，TR～55，1986。

5.3.8 土壤特性

表 5-10 土壤特性参数

土壤组织类	液压电导率/（in/h）	吸力水头/in	孔隙率（分数）	田间持水量（分数）	蒸发点（分数）
砂	4.74	1.93	0.437	0.062	0.024
壤砂土	1.18	2.40	0.437	0.105	0.047
砂质壤土	0.43	4.33	0.453	0.190	0.085
壤土	0.13	3.50	0.463	0.232	0.116
粉砂壤土	0.26	6.69	0.501	0.284	0.135
砂质黏壤土	0.06	8.66	0.398	0.244	0.136
黏壤土	0.04	8.27	0.464	0.310	0.187
粉砂质黏壤土	0.04	10.63	0.471	0.342	0.210
砂质黏土	0.02	9.45	0.430	0.321	0.221
粉质黏土	0.02	11.42	0.479	0.371	0.251
黏土	0.01	12.60	0.475	0.378	0.265

资料来源：Rawls W J，et al.，1983. Green-ampt infilfration Parameters from soils data[J]. Journal of Hydraulic Engineering 109（1）：1316.

5.3.9 城市径流水质特征

表 5-11 城市径流水质特征

组分	物质平均浓度
总悬浮固体/（mg/L）	180～548
生化需氧量/（mg/L）	12～19
化学需氧量/（mg/L）	82～178
总含磷量/（mg/L）	0.42～0.88
可溶性磷量/（mg/L）	0.15～0.28
总克氏氮/（mg/L）	1.90～4.18
NO_2/NO_3-N/（mg/L）	0.86～2.2
总铜含量/（μg/L）	43～118
总铅含量/（μg/L）	182～443
总锌含量/（μg/L）	202～633

资料来源：USEPA，1983. Results of the Nationwide Urban Runoff Program（NURP），Vol. 1，NTIS PB 84-185552，Water Planning Division. Washington，DC.

参考文献

[1] Maidment D. R.，2002. 水文学手册[M]. 张建云，李纪生等，译. 北京：科学出版社.

[2] 斯考特·斯蓝尼，2017. 海绵城市基础设施：雨洪管理手册[M]. 潘潇潇，译. 桂林：广西师范大学出版社.

[3] 刘家宏，陈根发，王海潮，等，2017. 暴雨径流管理模型理论及其应用——以 SWMM 为例[M]. 北京：科学出版社.

[4] 芮孝芳，2004. 水文学原理[M]. 北京：中国水利水电出版社.

[5] Barnes R.，Lehmanc C.，Mulla D.，2014. An efficient assignment of drainage direction over flat surfaces in raster digital elevation models[J]. Computers and Geoscience，62（C）：128-135.

[6] Garbrecht J.，Martz L.W.，1997. The assignment of drainage direction over flat surfaces in raster digital elevation models[J]. Journal of Hydrology，193（1-4）：204-213.

[7] Guo J. C. Y.，Urbonas B.，2009. Conversion of natural watershed to kinematic wave cascading plane[J]. Journal of Hydraulic Engineering，14（8）：839-846.

[8] Guo J.C.Y.，2006. Storm water predictions by dimensionless unit hydrograph[J]. Journal of Irrigation and Drainage Engineering，132（4）：410-417.

[9] Hellweger F.，1997. http://www.ce.utexas.edu/prof/maidment/gishydro/ferdi/research/agree/agree.html.

[10] http://support.chiwater.com.

[11] International Panel on Climate Change，2007. Climate Change 2007-the Physical Science Basis: Working Group I Contribution to the Fourth Assessment Report of the IPCC (Vol. 4)[R]. Cambridge University Press.

[12] James W.，Rossman L.A.，James W.R.C.，2010. EPA SWMM USER MANUAL[M].

[13] Jenson S. K.，Domingue J. O.，1988. Extracting topographic structure from digital elevation data for Geographic Information System analysis[J]. Photogrammetric Engineering and Remote Sensing，54（11）：1593-1600.

[14] Lee J.，Borst M.，Brown R.，et al.，2015. Modeling the hydrologic processes of a permeable pavement system[J]. Journal of Hydrologic Engineering，20（5）：04014070.

[15] Maidment D. R.，2002. Arc Hydro：GIS for Water Resources[M]. Redlands，CA：ESRI Press.

[16] Pazwash，Hormoz.，2015. Urban Storm Water Management[M]. Boca Raton，London，New York：CRC Press Taylor & Francis Group.

[17] Planchon O.，Darboux F.，2001. A fast，simple and versatile algorithm to fill the depressions of digital elevation models[J]. Catena，46：159-176.

[18] Rossman L. A.，2015. Storm Water Management Model User's Manual Version 5.1.

[19] Rossman L. A.，2017. Storm Water Management Model Reference Manual Volume II – Hydraulics.

[20] Rossman L. A.，Huber W. C.，2016. Storm Water Management Model Reference Manual Volume I - Hydrology.

[21] Rossman L. A.，Huber W. C.，2016. Storm Water Management Model Reference Manual Volume III-Water Quality.

[22] Rossman L. A.，2006. Storm Water Management Model Quality Assurance Report：Dynamic Wave Flow Routing. Cincinnati：United States Environmental Protection Agency.

[23] Schulze R.E., Knoesen D.M., Kunz R.P. et al.，2010.Impacts of Projected Climate Change on Design Rainfall and Streamflows in the Cape Town Metro Area[R].University of KwaZulu-Natal, Pietermaritzburg, RSA, School of Bioresources Engineering and Environmental Hydrology, ACRUcons Report 63.pp 23.

[24] Siriwardene N. R.，Deletic A.，Fletcher T. D.，2007. Clogging of stormwater gravel infiltration systems and filters：Insights from a laboratory study[J]. Water Research，41（7）：1433-1440.

[25] Tarboton D. G.，1997. A new method for determination of flow directions and upslope areas in grid digital elevation models[J]. Water Resources Research，33（2）：309-319.